嵌入式系統－myRIO 程式設計

陳瓊興、楊家穎、高紹恩　編著

全華圖書股份有限公司

Use of **POWERED BY LABVIEW LOGO**
CONSENT AGREEMENT

THIS "Consent Agreement" is made on May 7, 2019, between National Instruments Corporation ("NI") with its principal place of business at 11500 N. Mopac Expwy, Austin, Texas 78759 and National Kaohsiung University of Science and Technology with its principal place of business at No. 142,Haizhuan Rd. Nanzi District,Kaohsiung City, Taiwan 811.

National Kaohsiung University of Science and Technology would like to make use of National Instruments Powered by LabVIEW Logo that is the Intellectual Property and/or proprietary, copyrighted material of National Instruments. National Instruments consents to allow limited use of the LOGOS subject to the terms and conditions below and the National Instruments Corporate Logo Use Guidelines ("GUIDELINES") incorporated herein by reference.

Terms and Conditions

1. National Instruments grants to National Kaohsiung University of Science and Technology the nonexclusive right to use the Powered by LabVIEW logo in their textbook for the publishing of NI LabVIEW and NI myRIO related interfaces. The Powered by LabVIEW LOGO will only be used in the specific manner described above and as defined in the LOGO GUIDELINES.

2. NI will be cited as the source of the material in every use. For oral presentations, this citation may be verbal. For all printed materials that include a direct copy of images, diagrams, or text, the citation shall include "©2017 National Instruments Corporation. All Rights Reserved" next to the direct copy. For printed materials where the ideas are incorporated into text, a citation of NI as the source of the ideas or concepts shall be included in a *notes or bibliography* section.

3. Where a Logo or Icon is used as an indication of the NI brand, the additional copyright text next to the Logo is not needed. Where other images are used to illustrate an article, publication, or event, they must be identified somewhere in the text (bibliography, footnotes, foreword) or on the website (in the Privacy and Use policy of the website and/or in a note at the bottom of the page on which they are displayed) as the protected property of NI with the words "Designs and images representing NI ideas and concepts are the sole property of National Instruments Corporation."

4. If a logo or icon is being provided, then a copy of the GUIDELINES must accompany this Consent Agreement. Signing this form is an affirmation that the GUIDELINES have been read, understood, and will be followed.

5. All right, title, and interest in the LOGO or ICON, including the intellectual property embodied therein, is and shall remain the sole property of NI.

6. This Agreement exists only for the specific use for which permission to use the LOGO is granted, and the terms of this agreement are not transferable to other uses. NI may terminate this Consent Agreement with 30 days written notice or immediately upon any breach or violation of the terms of this Consent Agreement or the GUIDELINES. Upon the expiration or termination, National Kaohsiung University of Science and Technology shall, to the best of its ability, insure the destruction and/or deletion of all physical and electronic copies stored or archived on any disc or hard drive. National Kaohsiung University of Science and Technology shall provide a letter affirming such destruction and/or deletion upon request from NI.

National Instruments

Printed Name: Shelley Gretlein

Title: Vice President Corporate Marketing

Date: May 7, 2019

National Kaohsiung University of Science and Technology

Signature Chiung Hsing Chen

Printed Name: Chiung-Hsing Chen

Title: Professor

Date 2019.5.10

National Instruments Corporation, 11500 N. Mopac Expwy., Austin, TX 78759 USA/ Telephone: (512) 683-0100

作者序

本書的撰寫源於實驗室向 NI 購買一台 myRIO。剛好有楊家穎同學想要以實務專題當做碩士論文題材，因此建議以 myRIO 做為主控制核心，設計一套智慧養殖系統結合目前最夯的 IoT 技術。當下立即與楊同學上 NI 網頁查看與 myRIO 相關的資訊，並下載入門指南和由 Dr. Ed Doering 編撰的專案要素指南兩份資料。經仔細研讀後，發現上述兩份資料提供學習 myRIO 非常有用的教學範本。在指導楊同學摸索學習的過程中，我們認為如果能將 NI 委託美國 Rose-Hulman Institute of Technology 大學開發的教案進一步以更簡潔詳細的敘述方式，應該能讓初學 myRIO 的學生更省時且不會有挫折感。

在學校任教已 27 年，發現隨著網路科技的興起，學生的學習已經有速學速賣的趨勢。大多數的學生在學習上吃軟不吃硬，而 NI 的 myRIO 在眾家嵌入式系統中當屬最淺顯易懂且容易上手。因此，才動念將這一年來指導楊同學累積的成果與莘莘學子分享，並將本書付梓。

本書的內容乃繼上次出版的 "LabVIEW 與感測電路應用 "，將原本使用的硬體工具 DAQ USB-6008 提升為 myRIO-1900，並且加入多種專題上實用的進階感測器的介紹與使用。為了強化課堂上教學效率的提升，已將自製教學影片放置在 https://www.youtube.com/channel/UC59wvQuugYv7TkKxs3GkxDw/playlists。如有需要，可以在 YouTube 上搜尋 " 歐陽逸 "。在編撰上除了採用一直以來的模式提供更詳細的解說做範本教學外，也融合 NI 提供的教案風格，讓整個學習更有效率。本次改版已進行大幅編修，除了增加四個新的章節，並且加入自行開發的教具模組，以方便實務操作。

國立高雄科技大學　電訊工程系
陳瓊興　博士
謹識 2022/3

編輯部序

「系統編輯」是我們的編輯方針，我們所提供給您的，絕不只是一本書，而是關於這門學問的所有知識，它們由淺入深，循序漸進。

本書是LabVIEW相關進階課程之書籍，搭配創新嵌入式硬體「NI myRIO-1900」，以實際軟體操作視窗進行圖文導引，大量程式範例，循序漸進加以解說每個程式的內容與觀念，並結合精選實用感測器與實例應用，小專題式詳細引導，激發設計靈感，自行創造出獨特的設計方法及技巧，設計出實用的系統。本書適用大學、科大電子、電機、電訊系「嵌入式系統實習」、「嵌入式系統設計」等課程之任課教師。

同時為了使您能有系統且循序漸進研習相關方面的叢書，我們以流程圖方式列出各有關圖書的閱讀順序，以減少您研習此門學問的摸索時間，並能對這門學問有完整的知識。若您在這方面有任何問題，歡迎來函聯繫，我們將竭誠為您服務。

相關叢書介紹

書號：0207401
書名：感測器(修訂版)
編著：陳瑞和
16K/528 頁/420 元

書號：0502602
書名：電子實習與專題製作－感測器應用篇(第三版)
編著：盧明智.許陳鑑
18K/496 頁/480 元

書號：05419037
書名：Raspberry Pi 最佳入門與應用(Python)(第四版)(附範例光碟)
編著：王玉樹
16K/448 頁/480 元

書號：06310007
書名：ARM Cortex-M0 微控制器原理與實踐(附範例光碟)
大陸：蕭志龍
16K/560 頁/620 元

◎上列書價若有變動，請以最新定價為準。

流程圖

書號：06300001/06300I0
書名：電子學(基礎理論)/(進階應用)(第十版)
編譯：楊棧雲.洪國永.張耀鴻

書號：06323037
書名：LabVIEW 與感測電路應用(第四版)(附多媒體、範例光碟)
編著：陳瓊興

書號：0542009/0542107
書名：電子學實驗(上/下)(第十版/第八版)
編著：陳瓊興

書號：0295902
書名：感測器應用與線路分析(第三版)
編著：盧明智

書號：06413017
書名：嵌入式系統－ myRIO 程式設計(第二版)(附範例光碟)
編著：陳瓊興.楊家穎.高紹恩

書號：06494007
書名：嵌入式系統(使用 Arduino)(附範例程式光碟)
編著：張延任

書號：05419037
書名：Raspberry Pi 最佳入門與應用(Python)(第四版)(附範例光碟)
編著：王玉樹

書號：06467007
書名：Raspberry Pi 物聯網應用(Python)(附範例光碟)
編著：王玉樹

書號：06310007
書名：ARM Cortex-M0 微控制器原理與實踐(附範例光碟)
大陸：蕭志龍

目錄 *Contents*

myRIO 一

資料擷取與控制

1-1 myRIO 概論

NI myRIO 是 NI（國家儀器股份有限公司）針對教學和學生創新應用而最新推出的嵌入式系統開發平台，NI myRIO 內嵌 Xilinx Zynq 芯片，使學生可以利用雙核 ARM Cortex-A9 的即時性能和 Xilinx FPGA 可定制化 I/O，學習從簡單嵌入式系統開發到具有一定複雜度的系統設計。由圖 1-1 所示，可以得知 LabVIEW 能藉由 myRIO 嵌入式系統擷取 Sensor（感測器）的訊號（包括類比與數位），例如：溫度、速度、濁度（PPM）、酸鹼度（pH）、流量、壓力與開關（高位準與低位準）、PWM（脈波寬度調變）等。由 myRIO 擷取進來的資料，可以透過 LabVIEW 的程式設計，將其藉由網路傳送至遠端的電腦或手持裝置上，讓遠端的電腦或手持裝置能夠即時同步監控。

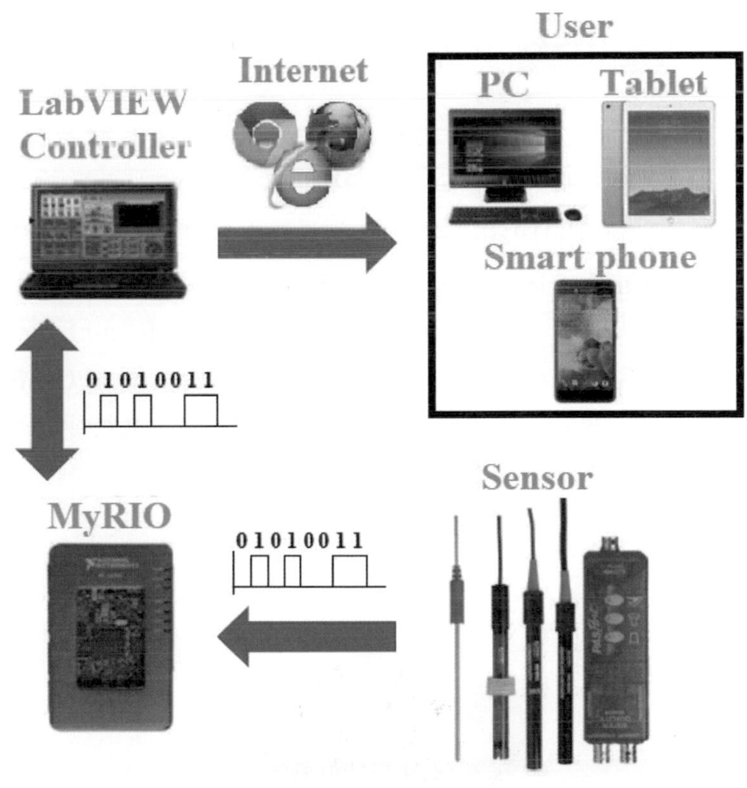

圖 1-1 LabVIEW 的遠端監控示意圖

假設有一位家住高雄的水產養殖場老闆，想要在家中隨時隨地監測位在屏東的養殖場之水溫，此時只要在屏東的養殖場架設一台安裝 LabVIEW 及 myRIO 嵌入式系統，並藉由 myRIO 嵌入式系統，透過溫度感測器讀取魚池的水溫到電腦上，接著再透過 LabVIEW 程式發送至網路上，只要輸入該網頁在網路上的網址，便可在任何地點對屏東的水產養殖場進行監測。

除此之外，也可以將透過 myRIO 嵌入式系統讀取進來的資料存放在 Word 檔、Excel 檔及手持裝置，如：智慧型手機或平板電腦，或者也可將資料透過 LabVIEW 中的程式設計，並藉由 myRIO 嵌入式系統傳送至 Output Relays 上。例如當 LabVIEW 藉由 myRIO 嵌入式系統讀取到溫度過低的訊號時，則透過 Output Relays 啟動一個加熱系統。

1-1-1 myRIO 嵌入式系統

NI 公司的資料 myRIO 嵌入式系統。讀者有興趣可上 http：//www.ni.com.tw（NI 的官方網站）查詢，裡面有更詳細的資料。圖 1-2 是 myRIO-1900 嵌入式系統，而圖 1-3 為 myRIO1950，兩者的主要差異性在於有無外殼包裝與 I/O 接腳的數量。myRIO 系列乃是為了保有 FPGA 的優點，且針對系統效能（複雜度）進行提升，而發展出來的嵌入式系統。可重新配置的輸入與輸出（Reconfigurable I/O，RIO），主要是結合處理器的優點（可彈性的實現複雜系統應用）與 FPGA 的優點（平行化設計與高速的輸入輸出配置），先透過 FPGA 針對輸出輸入進行平行化的規劃與前處理，再將結果傳至處理器進行複雜的處理、操作、與應用。

圖 1-2　myRIO1900 實體圖

圖 1-3　myRIO1950 實體圖

1-2　訊號的模式

1-2-1　myRIO1900 I/O Port

myRIO1900 為一台整合嵌入式系統與接腳介面的裝置，其擁有 98 隻接腳，圖 1-4 為 A 側及 B 側腳位，圖 1-5 為 C 側腳位，兩側各設有以 MXP 及 MSP 接頭形式提供的 I/O，包含 10 個類比輸入、6 個類比輸出、40 個數位 I/O 通道、WiFi、LED、一個按鈕、一個內建加速規、1 組 Xilinx FPGA，以及一個雙核心 ARM Cortex-A9 處理器。可透過 USB 介面連結至電腦，也可透過 WiFi 連接至電腦。

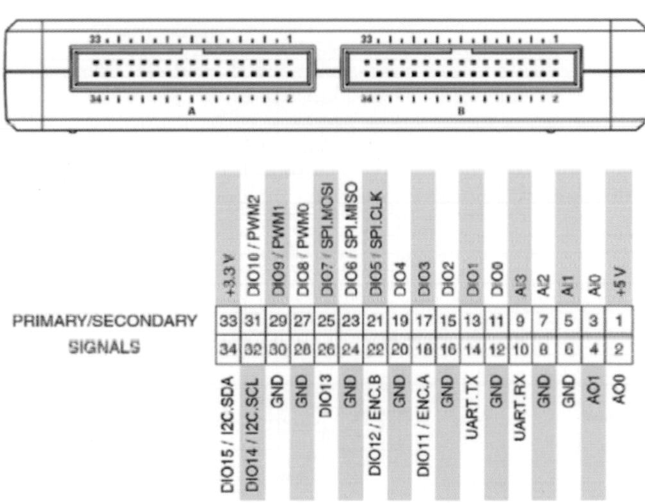

圖 1-4　myRIO1900（MXP）側面 A 與 B 接腳

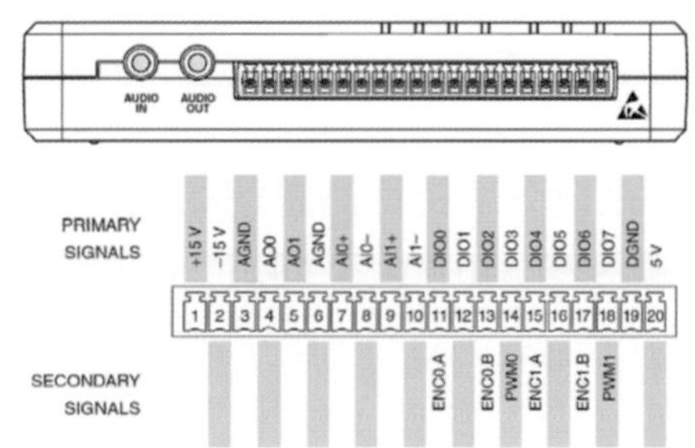

圖 1-5　myRIO1900（MSP）側面 C 接腳

1-2-2 myRIO 擷取訊號的模式

myRIO 擷取訊號的模式：

1. Differential（差動量測模式）

DIFF（差動量測模式）是指待量測系統的輸入訊號沒有連接到固定參考點，例如大地或建築物接地端。一個差動量測系統類似於一個浮接訊號源，因為量測時對接地端是浮接的。手持式裝置和以電池為電力來源的儀器都是屬於差動量測系統。圖 1-6 是 NI 提供的各種量測接法，使用者可根據輸入訊號源（接地或浮接）來決定如何連接待測元件。

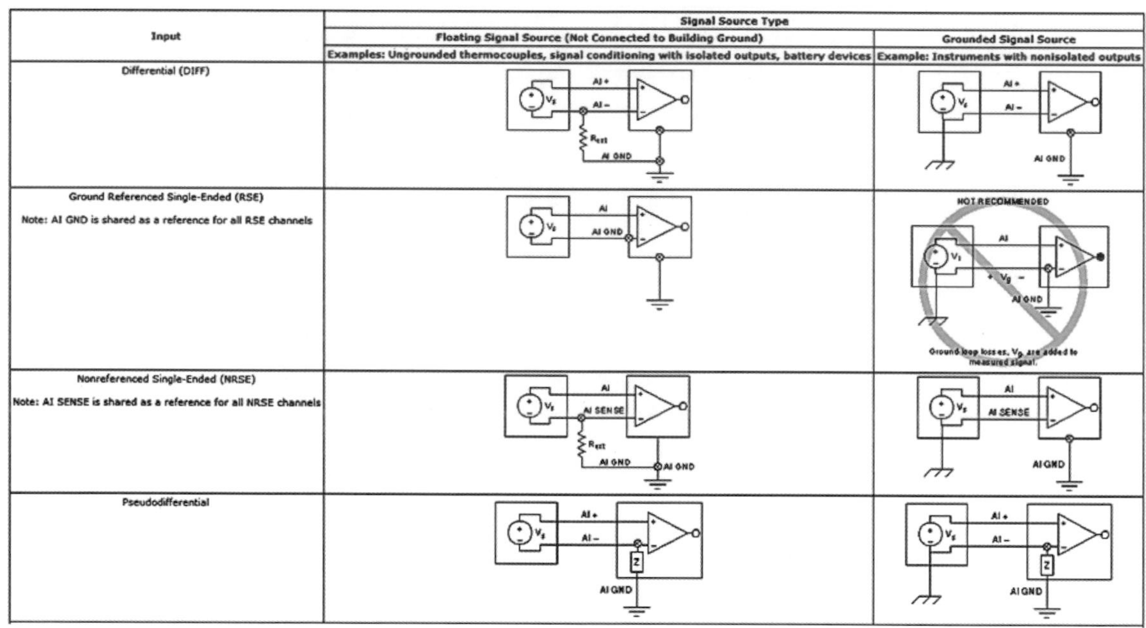

Input	Signal Source Type: Floating Signal Source (Not Connected to Building Ground) Examples: Ungrounded thermocouples, signal conditioning with isolated outputs, battery devices	Signal Source Type: Grounded Signal Source Example: Instruments with nonisolated outputs
Differential (DIFF)		
Ground Referenced Single-Ended (RSE) Note: AI GND is shared as a reference for all RSE channels		NOT RECOMMENDED Ground-loop losses, Vg, are added to measured signal.
Nonreferenced Single-Ended (NRSE) Note: AI SENSE is shared as a reference for all NRSE channels		
Pseudodifferential		

圖 1-6　不同輸入訊號源的參考接法

以 myRIO-1900 為例，將來自外部待檢測訊號的兩端接在 myRIO-1900 C 側的類比輸入接點上，將訊號線的正端接至 AI0+（第 7 腳位），負端接至 AI0–（第 8 腳位），則為第一個通道，若訊號線的正端接至 AI1+（第 9 腳位），負端接至 AI1–（第 10 腳位），則為第二個通道，如圖 1-7 所示。注意：正端若接至 AI0+ ～ AI1+，則負端必須接至相對應的 AI0– ～ AI1– 才可組成一個通道，C 側 DIFF 只有 2 組輸入埠。

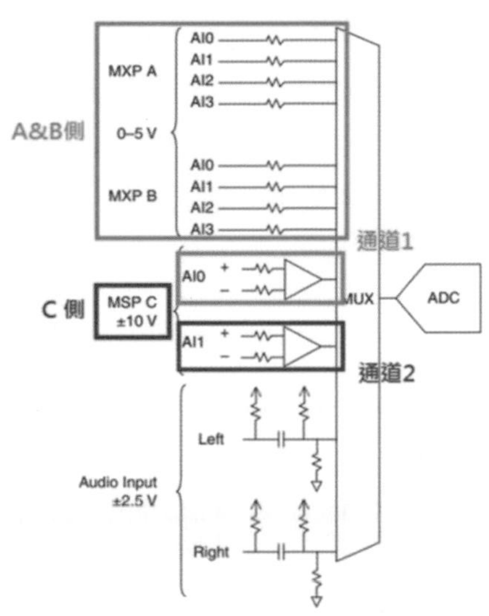

圖 1-7　NI myRIO-1900 模擬輸入電路模式

NI myRIO-1900 端口（MSP）有著如同 USB-6008 的腳位，其腳位的相關信息如下表 1-1 所示。請注意，一些腳位具有輔助功能及主要功能。

表 1-1　MSP 的 C 側腳位訊號說明

AUDIO IN	N/A	Input	Left and right audio inputs on stereo connector.
AUDIO OUT	N/A	Output	Left and right audio outputs on stereo connector.

Signal Name	**Reference**	**Direction**	**Description**
+15V/-15V	AGND	Output	+15 V/-15 V power output.
AI0+/AI0-; AI1+/AI1-	AGND	Input	±10 V, differential analog input channels. Refer to the *Analog Input Channels* section for more information.
AO <0..1>	AGND	Output	±10 V referenced, single-ended analog output channels. Refer to the *Analog Output Channels* section for more information.
AGND	N/A	N/A	Reference for analog input and output and +15 V/-15 V power output.
+5V	DGND	Output	+5 V power output.
DIO <0..7>	DGND	Input or Output	General-purpose digital lines with 3.3 V output, 3.3 V/5 V-compatible input. Refer to the *DIO Lines* section for more information.
DGND	N/A	N/A	Reference for digital lines and +5 V power output.

2. Referenced Single Ended（RSE）

NI myRIO-1900 擴展端口（MXP）A 側和 B 側帶有相同的信號組。該信號通過連接器名稱在軟件中進行區分，如 A/DIO1 和 B/DIO1。有關配置的信息，如表 1-2 所示，顯示了 MXP 側 A 和 B 上的信號。請注意，一些引腳具有輔助功能以及主要功能。

表 1-2　MXP 的 A 側和 B 側腳位訊號說明

Signal Name	Reference	Direction	Description
+5V	DGND	Output	+5 V power output.
AI <0..3>	AGND	Input	0-5 V, referenced, single-ended analog input channels. Refer to the *Analog Input Channels* section for more information.
AO <0..1>	AGND	Output	0-5 V referenced, single-ended analog output. Refer to the *Analog Output Channels* section for more information.
AGND	N/A	N/A	Reference for analog input and output.
+3.3V	DGND	Output	+3.3 V power output.
DIO <0..15>	DGND	Input or Output	General-purpose digital lines with 3.3 V output, 3.3 V/5 V-compatible input. Refer to the *DIO Lines* section for more information.
UART.RX	DGND	Input	UART receive input. UART lines are electrically identical to DIO lines.
UART.TX	DGND	Output	UART transmit output. UART lines are electrically identical to DIO lines.
DGND	N/A	N/A	Reference for digital signals, +5 V, and +3.3 V.

1-3　下載驅動程式及安裝

注意事項　myRIO一定需要安裝32位元LabVIEW

STEP 1　由於本書最終將會與硬體結合，而且在後面章節中將會使用到 myRIO 嵌入式系統，所以在這裡下載安裝一個驅動的集合包，在這裡面包含了 LabVIEW 軟體的主程式以及各種功能的驅動程式。（任何硬體一定要有驅動程式才可以使用，myRIO 當然也不例外）。首先先開起 NI 的中文網站（http：//www.ni.com/zh-tw.html），在首頁的右上角點選“搜尋（放大鏡圖示）”來尋找驅動程式軟體，如圖 1-8 所示。

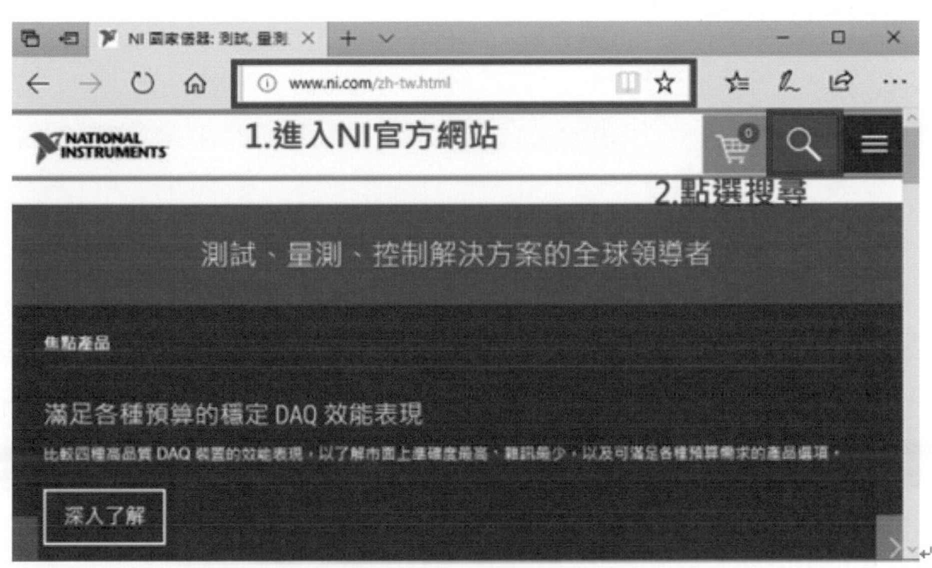

圖 1-8　NI 官方網站首頁

STEP 2 點選搜尋後，在“搜尋”中打上“myrio”並開始搜尋，如圖 1-9 所示。

圖 1-9　輸入關鍵字

STEP 3 點選左側選單中的“下載資源”，如圖 1-10 所示。

圖 1-10　選擇下載資源

STEP 4 點選後，在這裡選擇安裝的版本為 2017。再來點選 myRIOSoftware Bundle DVD 1&2 來進入下載頁面，如圖 1-11 所示。進入後，先查看相容的軟體版本與作業系統，都符合後再點選連結來下載 iso 檔，如圖 1-12 所示。

圖 1-11　選擇下載資源

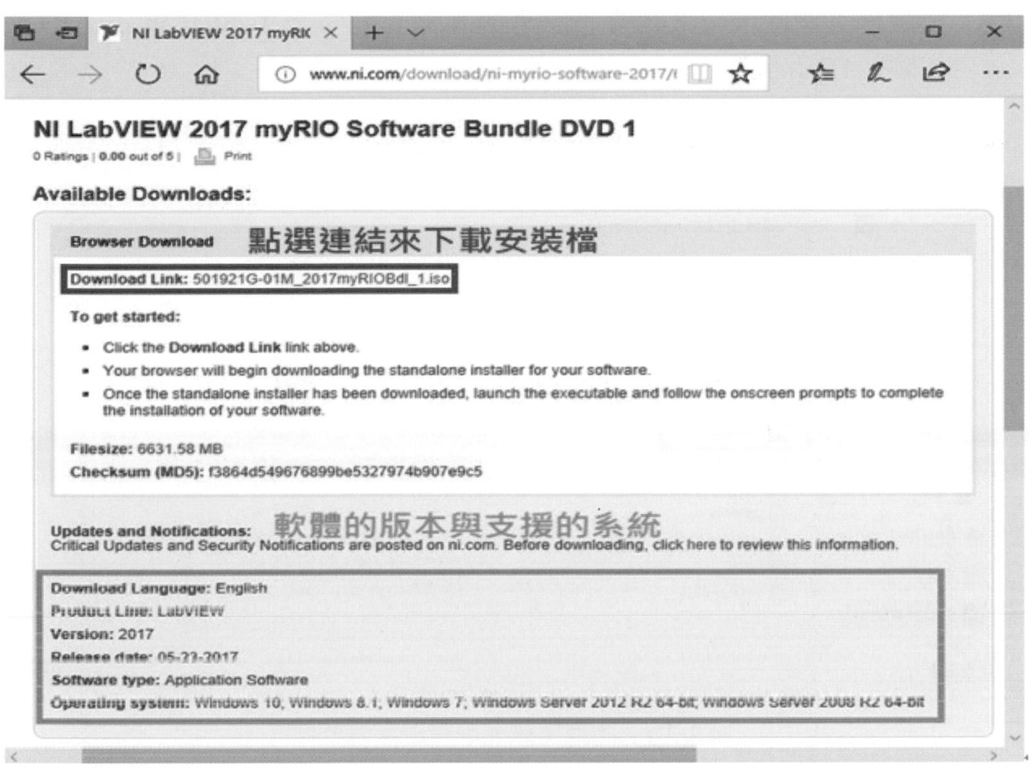

圖 1-12　點選下載連結檔安裝案

STEP 5 下載完成後，檔案如圖 1-13 所示，有分 1&2（在此處檔案下載後存放至桌面上）。再來請對檔案 1 選擇滑鼠右鍵選擇掛接（或掛載）iso 檔，如圖 1-14 所示。（Windows 10 有內建的掛接程式，其他版本的作業系統需自行搜尋，並安裝掛接軟體）

圖 1-13　下載完後，檔案為 iso

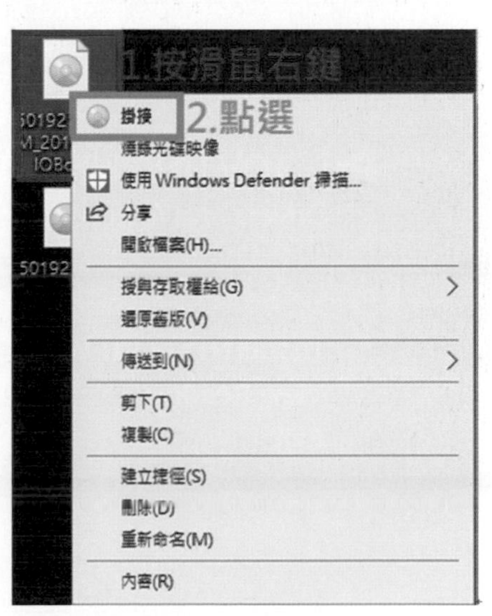

圖 1-14　掛載 iso 檔

STEP 6 掛載後，開啟虛擬光碟機並快速點選 autorun 安裝 LabVIEW myRIO 軟體，如圖 1-15 所示。

圖 1-15　開啟虛擬光碟機並安裝軟體

STEP 7 autorun 開啟後，將會開啟安裝視窗，請點選 Install NI LabVIEW 2017 myRIO Software Bundle 來進行下一 STEP，如圖 1-16 所示。

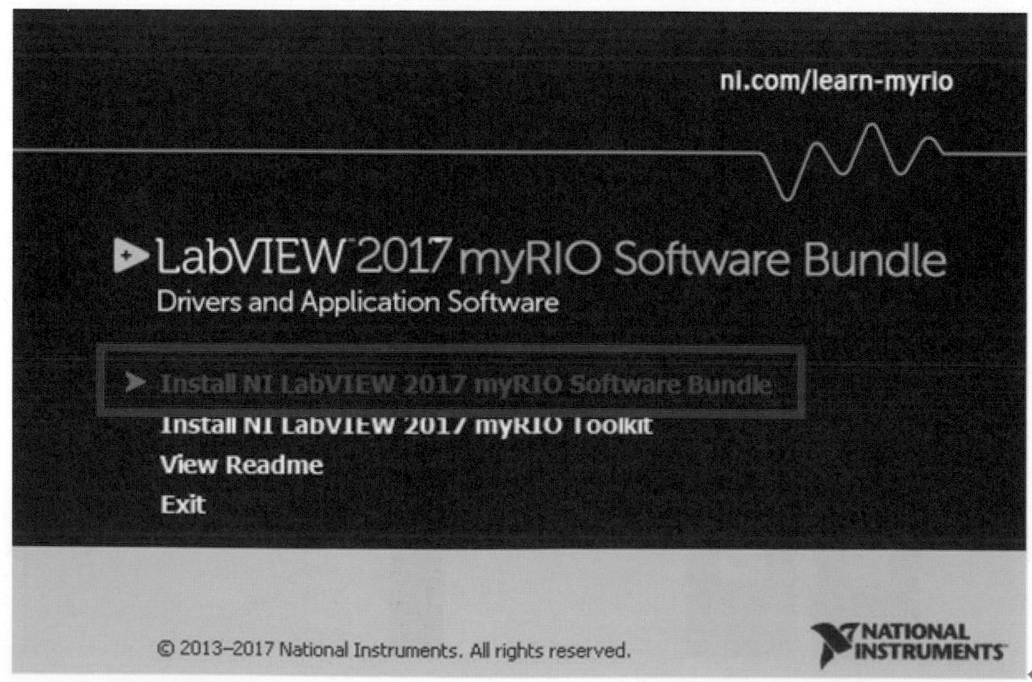

圖 1-16　開啟 autorun 後，點選 Install NI LabVIEW 2017 myRIO Software Bundle

STEP 8 到如圖 1-17 所示的頁面時，請依照個人需求來選擇安裝驅動軟體（選擇的驅動越多安裝時間越久），在這裡建議全部安裝，以免在操作時有缺少元件或功能，選擇完後點選 Next。

圖 1-17　選擇 myRIO 必要程式及依需求安裝其他軟體

STEP 9 請詳細閱讀後，點選下一步，如圖 1-18 所示。

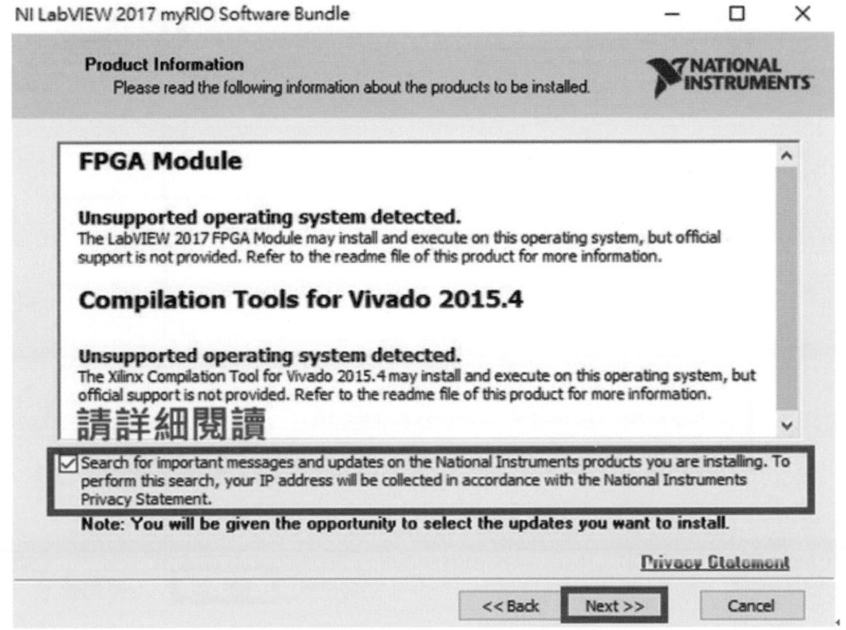

圖 1-18　請詳細閱讀

STEP 10 請輸入基本資料及序號（如果沒有可以跳過來使用試用版），如圖 1-19 所示。

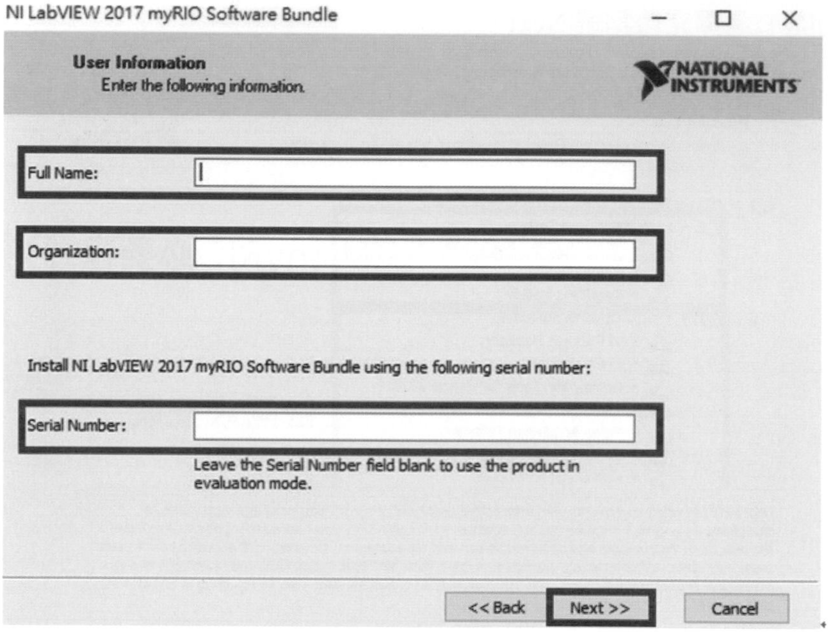

NI LabVIEW 2017 myRIO Software Bundle

User Information
Enter the following information.

NATIONAL INSTRUMENTS

Full Name:

Organization:

Install NI LabVIEW 2017 myRIO Software Bundle using the following serial number:

Serial Number:

Leave the Serial Number field blank to use the product in evaluation mode.

<< Back　Next >>　Cancel

圖 1-19　輸入基本資料

STEP 11 確認安裝位置後，點選 Next，如圖 1-20 所示。

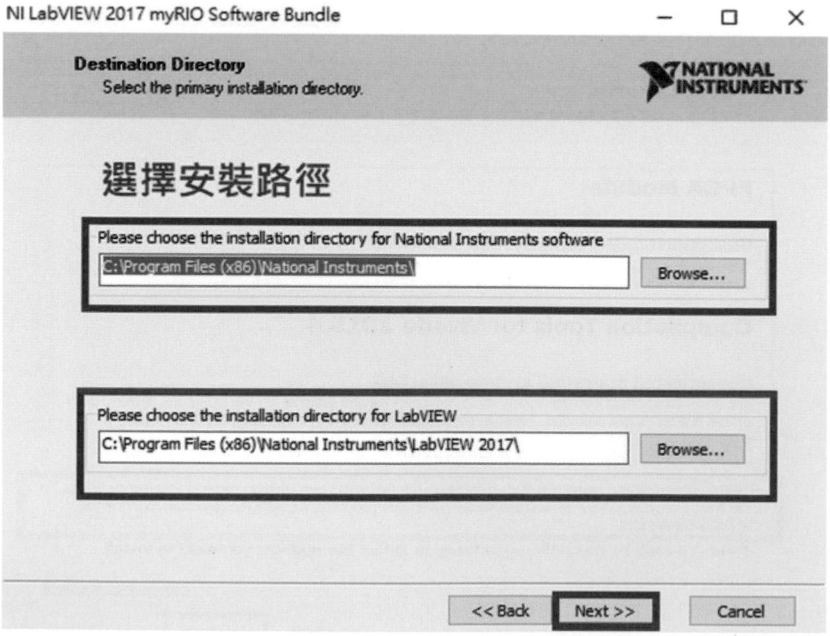

NI LabVIEW 2017 myRIO Software Bundle

Destination Directory
Select the primary installation directory.

NATIONAL INSTRUMENTS

選擇安裝路徑

Please choose the installation directory for National Instruments software

C:\Program Files (x86)\National Instruments\　Browse...

Please choose the installation directory for LabVIEW

C:\Program Files (x86)\National Instruments\LabVIEW 2017\　Browse...

<< Back　Next >>　Cancel

圖 1-20　選擇安裝位置

STEP 12 請詳細閱讀相關文件再進行下一步，如圖 1-21 和圖 1-22 所示。

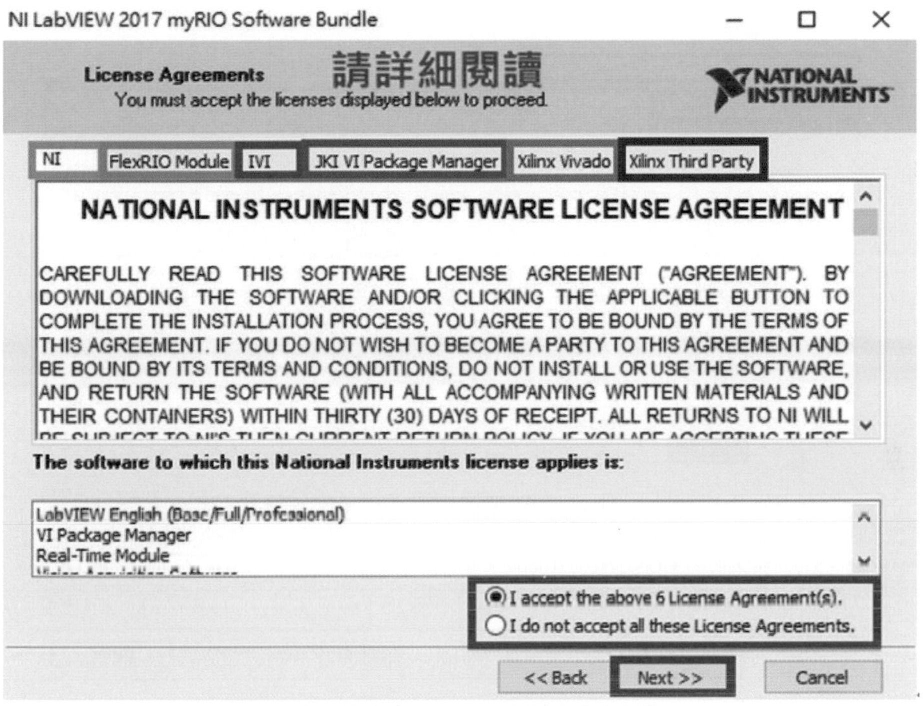

圖 1-21　詳細閱讀相關文件

圖 1-22　閱讀相關文件

STEP 13 進行 N 次下一步後，將會開始安裝軟體，如圖 1-23 ～圖 1-25 所示。安裝的速度將會依前面圖 1-17 中的選取數目來決定。

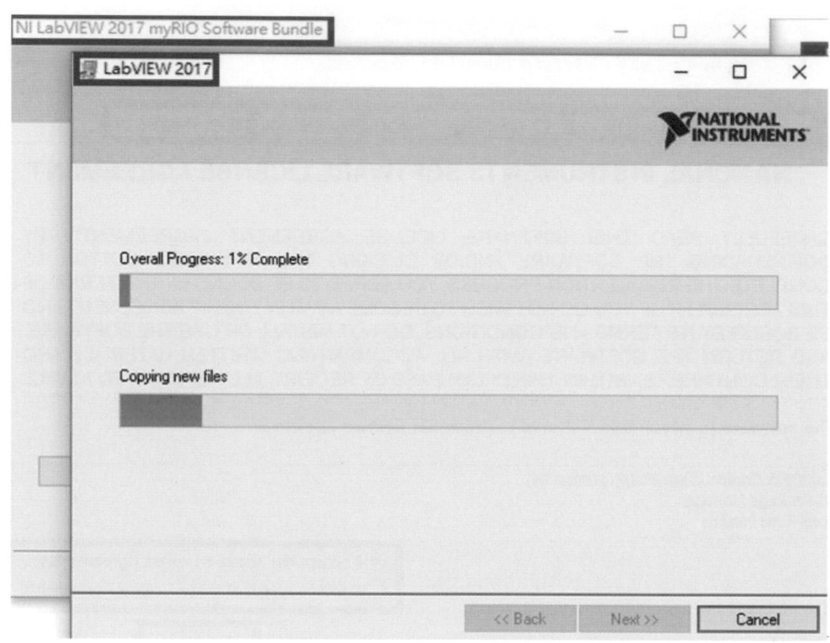

圖 1-23　安裝 LabVIEW 2017 軟體

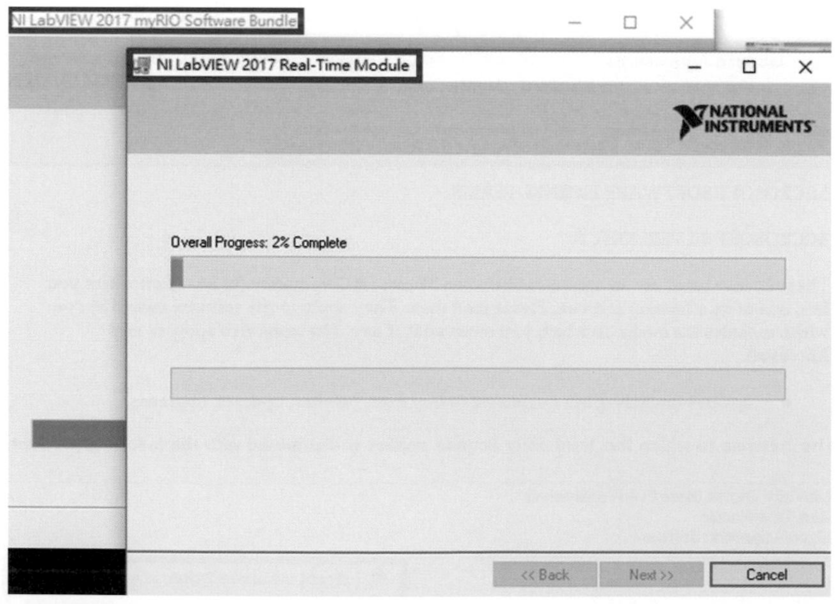

圖 1-24　安裝 Real-Time Module 軟體

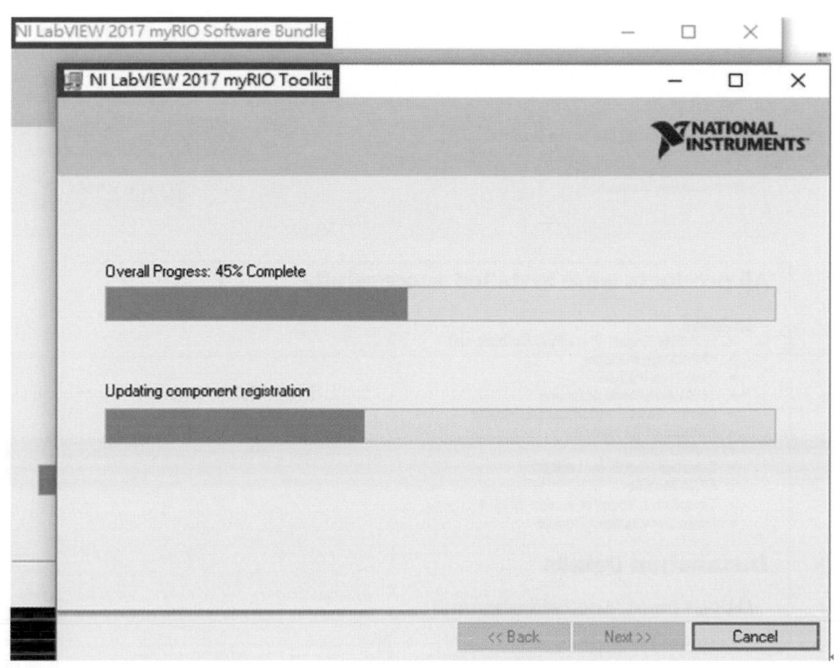

圖 1-25　安裝 myRIO Toolkit 軟體

STEP 14 請掛接（或掛載）2 號 iso 檔後，選擇掛接後的路徑位置（請依照自己的路徑來選擇位置），如圖 1 26 所示，之後再點選繼續安裝，來將剩下的部分安裝完成。

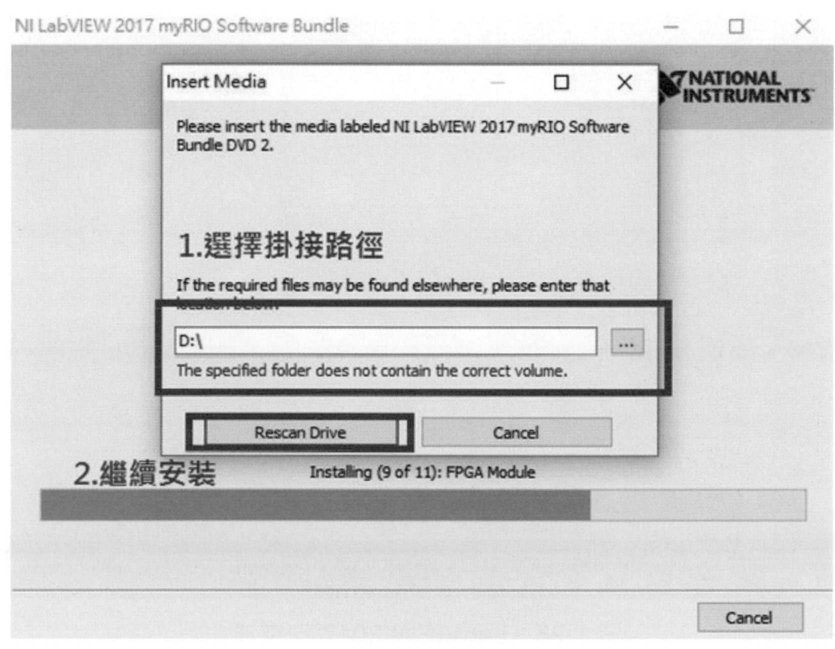

圖 1-26　替換掛載檔案

STEP 15 安裝完成後請再次確認安裝的驅動軟體，確認好後點選 Next 來關閉視窗，如圖 1-27 所示。

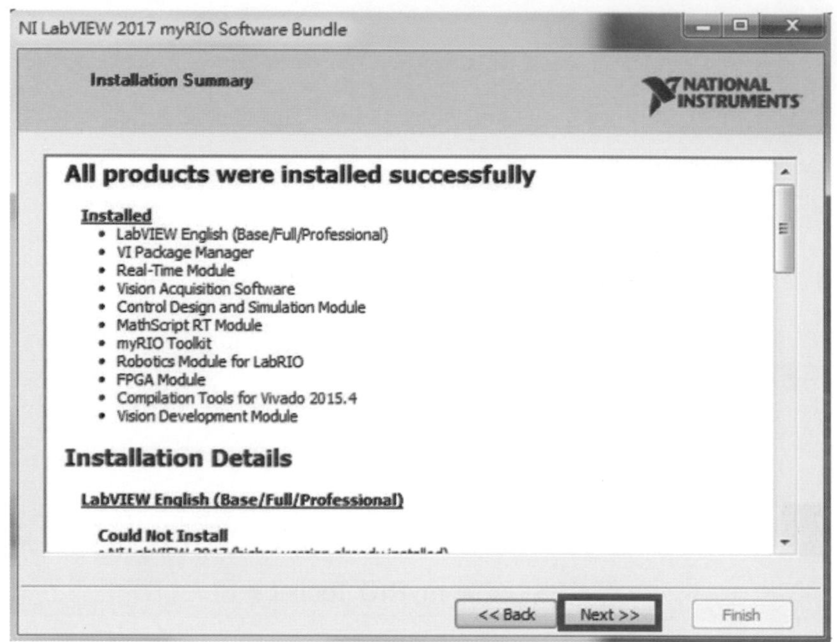

圖 1-27　確認安裝成功

STEP 16 再來請到開始選單中，來尋找安裝的軟體，在選單中看到 LabVIEW 2017 就表示安裝成功，如圖 1-28 所示。

圖 1-28　LabVIEW 2017 安裝成功

1-4　myRIO 驅動軟體安裝、測試與程式撰寫

1-4-1　myRIO 軟體安裝測試

為什麼又要再安裝驅動程式呢？因為 myRIO 基本上是一台單板電腦，而電腦與 myRIO 之間需要一個能夠互相溝通的方式與方法，就如同人與人之間的交流（互相能理解的語言）。對 myRIO 來說，需要有可以讓 myRIO 與個人電腦溝通的方式，所以就需要幫 myRIO 安裝驅動程式，來理解在 PC 中所撰寫的 LabVIEW 程式。

注意事項　在開始測試前，請將myRIO-1900接上電源以及連接至個人電腦上，如圖 1-29所示。

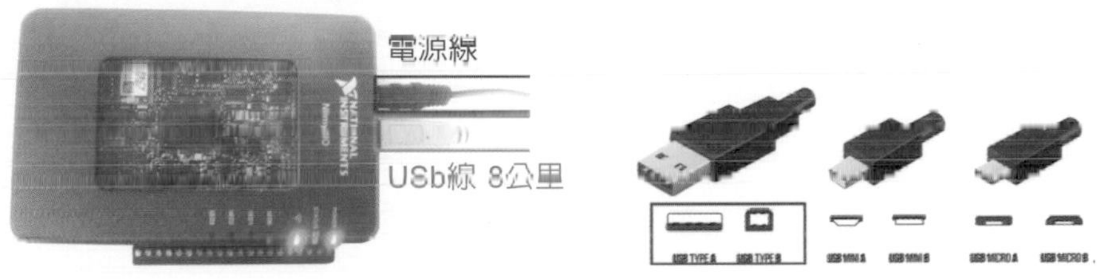

圖 1-29　myRIO NI MAX

USB 類型參考網址：https：//www.quora.com/How-docs-USB-Typc-C-compare-to-Type-A-and-Type-B

STEP 1　利用 LabVIEW 的 NI MAX 程式來檢測所安裝的 myRIO 裝置是否正確。首先，從開始選單中點選 NI MAX，如圖 1-30 所示。

圖 1-30　打開 NI MAX

STEP 2 進入 Measurement & Automation Explorer（NI MAX）中，點開 Remote Systems 選單後點擊 NI-myRIO-1900，檢查右側視窗中的狀態是否為 Running（執行中），如果是 Running 的話表示連接成功，反之連接失敗或正在連線中，如圖 1-31 所示。

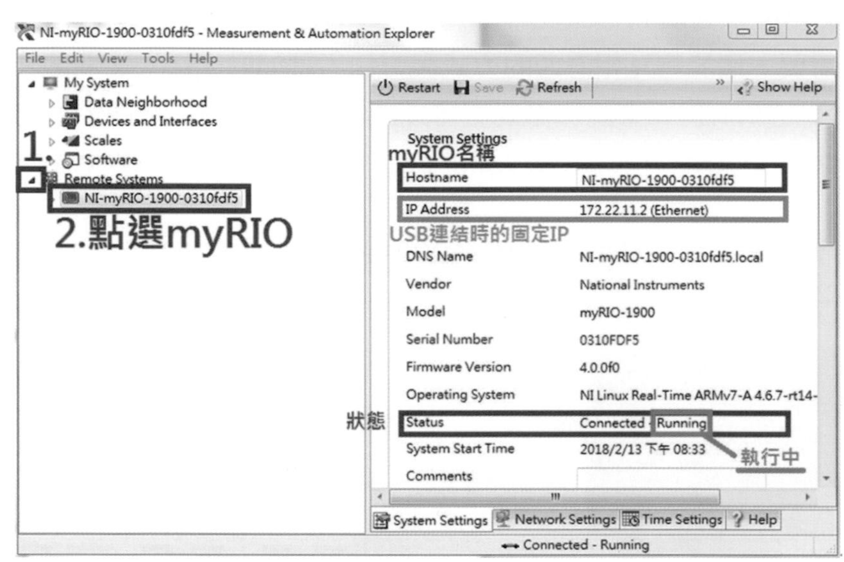

圖 1-31　檢查是否有連接 myRIO-1900 連接

STEP 3 進入 Measurement & Automation Explorer 即可看出 myRIO 卡是否正確安裝，若安裝正確在 Devices and Interface 即可發現連接的 NI-myRIO-1900，如圖 1-32 所示。再來請點選 NI-myRIO-1900 再點選下面的 Network Settings。

注意事項 如果是未使用過的myRIO-1900，就必需先更新myRIO的韌體。請優先更新，不然會造成使用上出現問題。

圖 1-32　設定頁面

STEP 4 請先選擇無線網路的模式：與無線網路連接（Connect to Wireless Network）與選擇國家（請選擇自己國家）。再來設定想要連接的無線網路（Wireless Network），在這裡選擇的無線網路名稱（SSID）為 4507_2G，完成後點擊 Save 來儲存設定並取得無線網路的 IP 位址，如圖 1-33 所示。

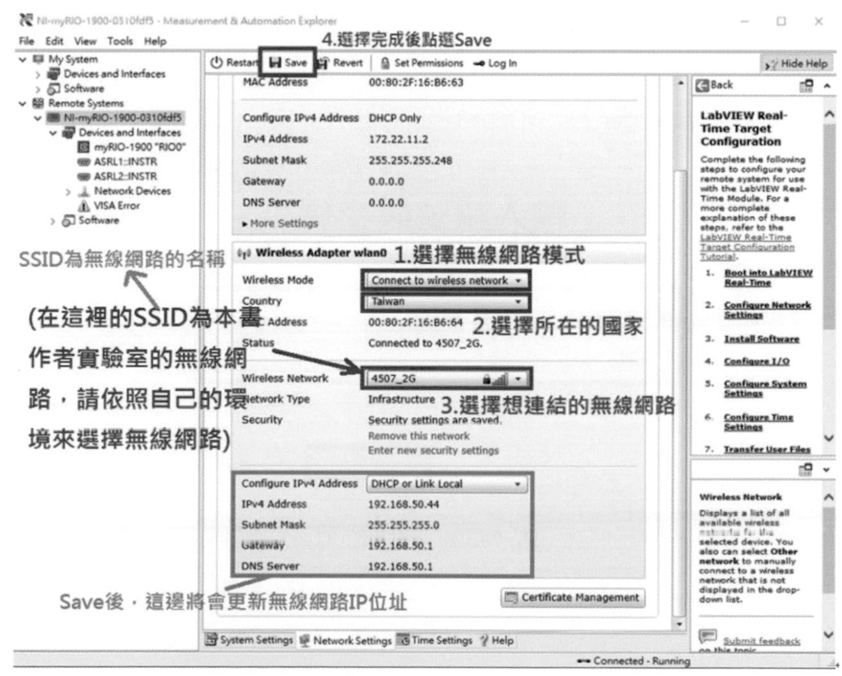

圖 1-33　選者網路模式、國家及連結網路

STEP 5 再來要替 myRIO 安裝驅動軟體，請先看到 NI MAX 左邊的選單中。首先展開 myRIO-1900 選單後，對 Software 點滑鼠右鍵，並選 Add/Remove Software，如圖 1-34 所示。

圖 1-34　安裝 myRIO-1900 驅動程式

STEP 6 登入使用者名稱及密碼，預設的帳號為：admin、密碼：“空白”，如圖 1-35 所示。

注意事項 登入後請等待讀取。

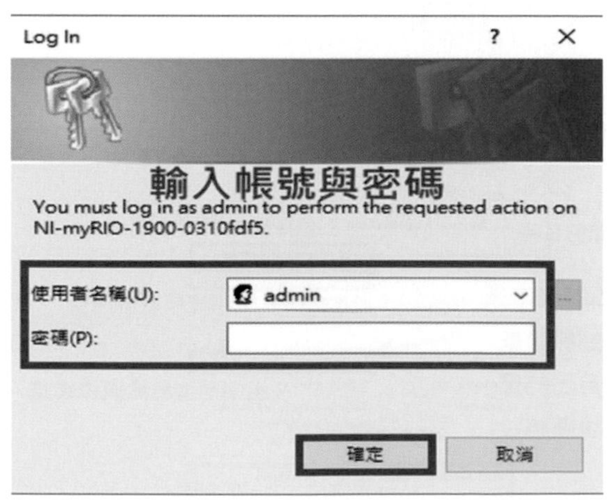

圖 1-35　登錄使用

STEP 7 登入後，請選擇自訂安裝，再點選 Next 進行下一步，如圖 1-36 所示。

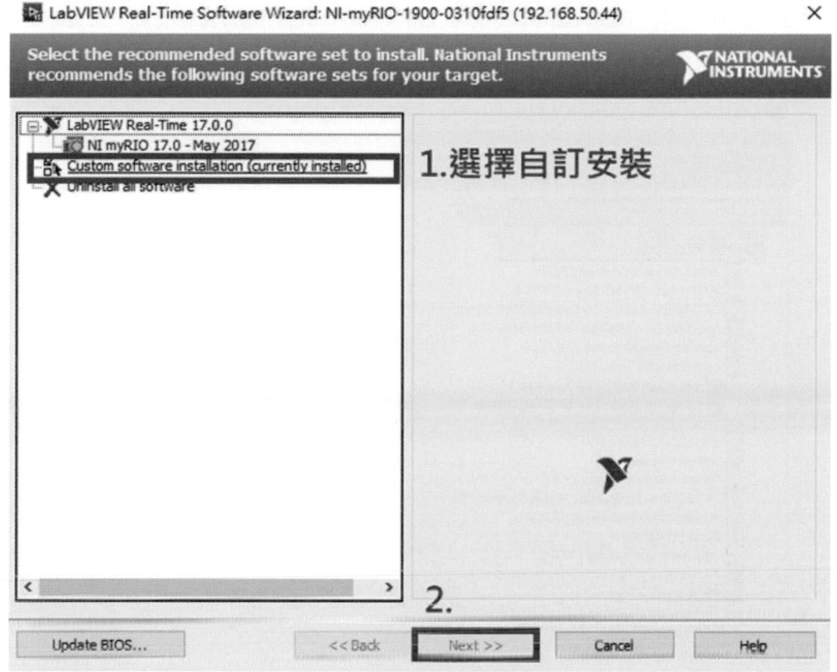

圖 1-36 安裝選者自訂

STEP 8 在這裡請依照需求來安裝，如圖 1-37 所示。

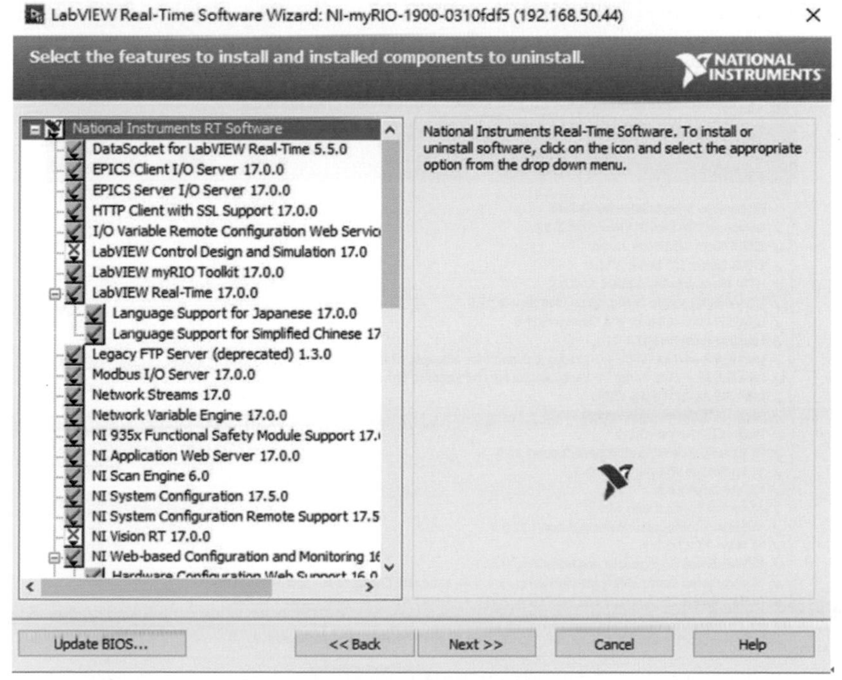

圖 1-37　安裝的頁面

STEP 9 建議全部都安裝，以免日後有缺少任何的驅動程式，造成程式無法設計或運作。對 National Instruments RT Software 點滑鼠右鍵，並選擇 Select all for install 後，再點選 Next 來進行安裝，如圖 1-38 所示。

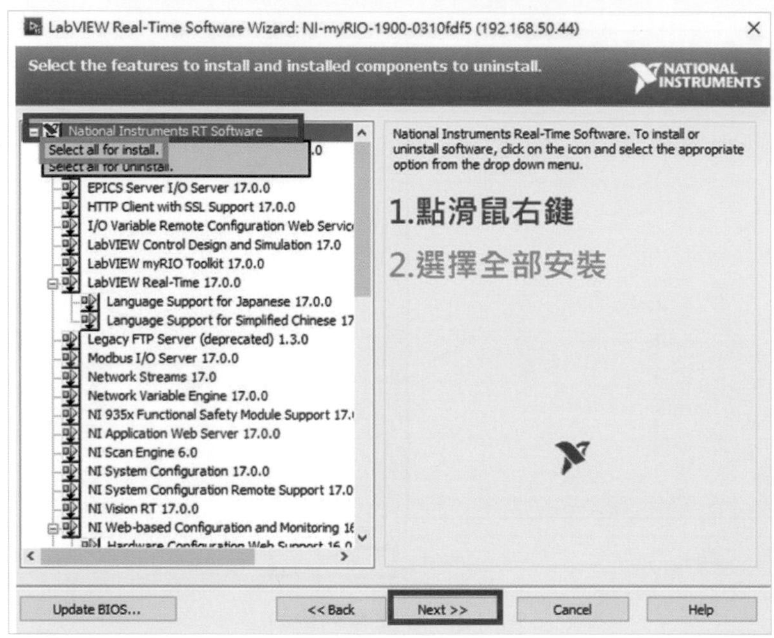

圖 1-38　全部安裝

STEP 10 確認安裝了那些驅動軟體後，點選 Next 來安裝驅動軟體，如圖 1-39 所示。之後請等待驅動程式安裝完成。

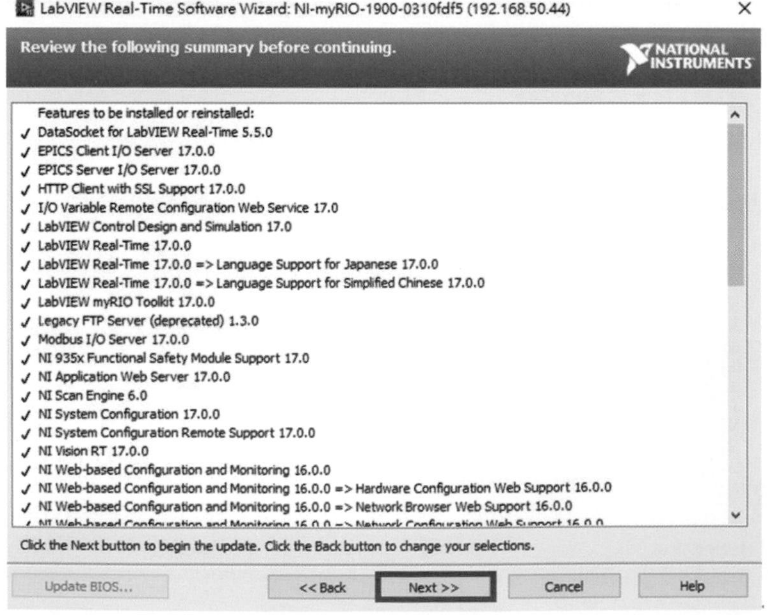

圖 1-39　安裝驅動程式

1-4-2 myRIO 測試

在前一小節中，已經將驅動程式安裝 myRIO-1900 內，再來要來測試 myRIO 是否正常運作。在這裡以 LM335 的範例 VI 來做修改並測試，請依照下列步驟來完成 myRIO 的執行測試。

STEP 1 從開始選單中開啟 LabVIEW 2017（32bit），如圖 1-40 所示。

圖 1-40　開啟 LabVIEW 2017

STEP 2 點選左上角的 File 開啟選單，選擇 Create Project 來開啟新的專案，如圖 1-41 所示。

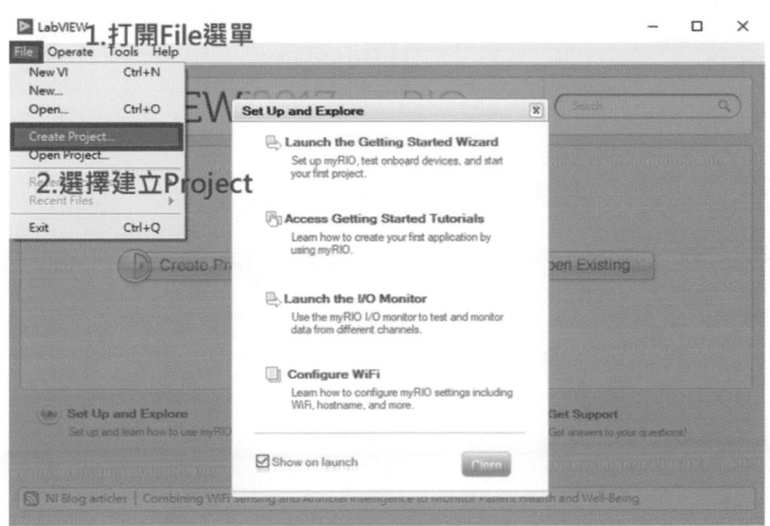

圖 1-41　開啟新的專案

STEP 3 點選左邊選單中的 myRIO，再點選跟 myRIO 有關的 Project，如圖 1-42 所示。

註 開啟一般Project會需要另外導入myRIO1900至專案中。

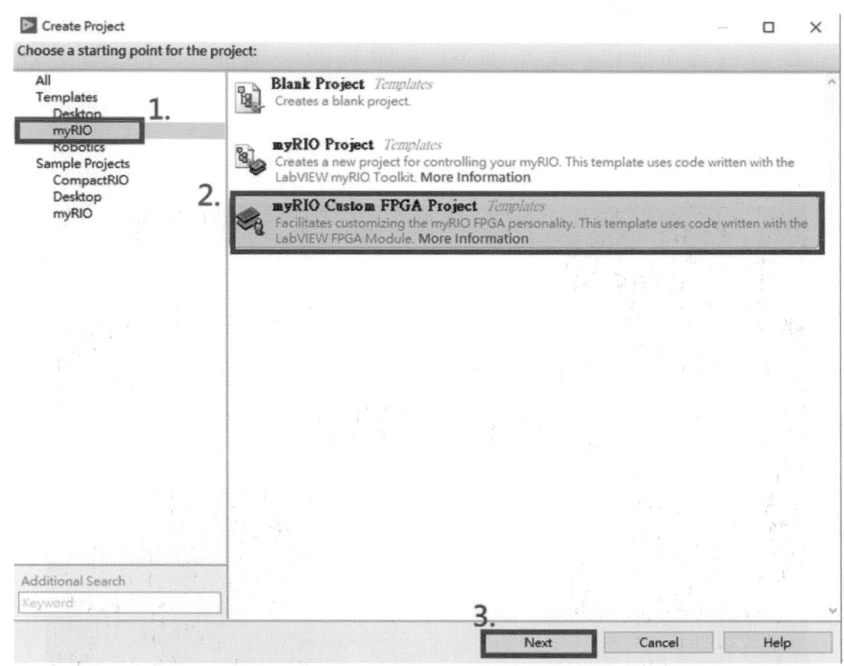

圖 1-42　點選 myRIO Custom FPGA Project

STEP 4 請輸入專案名稱、選擇存放路徑及使用 USB 連結，完成後點選 Finish，如圖 1-43 所示。

圖 1-43　建立專案及 myRIO 連接方式

STEP 5 完成後將會開啟建立好的 Project。由於在此位更改專案名稱，所以專案名稱為 Untitled Project 1，如圖 1-44 所示。完成後便可完成 myRIO 的測試。

圖 1-44　Project 頁面

1-4-3 myRIO WiFi 連線設定

WiFi（Wireless Fidelity，無線相容性認證）的正式名稱是 "IEEE802.11b"，同屬於在辦公室和家庭中使用的短距離無線技術。雖然在資料安全性方面，該技術比藍牙技術要差一些，但是在電波的覆蓋範圍方面則要略勝一籌。WiFi 的覆蓋範圍則可達 300 英尺左右（約 90 米），辦公室自不用說，就是在小一點的整棟大樓中也可使用。因此，WiFi 一直是企業實現自己無線局域網所青睞的技術。還有一個原因，就是與代價昂貴的 3G 企業網絡相比，WiFi 似乎更勝一籌。關於 WiFi 的熱點都誕生在 2002 年，在美國，WiFi 就像早期的因特網一樣，呈現出星火燎原之勢。在 2003 年它注定要在世界範圍內有著美好的前景，WiFi 帶來的高速無線上網將像今天人們打手機一樣平常。各廠商目前都積極將該技術應用於從掌上電腦到桌面電腦的各種設備中，製造新的賣點。

利用 myRIO-1900 嵌入式系統本身有支援 WiFi 傳輸功能，可讓 myRIO 來完成 IoT 專題實作。開始先來學會 myRIO 的 WiFi 設定吧。

STEP 1 請先將 myRIO 上的 USB-B 拔除，如圖 1-45 所示。

圖 1-45　將 myRIO 的 USB 拔除

STEP 2 再來將會看到 Project 中會跳出警告視窗，並說明：失去連接的目標（myRIO-1900），如圖 1-46 所示。

圖 1-46　失去 myRIO 連接的畫面

STEP 3 斷線後，對 myRIO 點選滑鼠右鍵，再點 Properties，如圖 1-47 所示。

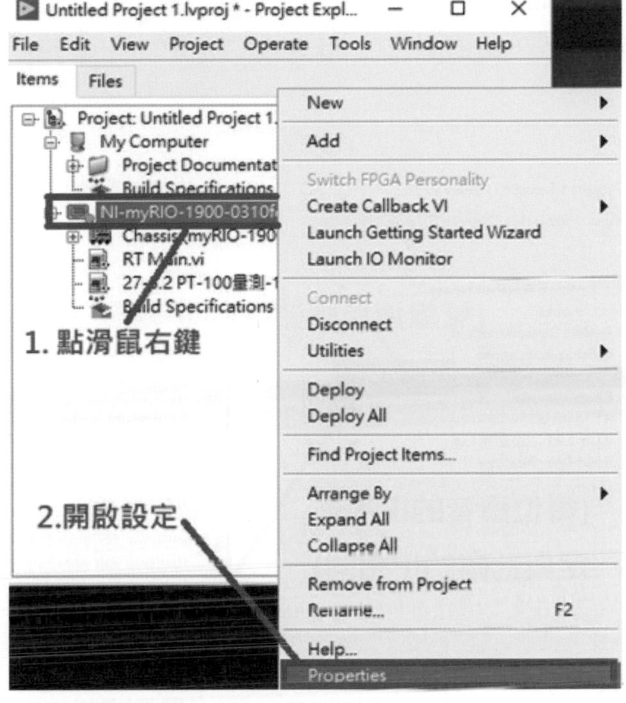

圖 1-47　點選 Properties

STEP 4 點選 Properties 後，將會開起設定視窗，在左側選單中點選 General，再將 IP Address/DNS Name 中的 172.22.11.2 刪除，並填入 NI MAX 中的無線網路 IP 位址，再點選 OK 來完成設定，如圖 1-48 所示。

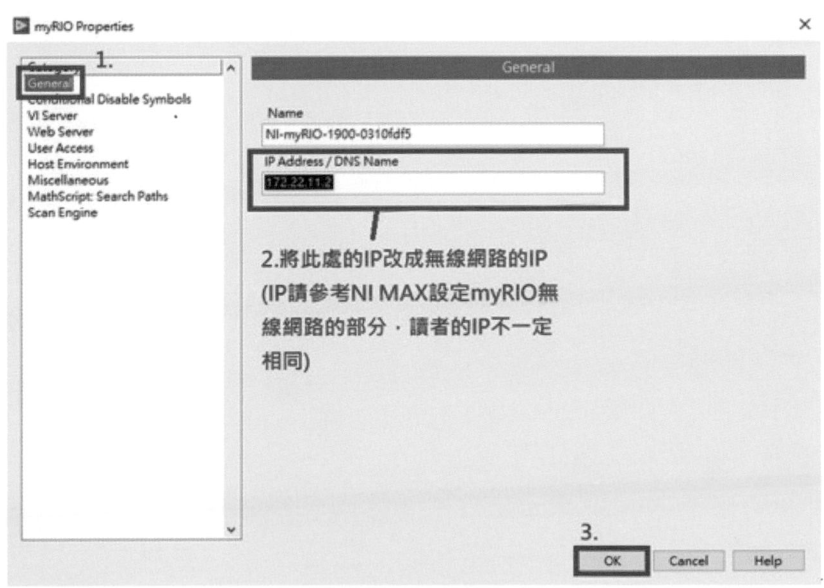

圖 1-48　設定視窗

在圖 1-49 中，可以看到設定好無線網路 IP 後，可以看到 Project 中 myRIO1900 後面 IP 位址跟 NI MAX 中無線網路的 IP 位置相同，這就表示正確的完成設定。（請依照自己 NI MAX 所得到的 IP 位址來設 Properties 視窗中的 IP 位址）

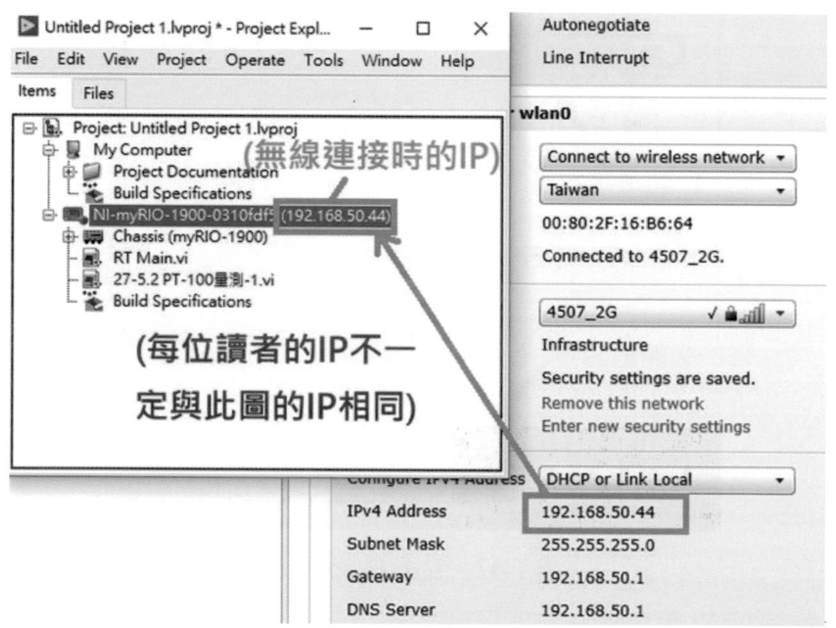

圖 1-49　設定 IP 位址

STEP 5 再來要測試是否可以連線，請到 Project 中對 myRIO-1900 點滑鼠右鍵，選擇 Connect，如圖 1-50 所示。

圖 1-50　連結 myRIO

STEP 6 點選 Connect 後，將會跳出 Deployment Progress 的視窗，請等待個人電腦（PC）使用區域網路與 myRIO-1900 連線測試，當成功完成連線測試後，就會像圖 1-51 所示告訴你成功完成，之後就可以關閉視窗，並繼續撰寫自己的 myRIOProject。

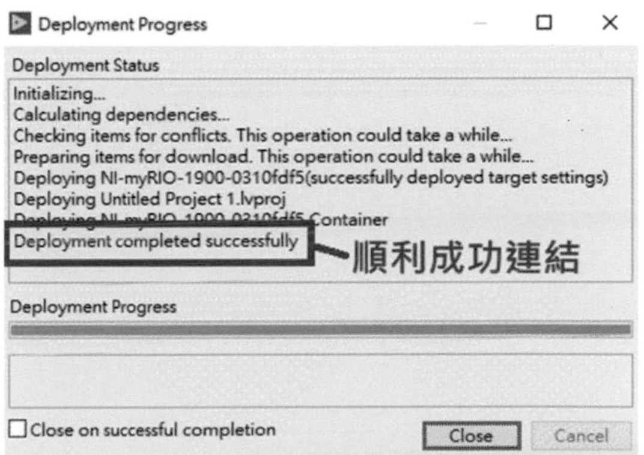

圖 1-51　連結成功畫面

NOTE

家庭保全系統

近年來 AIoT 技術蓬勃發展，相關技術已經普遍應用於日常生活中，而住家保全系統更是居家安全的第一道防線。本章節將介紹如何使用光反射器來架設一套簡易的防盜系統。

2-1 光反射器的原理

NX5 系列光反射器是一種光遮斷式的光電開關。由兩台光反射器組成，一台負責發射光訊號，另一台負責接收。使用 24 ～ 240V AC 或 12 ～ 240V DC 來運作，有三種傳遞模式，分別為直射型（Thru-beam）、反射型（Retroreflective）與擴散反射型（Diffuse reflectice），如圖 2-1 所示。

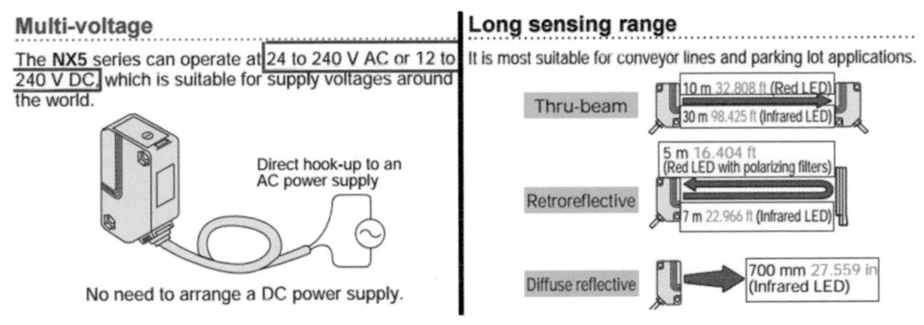

圖 2-1 光反射器的類型

反射式光遮斷器為光電開關的一種，它屬於非接觸型的光電開關。圖 2-2(a) 分別為直射型光電開關的發射器及接收器，發射器所使用的發射元件為一種不可見光的紅外線發射二極體，而接收器則使用具有接收不可見光及可見光的接收元件，如：光電晶體或紅外線接收二極體，發射器採用的是反射型當中的直射原理，因此發射及接收元件的擺設位置應如圖 2-2(b) 所示的方式加以放置（綠色），同時發射（Tx）以及接收

（Rx）元件應平行並列放置與檢測物成垂直方向，才能使本設備發揮最佳的動作功能，以增加有效的檢測距離，圖 2-2(b) 從左上角到右下角分別為：反射型、直射型及擴散型。

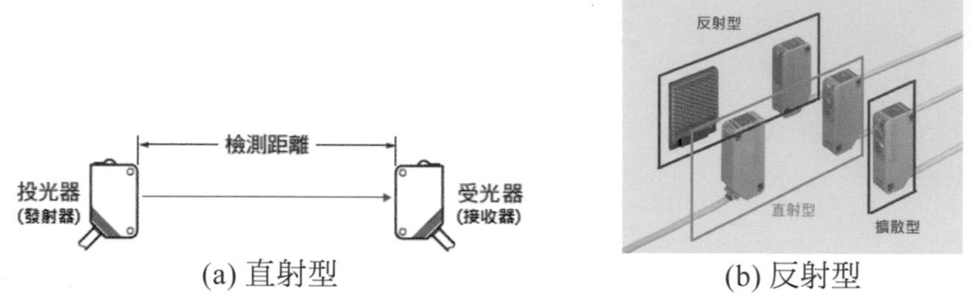

(a) 直射型　　(b) 反射型

圖 2-2　光反射器的擺放位置

2-2　NX5-M30BD 介紹

NX5-M30BD 擁有一個光反射端與一個傳送端，用來發射與接收紅外光。每個型號所感測的距離與方式都不一樣，在這裡所使用的 NX5-M30 測量範圍為 0 ～ 30m，使用的發光元件為紅外線 LED，使用時溫度範圍為 –20 ～ 55℃，周圍濕度 35 ～ 85%RH，使用時周圍亮度不可超過 3500lx。光反射有兩種模式可以使用，分別為入光啟動與遮光啟動，入光啟動為接收到發射端所射出的光訊號才會回傳訊息，遮光啟動為接收端失去發射端的光訊號才會回傳訊息。偏光濾鏡是用來處理透明物體反射所造成的不良光反射，在後面我們會介紹到詳細的功能。表 2-1 為特性，表 2-2 為各類型的相關資訊。

表 2-1　NX5-M30 的特性

名稱	NX5-M30A	NX5-M30B
距離	30m	
電源	24 ～ 240V AC，12 ～ 240V DC	
使用時周圍溫度	–20 ～ +55℃	
保存溫度	–30 ～ +70℃	
使用時周圍濕度	35 ～ 85%RH	
保存濕度	35 ～ 85%RH	
使用時周圍亮度	3,500lx 以下	

表 2-2　各類型光反射器

類型			實體	感測範圍	型號	發光元件	輸出
直射型（對照型）		入光啟動		10m	NX5-M10RA	紅色 LED	繼電器觸點 1c
		遮光啟動			NX5-M10RB		
	長距離	入光啟動		30m	NX5-M30A	紅外線 LED	
		遮光啟動			NX5-M30B		
反射型（回歸反射型）	偏光濾鏡	入光啟動	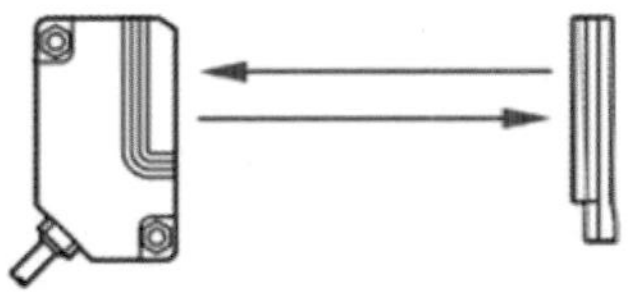	0.1 ～ 5m	NX5-PRVM5A	紅色 LED	
		遮光啟動			NX5-PRVM5B		
	長距離	入光啟動		0.1 ～ 7m	NX5-RM7A	紅外線 LED	
		遮光啟動			NX5-RM7B		
擴散反射型		入光啟動	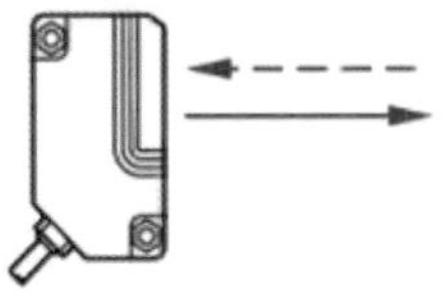	700mm	NX5-D700A	紅外線 LED	
		遮光啟動			NX5-D700B		

圖 2-3(a) 為光反射器不同類型的感測方式，有對照型、回歸反射型與擴散反射型（參照表 2-1），這些感測方式是為了檢測物體表面是否有異物或變化，當有異物或變化時，將會影響射出去的光線進而產生反射，便可以知道這檢測物是有問題的。

一般的平面光反射，入射角 = 反射角，例如：鏡子，稱為「對照型」，如圖 2-3(b)。

光線就會反覆進行正反射，反射光最後到達方向與投光方向相反，這種反射方式就稱之為「回歸反射型」，如圖 2-3(b)。

像是白紙等不具光澤性的表面，所以光會被反射到所有的方向，因此稱之為「擴散反射」，如圖 2-3(b)。

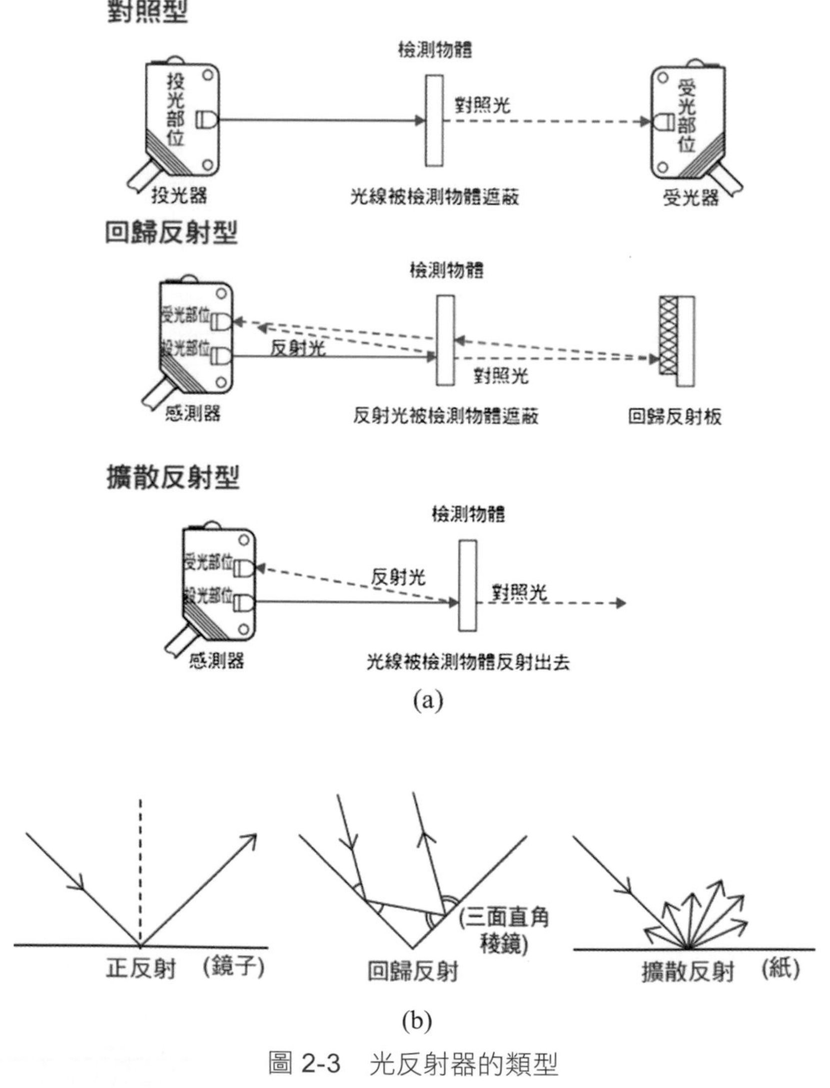

圖 2-3　光反射器的類型

圖 2-4 為光反射器的一些簡單的運用方式。偵測車輛的停靠位置與偵測輸送帶上的物品，例如機械式停車場（直射型）與肉品輸送帶（反射型），還能運用在各種不同的地方，等待著讀者自行去開發及應用。

Detecting car position at parking garage

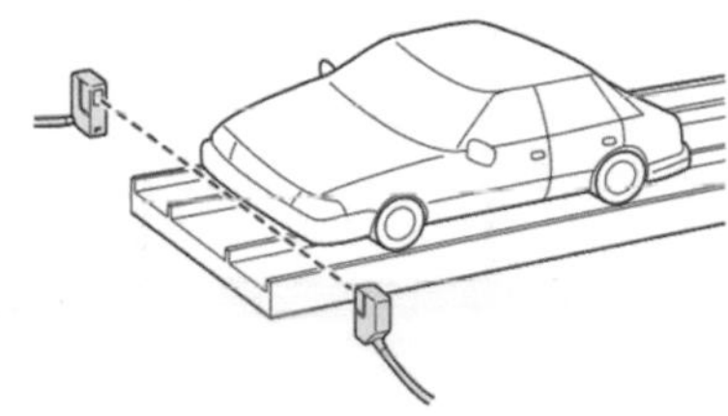

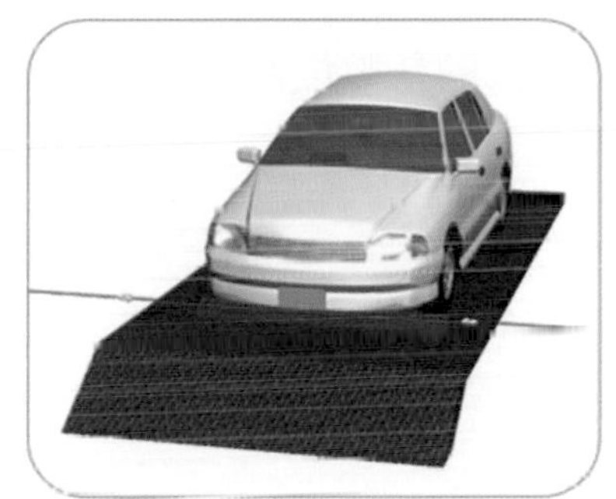

Detecting objects on conveyor line

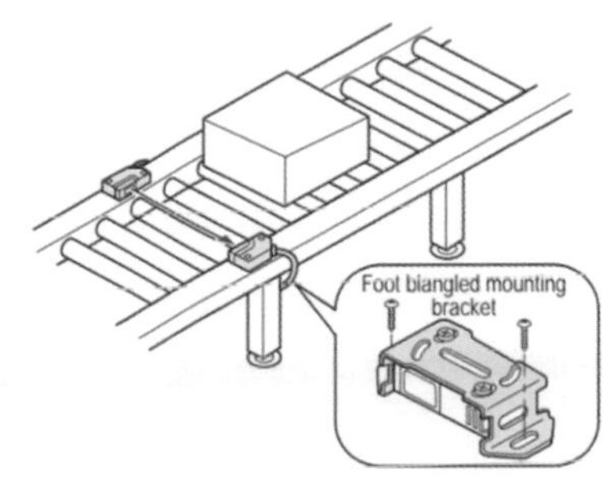

圖 2-4　光反射器簡單的應用

NX5-M30A 與 NX5-M30B 發射器（Emitter）及接收器（Receiver）的距離和角度變化，如圖 2-5 所示。當兩者的距離越來越遠，接收器能接收到的範圍就會變寬。當兩者的角度越偏差越大，接收器能接收到的範圍便會縮小。

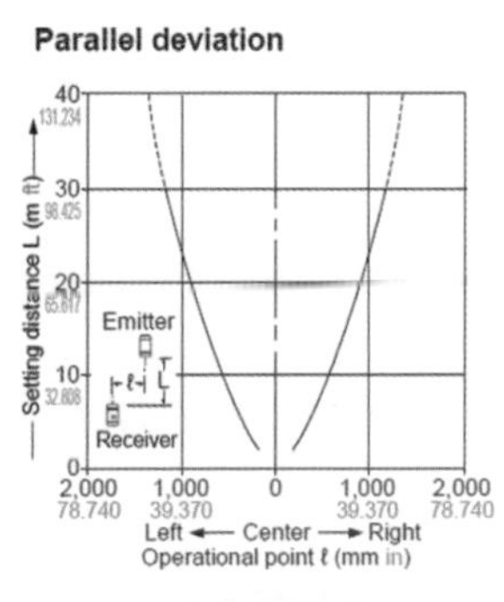

(a)距離變化

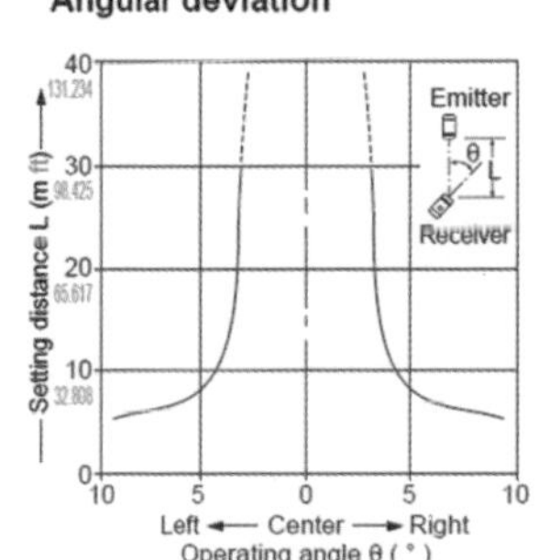

(b)角度變化

圖 2-5　距離變化和角度變化

2-3 光反射器元件與 myRIO-1900

表 2-3 為光反射端和光傳送端接線端子的功能說明。工業標準化產品一般都有附配線示意圖且控制線都會以不同顏色區分，方便作業人員施工。圖 2-6 為光反射端與光傳送端和 myRIO-1900 結合的電路接線圖，由外界電源供應器提供 DC+12V。光反射器經過轉換電路，輸出為“數位輸出”，所以在 myRIO-1900 上選擇第 11 接腳為數位輸入。而光反射端的棕色接 +12V、藍色接地。至於光傳送端的黑色與棕色接 +12V、藍色與灰色 GND、白色則為感測器之輸出。

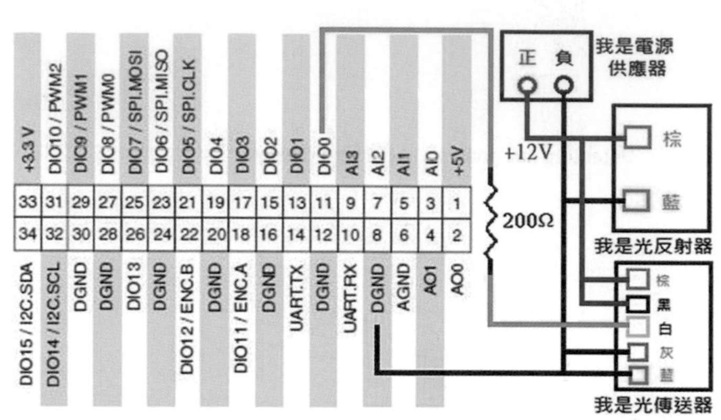

圖 2-6 電路圖

注意事項 NX5-M30BD之輸出為+12V，若直接接往使用者所使用的硬體，可能導致硬體燒毀，請利用電阻串聯降壓至硬體能承受的範圍內後，再接往所使用的硬體。

表 2-3 光反射器與傳送端接腳說明

MX5-M30BD 光反射端		棕：+12V 藍：GND
MX5-M30BD 光傳送端		黑：NO (Normal Open) 棕：+12V 藍：GND 白：COM 灰：NC (Normal Close)
杜邦線		接頭 1 公 1 母若干條 接頭 2 公若干條 接頭 2 母若干條

2-4　採用教具模組接線

為了教學操作方便，原先使用的麵包板接線方式進階製成一個專屬的教學模組。光反射端的棕色線接至模組 +12V、藍色線則接至模組 GND。至於光傳送端的黑色線與棕色線都接至模組 +12V。藍色線與灰色線則分別連接至 GND，白色線則接到模組 white 端。其中模組 P0.0 的腳位則是連接 myRIO 中的 DIO0，P0.0 的接地端則是連接到 DGND。教具模組中的 +12V 及 GND 端點皆為共通，因此模組與光反射器與電源供應器的連接只需接到模組中的腳位即可，如圖 2-7 所示。

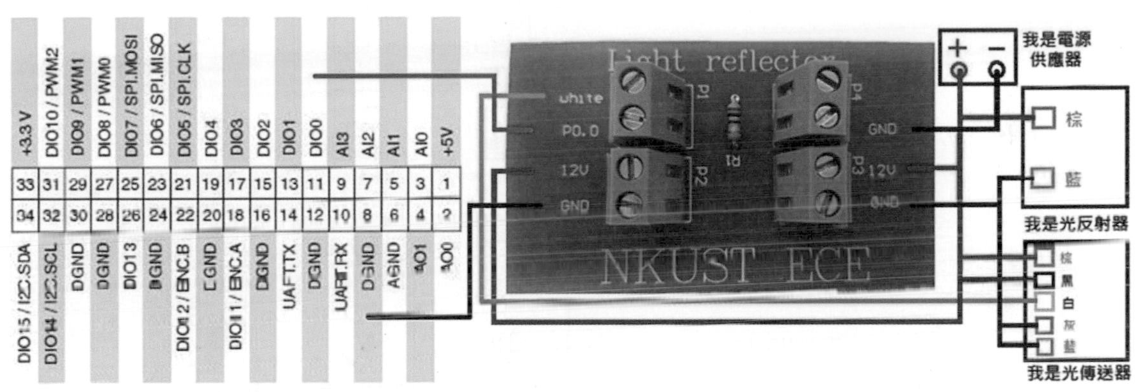

圖 2-7(a)　光反射器教具模組與 myRIO-1900 接線圖

註　此處提到傳送器的棕色線、黑色線、白色線、灰色線、藍色線；反射器的棕色線和藍色線皆為光反射器實體物上面所分別擁有的電線顏色。

White：光傳送端的白線　　P0.0：myRIO的DIO0

12V：DC+12V輸入端　　GND：接地端

圖 2-7(b)　光反射器教具模組接腳圖

2-5 LabVIEW 程式撰寫－家庭保全系統

STEP 1 在圖形程式區中從選單找到「myRIO」從中取出 Digital In，並設定腳位為 A/DIO0(Pin11)，如圖 2-8 所示。

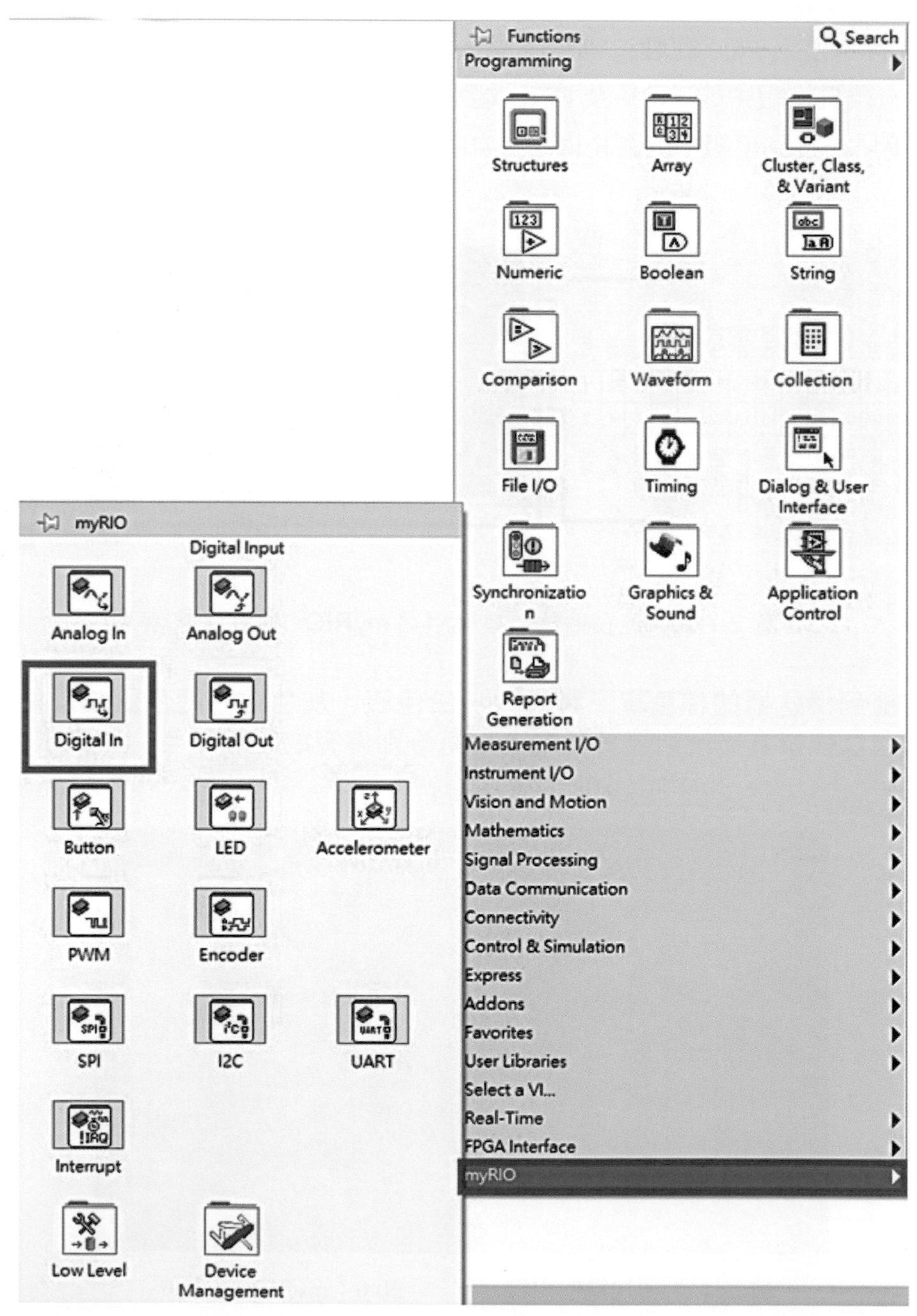

圖 2-8(a)　Digital In 路徑

圖 2-8(b)　Digital In 設定

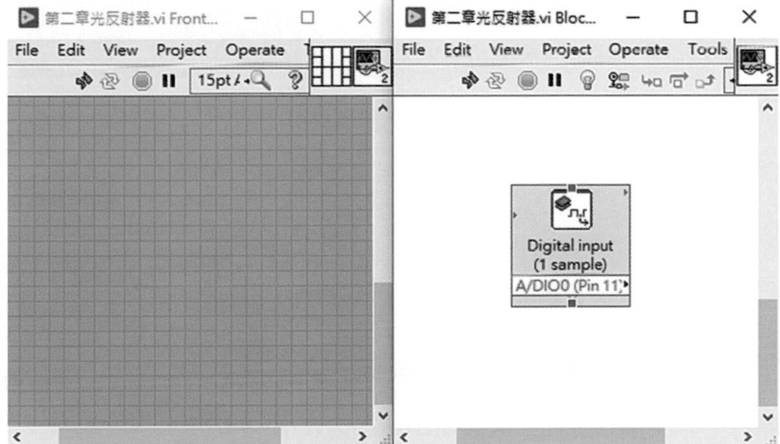

圖 2-8(c)　程式畫面

STEP 2 在人機介面「Controls → Modern → Boolean」中取出 Round LED，並連接 Digital In，如圖 2-9 所示。

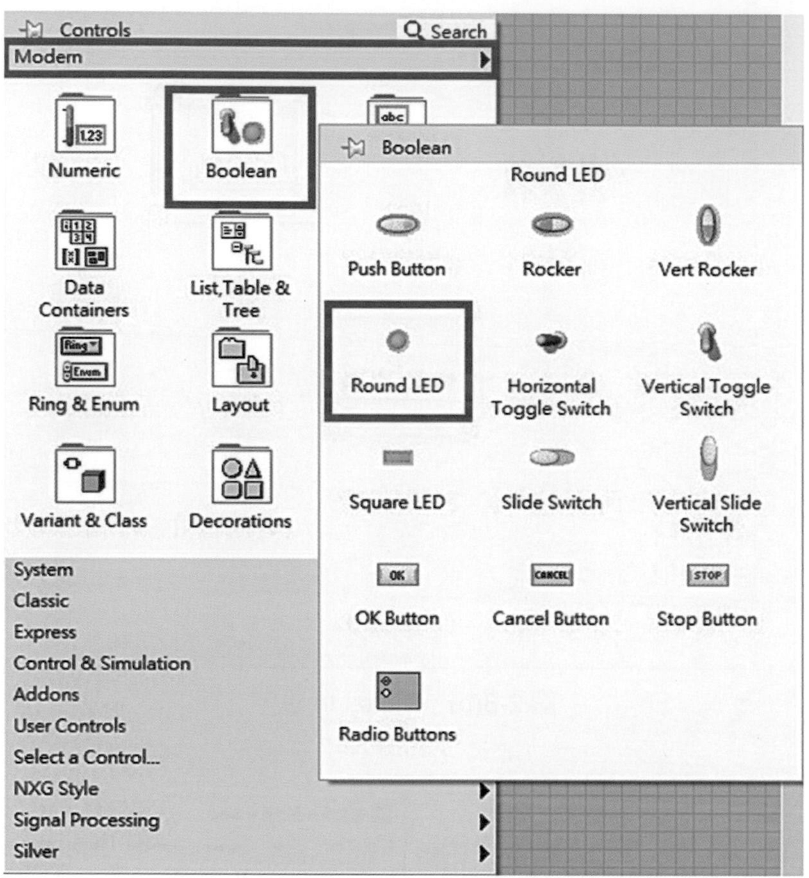

圖 2-9(a)　Round LED 元件路徑

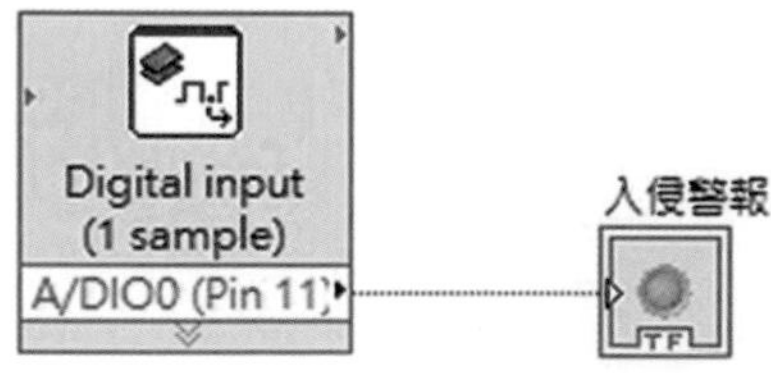

圖 2-9(b)　程式畫面

STEP 3 為了讓程式能夠一直執行，在圖形程式區的「Functions → Programming → Structures」中取出 While Loop，如圖 2-10 所示。接下來用 While Loop 將全部元件包裹在內並在迴圈右下角紅點的左邊接點按一下右鍵創造一個 STOP 元件，如圖 2-11 所示。

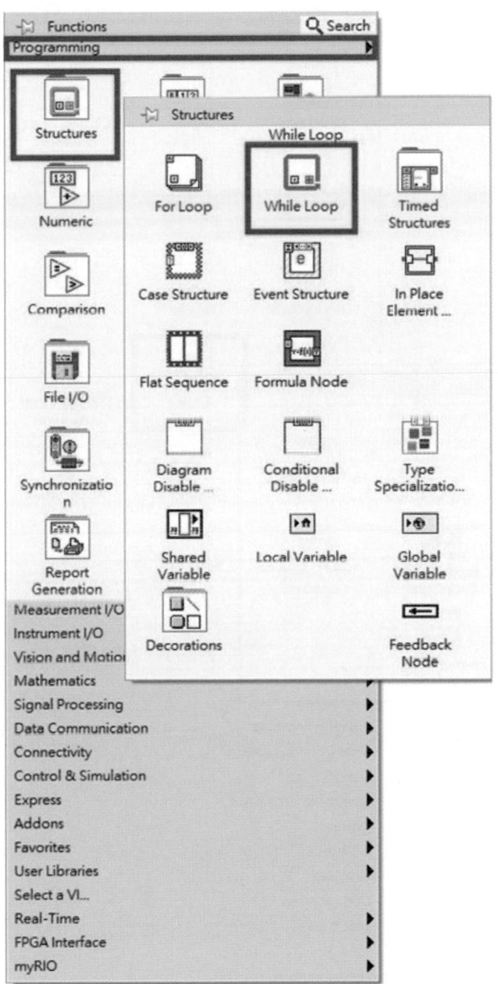

圖 2-10　While Loop 元件路徑

圖 2-11(a)　STOP 元件

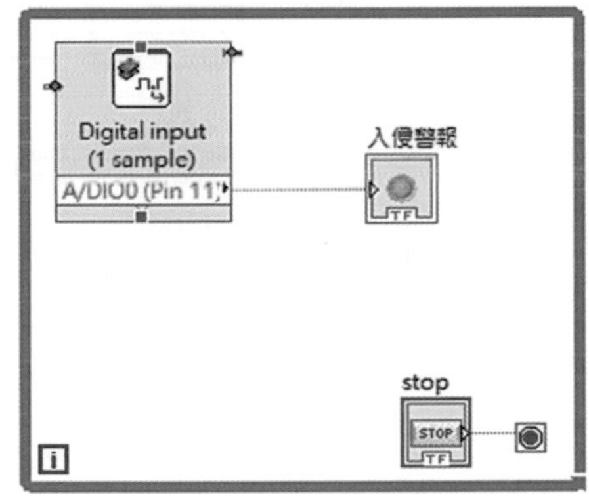

圖 2-11(b)　圖形程式區

STEP 4 為了讓程式不吃電腦太多資源，因此需要一個 delay 元件。在圖形程式區的「Functions → Programming → Timing」中取出 Wait 元件，如圖 2-12 所示。在 Wait 元件的左側小藍點按一下右鍵創造一個 Constant，並設定為 20(ms)，如圖 2-13 所示。

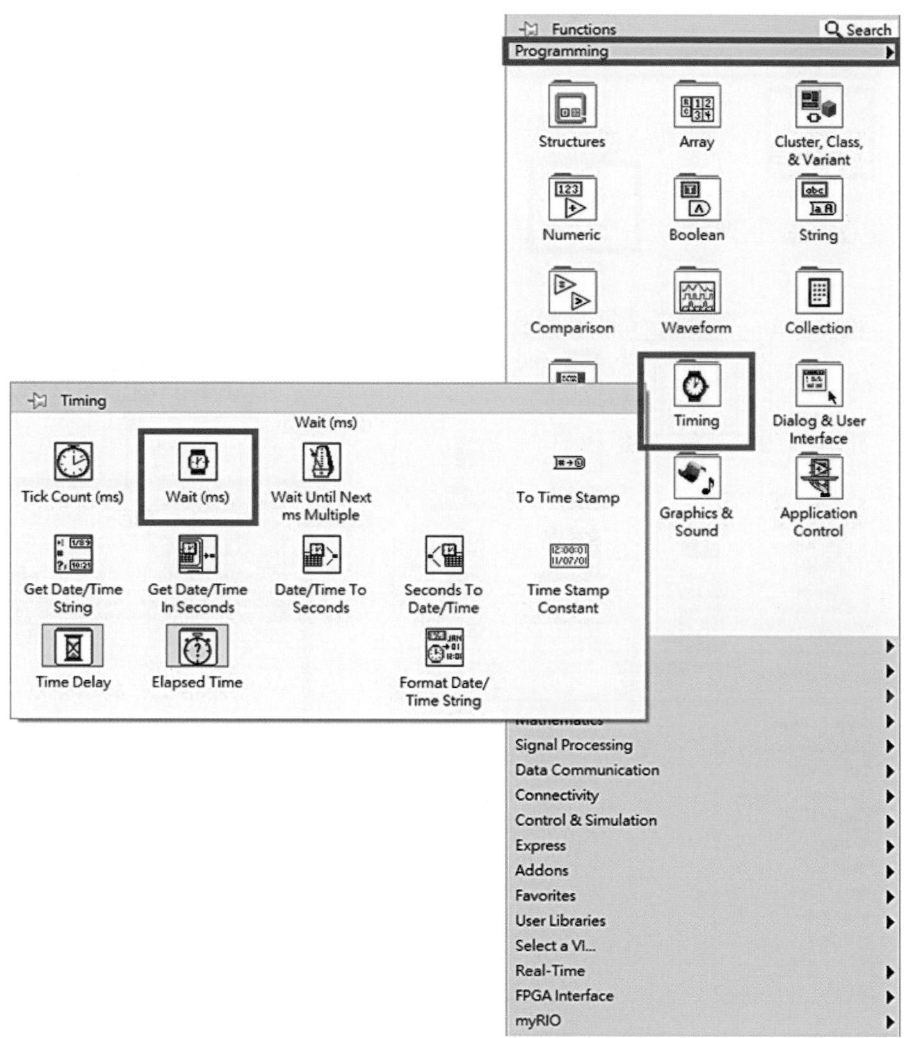

圖 2-12　Wait 元件路徑

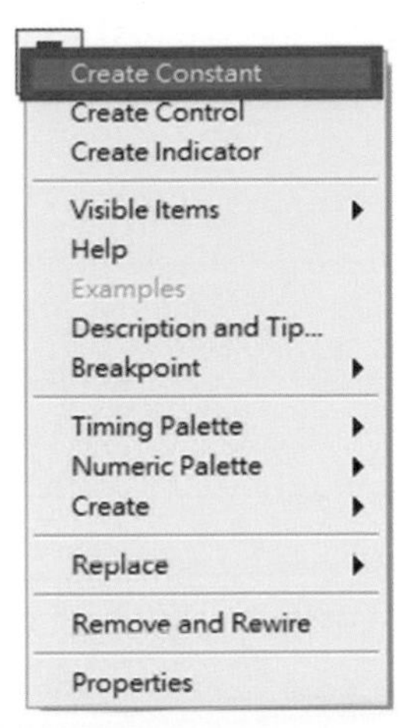

圖 2-13(a)　Constant 路徑

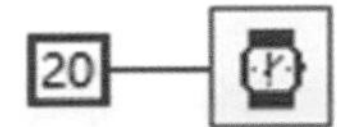

圖 2-13(b)　Constant 設定

STEP 5 將所有元件擺好連結後，如圖 2-14 所示。接著便可開始執行程式。

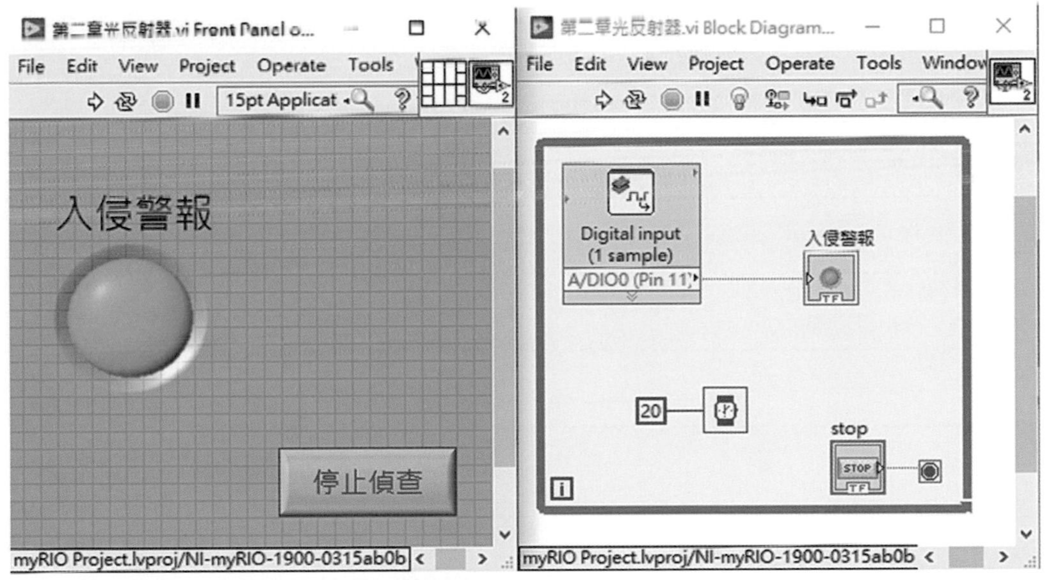

圖 2-14　程式完成圖

實驗步驟：硬體接線及程式設計完成後，先開啟電源供應器提供 DC 12V，接著開啟程式並按執行鍵。將一組光反射器對照擺好後，使用書本來遮斷光反射器模擬小偷入侵，觀察人機介面的 LED 燈是否有亮起，便可判斷程式設計及硬體接線是否正確。

NOTE

有害氣體偵測系統

近年來，在冬季時偶有新聞報導民眾在家中因一氧化碳外洩而中毒送醫。消防人員歸納原因為洗澡時瓦斯熱水器燃燒不完全，且室內通風不良而造成的意外。為避免悲劇再次發生，可在家中安裝瓦斯洩漏偵測警報器。本章節將介紹如何利用一個有害氣體感測器模組，搭配 myRIO 來架設一套可遠端監看的瓦斯洩漏偵測系統。

3-1 氣體感測器的原理

舉凡瓦斯、一氧化碳、氫氣、氧氣、有機溶劑之揮發性氣體 (如甲烷、乙醇、丙酮等) 及可燃性氣體，都是氣體感測器的偵測對象。縱使感測原理相同，對於不同的氣體也會有不同的反應，所以不同氣體的偵測，應考量感測器的感測習性，如表 3-1 所示，各種不同的氣體感測器，皆有其不同的測量對象，本章就一般家庭容易引起的瓦斯中毒與大樓火災時啟動噴水的煙霧感測裝置，兩種主要感測對象作討論。

表 3-1　TGS 系列氣體感測器

分類	型號	主要氣體種類	濃度 (ppm)
可燃性氣體	TGS109	丙烷、丁烷	500 ～ 100
	TGS813	一般可燃性氣體	500 ～ 10000
	TGS816		
	TGS842	甲烷、丙烷、丁烷	500 ～ 10000
	TGS815	甲烷	500 ～ 10000
	TGS821	氫氣	50 ～ 1000
有毒氣體	TGS203	一氧化碳	500 ～ 1000
	TGS824	氨氣	30 ～ 300
	TGS825	硫化氫	5 ～ 100

表 3-1　TGS 系列氣體感測器 (續)

分類	型號	主要氣體種類	濃度 (ppm)
有機溶劑	TGS822	酒精、甲苯、二甲苯	50 ～ 5000
	TGS823		
氟氯化碳	TGS830	R-113、R-22	100 ～ 3000
	TGS831	R-21、R-22	100 ～ 3000
	TGS832	R-134a、R-12、R-22	10 ～ 3000
臭味氣體	TGS550	硫化物	0.1 ～ 10
空氣品質	TGS100	香菸煙霧、汽車揮發瓦斯成分氣體、煙霧	10 以下
	TGS800		500 ～ 10000
烹飪氣體	TGS880	從食物中所揮發或蒸發的氣體、煙霧或臭氣	
	TGS881		
	TGS882	從食物所蒸發的酒精	

瓦斯的主要成份為甲烷，為一種可燃性氣體，理應無色、無味、無臭，但在瓦斯中另有一氧化碳的成分，故會造成人體中毒現象，為了防止瓦斯引起的災害，市面上提供了偵測瓦斯的漏氣警報器，而作者選擇具良好靈敏度、氣體偵測範圍寬廣的特性，並適用於測試瓦斯的 TGS800。

3-2　訊號類型

3-2-1　元件特性

TGS800 其體積如煙頭般大小 (如圖 3-1)，主要是由二氧化錫半導體和加熱器所組成，當有待測氣體 (如易燃性氣體) 接近而附著於二氧化錫的時候，將與氧氣作用，使得晶格中的氧被釋放，而產生電子，使得二氧化錫半導體的導電率增加，阻抗降低，所以 TGS800 感測器屬於「電阻變化型」的感測元件。

圖 3-1　TGS800 的外觀

TGS 系列氣體感測器，依加熱方法可區分為：直接加熱與間接加熱兩類，而本章所討論的 TGS800 是屬於間接加熱式，間接加熱式是把加熱器裝置於高溫陶瓷管內，並將二氧化錫的兩極部分各自獨立製作，且不負責加熱的工作，使得加熱器和電極部分各自分開使用，所以稱之為間接加熱式 TGS，其結構圖如圖 3-2 及圖 3-3 所示。

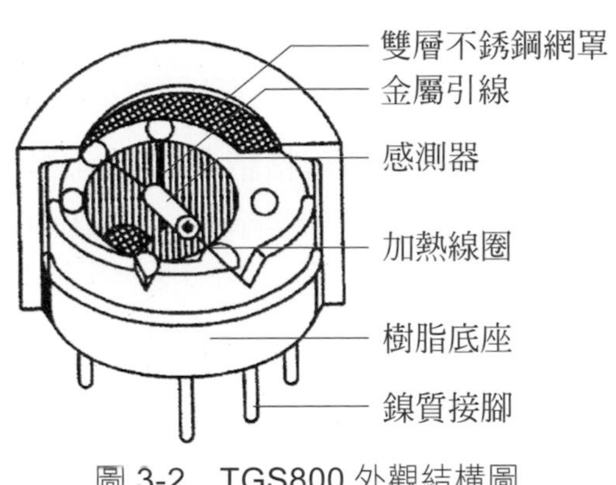

圖 3-2　TGS800 外觀結構圖

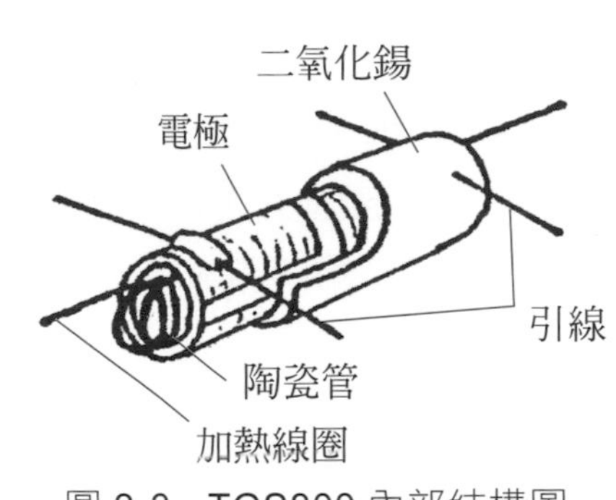

圖 3-3　TGS800 內部結構圖

圖 3-4 是 TGS800 對不同的氣體濃度下所產生的阻抗比例 (感測器的變動阻抗 R ／感測器於濃度為 1000ppm 的甲烷中產生的固定阻抗 R_o)，所以在 TGS800 對於甲烷濃度為 1000ppm 的阻抗比例為 1。

特殊氣體濃度的阻抗值計算如下：

例：若感測器在濃度為 1000ppm 的甲烷中，所產生的阻抗 R_o 為 7kΩ，而你想知道感測器在濃度為 4000ppm 的丙烷中所產生的阻抗 R，在圖 3-4 中，可發現丙烷在濃度為 4000ppm 的阻抗比為 0.4，故

$$R = (R / R_o) \times R_o$$
$$= 0.4 \times 7\text{k}$$
$$= 2.8\text{k}\Omega$$

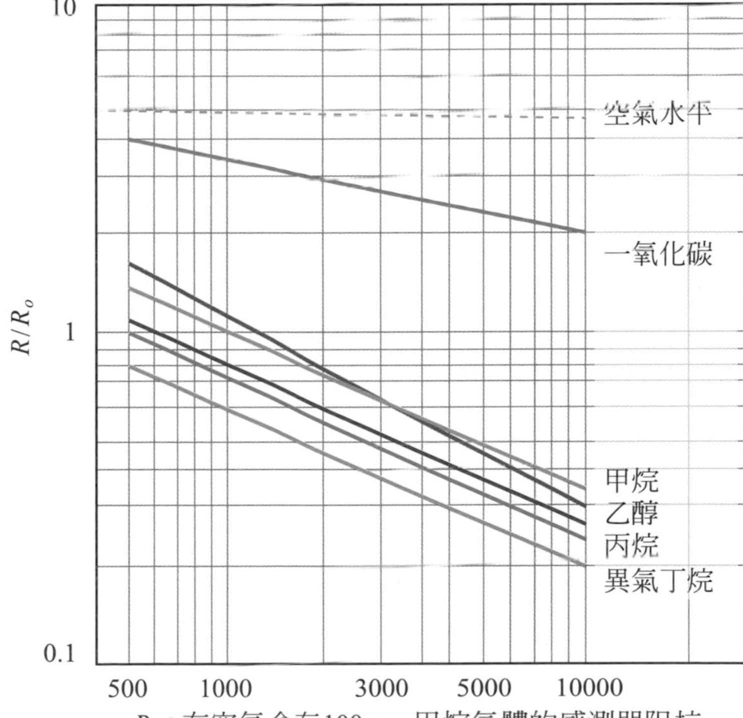

圖 3-4　TGS800 的特性曲線圖

3-2-2 規格表及說明

使用 TGS800 進行測試時，建議電路電壓用 10V(其他相關規格請參照表 3-2 使用)，依照此方式有下列原因：假如感測器在很溼或很髒的空氣時，或者輸入不準確的電壓時，就不能達到精確的感測。

表 3-2　TGS800 規格表

參數	額定值
電路電壓	24V max
燈絲電壓	5 ± 0.2V
電力消耗	15W max
最高溫度範圍	–30 ～ 70°C
操作溫度範圍	–10 ～ 40°C

3-3　訊號處理

氣體感測是人類生活中重要的感測之一，人得依靠空氣才能生存，因此氣體感測是現代生活中不可缺少的一部分，新聞中經常出現因為有害氣體洩漏造成重大傷害，像是瓦斯外洩造成的氣爆以及火災煙霧造成的嗆傷等，一但有了可以防範的機制，將可避免人員的傷亡及財力的損失。

一般在市面上，可以購買到的瓦斯漏氣警報器，電路圖如圖 3-5 所示。因我們使用 LabVIEW 程式設計來進行感測處理，因此只需要感測瓦斯漏氣與否，可將圖 3-5 的電路圖省略一大半以上。

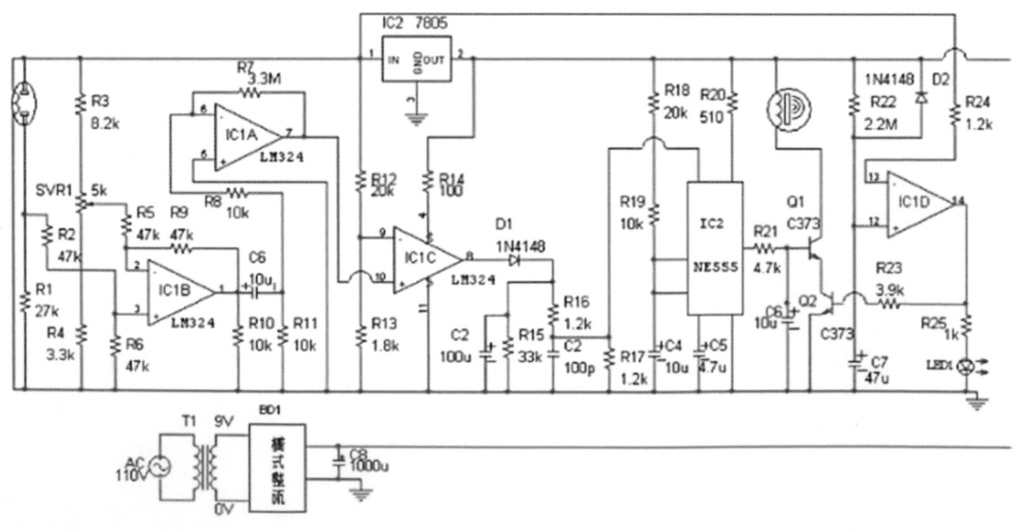

圖 3-5　瓦斯漏氣警報器電路圖

本書所使用的煙霧感測器模組 MQ-2 為簡易的氣體感測器，如圖 3-6 所示，可支援 Arduino，MQ-2 氣體感測器主要用在檢測家庭和工業中是否有有害氣體洩漏，以免造成氣體氣爆以及傷害到人體。MQ-2 可檢測許多氣體，例如：液化石油氣、甲烷、乙烷、異丁烷、酒精、氫氣、煙霧等，且 MQ-2 優點相當多例如：檢測範圍廣、驅動電路簡單且靈敏度高，且其輸出信號為簡易的類比電壓輸出，當電壓越高代表所檢測到的氣體濃度越高規格參考表 3-3，因此本書以此模組來進行模擬以及程式撰寫。

圖 3-6　MQ-2 氣體感測器

表 3-3　MQ-2 氣體感測器規格表

主要晶片	LM393 電壓比較器、ZYMQ 2 氣體感測器
工作電壓	直流 5V

特點：

1. 具有信號輸出指示
2. 雙路信號輸出（類比量輸出及 TTL 平輸出）
3. TTL 輸出有效信號為低電平（當輸出低電平時信號燈越亮，可直接接於單晶片機）
4. **類比輸出 DC0 ～ 5V 電壓，氣體濃度越高，電壓越高**
5. 對液化氣、天然氣與煤氣有較好的靈敏性
6. 具有長期的使用壽命和可靠的穩定度
7. 快速的回應恢復特性

3-4 MQ-2 氣體感測器模組與 myRIO-1900 接線

如圖 3-7 所示，該模組所使用的 +5V 電源由 myRIO 提供，並接上電源端的 GND。氣體感測器的輸出腳則接到 myRIO 的 AI0 腳位。

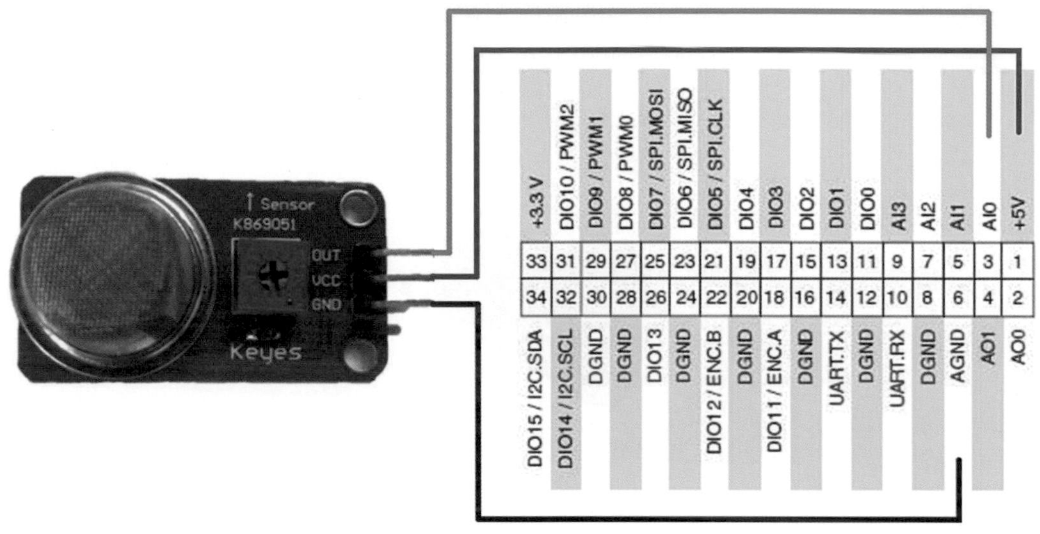

圖 3-7　MQ-2 氣體感測器模組與 myRIO-1900 接線圖

3-5 LabVIEW 程式撰寫－有害氣體偵測系統

STEP 1 在圖形程式區中從選單找到「myRIO」從中取出 Analog In，並設定腳位為 A/AI0(Pin3)，如圖 3-8 所示。

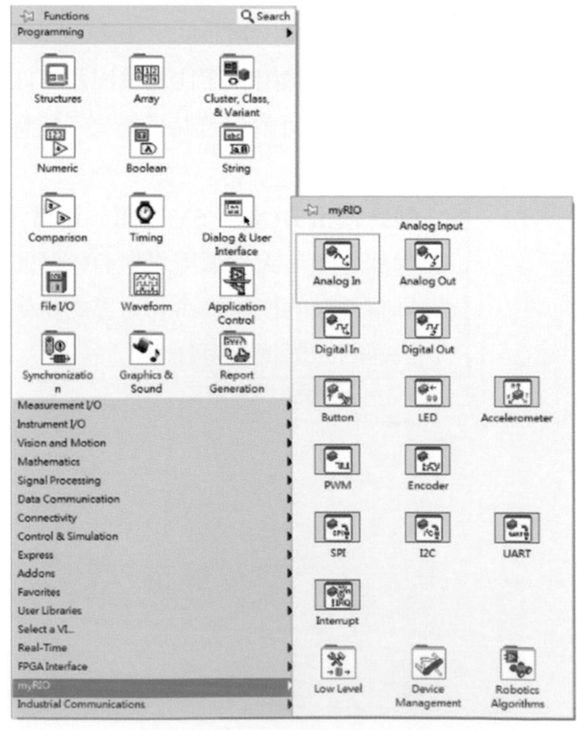

圖 3-8　Analog In 路徑

STEP 2 在人機介面區中從「Modern → Numeric」中取出 Numeric Indicator，如圖 3-9 所示，並將其命名為模組電壓位準 /V_0 由規格表得知模組輸出信號為電壓，且實驗進行時可利用三用電表量測模組 Data 腳及 GND 腳。

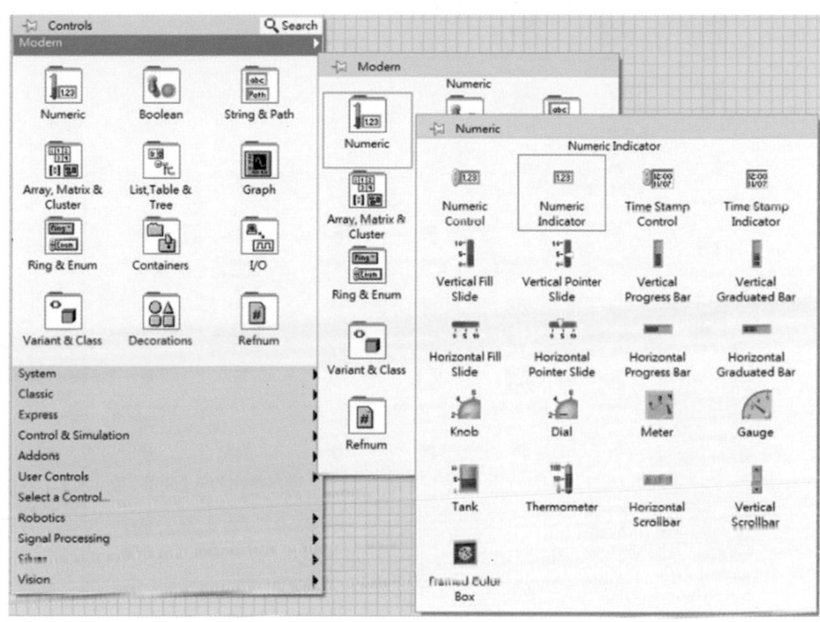

圖 3-9　Numeric Indicator 路徑

STEP 3 在人機介面區從「Modern → Boolean」中取出 Round LED 並將其命名為瓦斯濃度超標，如圖 3-10 所示。

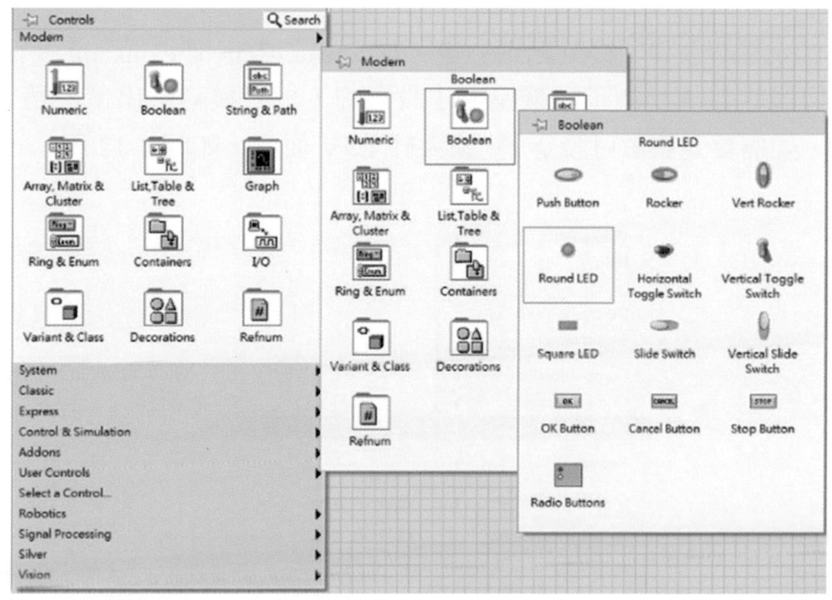

圖 3-10　Round LED 路徑

STEP 4 在圖形程式區從「Functions→Comparison」中取出 Greater?，如圖 3-11 所示。

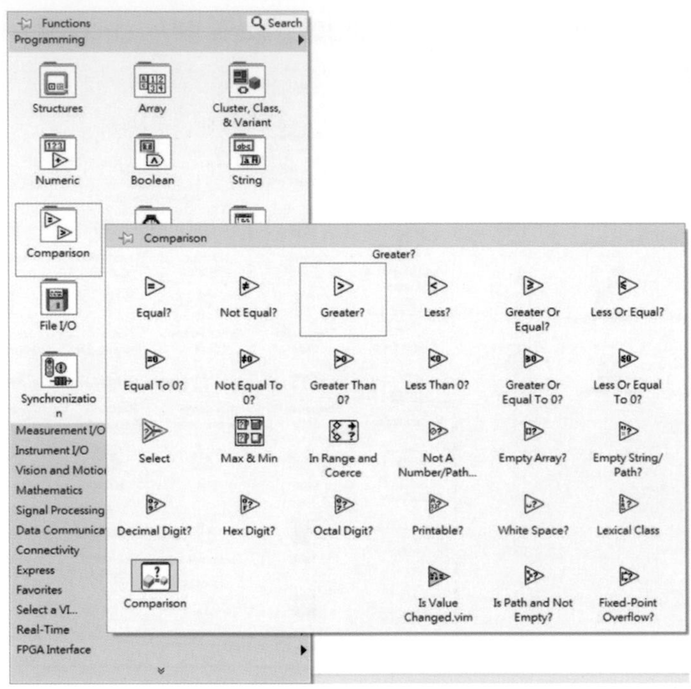

圖 3-11　Greater? 路徑

STEP 5 對 Greater? 左邊 y 接點點選右鍵，從 Create 中選擇 Constant 並輸入數值 3，數值設定為 3 是為了實驗模擬才設置的，一般模組輸出電壓穩定為 1.5V 左右，如需更為靈敏可設為 2V 或大於 1.5V 便可，如圖 3-12 所示。

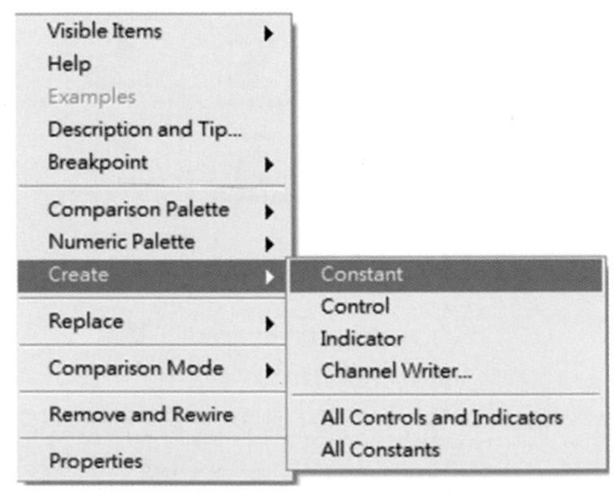

圖 3-12　建立 Constant

STEP 6 在圖形程式區從「Programming → Structures」中取出 While Loop 並將元件放入其中，如圖 3-13 所示。

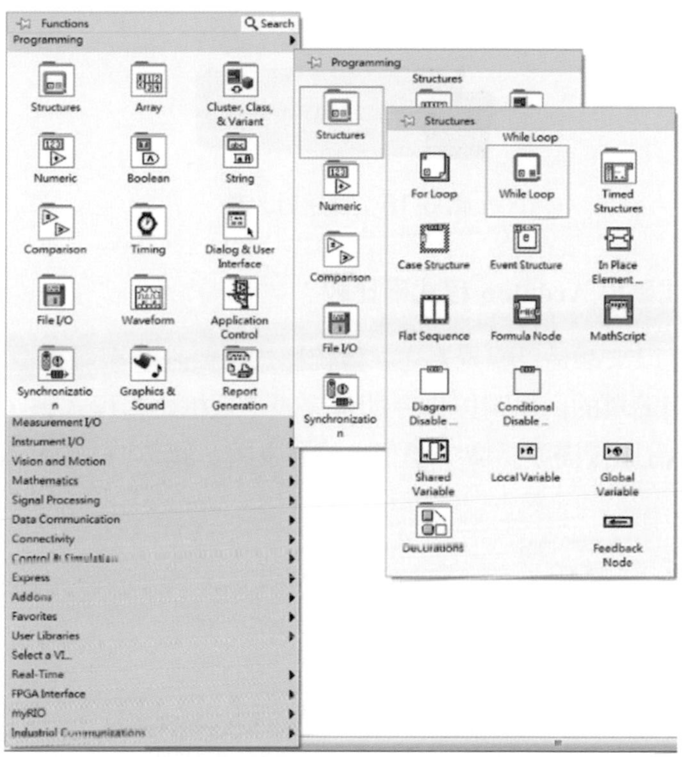

圖 3-13　While Loop 路徑

STEP 7 將元件如圖 3-14 所示連接起來。

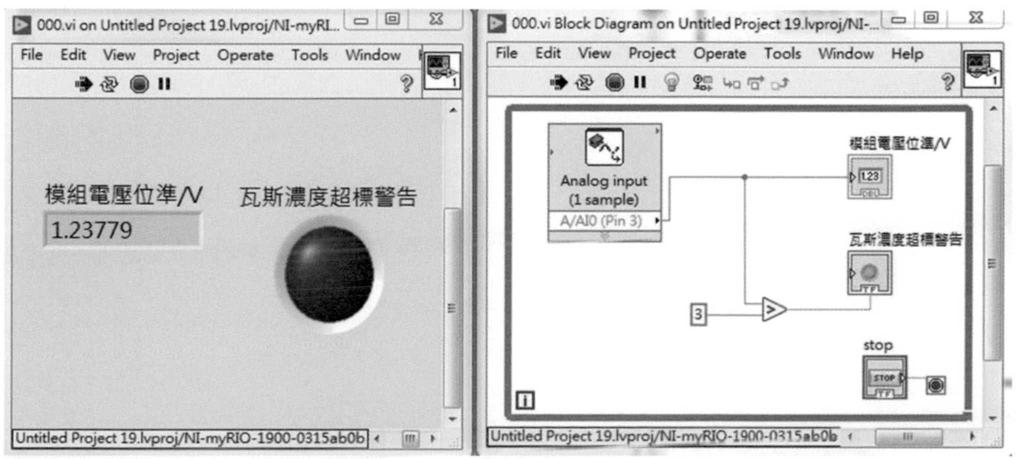

圖 3-14　LabVIEW 程式介面

實驗步驟： 硬體接線及程式完成後可使用傳統打火機，如圖 3-15，在 MQ-2 氣體感測器模組周圍輕壓開關使瓦斯洩漏一點，即可看到模組輸出端 (OUT 端) 的電壓上升。同時可搭配三用電表來觀察模組輸出電壓的變化。

圖 3-15　傳統打火機

LabVIEW 程式碼與 Arduino 程式碼比較：

LabVIEW 一直以來都是以視覺為主，傳統程式需要許多複雜指令才能完成的動作，LabVIEW 只需使用簡單的內建圖控指令即可完成。且相比起程式碼，LabVIEW 的人機介面對於一般人而言比較淺顯易懂，學習上較為友善，圖 3-16 為 Arduino 程式碼。

```
int sensorValue;
void setup()
{
 Serial.begin(9600);          // sets the serial port to 9600
}
void loop()
{
 sensorValue = analogRead(0);           // read analog input pin 0
 Serial.println(sensorValue, DEC);   // prints the value read
 delay(100);                                  // wait 100ms for next reading
}
```

圖 3-16　Arduino 程式碼

空氣中溫度量測 (LM335)

因工業快速發展，工廠排放的二氧化碳量也快速增加，連帶造成地球的年均溫度逐年上升。監測環境的溫度變化也成了日常的話題，本章節將介紹如何利用一個半導體式的溫度感測器來監測環境的溫度變化。

4-1　LM335 感測器的原理

LM335 是國家半導體公司製造的一系列半導體溫度感測器的一種。它工作與稽納二極體相似，其逆向崩潰電壓輸出隨溫度成正比線性變化。除了 LM335 之外，在這系列中還有許多不同型號的感測器，各有不同的量測範圍與特性。圖 4-1 為 LM 溫度感測器系列的部分規格表。在後面章節的例題中所使用的元件為 LM335。表 4-1 為 LM335 的特性，其檢測的溫度範圍在 –40°C ～ +100°C 之間。

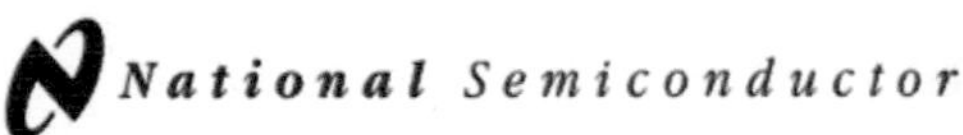

November 2000

LM135/LM235/LM335, LM135A/LM235A/LM335A
Precision Temperature Sensors

General Description

The LM135 series are precision, easily-calibrated, integrated circuit temperature sensors. Operating as a 2-terminal zener, the LM135 has a breakdown voltage directly proportional to absolute temperature at +10 mV/°K. With less than 1Ω dynamic impedance the device operates over a current range of 400 µA to 5 mA with virtually no change in performance. When calibrated at 25°C the LM135 has typically less than 1°C error over a 100°C temperature range. Unlike other sensors the LM135 has a linear output.

Applications for the LM135 include almost any type of temperature sensing over a −55°C to +150°C temperature range. The low impedance and linear output make interfacing to readout or control circuitry especially easy.

The LM135 operates over a −55°C to +150°C temperature range while the LM235 operates over a −40°C to +125°C temperature range. The LM335 operates from −40°C to +100°C. The LM135/LM235/LM335 are available packaged in hermetic TO-46 transistor packages while the LM335 is also available in plastic TO-92 packages.

Features

- Directly calibrated in °Kelvin
- 1°C initial accuracy available
- Operates from 400 µA to 5 mA
- Less than 1Ω dynamic impedance
- Easily calibrated
- Wide operating temperature range
- 200°C overrange
- Low cost

圖 4-1　National 半導體公司 LM 溫度感測器系列規格表

表 4-1　LM335 的特性

(a) 工作溫度：–40°C ～ +100°C	(d) 可承受反向電流：15mA
(b) 工作電流：400μA ～ 5mA	(e) 保存溫度：–60°C ～ +150°C
(c) 可承受正向電流：10mA	(f) 靈敏度：10mV / °K

LM335 可以等效成一個稽納二極體，在外加電流 400μA ～ 5mA 之間皆有穩定的電壓輸出，不受電流變化的影響。LM335 可以承受正向電流 10mA 及反向電流 15mA，所以 LM335 被反接也不會損壞。LM335 的保存溫度在 –60°C ～ +150°C 之間。當溫度為 0°C 時，LM335 的輸出電壓為 0V。當溫度為 100°C 時，輸出電壓則是 1V。溫度每升高 1°K，輸出電壓增加 10mV，因此溫度 T 係數為 10mV/°K。

圖 4-2 為 LM335 腳位示意圖及電路符號，圖 4-3 為 LM335 不同包裝的實體圖。

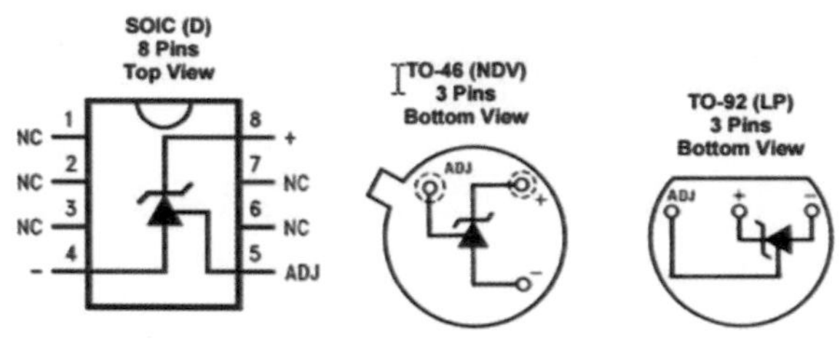

圖 4-2　LM335 腳位示意圖及電路符號

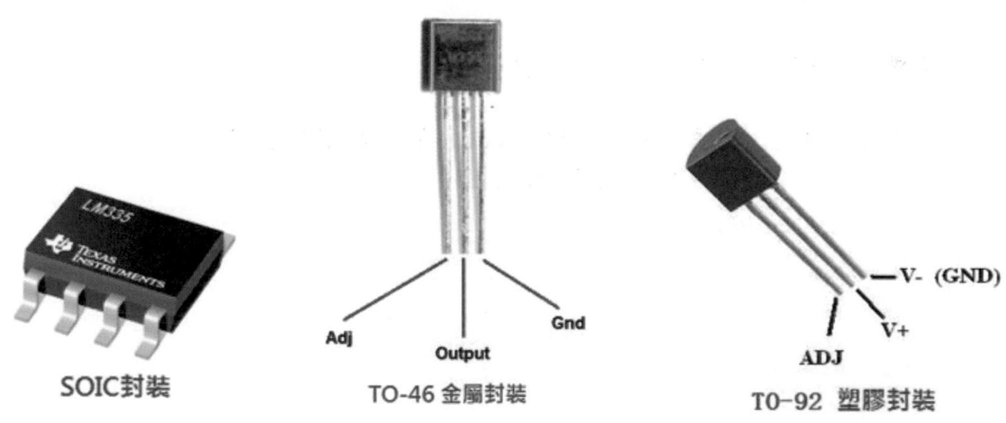

圖 4-3　LM335 不同包裝的實體圖

4-2 訊號類型

4-2-1 LM335 系列之比較

表 4-2 為 LM335 系列的特性規格表，從表中可得知 LM335 的誤差最大為 ±9.0℃，而 LM335A 的誤差最小為 ±2.0℃。在一個額定工作溫度範圍內，絕對溫度的誤差值，在沒有外部調整或經校正誤差調整後以及非線性度方面，LM335 都比 LM335A 的值來得大。

表 4-2　LM335 系列特性規格表

項目		LM135	LM135A	LM235	LM235A	LM335
絕對最大額定	順向電流	10mA				
	反向電流	15mA				
工作需求狀態	工作溫度	−55℃ ～ +100℃	−55℃ ～ +100℃	−40℃ ～ +125℃	−40℃ ～ +125℃	−40℃ ～ +100℃
	儲存溫度	−60℃ ～ +150℃	−60℃ ～ +150℃	−60℃ ～ +150℃	−60℃ ～ +150℃	−60℃ ～ +150℃

溫度精準性：LM135/LM235、LM135A/LM235A

參數		測試狀態	LM135A/LM235A			LM135/LM235			單位
			最小	典型	最大	最小	典型	最大	
工作狀態下輸出電壓		$T_C = 25℃$, $I_R = 1$ mA	2.97	2.98	2.99	2.95	2.98	3.01	V
未校準時的溫度誤差		$T_C = 25℃$, $I_R = 1$ mA		0.5	1		1	3	℃
未校準時的溫度誤差		$T_{MIN} \le T_C \le T_{MAX}$, $I_R = 1$mA		1.3	2.7		2	5	℃
在 25℃ 時的溫度誤差		$T_{MIN} \le T_C \le T_{MAX}$, $I_R = 1$mA		0.3	1		0.5	1.5	℃
校正	額外校正後誤差	$T_C = T_{MAX}$（Intermittent）		2			2		℃
溫度	非線性	$I_R = 1$ mA		0.3	0.5		0.3	1	℃

溫度精準性： LM335、LM335A

參數		測試狀態	LM135A/LM235A			LM135/LM235			單位
			最小	典型	最大	最小	典型	最大	
工作狀態下輸出電壓		$T_C = 25°C$, $I_R = 1\ mA$	2.92	2.98	3.04	2.95	2.98	3.01	V
未校準時的溫度誤差		$T_C = 25°C$, $I_R = 1\ mA$		2	6		1	3	℃
未校準時的溫度誤差		$T_{MIN} \leq T_C \leq T_{MAX}$, $I_R = 1mA$		4	9		2	5	℃
在 25℃ 時的溫度誤差		$T_{MIN} \leq T_C \leq T_{MAX}$, $I_R = 1mA$		1	2		0.5	1	℃
校正	額外校正後誤差	$T_C = T_{MAX}$（Intermittent）		2			2		℃
溫度	非線性	$I_R = 1\ mA$		0.3	1.5		0.3	1.5	℃

4-3 訊號處理

4-3-1 訊號轉換的目的

感測系統主要是以利用各種型式感測器來檢出物理量為目的。由感測器檢出各種訊號（電壓或電流），然後再將這些訊號轉換成能與其他儀表連接之訊號，例如溫度表、壓力表等。以下為訊號轉換的相關術語。

1. 訊號準位變換

通常需要感測器檢測出類比訊號，有低準位和高準位等各種的電壓準位，這些訊號通常須經過放大器轉換為制式的訊號準位，1 ～ 5V DC 或 0 ～ 10V DC。

2. 訊號型態的轉換

為了便於處理檢出的訊號，訊號型態的轉換是必要的。例如電阻值變化的訊號可轉換為電壓訊號，以方便作放大處理。當感測器與受信器之間距離較遠時，一般則會轉換成電流訊號，如此可以降低傳輸線的訊號衰減，電流訊號一般為 4 ～ 20 mA。

3. 線性化

感測器的輸出特性，一般為非線性，例如 K-type 和 Pt-100 等，而檢出訊號均為非線性，因此需利用轉換器將訊號作線性化之處理，讓儀表的讀值顯示準確。

4. 濾波

控制系統中，電動機與電磁閥等大功率消耗機器的微小訊號常會與測定器併用，對 60Hz 的電源頻率會存在同步雜訊或脈波性雜訊，因此需防止雜訊引起受信器的錯誤動作。可用電容與電阻組成一次濾波器，以去除 50 ～ 60Hz 的雜訊成份。

4-3-2 LMX35 的典型應用與 LM335 轉換電路

圖 4-4 為 LM 系列規格表提供之 LMX35 系列設計規範。這裡我們來介紹一些簡單的 LMX35 系列量測溫度的參考電路圖。

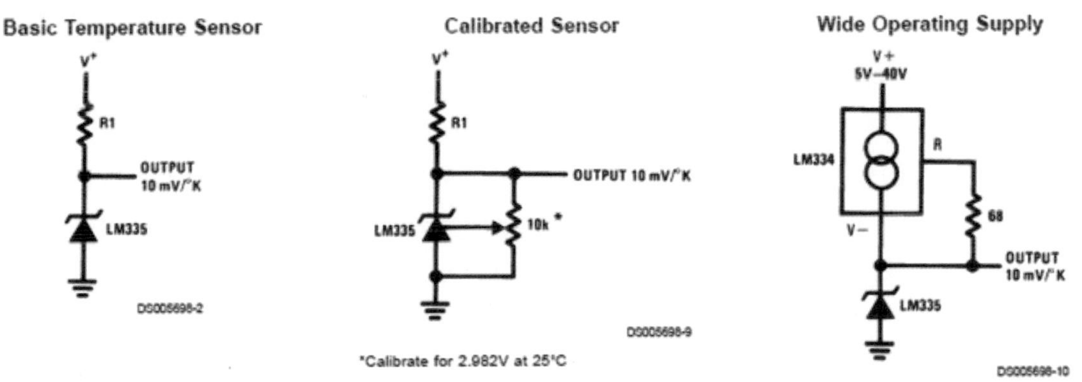

圖 4-4　LM 系列規格表提供之 LMX35 系列設計參考電路

圖 4-5 為 LM335 之轉換電路，其輸出為 mV 的電壓，只需要透過可變電阻進行校正，即可得到 10mV/°C 的電壓輸出。使用 SVR1 及 SVR4 10kΩ 電阻來做為 LM335 的線性誤差調整（可修正線性），其目的在藉由調整過程中，可以藉由測量 4°C（冷水）→ V_o = 40mV 和 100°C（熱水）→ V_o = 1V 當下的輸出電壓值來驗證結果，以便達到校正效果。為了要精確的調整至 10mV/°K，我們使用一個 5.1kΩ 電阻串聯一個 10kΩ 的精密可變電阻，即可精確的調整至 10mV/°K。（°C 及 °K 之溫度間距相同）

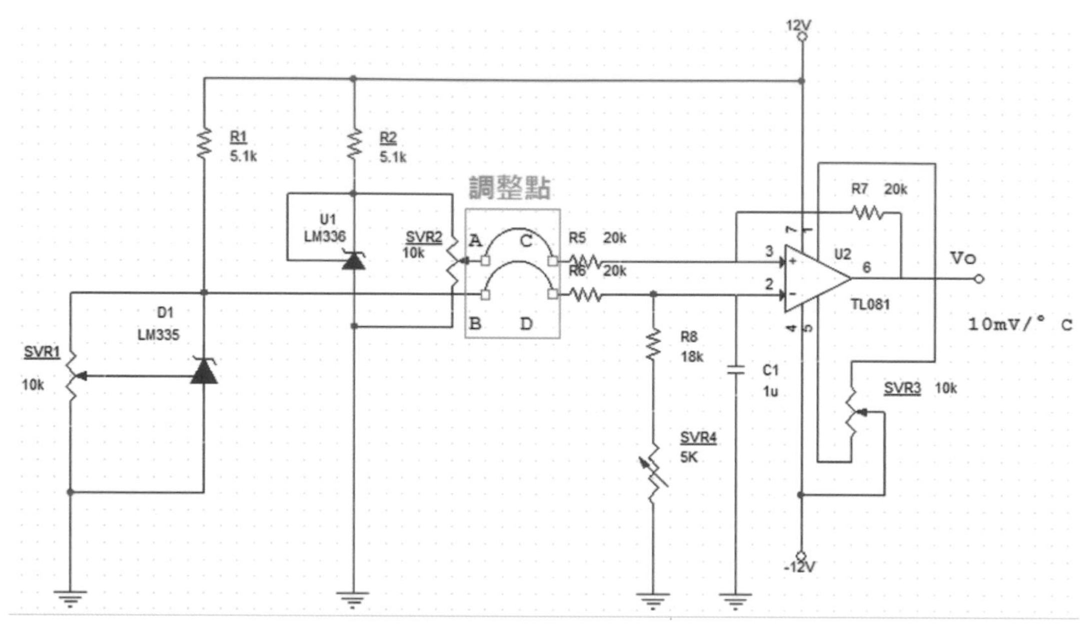

圖 4-5　LM335 轉換電路圖

4-3-3 使用 LabVIEW 時 LM335 的轉換電路

透過 LabVIEW 的強大功能，可以簡化圖 4-5 中的放大電路。表 4-3 為 LM335 的腳位圖，透過圖 4-5 的接線方式，使用 +5V 電源串聯 2.2kΩ 提供 LM335 電源，再來調整 10kΩ 可變電阻及使用三用電表量測使 LM335 的輸出電壓等於絕對溫度乘上 10mV/°K，因為 °C 轉 °K 的公式為：[K] = [°C] + 273，故可以得出：((26+273)°K × 10mV/°K) = 2.99V（室溫 26°C 當下的輸出電壓），如此一來就可以得到室溫底下對應的輸出電壓。當然讀者也可以到後面程式完成後，利用人機介面的虛擬儀表再進行調整，有了對溫度的了解就開始程式的撰寫吧。

表 4-3　LM335

感測器名稱	感測器實體圖	腳位
LM335	V- (GND) V+ ADJ TO-92 塑膠封裝	圖下方三條由左至右分別是 左：adj（調整） 中：+ 端（輸出） 右：– 端（GND） 註：參照圖4-2接腳

4-4 資料擷取

4-4-1 採用教具模組接線

為了教學操作方便，將原先使用的麵包板電路接線方式進階客製化成一個專屬的教學模組。將模組上的 5V 處連接到 myRIO 的 +5V 端點，模組上的 AI0+ 接點連接到 myRIO 的 AI0 端點，模組上的 GND 則連接到 myRIO 的 AGND，如圖 4-6 所示。如圖 4-7 為 LM335 教具模組腳位圖。

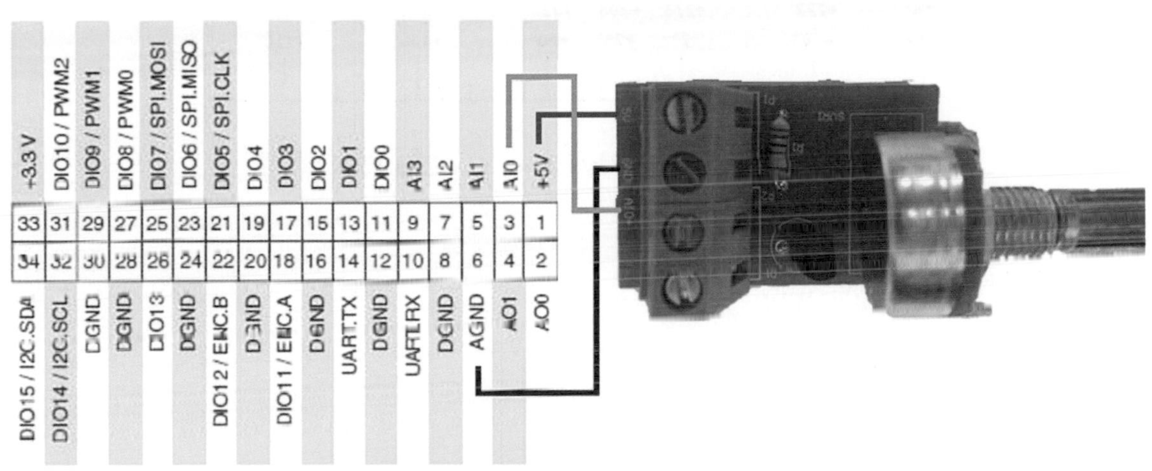

圖 4-6　LM335 教具模組與 myRIO-1900 接線圖

腳位 1：5V(DC+5V 輸入)
腳位 2：GND(接地端)
腳位 3：AI0+(Aout)

圖 4-7　LM335 教具模組腳位圖

4-5 LabVIEW 程式撰寫－空氣中溫度量測

4-5-1 數值 V-S－儀表的計算準則

絕對溫度的 K 是熱力學上的一種單位，把分子能量最低時的溫度定為絕對零度記為 0°K，相當於 –273.15°C（即 0°K = –273.15°C），是一種極限溫度，在此種溫度下，分子運動不再具有可以轉移給其他系統的能量。攝氏 –273°C 是絕對溫度 0°K，所以說水的冰點是 273°K，沸點是 373°K。溫度轉換計算方式參考下圖 4-8 所示。

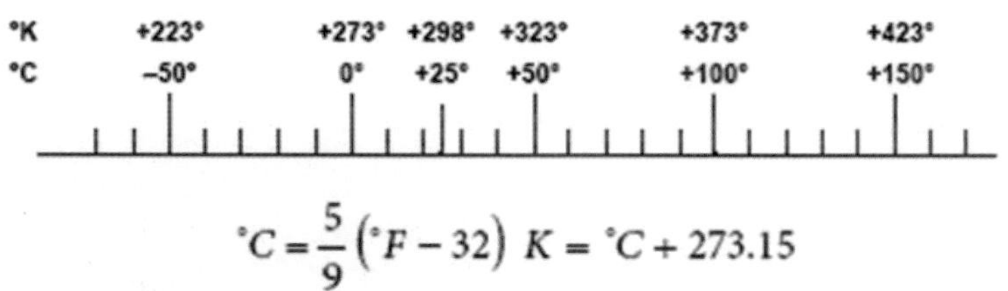

$$°C = \frac{5}{9}(°F - 32) \quad K = °C + 273.15$$

圖 4-8　溫度轉換計算

註　°C及°K之溫度間距相同。

4-5-2 LabVIEW 程式撰寫－空氣中溫度量測

STEP 1 在圖形程式區中從選單找到「myRIO」從中取出 Analog In，並設定腳位為 A/DIO0(Pin3)，如圖 4-9 所示。

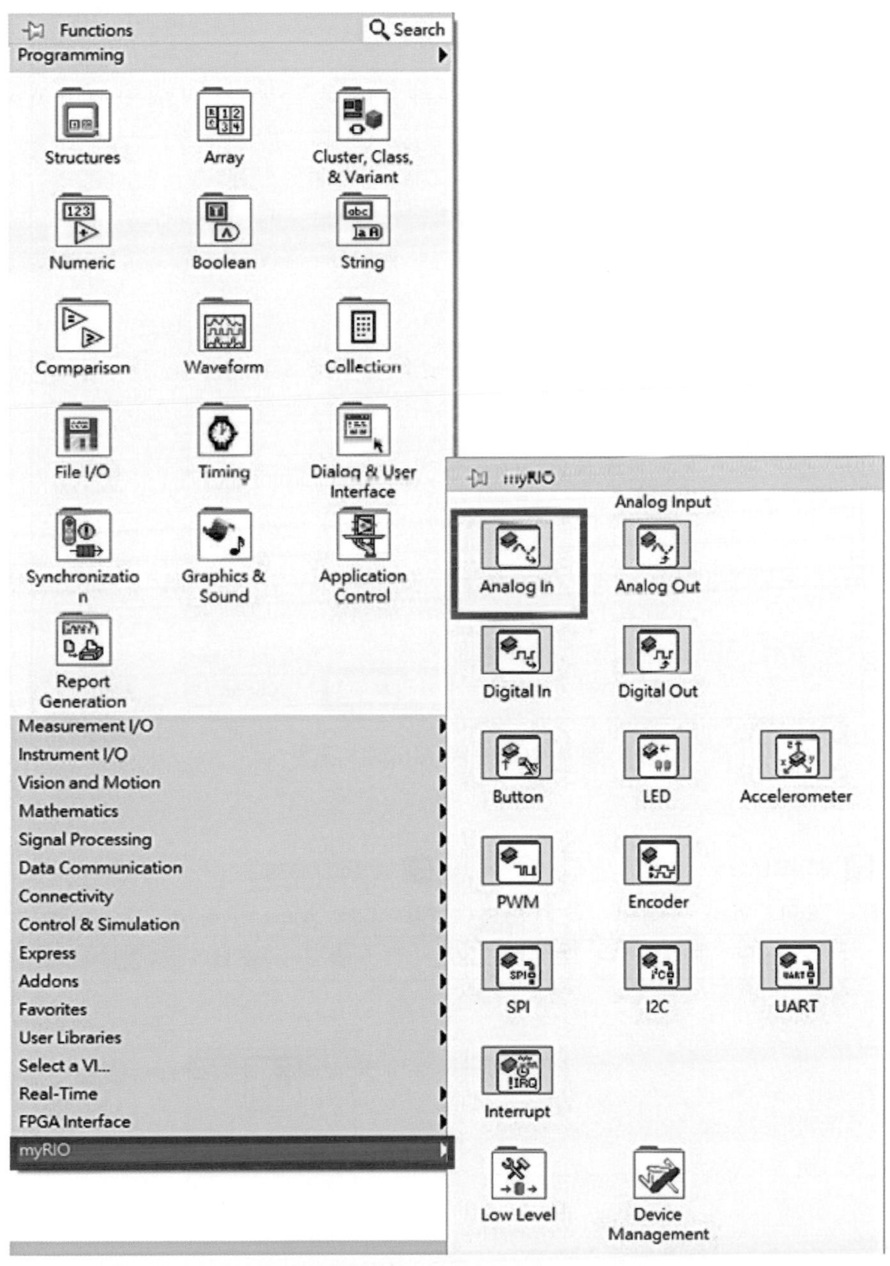

圖 4-9(a)　Analog In 路徑

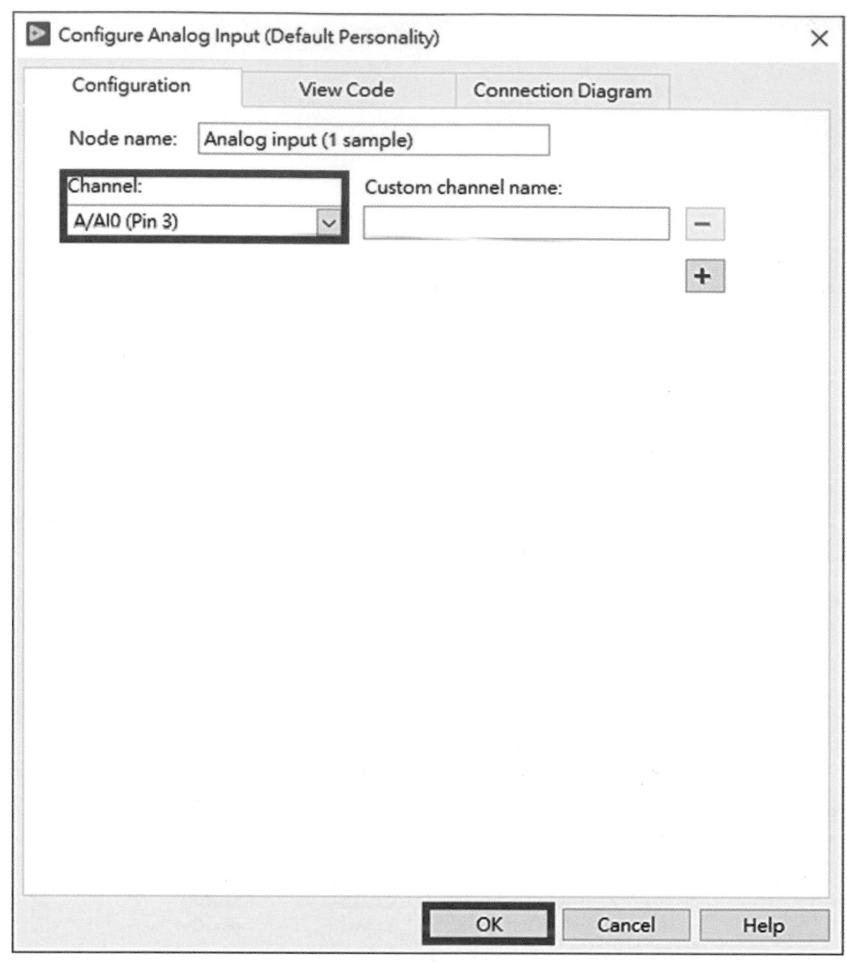

圖 4-9(b)　Analog In 設定

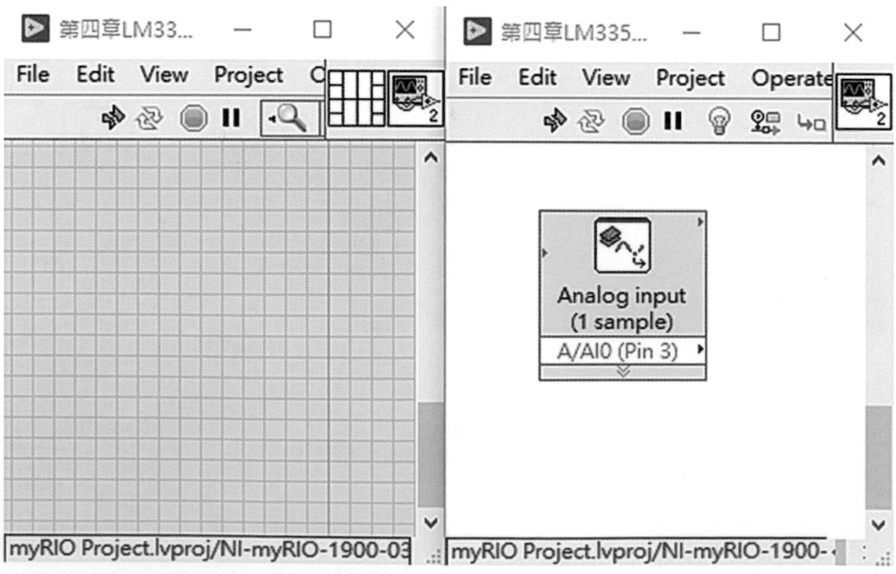

圖 4-9(c)　程式畫面

STEP 2 接著在人機介面「Controls → Modern → Numeric」中分別取出三個數值控制元件、一個數值顯示元件、兩個時間顯示元件及一個溫度計顯示元件，如圖 4-10 所示。控制元件分別命名為溫度上限、溫度下限、幾分鐘測量 1 次，顯示元件命名為現在溫度，時間顯示元件則分別命名為現在量測時間及下次量測時間，溫度計元件則命名為溫度計。

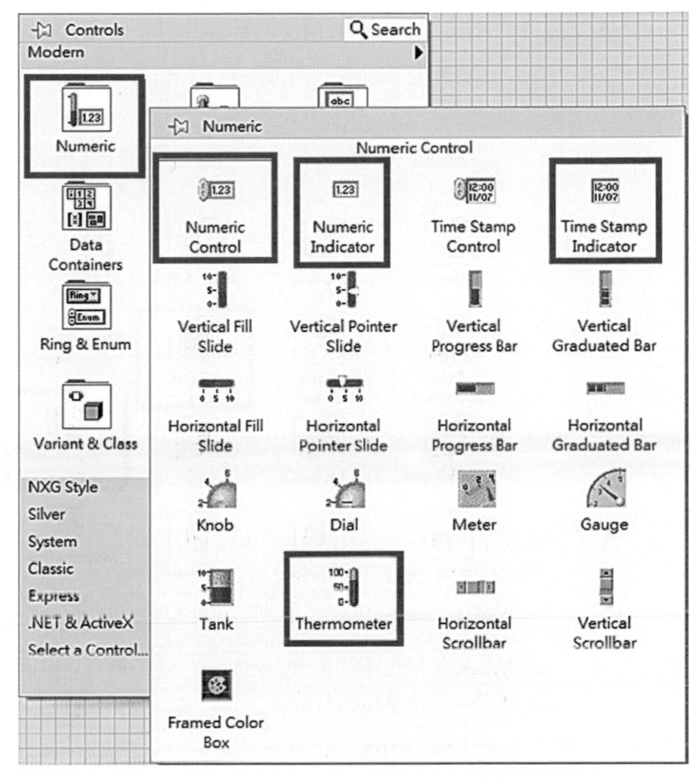

圖 4-10　數值及時間顯示元件路徑

STEP 3 接著在人機介面「Controls → Modern → Boolean」中分別取出二個 LED 及一個按鈕，如圖 4-11 所示。LED 分別命名為溫度過高及溫度過低，按鈕則命名為確認。

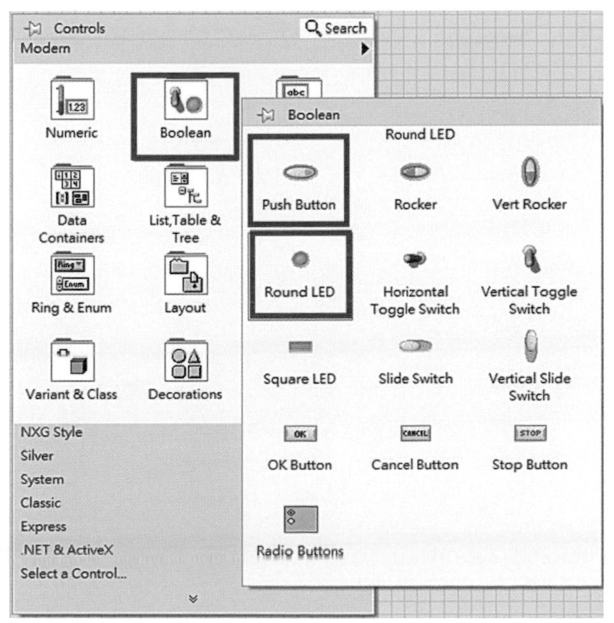

圖 4-11　LED 及按鈕元件路徑

STEP 4 接著在人機介面「Controls → Modern → Graph」中取出一個示波器，並命名為溫度波形，如圖 4-12 所示。

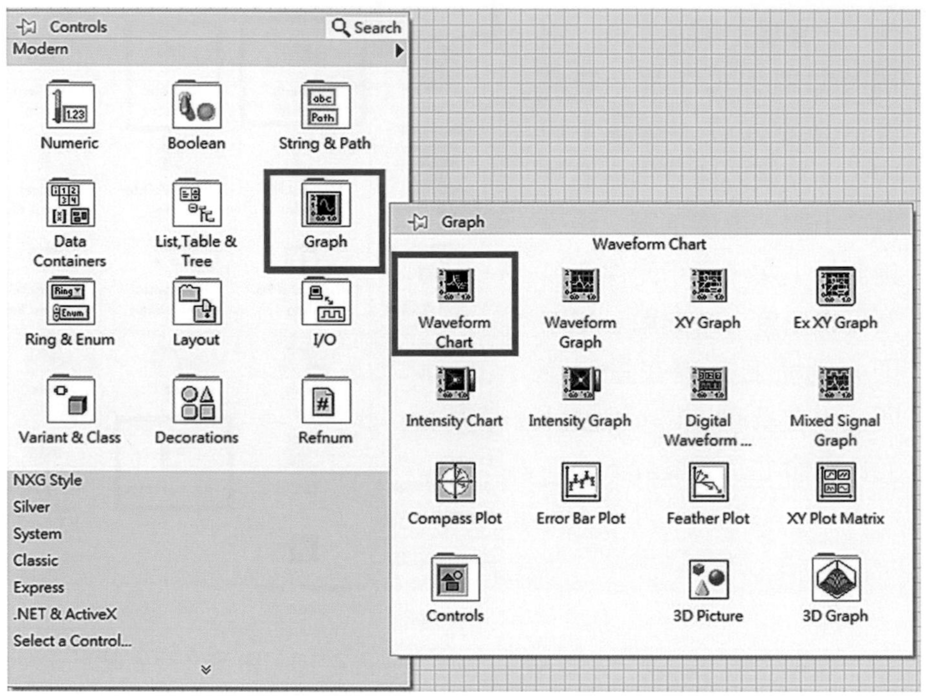

圖 4-12　示波器元件路徑

STEP 5 接著在圖形程式區的「Functions → Programming → Timing」中取出 Get Date/Time In Seconds 元件，如圖 4-13 所示。

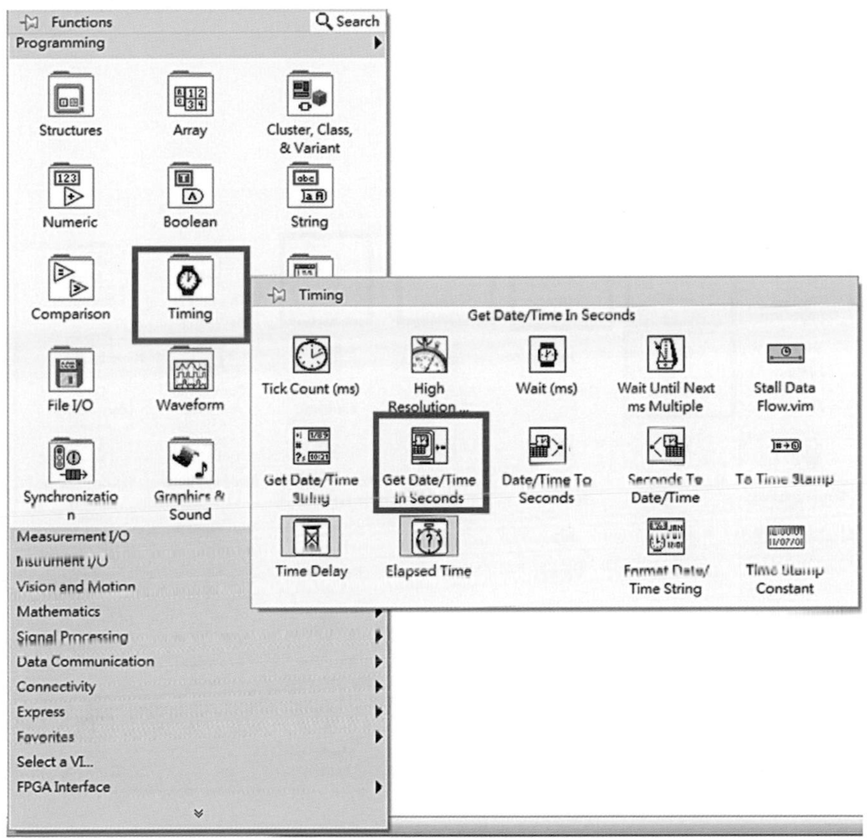

圖 4-13　Get Date/Time In Seconds 元件路徑圖

STEP 6 接著在圖形程式區的「Functions → Programming → Numeric」中分別取出兩個加號、一個減號、兩個乘號、一個除號及一個 +1 運算元件，如圖 4-14 所示。

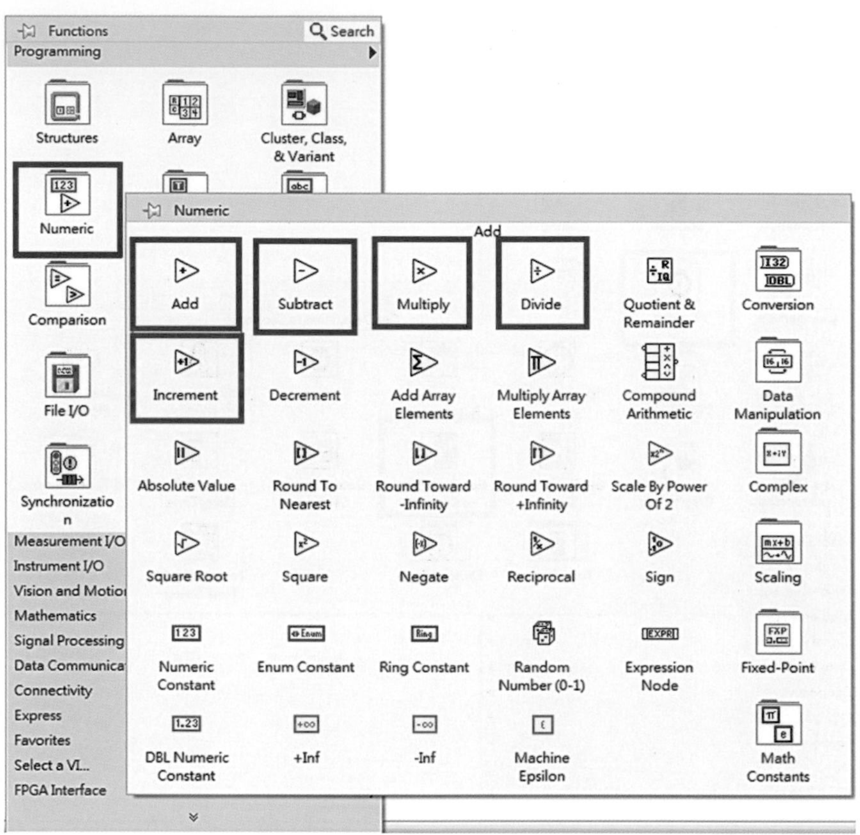

圖 4-14　加減乘除元件路徑圖

STEP 7 接著在圖形程式區的「Functions → Programming → Comparison」中分別取出等於、大於及小於元件，如圖 4-15 所示。

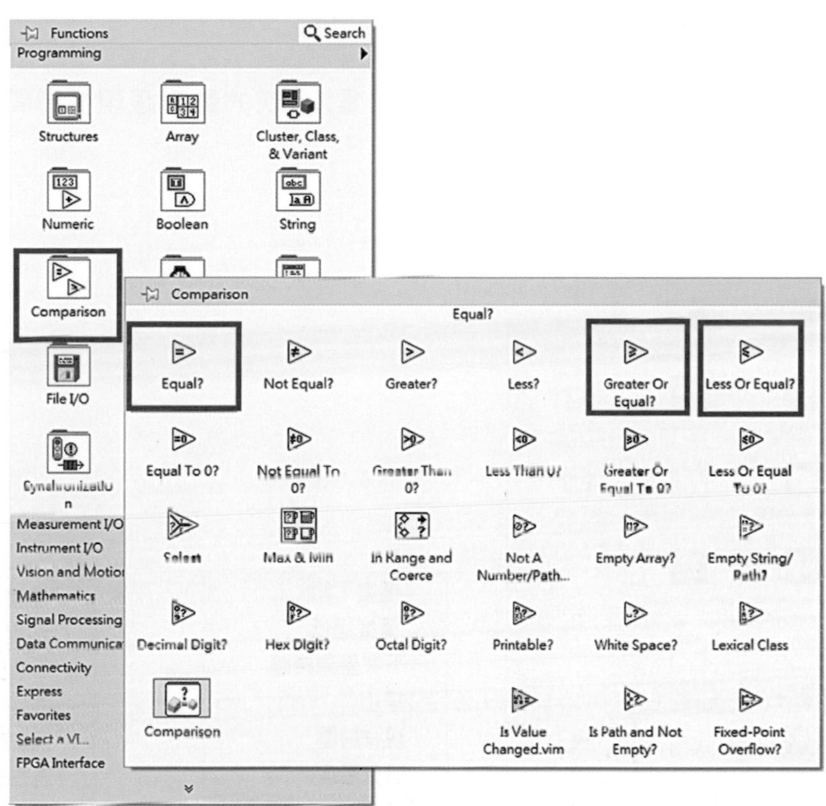

圖 4-15　等於、小於、大於路徑圖

STEP 8 接著在圖形程式區的「Functions → Programming → Structures」中取出三個區域變數元件，如圖 4-16(a) 所示。取出區域變數元件後對元件問號端按下滑鼠左鍵，其中兩個區域變數選取下次量測時間，另一個區域變數則選取幾分鐘測量 1 次，如圖 4-16(b) 所示。

註 使用區域變數對下次測量時間加上幾分鐘量測1次的數字跟現在時間進行比較判斷時間是否相等。

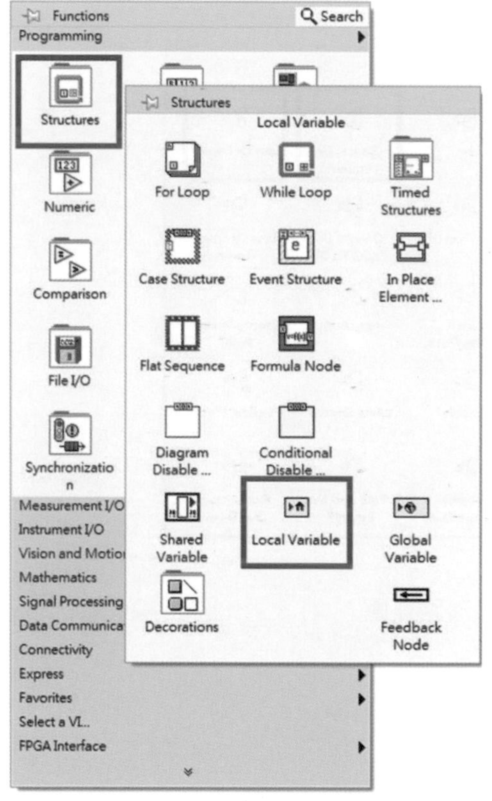

圖 4-16(a) 區域變數路徑圖

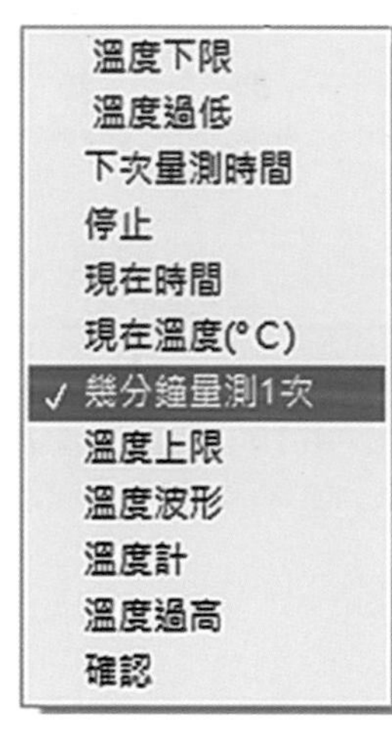

圖 4-16(b) 選取圖

STEP 9 接著在圖形程式區的「Functions → Programming → Structures」中取出兩個 Case Structure 元件，如圖 4-17(a) 所示。將其他元件連接後並取出 Case Structure 包裹在內，如圖 4-17(b) 及圖 4-17(c) 所示。

註 使用 Case Structure 用意在於判斷條件是否為使用者所需的條件，並決定迴圈內該執行的程式。

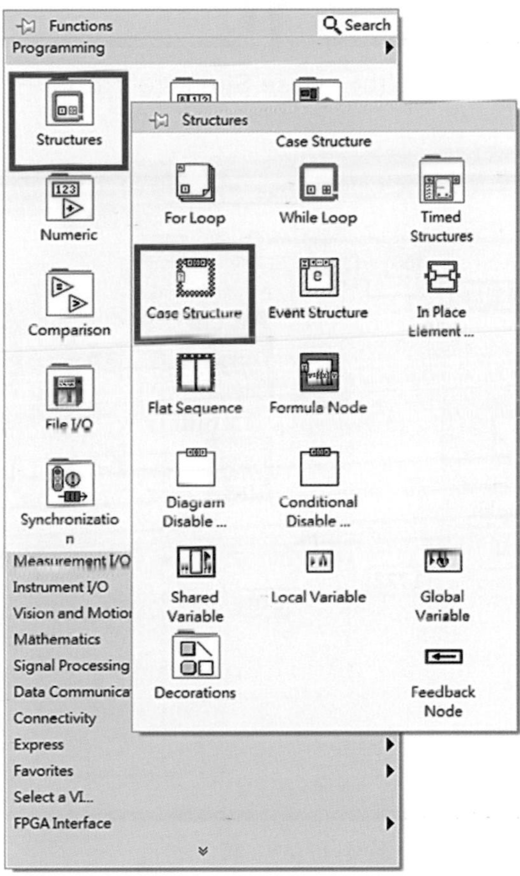

圖 4-17(a)　Case Structure 路徑圖

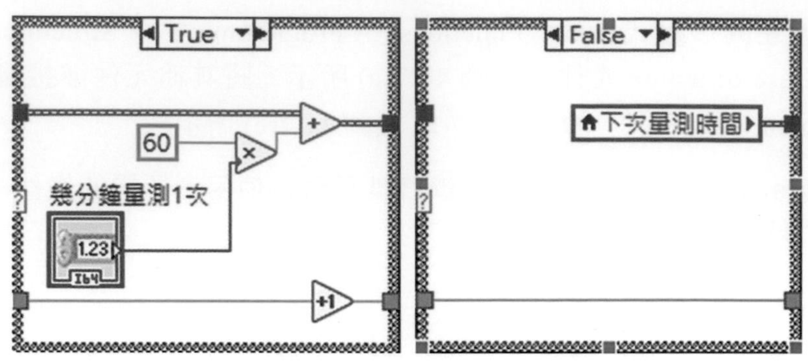

圖 4-17(b)　Case Structure 的結構

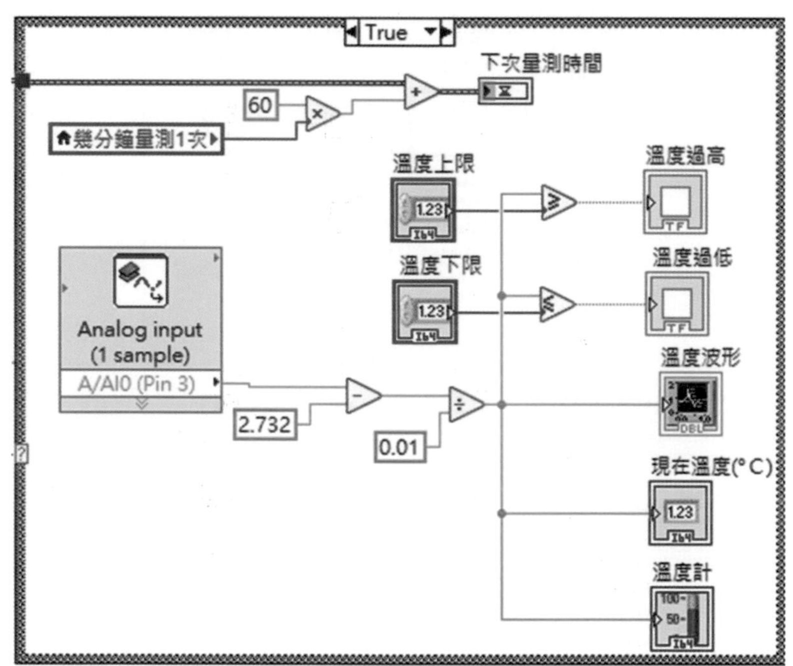

圖 4-17(c)　程式畫面

STEP 10 為了讓程式能夠一直執行，在圖形程式區的「Functions → Programming → Structures」中取出 While Loop，如圖 4-18(a) 所示。接下來用 While Loop 將全部元件包裹在內，並在迴圈右下角紅點左邊接點按一下右鍵創造一個 STOP 元件，如圖 4-18(b)。完整圖形程式圖，如圖 4-18(c) 所示。

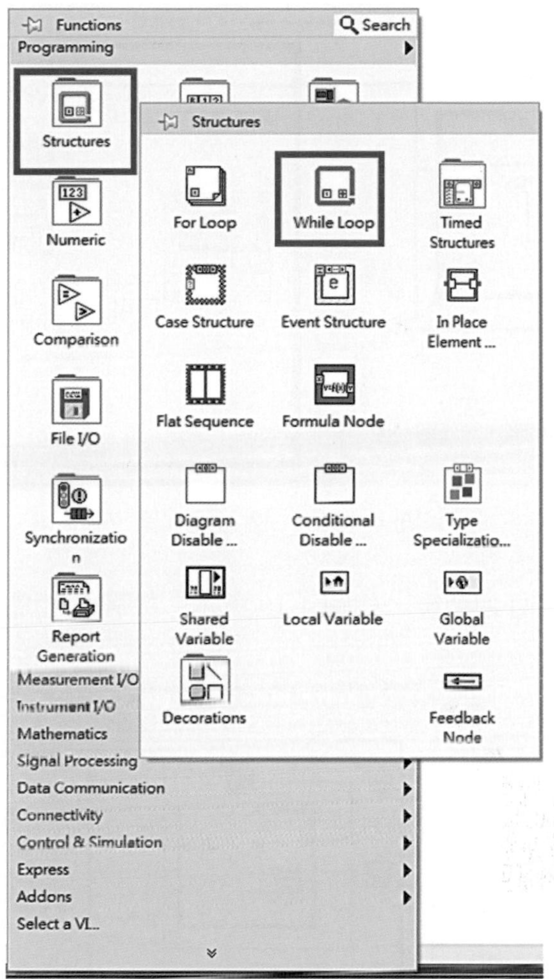

圖 4-18(a)　While Loop 元件路徑

圖 4-18(b)　STOP 元件路徑

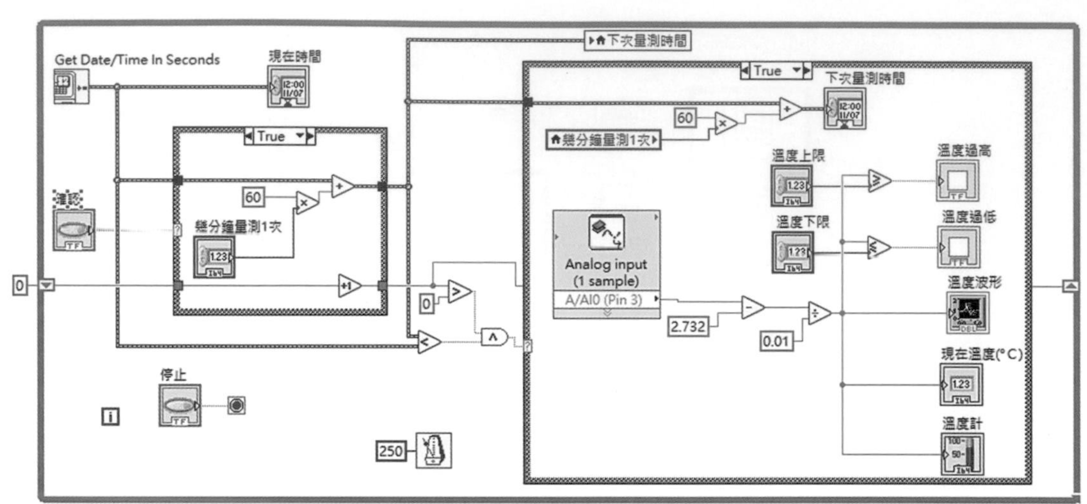

圖 4-18(c)　圖形程式區

STEP 11 將所有元件擺好連結後，如圖 4-19 所示。接著便可開始執行程式。

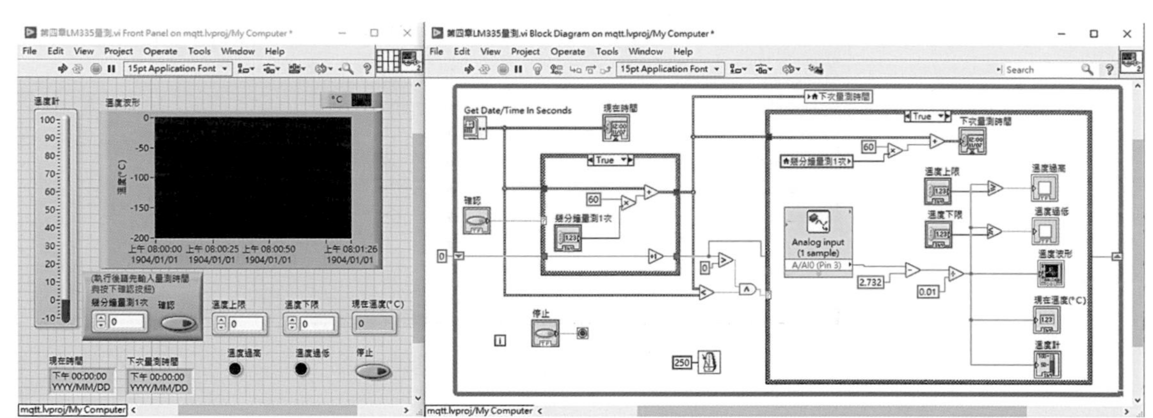

圖 4-19　完整程式圖

註 使用程式實際測量溫度前必須先對電路板上的可變電阻進行校準動作，以水銀溫度計量測為參考值。

實驗步驟：可透過調整教具模組上的可變電阻 SVR1 來調整 LM335 的輸出電壓準位。調整到與水銀溫度計接近時即可開始操作。使用吹風機對 LM335 進行加熱動作，此時應可看到 LM335 的輸出電壓上升。降溫動作則是採用電風扇對 LM335 進行降溫動作，此時應可看到電壓緩慢下降。為了教學方便也可透過單純調整教具模組上的可變電阻 SVR1，手動調整準位到達不同溫度的情況，去判斷程式是否正確。

myRIO 環境監控

智慧型監控系統屬於 AIoT 技術的範疇。監控系統包含監看與控制兩個部分。本章節延續上一個章節的溫度測量，擴充成一個智慧型環境監控系統。當室內溫度超過某一個預設值，即啟動小型風扇。反之，當室內溫度低於某個預設值，即啟動加熱器來提升溫度。

5-1　電晶體和繼電器原理介紹

電晶體當作開關使用時，只會在飽和區和截止區來回運作。當基 - 射極間沒有順向偏壓時，電晶體是呈現截止的狀態而其輸出相當於 V_{CC}，電晶體等同於開路。當基 - 射極之間有順向偏壓時，電晶體是呈現飽和的狀態而其輸出相當於 0.3V，電晶體等同於短路。

電晶體詳細特性如圖 5-1(右) 所示，其中包含飽和電壓：0.3V ～ 1V 和開啟 (關閉) 的延遲時間：35ns、285ns。如圖 5-1(左) 所示電晶體的腳位圖，由左至右分別為射極、基極和集極。

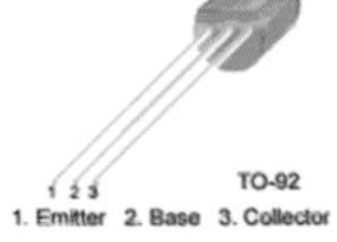

Electrical Characteristics * T_a = 25°C unless otherwise noted

Symbol	Parameter	Test Condition	Min.	Typ.	Max.	Units
$V_{(BR)CBO}$	Collector-Base Breakdown Voltage	I_C = 10μA, I_E = 0	75			V
$V_{(BR)CEO}$	Collector-Emitter Breakdown Voltage	I_C = 10mA, I_B = 0	40			V
$V_{(BR)EBO}$	Emitter-Base Breakdown Voltage	I_E = 10μA, I_C = 0	6.0			V
I_{CBO}	Collector Cutoff Current	V_{CB} = 60V, I_E = 0			0.01	μA
I_{EBO}	Emitter Cutoff Current	V_{EB} = 3.0V, I_C = 0			10	nA
h_{FE}	DC Current Gain	V_{CE} = 10V, I_C = 0.1mA, V_{CE} = 10V, I_C = 1mA, V_{CE} = 10V, I_C = 10mA, V_{CE} = 10V, I_C = 150mA, V_{CE} = 10V, I_C = 500mA	35 50 75 100 40		 300 	
$V_{CE(sat)}$	Collector-Emitter Saturation Voltage	I_C = 150mA, I_B = 15mA I_C = 500mA, I_B = 50mA			0.3 1	V V
$V_{BE(sat)}$	Base-Emitter Saturation Voltage	I_C = 150mA, I_B = 15mA I_C = 500mA, I_B = 50mA		0.6	1.2 2.0	V V
f_T	Current Gain Bandwidth Product	I_C = 20mA, V_{CE} = 20V, f = 100MHz	300			MHz
C_{obo}	Output Capacitance	V_{CB} = 10V, I_E = 0, f = 1.0MHz			8	pF
t_{ON}	Turn On Time	V_{CC}= 30V, I_C = 150mA, I_{B1}= 15mA, $V_{BE(off)}$= 0.5V			35	ns
t_{OFF}	Turn Off Time	V_{CC}= 30V, I_C = 150mA, I_{B1}= I_{B1} = 15mA			285	ns
NF	Noise Figure	I_C = 100μA, V_{CE}= 10V, R_S= 1KΩ, f = 1.0KHz			4	dB

* DC Item are tested by Pulse Test : Pulse Width≤300us, Duty Cycle≤2%

圖 5-1　2N2222 特性

繼電器常被用來控制機電設備，如家用電器、自動控制、配電盤及電源供應器等等，而在此我們將用它來控制風扇和代表加熱器的 LED 燈開或關的動作。還有其他更廣泛的應用等著讀者去發現。

繼電器的規格表如圖 5-2(右) 所示，其中“線圈額定電壓”(Coil Nominal Voltage)、線圈電阻 (Resistance Tol)、額定電流 (Nominal Current)、最大吸合電壓 (Maximum Pick Up Voltage)、最小釋放電壓 (Minimum Drop Out Voltage)。

線圈額定電壓是依型號做判斷，假如繼電器型號是 LU-12，那麼線圈額定電壓就等於 12V，同理可證 LU-5 其線圈額定電壓等於 5V。額定電流指的也是繼電器所能承受的最大電流，吸合電壓是指繼電器能夠產生吸合動作的最小電壓，釋放電壓是指繼電器產生釋放動作的最大線圈電壓。如果減小在吸合狀態的繼電器的線圈電壓，當電壓減小到一定程度時，繼電器觸點將恢復到線圈未通電時的狀態。

圖 5-2(左) 所示繼電器的腳位圖，其中上方三隻腳由左至右分別為“常態短路”NC (Normal Closed)、CoilA、“共同腳位”COM (Common)，下方三隻腳由左至右分別為“常態開路”NO (Normal Open)、CoilB、“共同腳位 COM (Common)。

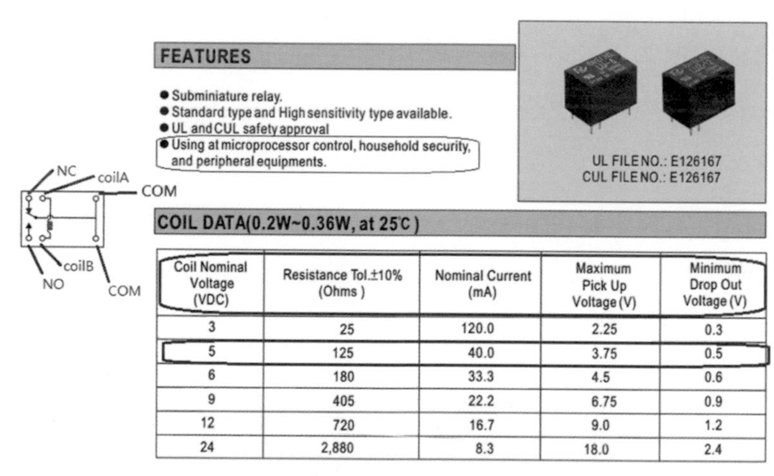

Coil Nominal Voltage (VDC)	Resistance Tol.±10% (Ohms)	Nominal Current (mA)	Maximum Pick Up Voltage (V)	Minimum Drop Out Voltage (V)
3	25	120.0	2.25	0.3
5	125	40.0	3.75	0.5
6	180	33.3	4.5	0.6
9	405	22.2	6.75	0.9
12	720	16.7	9.0	1.2
24	2,880	8.3	18.0	2.4

圖 5-2　繼電器的規格表及腳位圖

5-1-1 電路接線圖與解說

當基 - 射極間沒有順向偏壓時，電晶體是呈現截止的狀態。忽略漏電流則電晶體所有電流均為零，V_{CE} 等於 V_{CC}。這時繼電器的線圈端沒有電壓，所以繼電器此時是不會有動作的，此時接在 NC 上的燈泡就會亮起。當基 - 射極間為順向偏壓時，電晶體是呈現短路的狀態。這時繼電器的線圈端會有 5V 的電壓通過，此時繼電器就會動作，而簧片就會被吸過去 NO 端，此時接在 NO 上的元件就會開始動作。環境監控電路與 myRIO 的連結如圖 5-3 所示，其中繼電器腳位 1 為 Coil B、腳位 2 為 Coil A、腳位 3 為 COM、腳位 4 為 NO、腳位 5 為 NC(空接)，實體電路如圖 5-3 所示。

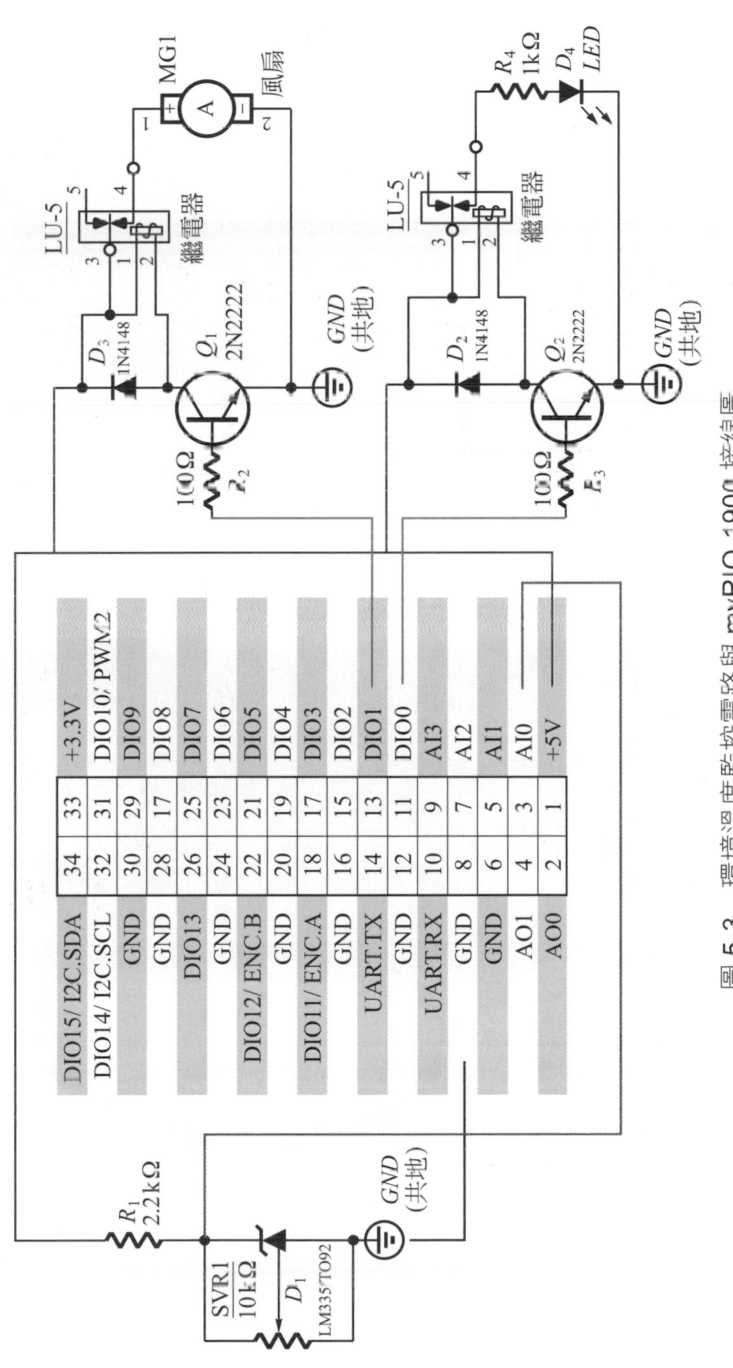

圖 5-3　環境溫度監控電路與 myRIO-1900 接線圖

5-1-2 採用教學模組接線

為了教學操作方便，將原先使用的麵包板接線方式進階製成一個專屬的教學模組。模組上的 5V 接至 myRIO 的 +5V 端，模組上的 AI0+ 接至 myRIO 的 AI0 端，模組上的 P0.0 接至 myRIO 的 DIO0 端，模組上的 P0.1 接至 myRIO 的 DIO1，模組上的 GND 接至 myRIO 的 DGND 端，如圖 5-4 所示。圖 5-5 為環境監控教具模組腳位圖。

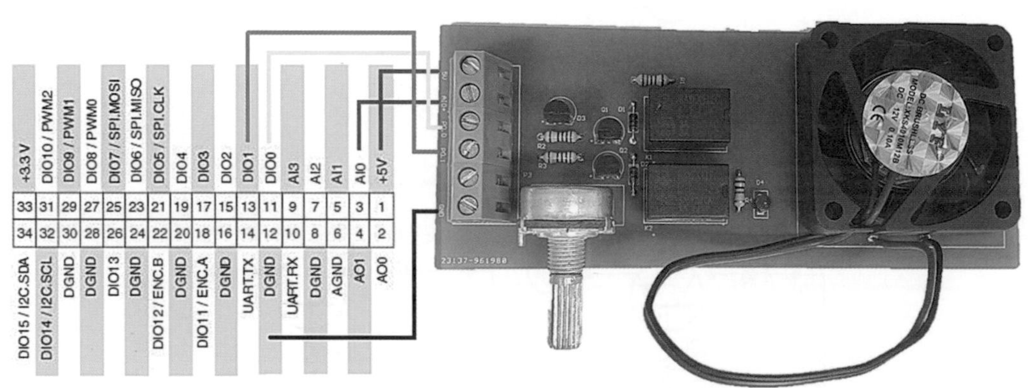

圖 5-4　環境監控教學模組與 myRIO-1900 接線

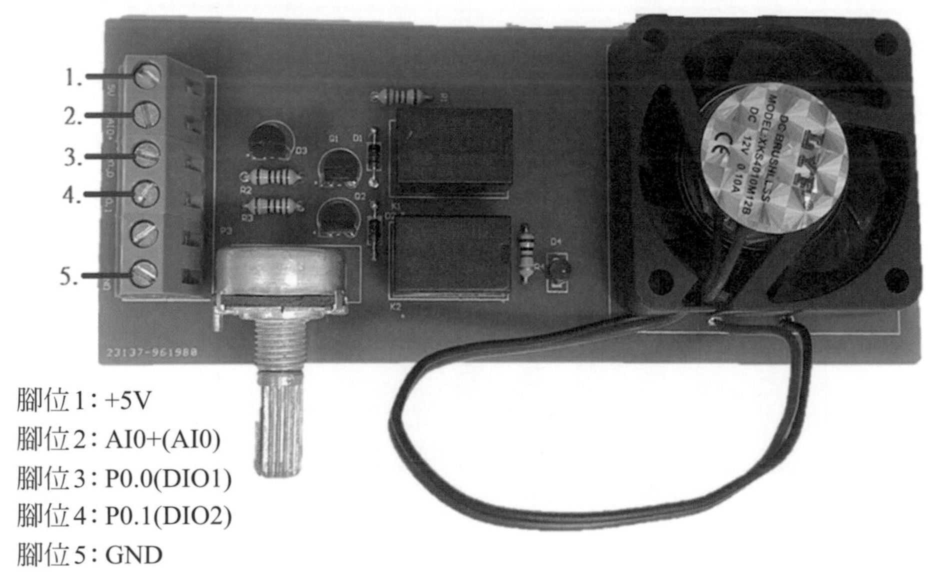

圖 5-5　環境監控教學模組腳位

5-2　LabVIEW 專案設定

STEP 1 請開啟 LabVIEW，再依照下圖 5-6 所示選擇「Create Project」。

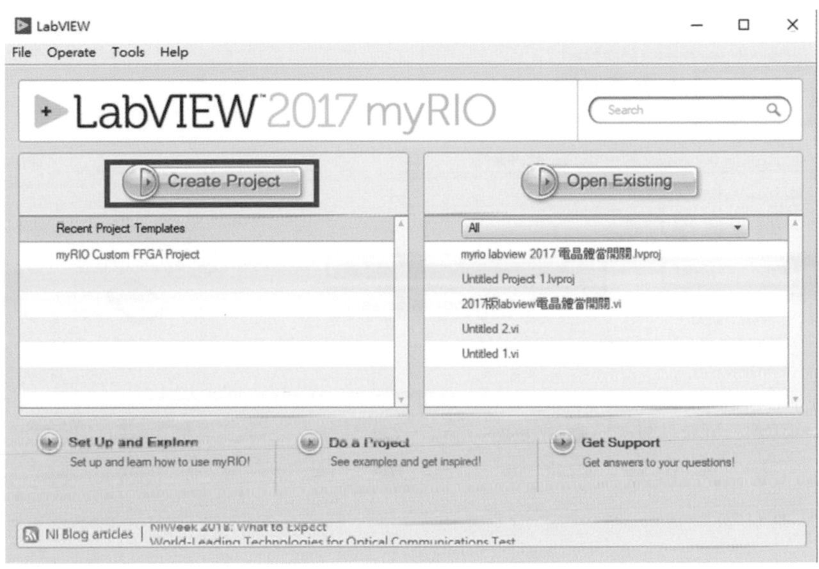

圖 5-6　開啟 LabVIEW

STEP 2 點選後如圖 5-7 所示，請選擇與 myRIO 相關的專案，然後按 Finish 後完成。(要是選擇一般的專案的話，在 Functions 面板內將不會有 myRIO 的元件可以使用)

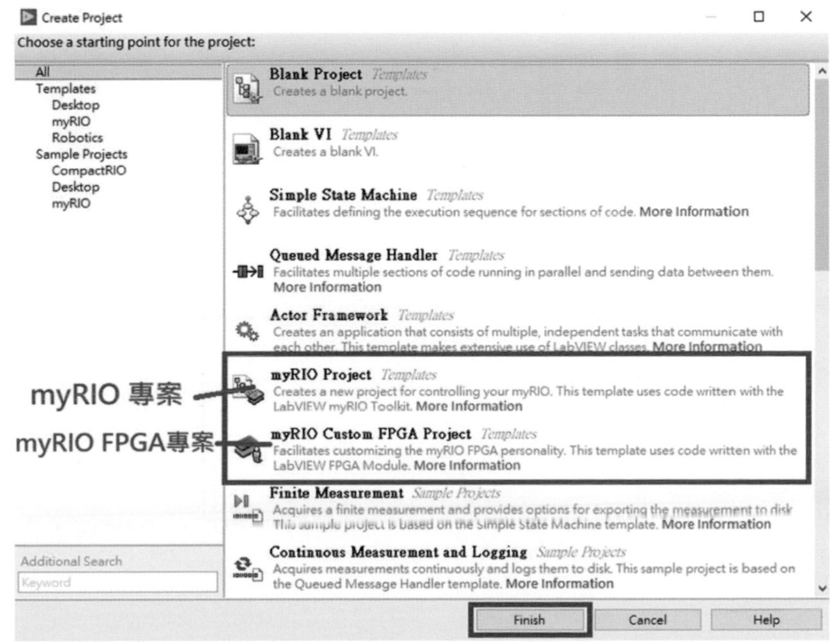

圖 5-7　建立 myRIO Project

STEP 3 選擇 myRIO 專案後，接下來請依照圖 5-8 所示來輸入專案名稱、選擇連線方式以及確認連接的硬體，之後按下 Finish 鍵後即可完成 myRIO 專案的基本設定。

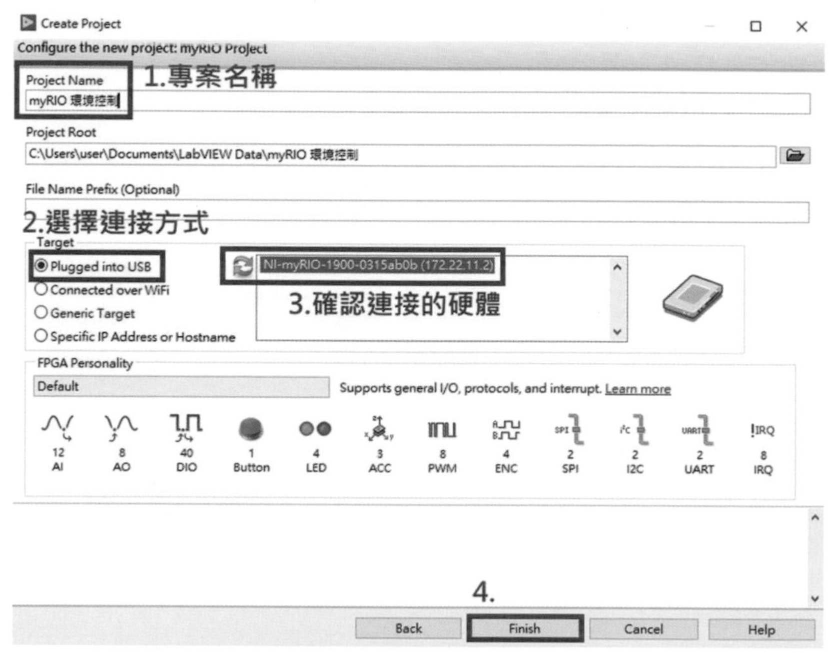

圖 5-8　連接 myRIO-1900

STEP 4 完成後，如圖 5-9 所示出現一個新專案視窗，裡面會有使用的 myRIO-1900。

圖 5-9　專案視窗

5-3 LabVIEW 程式撰寫－環境監控

STEP 1 在完成上面小節後，請對專案中的 NI myRIO 點選滑鼠右鍵，再點選 VI 來建立一個新程式，如圖 5-10 所示。

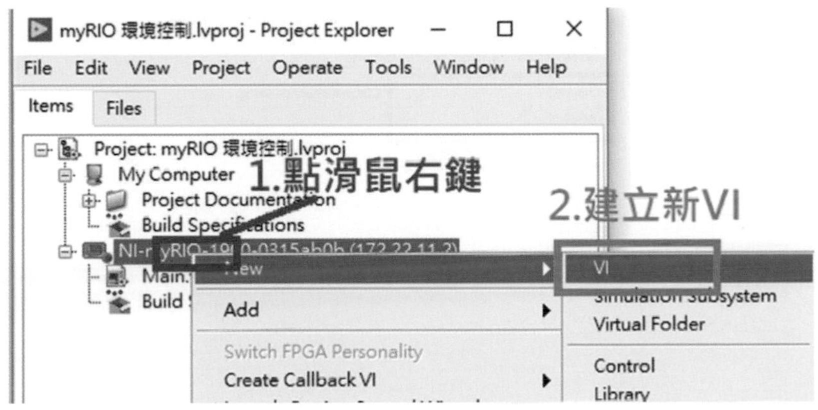

圖 5-10　建立新 VI

STEP 2 建立好 VI 後，將會自動開啟程式視窗。接著請在圖形程式區中點滑鼠右鍵開啟 Functions 面板，在「myRIO」中取出 Analog In 元件與 Digital Out 元件，如圖 5-11 所示。

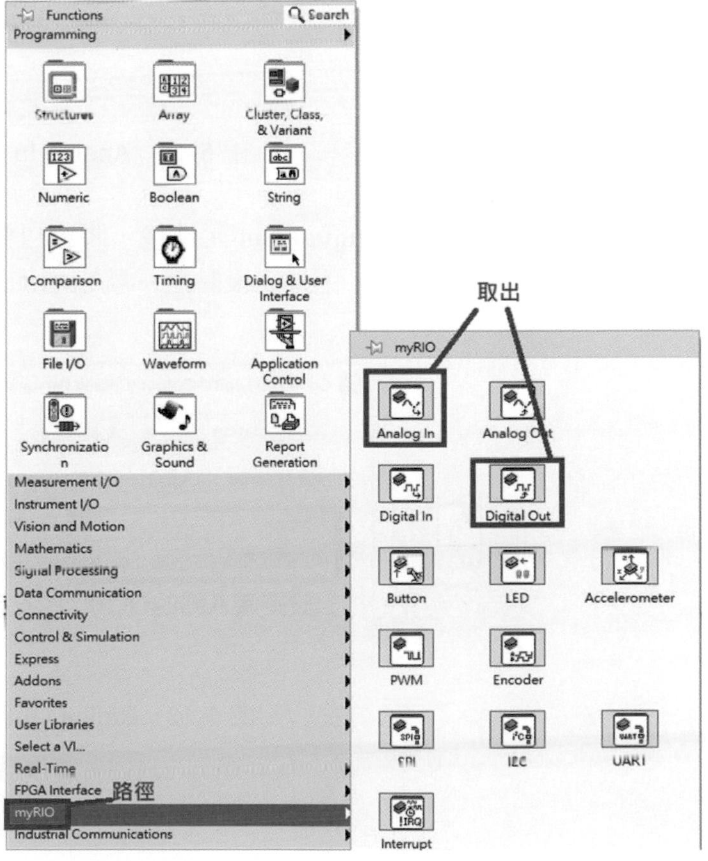

圖 5-11　Analog In 與 Digital Out 路徑

STEP 3 取出 Analog In 元件後，將會自動開啟設定視窗，請將 Channel 設定為 A 側的 A/AI0，如圖 5-12 所示。

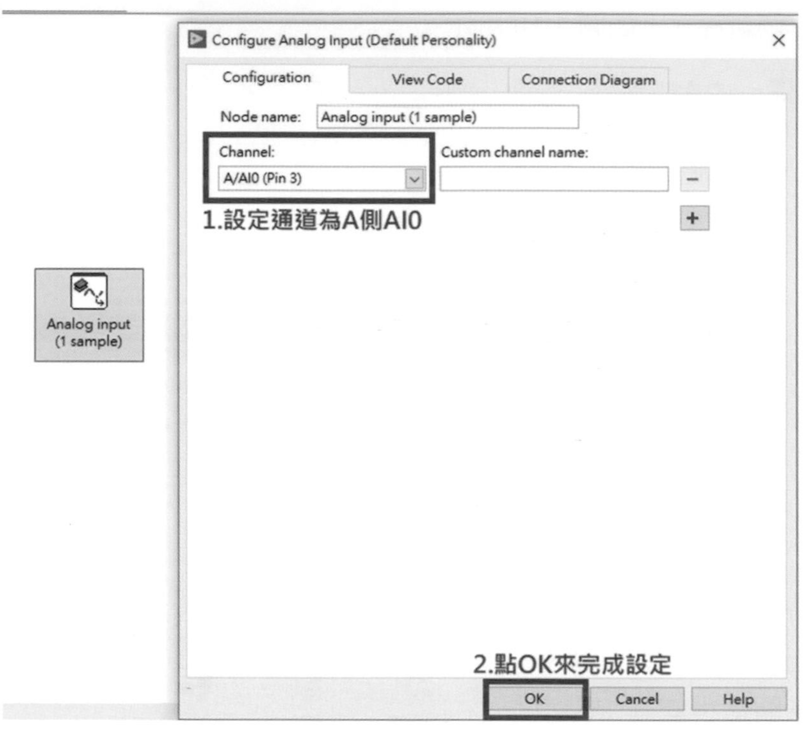

圖 5-12　Analog In 設定視窗

STEP 4 接著取出 Digital Out 元件後，將會自動開啟設定視窗，在 Channel 選單中選擇 A/DIO0，選擇完後點選 + 號來增加腳位，如圖 5-13 所示。

圖 5-13　Digital Out 設定視窗

STEP 5 在第二個增加 Channel 的選單中選擇 A/DIO1 來完成輸出的設定，如圖 5-14 所示。

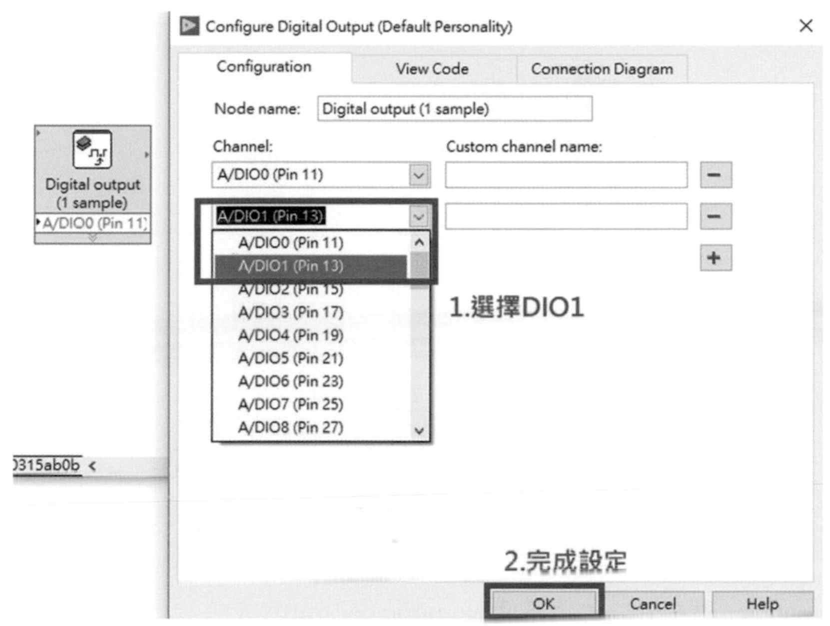

圖 5-14　Digital Out 增加通道

STEP 6 接著請將 Analog In 元件的輸出接至減號元件，並且接上扣除的數值 2.732。接著再連接至除號元件上，並除上 0.01，最後接上數值顯示元件並取名為現在溫度與 LM335，如圖 5-15 所示。(請參考前面 LM335 章節中的程式撰寫)

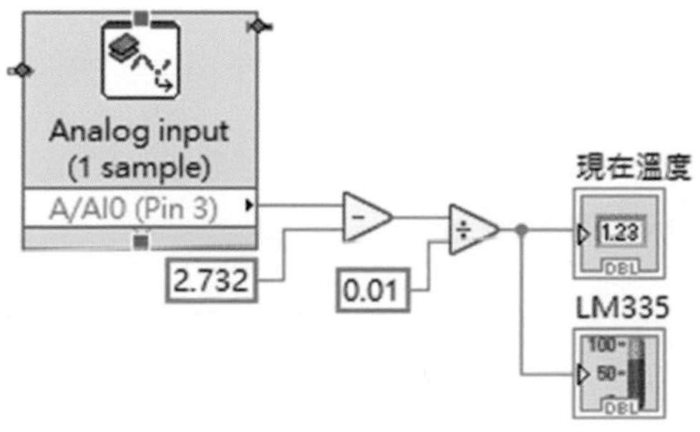

圖 5-15　程式畫面

STEP 7 接著請在圖形程式區的 Functions 面板「Comparison」中取出大於與小於元件，接著將現在溫度的資料線接至大於與小於元件上。再來將兩個數值控制元件接至大於與小於元件另一端上，如圖 5-16 所示。

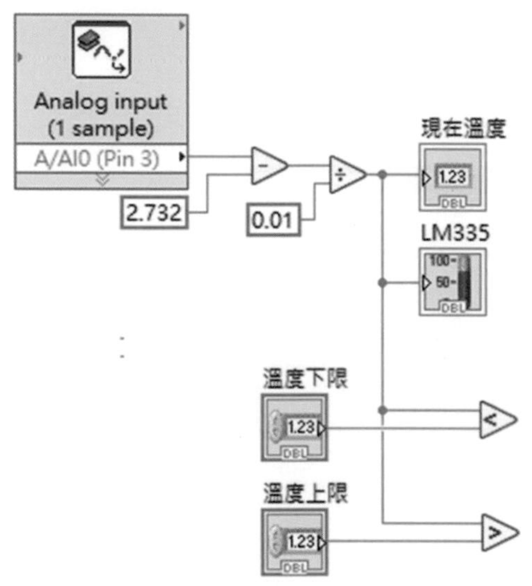

圖 5-16　加入兩個 Numeric control 和大於、小於

STEP 8 接著請在圖形程式區的 Functions 面板「Structures」中取出兩個 Case Structures。再來請分別在兩個 Case Structures 的 True 中放入 T 常數元件，在 False 中放入 F 常數元件。接著將 T 與 F 常數元件的資料線拉出 Case Structures，再接至布林顯示元件 (啟動加熱燈與啟動加熱燈風扇) 與 Digital Out 元件上，如圖 5-17 所示。

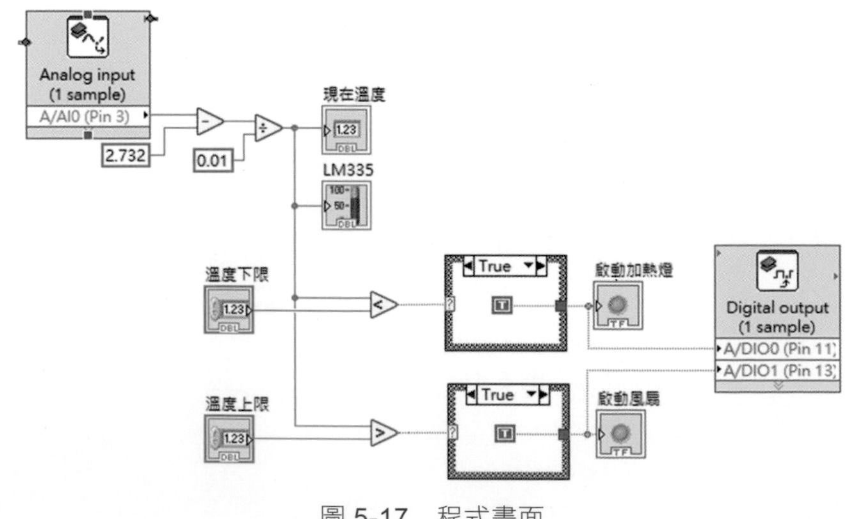

圖 5-17　程式畫面

STEP 9 最後，請取出一個 While loop 來包覆整個程式，再取出一個 Wait(ms) 元件並設定為 1000，如圖 5-18 所示。

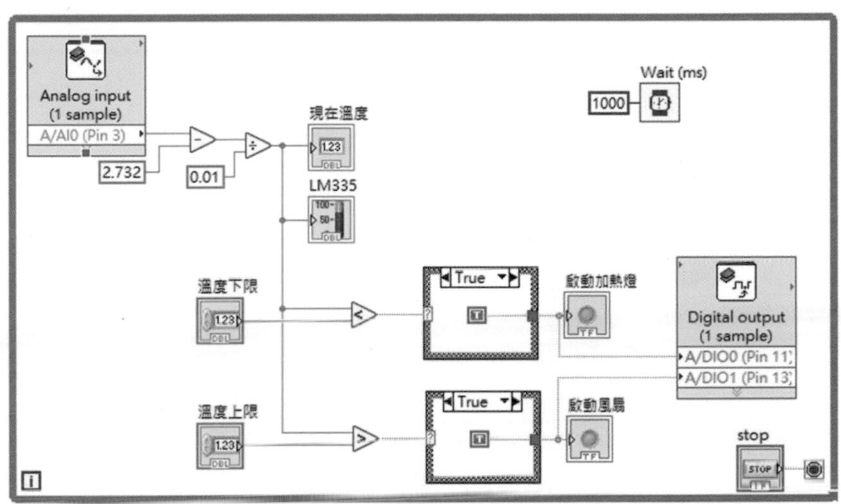

圖 5-18　程式畫面

STEP 10 完成後，點選單次執行執行程式，如圖 5-19 所示，點選 Close 來繼續執行。

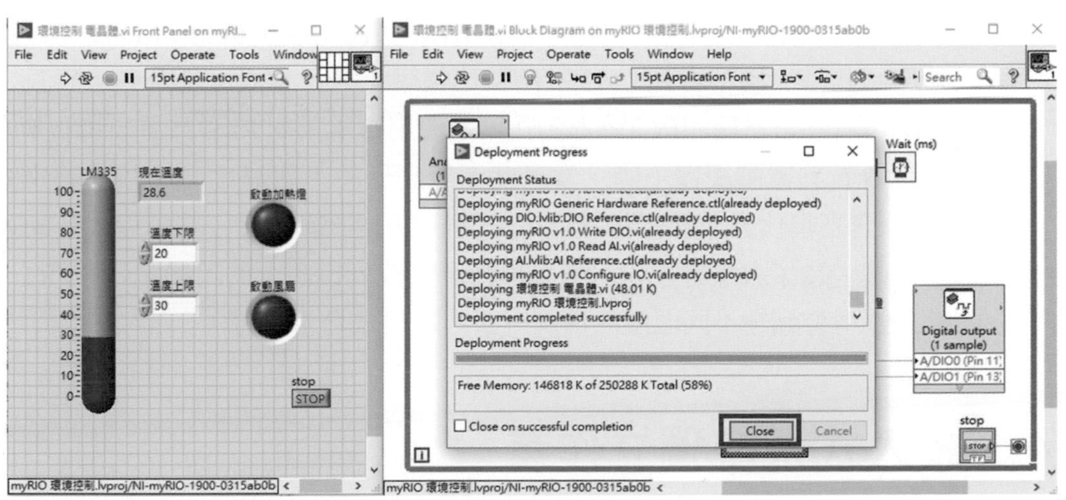

圖 5-19　執行程式

STEP 11 執行結果如圖 5-20 所示。

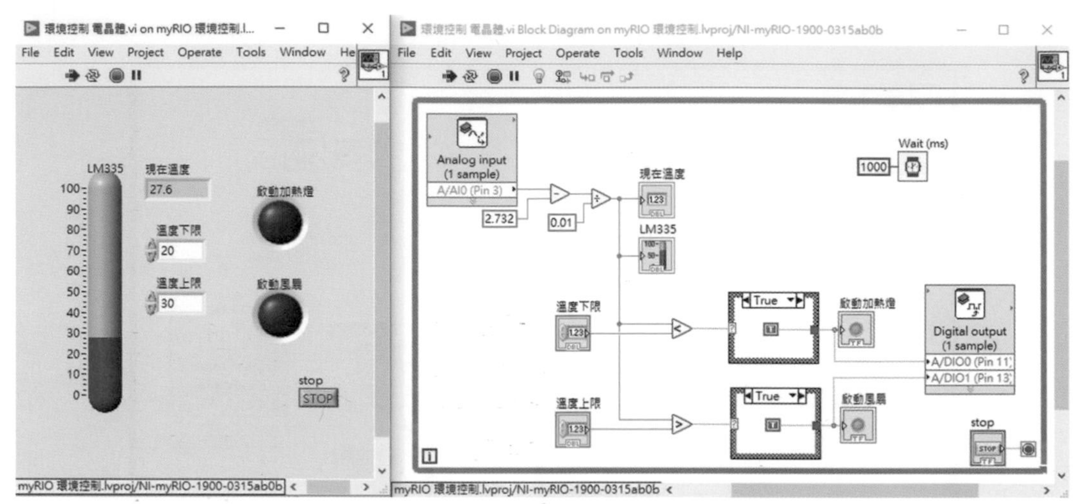

圖 5-20　完整程式圖

註　在這裡可以依照自己的喜好來選擇連接的myRIO腳位，但是必須配合相對功能的腳位才有功用。A和B側的接線方式為RSE，C側的接線方式為Differential。使用程式實際測量溫度前，必須先對電路板上的可變電阻進行校準動作。簡易校準可將LM335量測溫度與水銀溫度計做比較。

實驗步驟：可透過調整教具模組上的可變電阻 SVR1 來調整 LM335 的輸出電壓準位。調整到與水銀溫度計接近時即可開始操作。使用吹風機對 LM335 進行加熱動作。此時，應可看到 LM335 的輸出電壓上升。當溫度上升到上限設定值時應可看到電風扇開啟。降溫動作則是使用電風扇對 LM335 進行降溫動作，應該會看到電壓緩慢下降，當溫度下降到低於下限溫度時應該會看到紅色 LED 燈亮起代表加熱動作進行中。完成以上步驟後便可確認程式及硬體皆為正確。為了教學方便也可透過單純調整教具模組上的可變電阻 SVR1，手動調整準位到達不同溫度的情況，去判斷程式是否正確。

5-4　嵌入式系統獨立作業

嵌入式系統 myRIO 可以獨立作業，而 DAQ 擷取卡則需要依賴電腦連結才能工作。透過 5-4-1 節步驟的 Real-Time 設定後，就可嘗試將本章節的環境監控程式寫入 myRIO-1900 中。寫入後，myRIO 就不用一直連接在電腦上工作。後續如需要修改 LabVIEW 程式才需再次連接電腦燒入，或是透過先前設定好的 WiFi 連線，直接透過 WiFi 進行燒入的動作。

5-4-1 Real-Time

STEP 1 在 myRIO 專案視窗中，對 Build Specification 右鍵選擇 New，再點選 Real-Time Application 來建立一個即時系統，如圖 5-21 所示。完成動作後，將會出現 My Real-Time Application Properties 面板，如圖 5-22 所示。

圖 5-21　myRIO 專案視窗

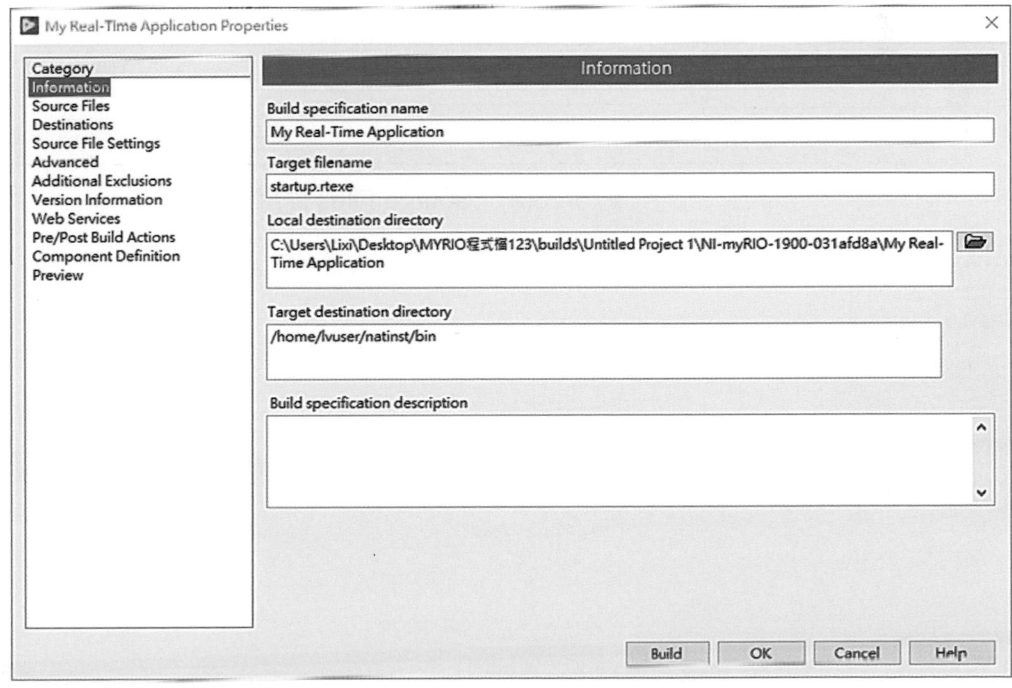

圖 5-22　My Real-Time Application Properties 面板

STEP 2 在 Category 下點選 Source Files，將要使用的 vi 檔轉移到右邊視窗，如圖 5-23(a) 所示。再選擇 Advanced，將 Copy error code files 的打勾取消，如圖 5-23(b)。最後選擇 Preview，點選 Generate Preview 確認將要燒入進去 myRIO 的檔案，如圖 5-23(c) 所示。之後點選 Build，即可建立即時系統 (Real-Time)。

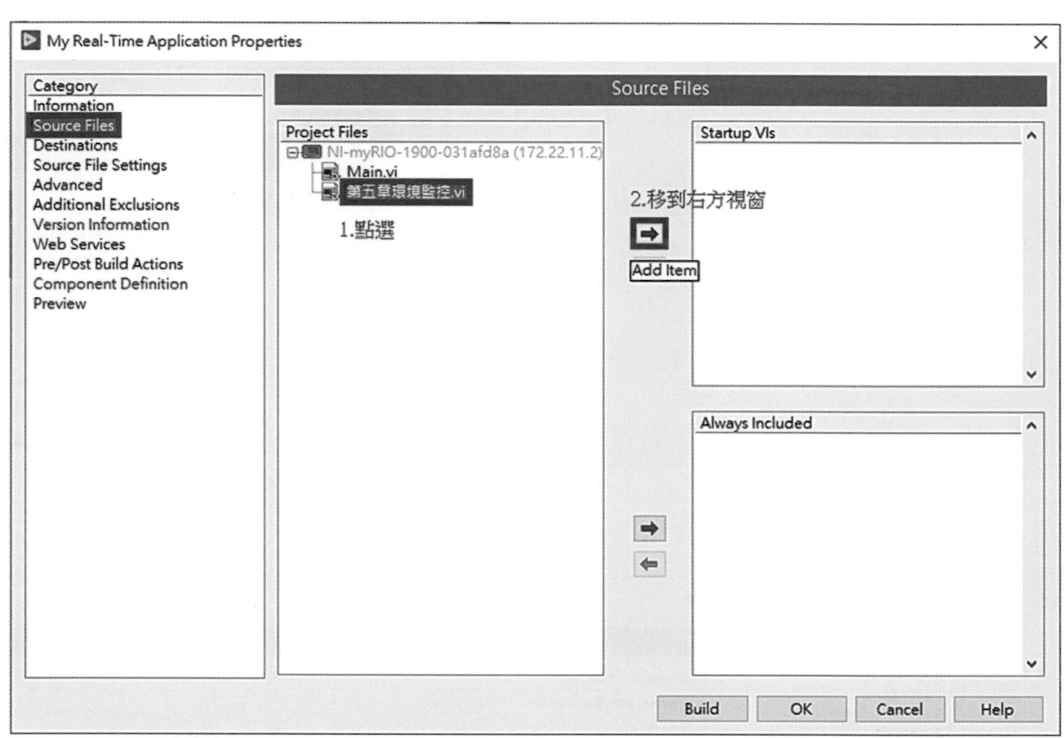

圖 5-23(a)　Source Files 面板

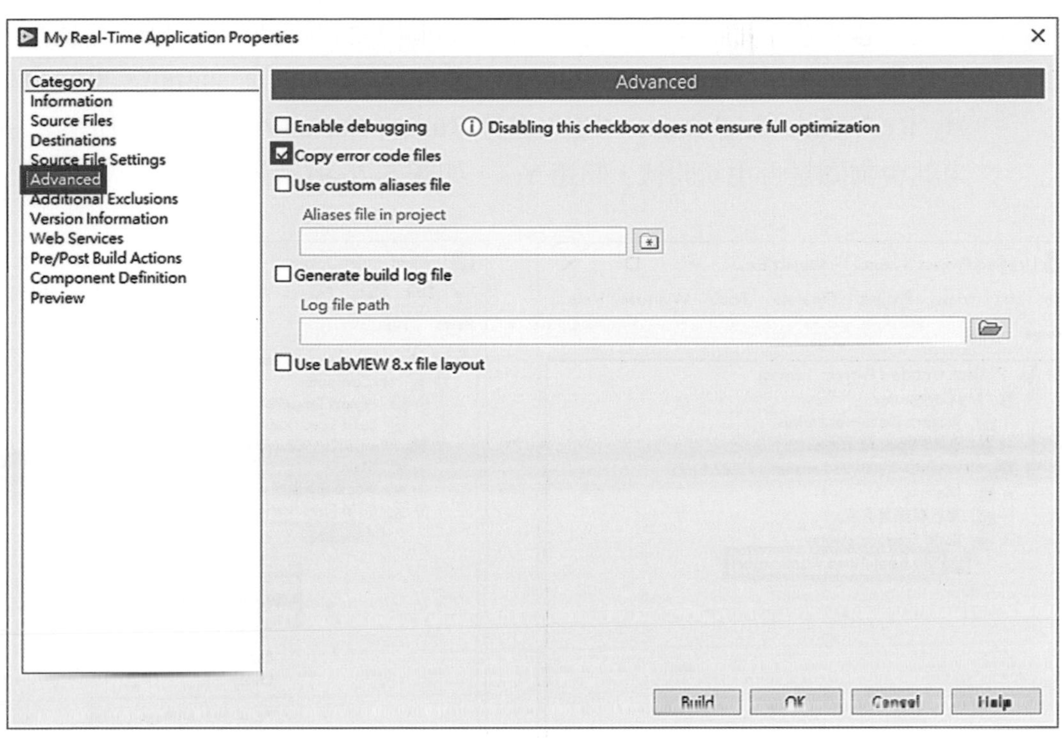

圖 5-23(b)　Advanced 面板

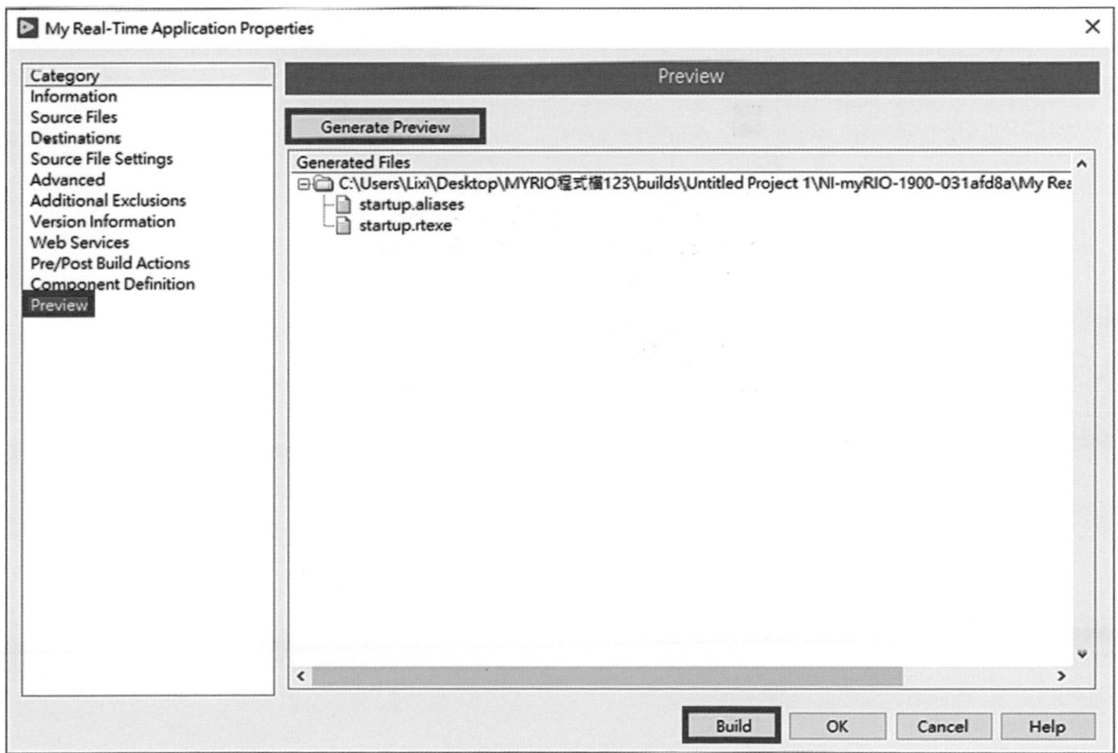

圖 5-23(c)　Preview 面板

STEP 3 完成上述步驟，即時系統就建立完成，如圖 5-24 所示。接下來將其執行，右鍵點擊 My Real-Time Application，在選單內選擇 Set as startup。再一次右鍵 My Real-Time Application，這次選擇 Run as startup，如圖 5-25 所示。接下來就會詢問是否重新開機，點選 Yes，如圖 5-26 所示。

圖 5-24　myRIO 專案視窗

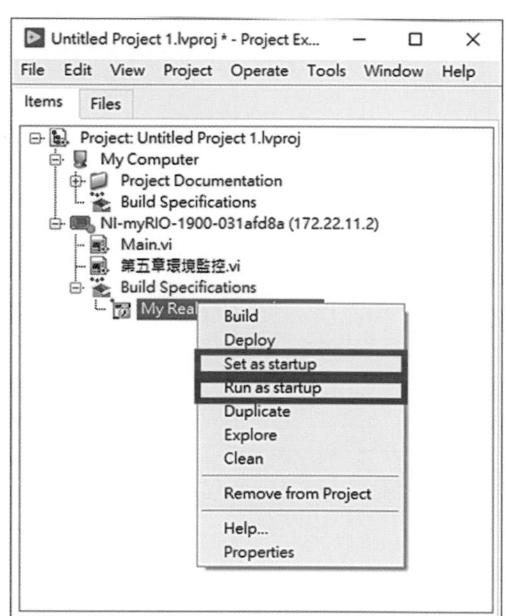

圖 5-25　myRIO 專案視窗

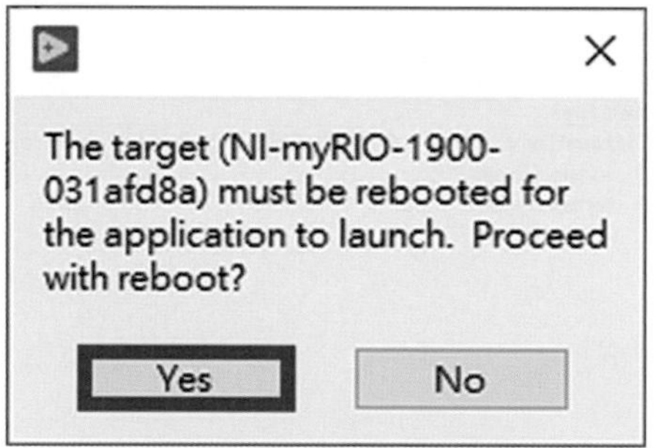

圖 5-26　重新開機對話框

STEP 4 完成上述步驟後，即可等待 myRIO 重新啟動。等待期間可將 USB 線拔除，因已經將程式寫入 myRIO 中。myRIO 啟動後，會執行已燒入的程式。如圖 5-27 所示，myRIO 獨立操作環境監控模板。

圖 5-27　獨立作業的環境監控模板

NOTE

Pt-100 水溫測量

相較於 LM335 半導體式溫度感測器使用於測量空氣中的溫度變化，電阻式溫度感測器 Pt-100 則可用於液體中測量溫度變化。在日常生活中最普遍的液體溫度測量的場域，常見的有室內水療館及溫泉池。本章節將介紹如何使用 Pt-100 來建立一個水溫量測系統。

6-1　Pt-100 感測器的原理

工業用常見的 Pt-100 元件其感測端的外觀為圓柱形（如圖 6-1），而 Pt-100 結構體是將一支細長的鉑（俗稱白金）導線纏繞在一個絕緣的小圓柱上（如圖 6-2），此圓柱之材質可以為玻璃、電木、陶瓷等。由於白金導線並沒有絕緣的外層，因此白金導線在纏繞時須避免相互觸碰，並且須注意白金導線在相鄰繞阻間的絕緣程度。

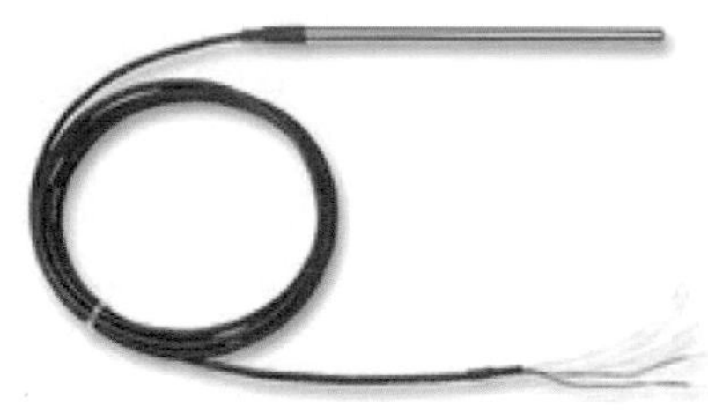

圖 6-1　Pt-100 元件的外型

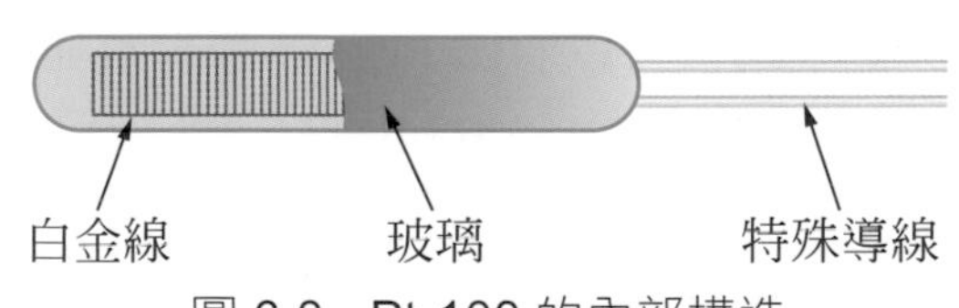

圖 6-2　Pt-100 的內部構造

同時要避免因遭受溫度變化時所造成的白金導線本體之伸縮變形，導致溫度變化所引起的誤差，因而影響測量結果。

白金測溫電阻體在市面上所販賣的有 0°C 為 100Ω 的 Pt-100、0°C 為 50Ω 的 Pt-50、0°C 為 1kΩ 的 Pt-1000。很難從外型去判定感測器是 Pt 100 還是 Pt-1000，只能透過量測的方式去判定。而連接訊號的方式可以透過客制去改變；例如：BNC、直接拉出等等方式。本章節所討論的是使用 0°C 為 100Ω 的 Pt-100 且為三線式。

6-2 訊號類型

6-2-1 元件特性及其特性曲線圖

Pt-100 是一種「溫度－電阻」型的電阻性溫度檢測器（簡稱 RTD），具有低價格與高精度的優點，測量範圍大約為 –200°C ～ +630°C，故常用在工業控制中的溫度檢測裝置上。

Pt-100 導體電阻與溫度兩者間的關係是隨著溫度上升而電阻變大，因此 RTD 導體具有正溫度係數，導體電阻 R_T 與溫度 T 的關係可以表示為：

$$R_T = R_0(1 + \mathrm{AT} + \mathrm{BT}^2 - 100\mathrm{CT}^3 + \mathrm{CT}^4 \cdots\cdots)$$

其中

R_T：導體在 T°C 時的電阻（單位 Ω）

R_0：導體在參考溫度 0°C 時的電阻（單位 Ω）

A、B、C……：導體材料的電阻溫度係數（% /°C）

T：攝氏溫度（單位 °C）

其中

A：0.003908、B：–5.775E–7、C：–4.183E–12，而 E–7 代表乘 10 的負 7 次方

從上式中可以看出 RTD 導體有某種程度的非線性特徵，但若使用在一定溫度測量範圍內，例如在 0 ～ 100°C 時，則上式可以簡化為

$$R_T = R_0(1 + \mathrm{AT})$$

RTD 通常由使用純金屬如白金（鉑）、銅或鎳等材料所製成，這些材質在範圍內每個溫度都有其固定的電阻值。圖 6-3 所示，為鉑、銅、鎳三種金屬材料的「溫度－電阻」特性曲線。一般實用場合大都以白金（簡稱 PT）測溫電阻體所製成的感溫元件最為常見，主要的原因是因為白金導線之純度可製作高達 99.999% 以上，且具有極高的精密度以及安定性的要求。目前國際間並以 0°C 時感溫電阻為 100Ω 之白金導線作為製作時的標準規格，也就是一般俗稱的“Pt-100”。

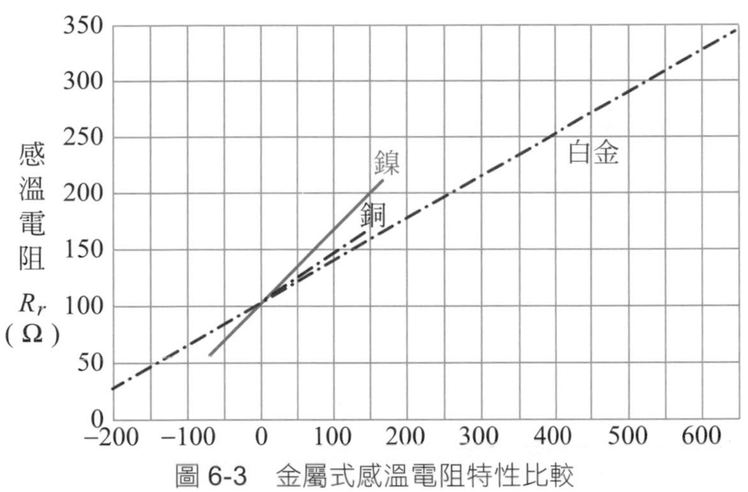

圖 6-3　金屬式感溫電阻特性比較

表 6-1 所示為 Pt-100 之「溫度－電阻」特性規格表。表左上角為最低測量溫度 $T = -200$（℃）及感測電阻 $R_T = 17.31$（Ω），表右下角為最高測量溫度 $T = 630$（℃）及感測電阻 $R_T = 327.08$（Ω）。

表 6-1　Pt-100 T (℃) 與 R_T (Ω) 關係表

T（℃）	R_T（Ω）	T（℃）	R_T（Ω）	T（℃）	R_T（Ω）
−200	17.31	80	131.42	360	235.47
−190	21.66	90	135.30	370	239.02
−180	25.98	100	139.16	380	242.55
−170	30.27	110	143.01	390	246.08
−160	34.53	120	146.85	400	249.59
−150	38.76	130	150.68	410	253.09
−140	42.97	140	154.49	420	256.57
−130	47.97	150	158.30	430	260.05
−120	51.32	160	162.09	440	263.51
−110	55.47	170	165.87	450	266.96
−100	59.59	180	169.64	460	270.40
−90	63.70	190	173.40	470	273.83
−80	67.79	200	177.14	480	277.25
−70	71.87	210	180.88	490	280.65
−60	75.93	220	184.60	500	284.04
−50	79.97	230	188.31	510	287.43
−40	84.00	240	192.01	520	290.79

表 6-1　Pt-100 T (℃) 與 R_T (Ω) 關係表 (續)

T (℃)	R_T (Ω)	T (℃)	R_T (Ω)	T (℃)	R_T (Ω)
–30	88.02	250	195.70	530	294.15
–20	92.03	260	199.37	540	297.50
–10	96.02	270	203.03	550	300.83
0	100.00	280	206.69	560	304.15
10	103.97	290	210.33	570	307.47
20	107.93	300	213.95	580	310.76
30	111.87	310	217.57	590	314.05
40	115.81	320	221.17	600	317.33
50	119.73	330	224.77	610	320.59
60	123.64	340	228.35	620	323.84
70	127.54	350	231.92	630	327.08

圖 6-4 是 Pt-100 溫度對電阻的特性曲線。從特性曲線中不難發現 –200 ～ –100℃ 時其溫度係數較大，–100 ～ 300℃ 時具有理想的線性關係，300℃ 以上其溫度係數反而小了一些，即 Pt-100 作低溫或高溫測試時，必須對這微小的非線性做適當的線性補償。

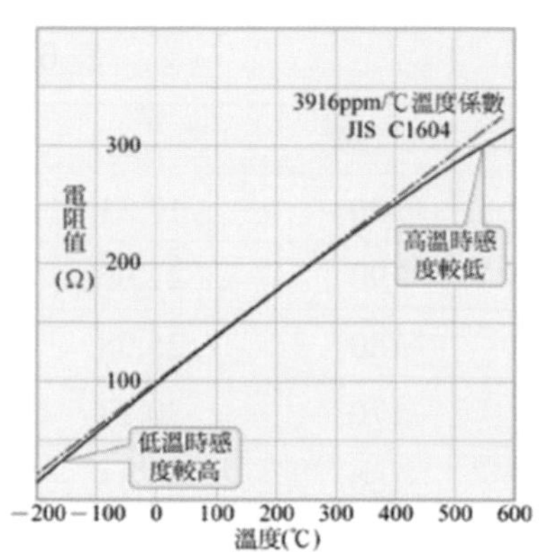

圖 6-4　Pt-100 溫度對電阻的特性

6-2-2　Pt-100 三線制緣由和電壓訊號、電流訊號差別

Pt-100 採用三線制接法是為了消除連線導線電阻引起的測量誤差。這是因為測量熱電阻的電路一般是不平衡電橋。Pt-100 熱電阻作為電橋的一個橋臂電阻，其連線導線（從熱電阻到中控室）也成為橋臂電阻的一部分，這一部分電阻是未知的且隨環境溫度變化造成測量誤差。採用三線制將導線一根接到電橋的電源端，其餘兩根分別接到熱電阻所在的橋臂及與其相鄰的橋臂上，這樣消除了導線線路電阻帶來的測量誤差。工業上 Pt-100 一般都採用三線制接法。採用電流訊號的原因是不容易受干擾，並且電流源內阻無窮大，導線電阻串聯在迴路中不影響精度，在普通雙絞線上可以傳輸數百

米。工業上使用 Pt-100 時，通常會搭配對應的傳送器，其規格為 4 ～ 20mA。上限取 20mA 是因為防爆的要求：20mA 的電流通斷引起的火花能量不足以引燃瓦斯。下限沒有取 0mA 的原因是為了能檢測斷線：正常工作時不會低於 4mA，當傳輸線因故障斷路，環路電流降為 0。常取 2mA 作為斷線報警值。Pt-100 熱電阻產生的是毫伏訊號，不存在這個問題。兩線制時導線電阻對溫度測量易造成誤差，三線制和四線制能有效的消除引線電阻的影響。但四線制較三線制測量精度更高，而四線制需要多一根電纜，成本較三線制更高，所以多數採用三線制。

資料來源：江蘇金湖創偉自動化儀表科技公司

6-3　訊號處理

6-3-1　Pt-100 轉換電路

如圖 6-5 為 Pt-100 溫度 - 電壓轉換電路。當 Pt-100 檢測到外界溫度的變化，本身的電阻值將會跟著改變。因此，可將 Pt-100 視為一個受溫度改變的可變電阻。自激源電路用來產生穩定的定電流。當穩定的定電流流過 VR_2(Pt-100) 後，產生的電壓變化即為溫度變化。因 VR_2(Pt-100) 轉換後的電壓輸出值極微小 (約 0.3916mV/°C)，量測 Pt-100 上的電壓須透過非反向放大器對 Pt-100 上的電壓進行放大，才能對此信號進行信號擷取。

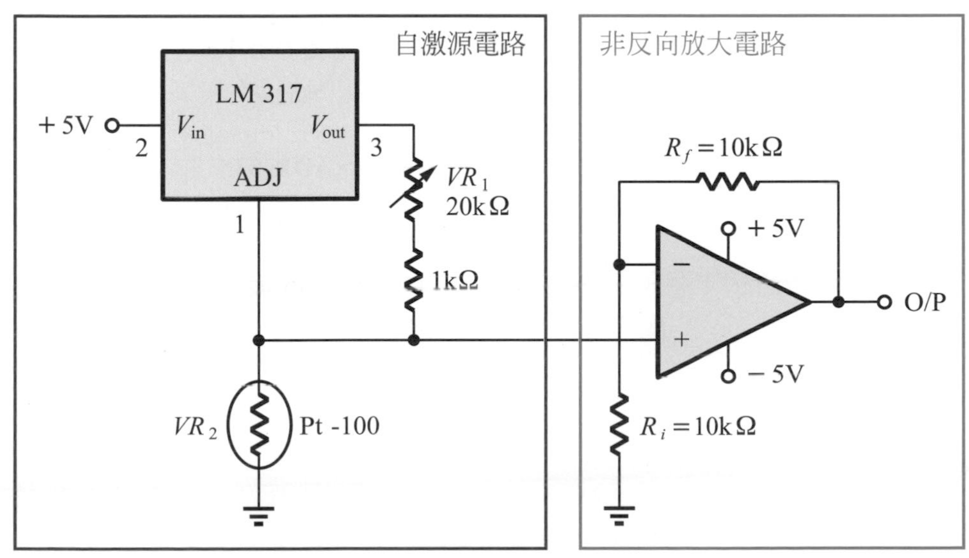

圖 6-5　Pt-100 溫度 - 電壓轉換電路

6-3-2 自激源 (LM317) 電路介紹

使用 LM317 做為此次實作的自激源。LM317 應用相當廣泛可以使用在穩壓器、充電電路、電壓調節電路、波形產生電路等等。如圖 6-6 所示為其產品描述，其中 LM317 電壓輸出範圍 1：1.2V ～ 37V，電流輸出可以來到 100mA，產品依需求不同有 TO-92 塑膠封裝、SO-8 SMT 封裝。

如圖 6-7 是 LM317 腳位，由左至右分別是“調整腳”(ADJUST)、輸出腳 (OUT)、輸入腳 (IN)，此次實做採用的是 TO-92 塑膠包裝。在這裡使用如圖 6-8 所示為 LM317 自激源電路應用。

- OUTPUT VOLTAGE RANGE: 1.2 TO 37V
- OUTPUT CURRENT IN EXCESS OF 100 mA
- LINE REGULATION TYP. 0.01%
- LOAD REGULATION TYP. 0.1%
- THERMAL OVERLOAD PROTECTION
- SHORT CIRCUIT PROTECTION
- OUTPUT TRANSISTOR SAFE AREA COMPENSATION
- FLOATING OPERATION FOR HIGH VOLTAGE APPLICATIONS

DESCRIPTION

The LM217L/LM317L are monolithic integrated circuit in SO-8 and TO-92 packages intended for use as positive adjustable voltage regulators.
They are designed to supply until 100 mA of load current with an output voltage adjustable over a 1.2 to 37V range.
The nominal output voltage is selected by means of only a resistive divider, making the device

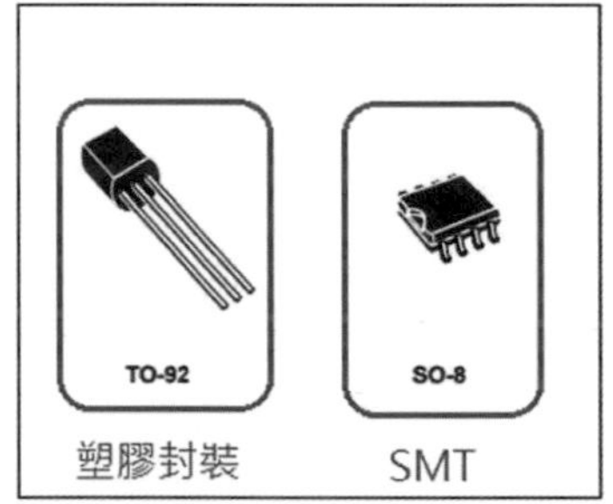

exceptionally easy to use and eliminating the stocking of many fixed regulators

圖 6-6　LM317 特性描述

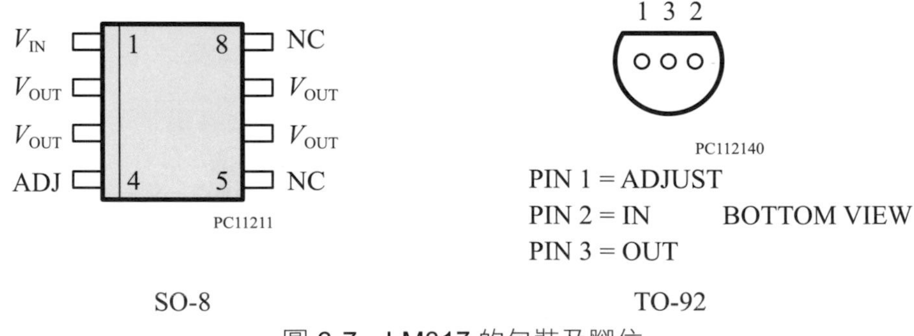

圖 6-7　LM317 的包裝及腳位

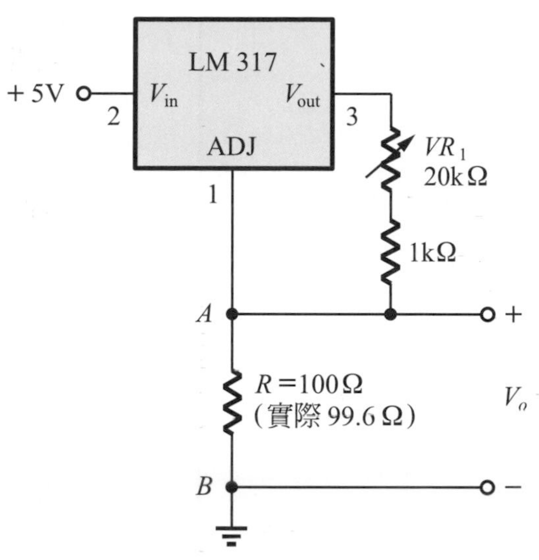

圖 6-8　自激源定電流電路

將自激源定電流電路設定為 1mA，透過歐姆定律得知，$I(1\text{mA})=\frac{V}{R}$，設 R 為 100Ω，則 $V=100\text{mV}$。以手上的精密電阻 100Ω 為例，經由三用電表測量電阻後，實際阻值為 99.6Ω，精密電阻接上 A、B 兩端間，圖 6-8 所示。代入歐姆定律可得知，$1\text{mA}=\frac{V}{R}=\frac{V}{99.6}$，$V=99.6\text{mV}$。如需將自激源定電流設定為 1mA 時，須透過調整精密可調式電阻 VR_1 20kΩ。將 V_o 調至 99.6mV，使 A 端到 B 端通過 1mA 定電流。NI myRIO-1900 並沒有提供內部自激源，所以須外加自激源電路將 Pt-100 溫度電阻值轉換為電壓值。

由於 Pt-100 轉換後的電壓輸出極微小，NI myRIO-1900 解析度只有 12 位元，因此對於電壓的測量精準度有限。所以量測 Pt-100 上的電壓必須先透過非反向放大器對輸出電壓進行電壓放大後，才能對輸出信號進行信號擷取。非反向放大器的放大倍率為 $V_{out}=V_{in}(1+\frac{R_f}{R_i})$。

如圖 6-9 是 TL081 差動放大器的特性描述、腳位及封裝圖，負電源 (4，–Vcc)、正電源 (7，+Vcc)、非反向輸入 (3)、反向輸入 (2)。此次實作採用的是 DIP 包裝。

Features

- Wide common-mode (up to V_{CC}^{+}) and differential voltage range
- Low input bias and offset current
- Output short-circuit protection
- High input impedance JFET input stage
- Internal frequency compensation
- Latch-up free operation
- High slew rate: 16 V/μs (typ)

Description

The TL081, TL081A and TL081B are high-speed JFET input single operational amplifiers incorporating well matched, high-voltage JFET and bipolar transistors in a monolithic integrated circuit.

The devices feature high slew rates, low input bias and offset currents, and low offset voltage temperature coefficient.

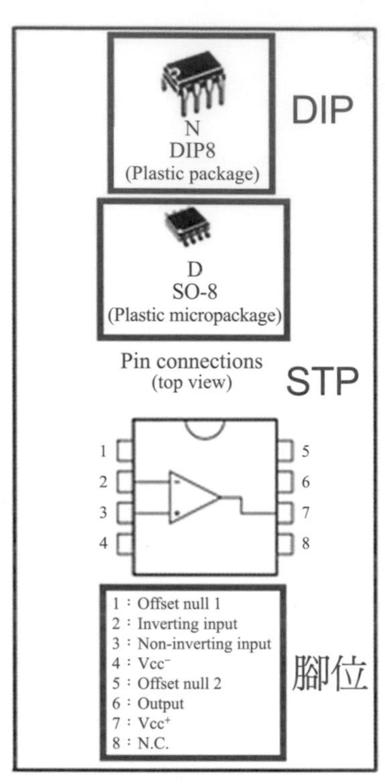

圖 6-9　TL081 特性描述、腳位及封裝

6-4　採用教學模組接線

為了教學操作方便，客製成一個專屬的教具模組，如圖 6-10 所示。依照教具模組上所標示的腳位依序接上 NI myRIO-1900 所對應的腳位。其中，教具模組上 PT-A 和 PT-B 的腳位是用來連接 Pt-100 的 A 腳和 B 腳。接線圖如圖 6-11 所示。

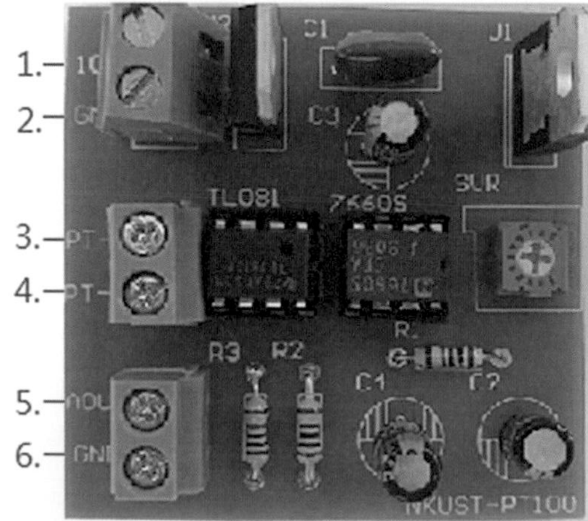

1：+10V（輸入電壓端）
2：GND（輸入電壓接地端）
3：PT-A（Pt-100A 端）
4：PT-B（Pt-100B 端）
5：AOUT（Analog 輸出端）
6：GND（Analog 接地端）

圖 6-10　Pt-100 教具模組腳位圖

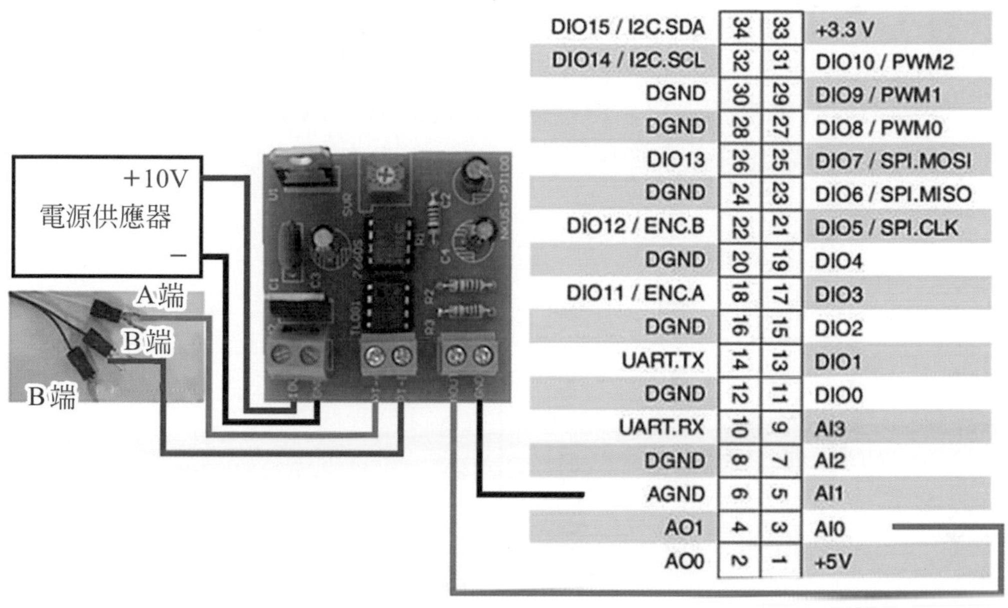

圖 6-11 Pt-100 教具模組與 myRIO-1900 接線圖

6-5 LabVIEW 程式撰寫－ Pt-100 水溫量測

6-5-1 利用 Pt-100 溫度對電阻特性曲線圖求得即時溫度

前面有提到 Pt-100 導體電阻與溫度兩者之間的關係是隨溫度上升而電阻變大，並且成線性變化。由表 6-1 可得知 RTD 導體具有正溫度係數，並透過表 6-1 可推導出 0 ～ 50°C 每度的電壓變化。

當 Pt-100 為 0°C 時，電阻為 100Ω，當 Pt-100 為 50°C 時，電阻為 119.73Ω，$\frac{119.73-100}{50}=0.3946$。由計算可得出 0 ～ 50°C 每度的電阻變化為 0.3946Ω。採用定電流 1mA 電路時，每度的電壓變化 0.3946mV。

6-5-2 LabVIEW 程式撰寫－液體溫度測量

STEP 1 在圖形程式區點選滑鼠右鍵從函數面板取出「myRIO → Analog In」類比輸入函數，在跳出來的視窗中設定 A/AI0(Pin3) 如圖 6-12 所示。

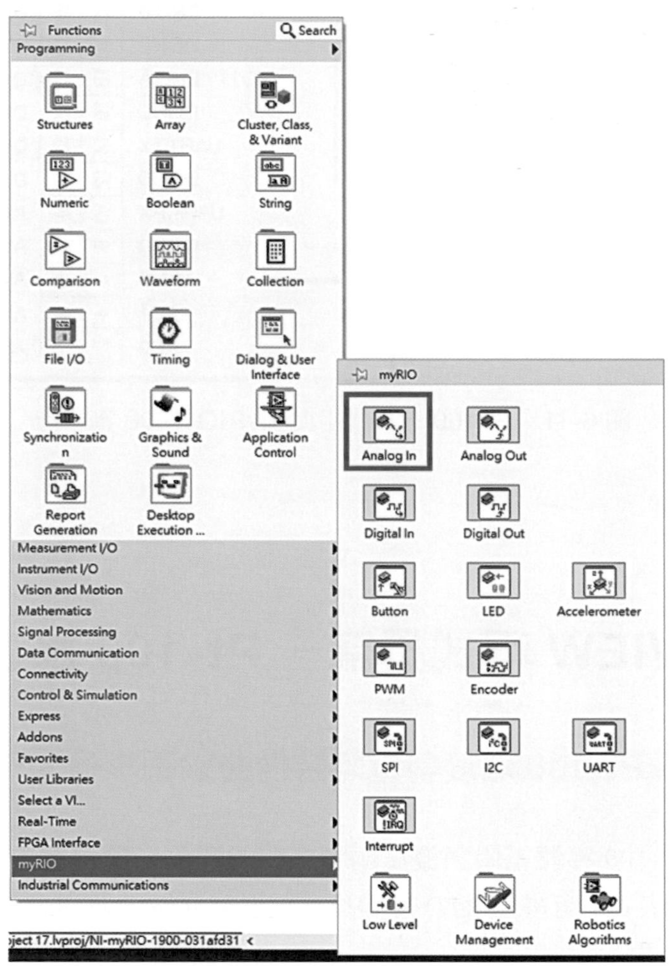

圖 6-12(a)　Analog In 路徑圖

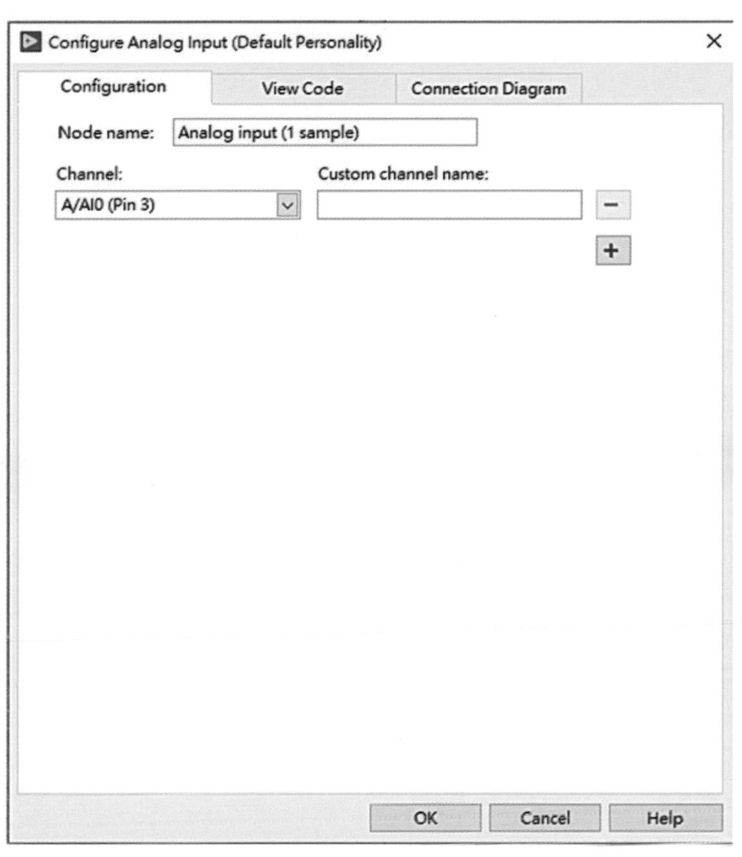

圖 6-12(b)　Analog In 設定圖

STEP 2 點擊 View Code，接著點擊右上角複製程式，複製完成後點擊 OK，如圖 6-13 所示。在圖形程式區空白處貼上剛才複製的程式，貼上程式後將 Analog In 元件刪除，如圖 6-14 所示。

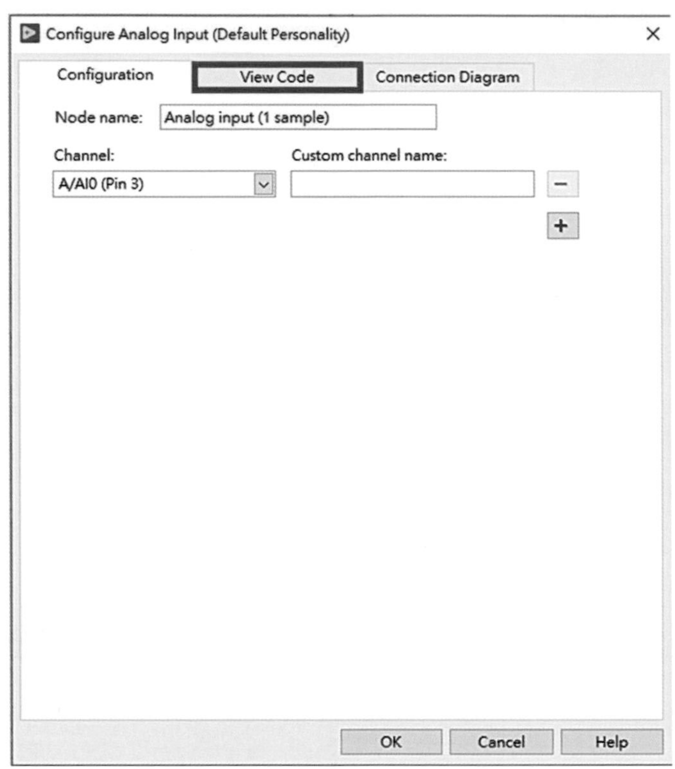

圖 6-13(a)　Analog In 設定圖

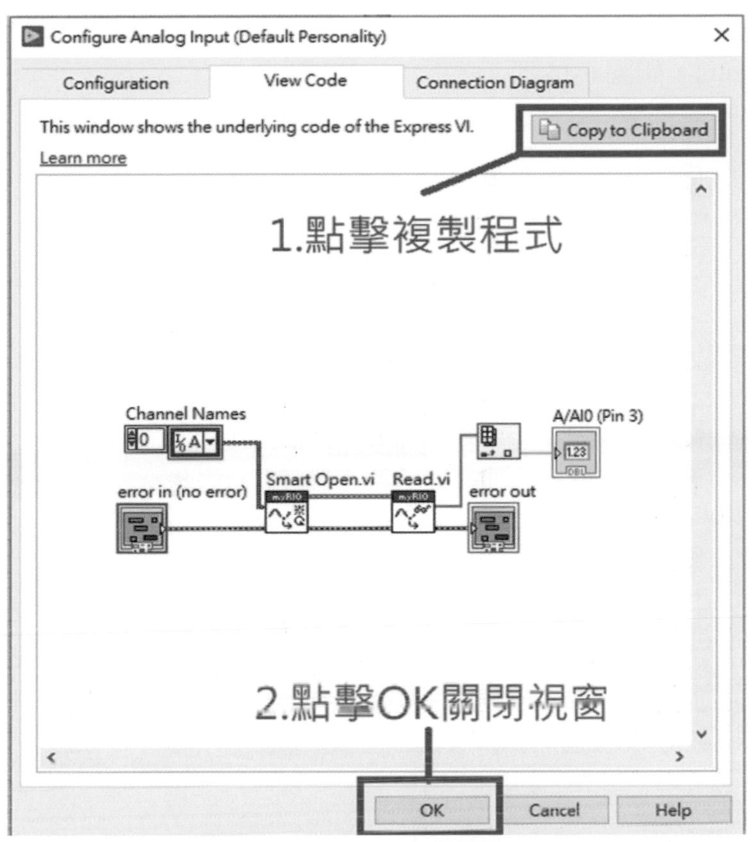

圖 6-13(b)　Analog In 複製程式圖

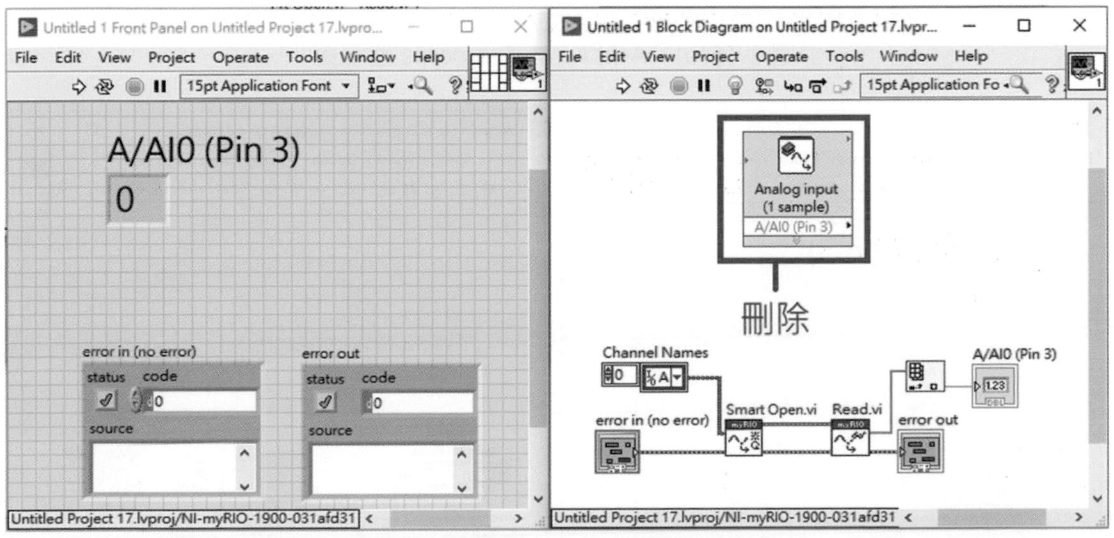

圖 6-14　程式畫面圖

STEP 3 在圖形程式區的「Functions → Programming → Numeric」中取出 Add Array Elements，如圖 6-15 所示。

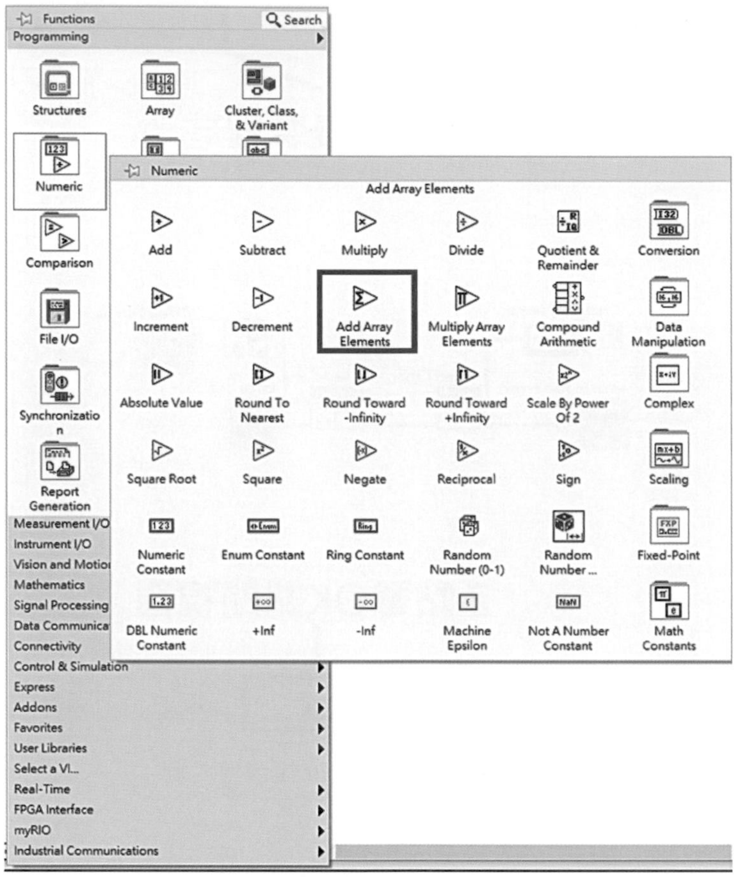

圖 6-15(a)　Add Array Elements 路徑圖

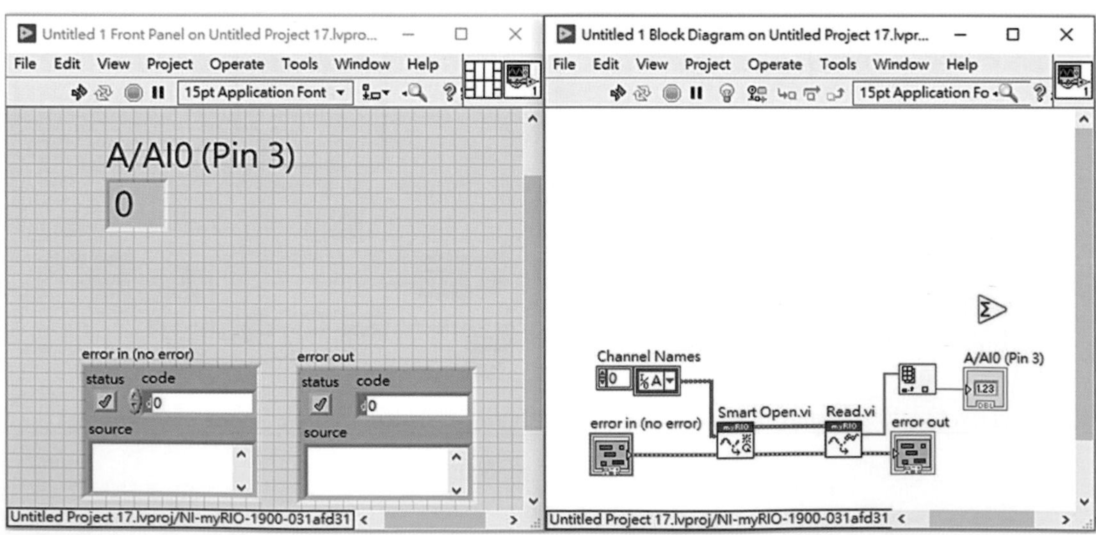

圖 6-15(b)　程式畫面圖

STEP 4 在圖形程式區的「Functions → Programming → Structures」中取出 For Loop，並將部分程式碼包裹在內，接著在 For Loop 左上角 N 接點建立一個常數 100，如圖 6-16 所示。

註 建立常數100是為了將讀取到的數值取100次。

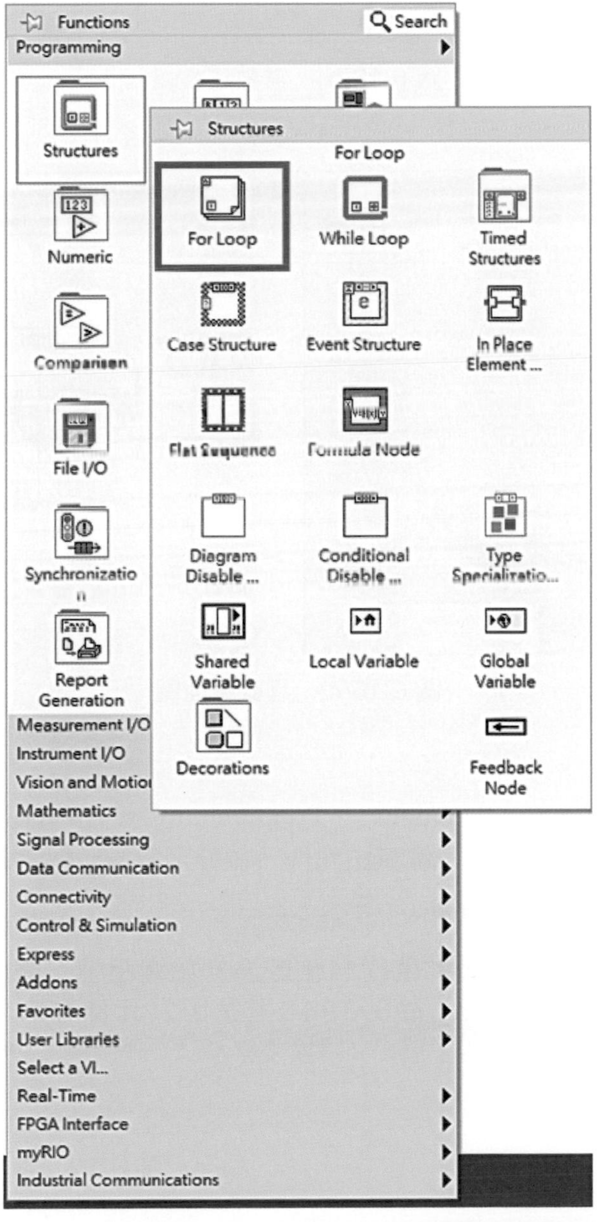

圖 6-16(a)　For Loop 路徑圖

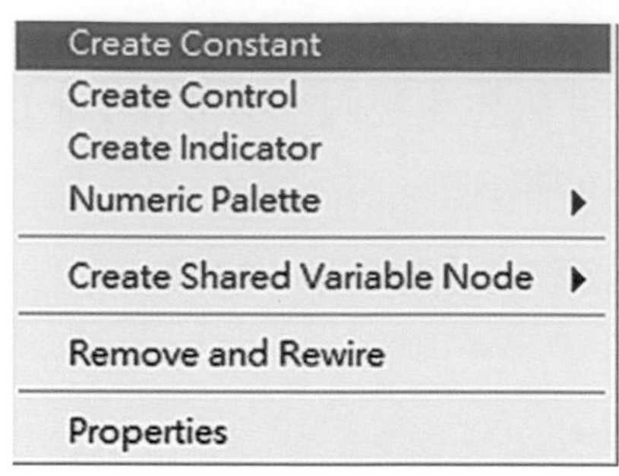

圖 6-16(b)　常數建立圖

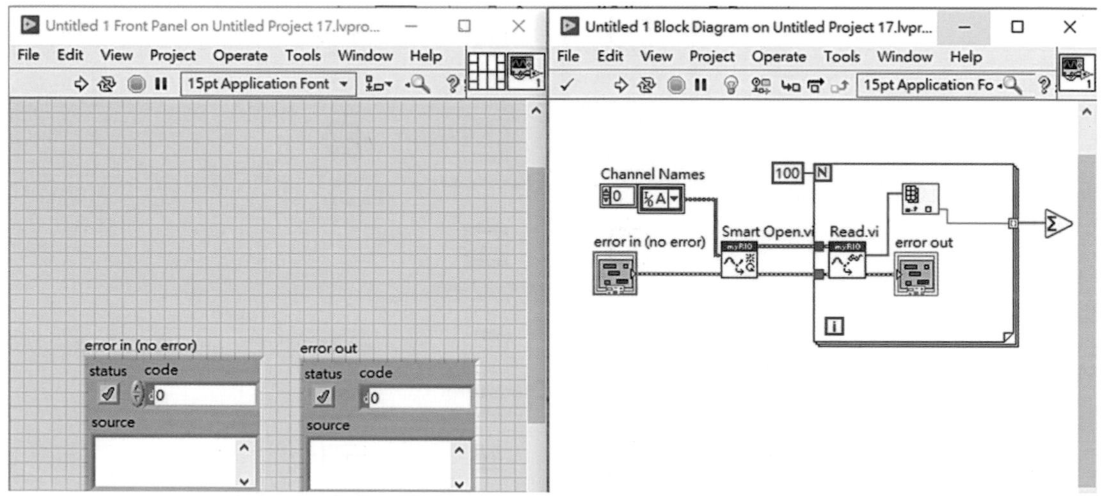

圖 6-16(c)　程式畫面圖

STEP 5 在圖形程式區的「Functions → Programming → Numeric」中取出兩個減法元件、一個乘法元件、一個減法元件，並分別創造一個常數元件輸入 11、0.1、0.3946 及 1000，如圖 6-17 所示。

註　除去11是為了將電路放大的值從11倍改為初始電壓值，減0.1是為了將0℃時的Pt-100電壓基準值減去，除0.3946則是因為元件在常溫下1℃的變化量為0.3946mV，乘1000是為了將mV轉換為V。

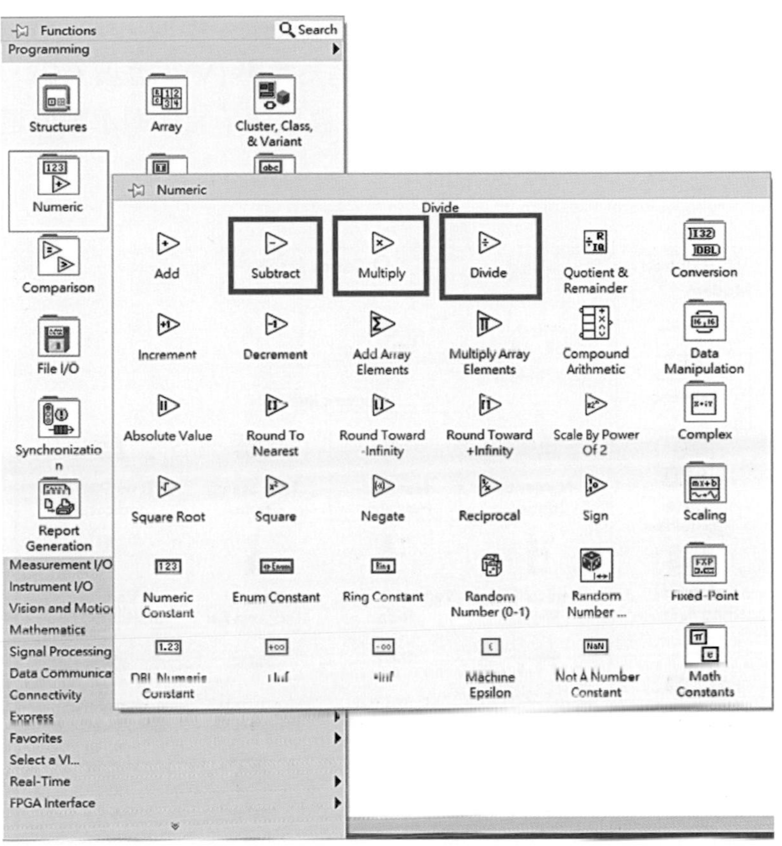

圖 6-17(a)　元件路徑圖

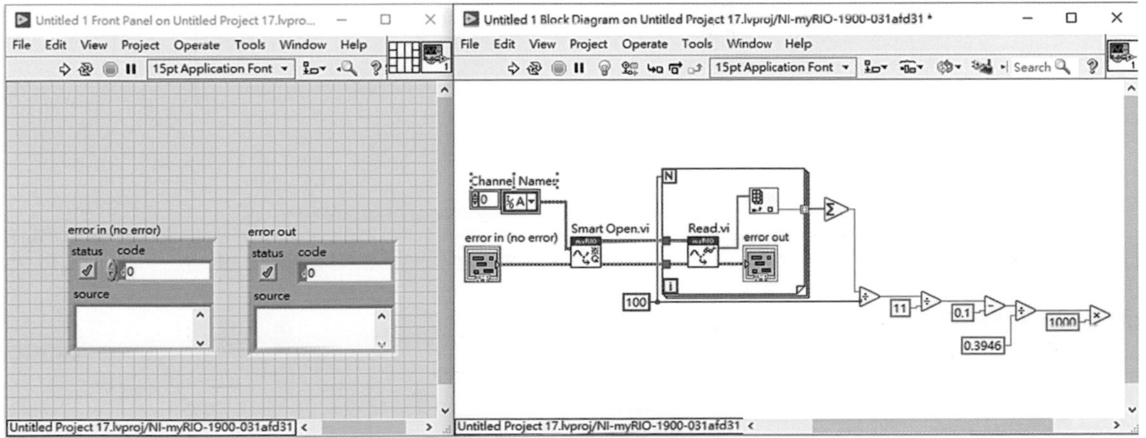

圖 6-17(b)　程式畫面圖

STEP 6 在人機介面「Controls → Modern → Numeric」中取出兩個數值顯示元件如圖 6-18 所示。顯示元件命名為分別命名為電壓 (V)、溫度 (°C)，電壓顯示元件為顯示教具模組的輸出信號電壓值，溫度顯示元件顯示數值是將輸出信號經過換算公式後得出的當前溫度。

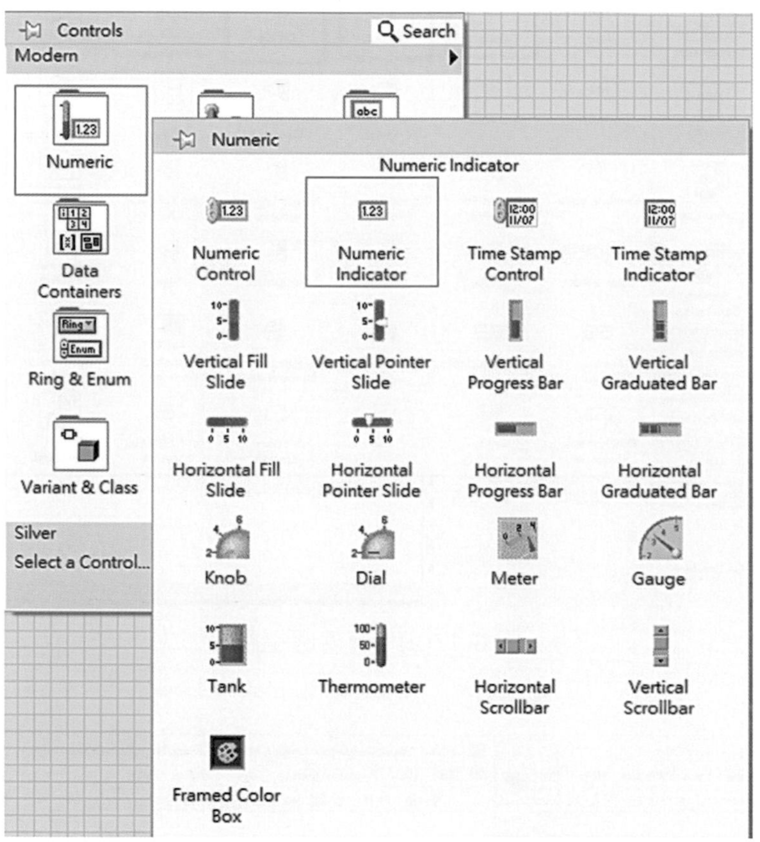

圖 6-18(a)　數值元件路徑

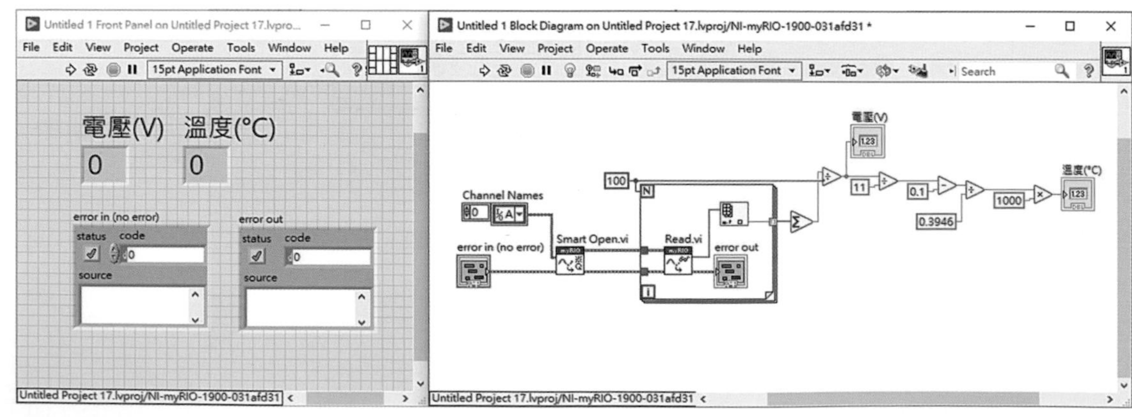

圖 6-18(b)　程式畫面圖

STEP 7 為了讓程式能夠一直執行，在圖形程式區的「Functions → Programming → Structures」中取出 While Loop，如圖 6-19(a) 所示。接下來用 While Loop 將全部元件包裹在內並在迴圈右下角紅點左邊接點按一下右鍵創造一個 STOP 元件，如圖 6-19(b) 所示。完整圖形程式圖，如圖 6-19(c) 所示。

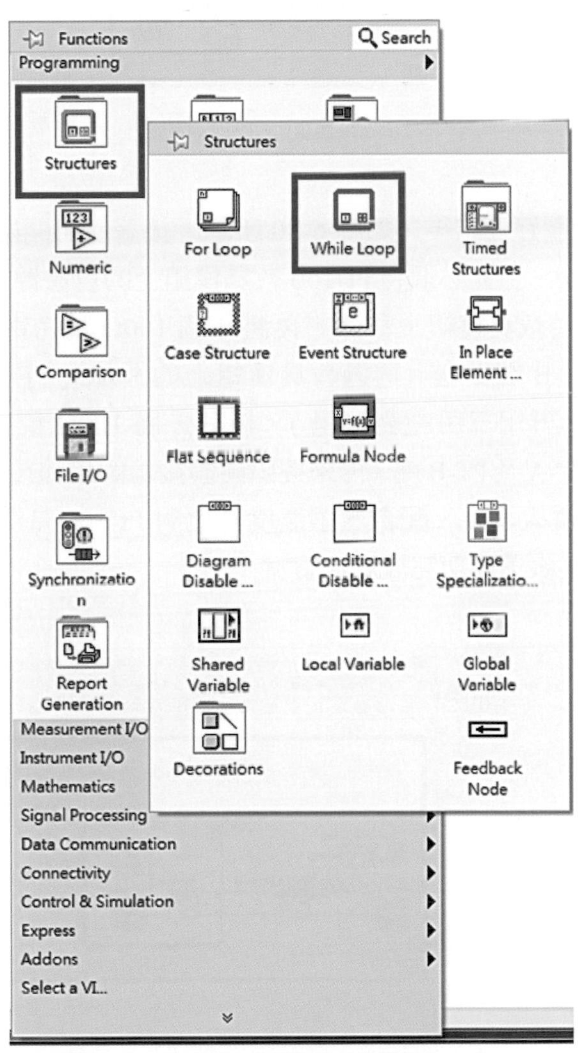

圖 6-19(a)　While Loop 元件路徑圖

圖 6-19(b)　圖形程式區

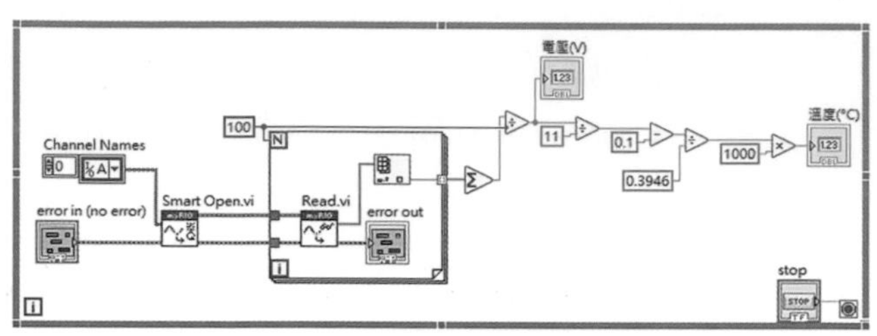

圖 6-19(c)　圖形程式區

STEP 8 將所有元件擺好連結後，如圖 6-20 所示。接著便可開始執行程式。

實驗步驟： 在硬體接線，首先必須將 Pt-100 教具模組上的自激源定電流電路進行校正，將 Pt-100 從教具模組上移除，再將一個 100Ω 精密電阻跨接至教具模組的 PT-A 及 PT-B 端點處。透過教具模組上的 SVR，將 100Ω 上的電壓值校正至 100mV(可用三用電表測量)。接著，將 100Ω 精密電阻卸下後，把 Pt-100 接回 PT-A 及 PT-B 處。再來按照硬體接線圖接線後，即可開始執行程式。將 Pt-100 置入水中，配合水銀溫度計比對 Pt-100 量測溫度，兩者之間相差不大，便代表著成功完成此次實驗。

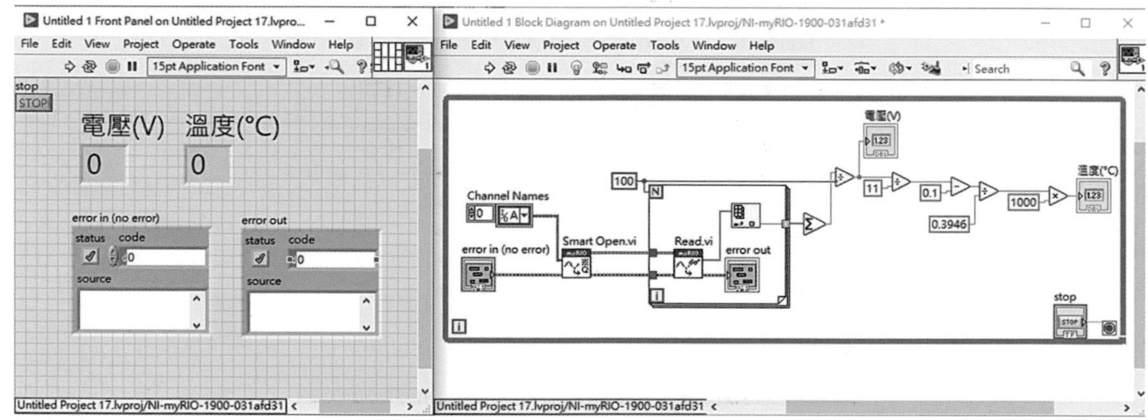

圖 6-20　完整程式圖

工業級溫度量測 (K-type)

用途與 Pt-100 一樣，在產業中另一種常見的溫度感測器是 K-type 熱電偶溫度感測器。它的測量範圍比 Pt-100 更廣。本章節將介紹一種工業上常用具標準輸出 4mA ～ 20mA 的轉換電路模組搭配 K-type 感測器及 myRIO 來建立一套溫度感測系統。

7-1 K-type 感測器的原理

熱電偶的基本原理為由兩種不同材質的金屬或合金，利用居間物質定律產生低電壓 (mV，俗稱”電動勢”)，再依據電壓大小來判斷被測物之溫度，而其準確度和範圍就與材質有非常大的關係。熱電偶的測溫點在於兩種不同金屬所連接的熱接點，因此在研究人員不斷研究下，發現還需要兩種金屬間的電性反應式熱電敏度要有相當的差距才行。因此 ANSI (美國國家標準協會) 制定一些規定，並列出各種標準熱電偶的型式，目前業界常用 E-type 與 K-type，國人自製則以 K-type 為主。熱電偶的探頭又有各種不同型式。

熱電偶是將兩種不同性質的金屬導線連接在一起，所形成的溫度量測裝置。其感測原理乃利用一種稱為席貝克效應現象。所謂的席貝克效應是指當兩種不同性質的金屬導線連接在一起而形成封閉迴路時，若使其中一接點的溫度高於另一接點的溫度，則在此封閉迴路中，即有電流流過。如圖 7-1 所示。

而熱電偶的基本連接法，兩根導線連接在一起的接點稱為量測接點，或稱為熱接點。熱接點通常是置於待測溫度區，而兩導線不連接的地方，即稱為冷接點或基準接點，如圖 7-2 所示。

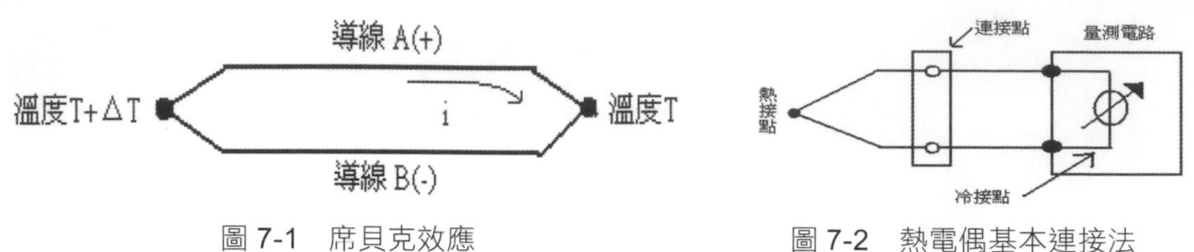

圖 7-1　席貝克效應

圖 7-2　熱電偶基本連接法

7-2　訊號類型

7-2-1　K-type 之規格及輸出特性曲線

熱電偶不同的規格有不同的特性，材質是熱電偶不同特性的主因，下表 7-1、表 7-2 介紹各種熱電偶的材質及溫度範圍。

表 7-1　各式熱電偶的規格

		線徑 (mm)	電阻 (Ω/m)	常用溫度 (℃)	最高使用溫度 (℃)
材料符號	主要材質	0.65	2.95	650	850
		1.00	1.25	750	950
		1.60	0.49	850	1050
		2.30	0.24	900	1100
		3.20	0.12	1000	1200

表 7-2　各式熱電偶的材質及溫度範圍

Type	範圍	主要材質型式
E	–200 ～ 980°C	鉻 / 銅鎳合金
J	–200 ～ 870°C	鐵 / 銅鎳合金
T	–200 ～ 400°C	銅 / 銅鎳合金
R	–50 ～ 1600°C	白金 /13% 銠
S	–50 ～ 1540°C	白金 /10% 銠
B	–50 ～ 1800°C	白金 /30% 銠
G	0 ～ 2760°C	鎢 / 鋼

圖 7-3、圖 7-4 分別為溫度 T(°C) 在 0 ～ 1000°C 及 1000°C ～ 2500°C 時輸出電壓 V_o (mV) 的特性，由圖中可以發現 E 型的輸出電壓 V_o (mV) 為最高，此為 E 型的優點。圖 7-4 為熱電偶在溫度 T(°C) 為負值時，其輸出電壓 V_o (mV) 也為負值。

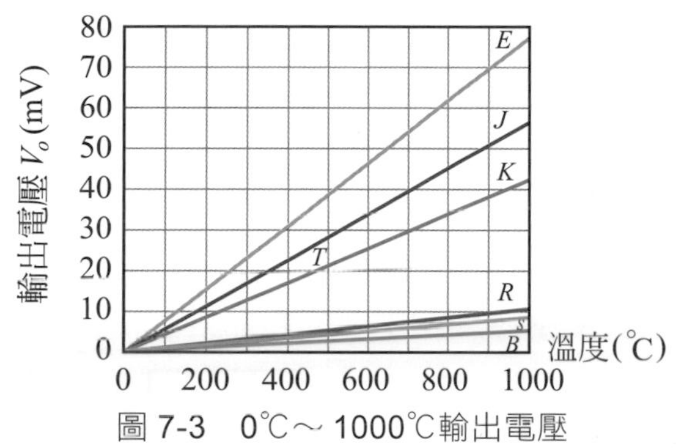

圖 7-3　0°C～ 1000°C輸出電壓

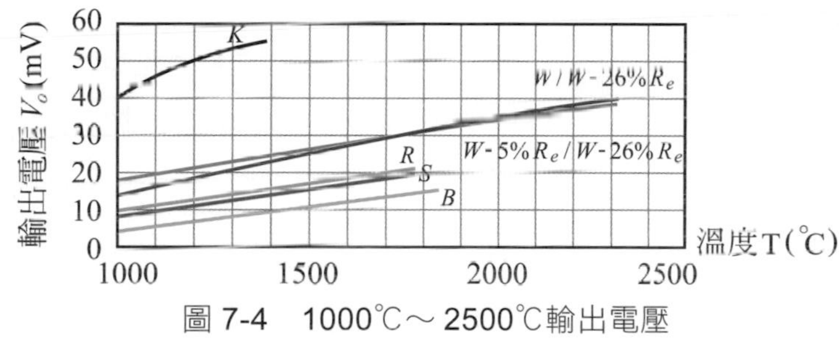

圖 7-4　1000°C～ 2500°C輸出電壓

7-2-2 myRIO 介面的接線腳位

使用七泰電子股份有限公司的 K-type 溫度傳送器輸出作為範例，在輸出端黃線是正極，黑線是負極，輸出是以電壓形式。要注意 K-type 輸出為 “類比輸出”，所以在 myRIO 上選擇 A 測第 3 隻腳 AI0 類比輸入、6 接腳為接地 (GND) 如圖 7-5 所示。表 7-3 為 CAHO SR-T701 型號的溫度控制器及 K-type 溫度感測器實體及腳位。

表 7-3　K-type 感測器與傳送器接腳說明

設備名稱	設備圖	腳位
K-type		紅：正極 白：負極
K-type 傳送器 (RTC- 2Y13)		T/C Input: 2（−）、3、4（+） Output: 1（+）、5（−） Power: 6、7、8（115V: 7–8；230V: 6–8）

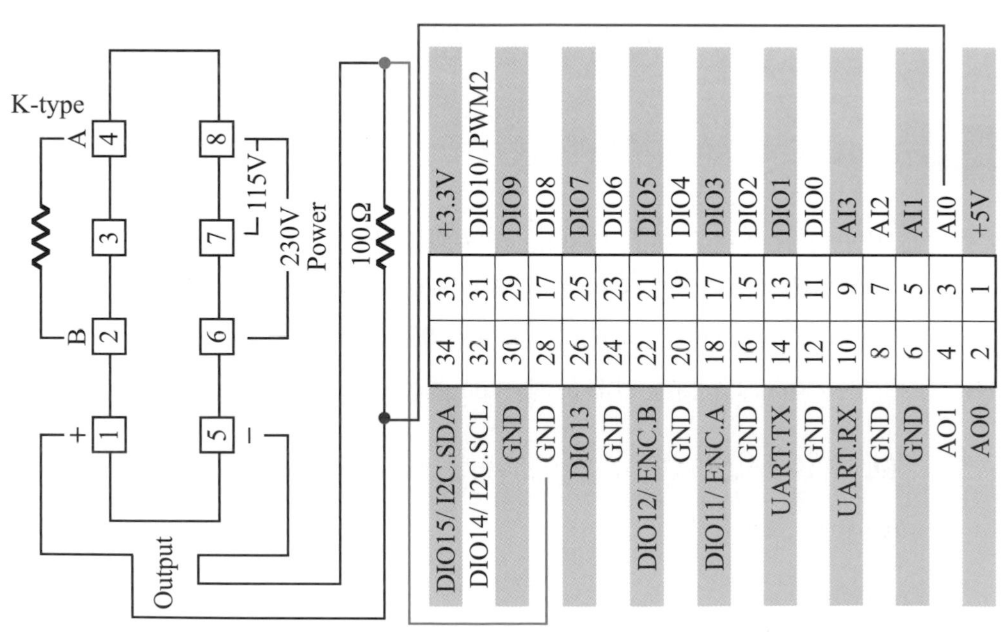

圖 7-5　K-type 溫度感測器與 myRIO 接線圖

7-3 LabVIEW 程式撰寫－工業級溫度量測

7-3-1 數值 V.S. 儀表的計算準則

例如：假設某一引擎排氣出口的溫度範圍為 0 ～ 600°C，因此選用一個合適的傳送器，在這裡選用一個溫度的輸出範圍在 0 ～ 800°C 之間，且輸出電流為 4 ～ 20mA。假設，希望每 1°C 有 2mV 的變化量，那麼 800°C 就會有 1.6V 的變化量。接下來，要計算所需的電阻值。因為 4 ～ 20mA 共有 16mA 的範圍 (20mA – 4mA = 16mA)，而溫度的輸出範圍為 0 ～ 800°C。因此，要計算每 1°C 為多少電流，16mA/800°C= 20μA/°C 代表每 1°C 有 20μA。最後，利用歐姆定律來計算需在負載端並聯多少歐姆的電阻。

$$R=\frac{V}{I}=\frac{2\text{mV}}{20\mu\text{A}}=100\Omega$$

首先，使用 100Ω 的精密電阻，將其跨接到傳送器的輸出端上。由於，假設 4mA 為 0°C，而 20mA 為 800°C。在這裡，會發現當 0°C 時，會有 4mA × 100Ω = 0.4V。所以，在程式設計上必需將輸出的電壓值先減去 0.4V。此時，當輸出為 0.4V 時，在程式畫面上才會顯示 0°C。

範例：某一發電機冷卻出口的溫度範圍為 0 ～ 300°C，選用的溫度範圍為 0 ～ 500°C 的輸出電流為 4 ～ 20mA。假設希望每 1°C 為 5mV，300°C 為 1.5V。試算出在傳送器上的負載端需並聯多少歐姆的電阻？

$$\frac{(20-4)\text{mA}}{(500-0)^\circ\text{C}}=32\mu\text{A}/^\circ\text{C}$$

$$R=\frac{V}{I}=\frac{5\text{mV}}{32\mu\text{A}}=156.25\Omega$$

7-3-2 LabVIEW 程式撰寫－工業級溫度量測

STEP 1 在圖形程式區中從選單找到「myRIO」從中取出 Analog In，並設定腳位為 A/AI0(Pin 3)。

STEP 2 在人機介面區中從「Modern → Numeric」中取出兩個 Numeric Indicator，並將其命名為電壓值與現在溫度 (因 K-type 傳送器輸出信號為電壓，實驗進行時可利用三用電表量測跨於 100Ω 的電壓與 LabVIEW 人機介面，上顯示的電壓大致相同)。

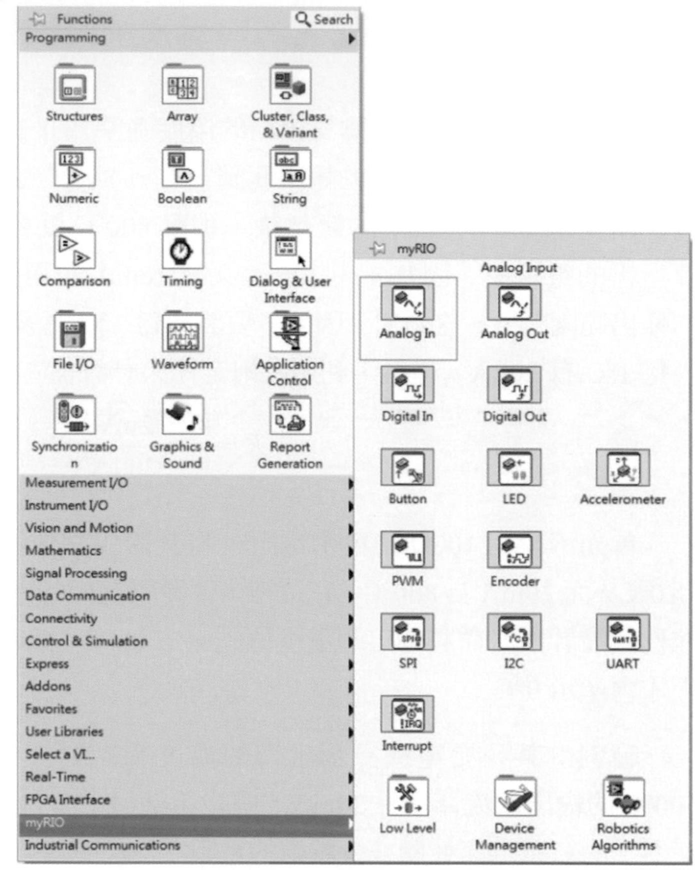

圖 7-6　Analog In 路徑

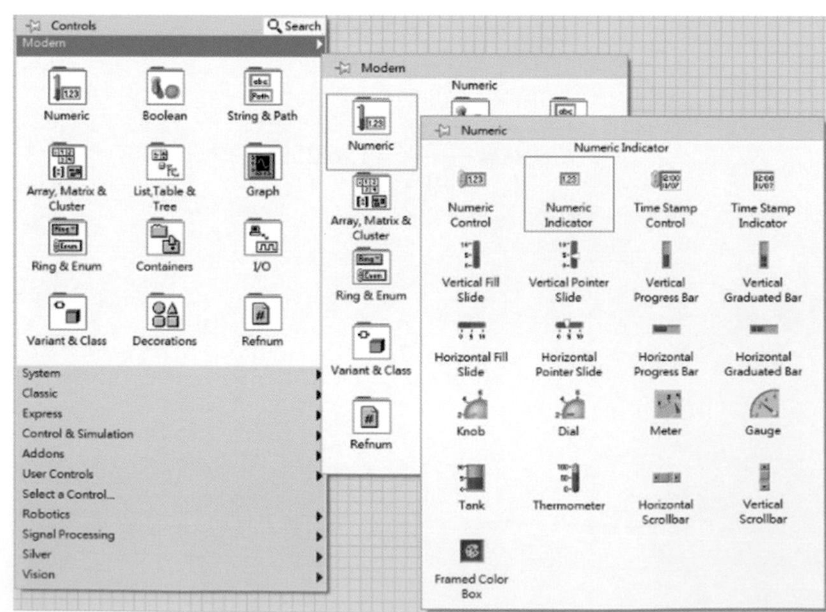

圖 7-7　Numeric Indicator 路徑

STEP ③ 在圖形程式區從「Programming → Numeric」中取出一個 Subtract 元件，並再取出一個 Divide 元件，並對 Subtract 元件跟 Divide 元件點選右鍵選擇 Create 一個 Constant 並分別設定 0.4 以及 0.002(對 Subtract 元件設定一個常數 0.4 是為了減去在 4mA，是因為當 0℃ 時，會有 4mA × 100Ω = 0.4V。對 Divide 元件設定一個常數 0.002V，是因為每 1℃ 有 2mV 的變化量)。

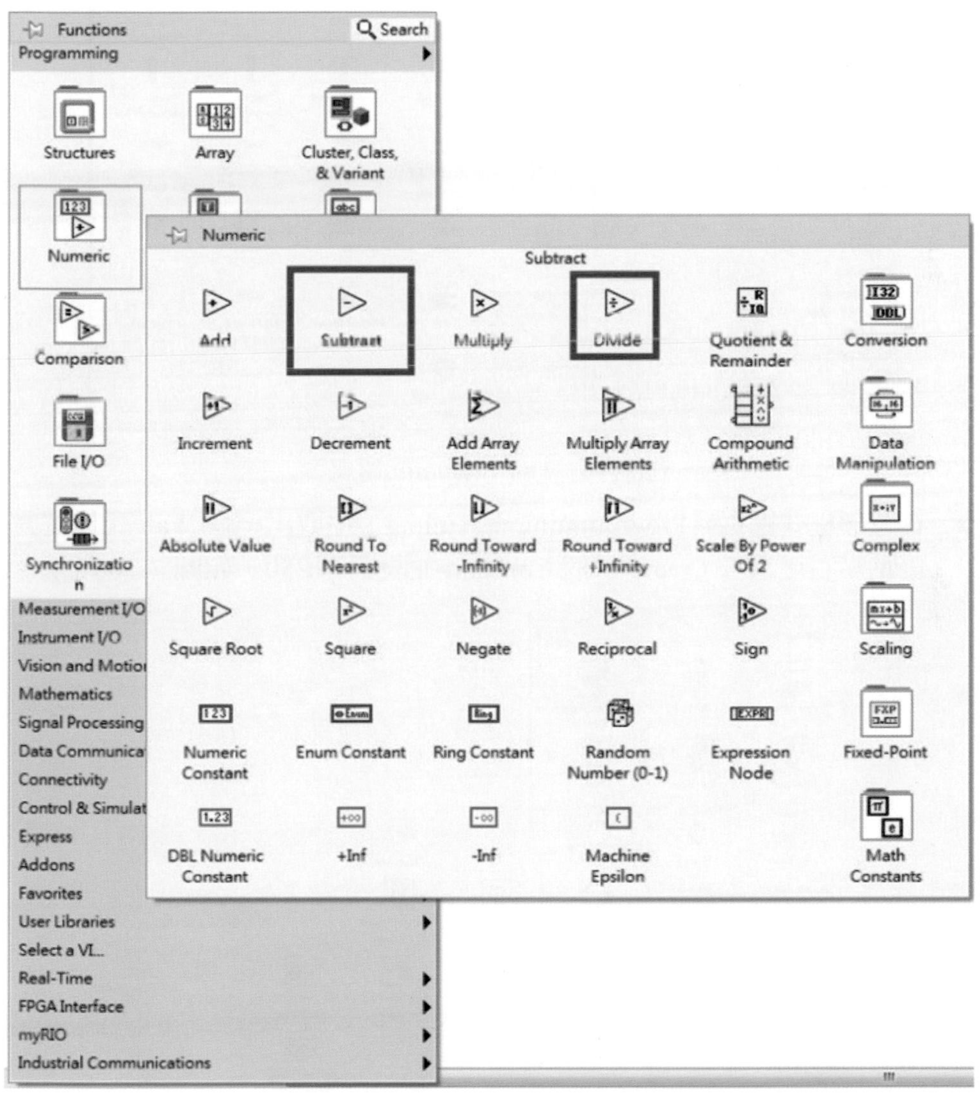

圖 7-8　Subtract 與 Divide 路徑

STEP 4 在人機介面區從「Modern → Numeric」中取出一個 Thermometer 元件，將其命名為 K-type，如圖 7-9 所示。

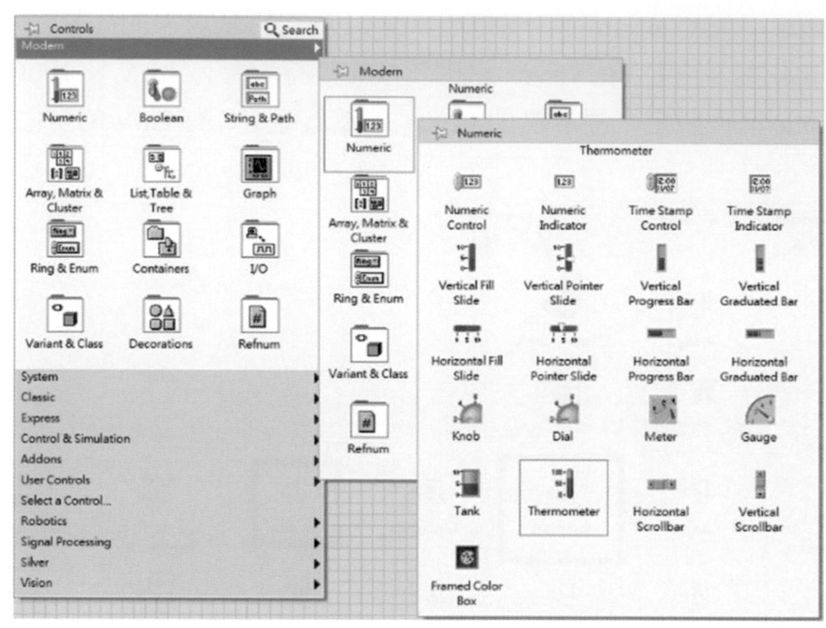

圖 7-9 Thermometer 路徑

STEP 5 在圖形程式區從「Programming → Timing」中取出一個 Wait 元件並對其左邊接點點右鍵選擇 Create 一個 Constant 並設置為 250，如圖 7-10 所示。

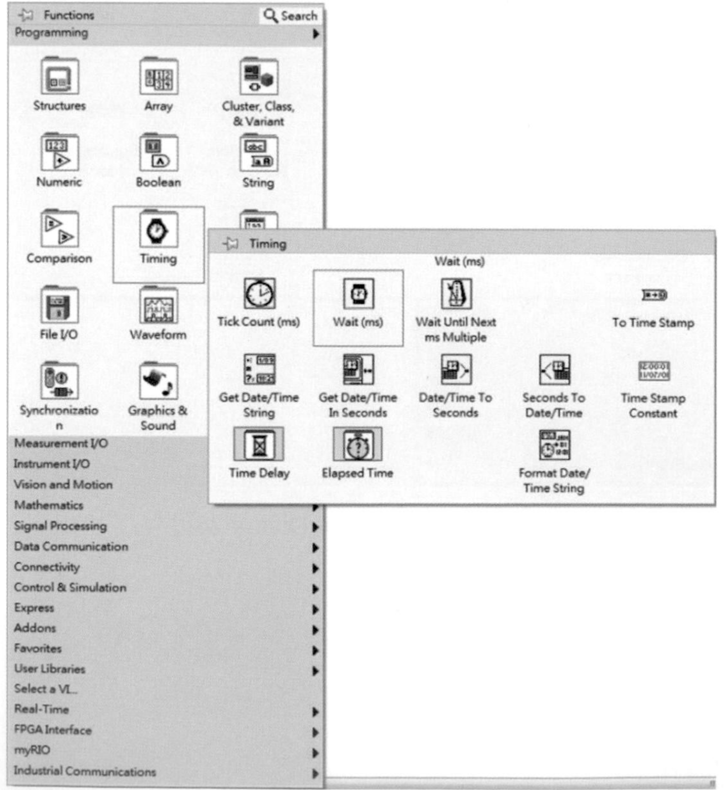

圖 7-10 Wait 路徑

STEP 6 在圖形程式區從「Programming → Structures」中取出 While Loop 並將元件放入其中，如圖 7-11 所示。

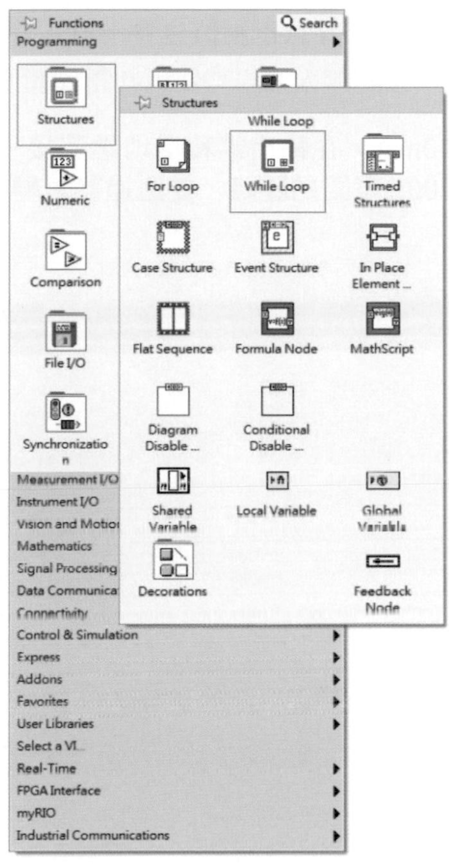

圖 7-11　While Loop 路徑

STEP 7 將元件如圖 7-12 所示連接起來。

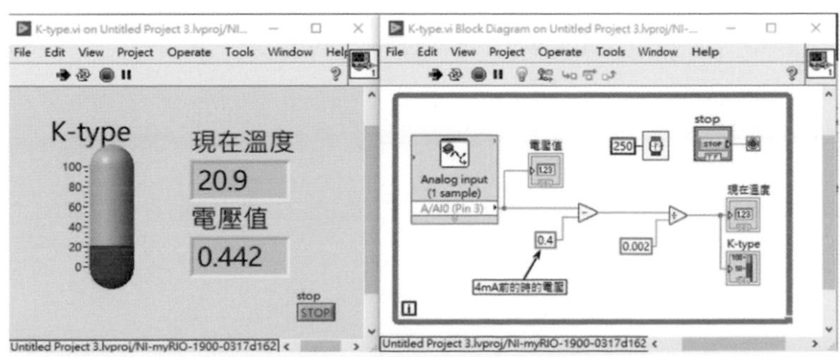

圖 7-12　LabVIEW 程式圖

實驗步驟：將 K-type 與水銀溫度計 (參考值) 一起放入冷水中，應可看到 K-type 溫度緩慢下降且電壓值也下降 (可搭配三用電表量測)。當溫度不再下降時與水銀溫度計進行比較確認。接著將 K-type 與水銀溫度計一起放入熱水中，此時應可看到溫度緩慢上升且電壓值也會上升。當溫度上升停止時再與水銀溫度計進行比較，確認無太大誤差便可判斷硬體及程式皆為正確。

註 K-type輸出端為4～20mA，在輸出端和接地端跨接一個100Ω的電阻，即可透過myRIO-1900讀取100Ω電阻的壓降，並透過計算轉換出溫度。

荷重元感測器－磅秤

8-1 壓力感測器的原理

壓力感測器可以測量各種形體的應力，舉凡重量、流速、液壓、氣壓和蒸汽都可以是量測對象，它可以應用在漁業、農業、礦業、鋼鐵業、電子業等設備。如圖 8-1 所示是利用電阻式的壓電材料達到觸控的目的，如圖 8-2 則為 Wii Fit 是利用壓力感測器偵測人的動作，再如圖 8-3 所示為壓力變送器是利用壓力感測器偵測氣體、液體、蒸氣等壓力。

圖 8-1 觸碰螢幕

圖 8-2 Wii Fit

圖 8-3 壓力感測器

圖片來源：任天堂、廣州歐控機電設備有限公司、科學少年電子報

所謂壓力感測器，其實就是根據對應變規或壓電材料施加的壓力，而改變其電阻值，再利用外加電壓或電流來量測其訊號變化達到測量效果。壓力的量測可以分成三類：絕對壓力測量、表壓力測量與差壓力測量。

1. 絕對壓力所指的就是對應於絕對真空所測量到的壓力。
2. 表壓力所指的就是對應於地區性大氣壓力所測量的壓力。
3. 差壓力就是指兩個壓力源間的壓力差值。

壓力感測器也如同壓力量測可以分成三類，如圖 8-4 所示。

1. 絕對壓力感測器：此裝置包含有參考真空，以做為環境的絕對壓力的測量或是管接壓力源的測量，而圖 8-3 的感測器屬於絕對壓力感測器的一種。
2. 差壓力感測器：為兩個管接壓力源間之壓力差值的測量。
3. 表壓力感測器：也是一種差壓力轉換器，但是，其壓力源一個為地區性大氣壓，另一個則為管接的壓力源。

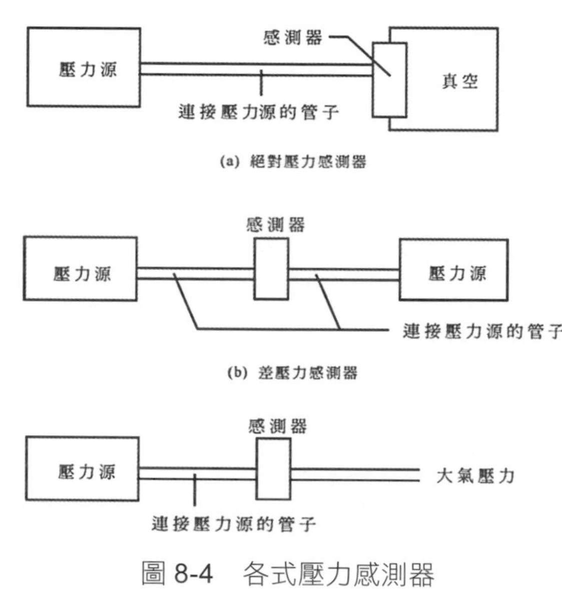

圖 8-4　各式壓力感測器

8-2　荷重元 / 壓力感測器的原理

荷重元 (load cell) 是壓力感測器的一種，主要應用在量測重量及力的場合。而其量測的型式可分為拉緊與壓縮、壓力與集束型等作用力量測方式。可量測的重量範圍由幾公克重到幾頓重，其輸出為電壓型式且需經由儀表放大器將訊號放大。此章節採用價格親民的荷重元來設計一個簡易的電子秤。

8-2-1　應變規原理

為配合不同的場合及搭配使用，因此荷重元的外形變化很大，如圖 8-5 所示。而荷重元是利用應變規 (strain gage) 貼片來測量重量，是利用導電材料因外力變形而改變電阻的特性來量測重量，必須安裝在材料易變形的位置。為使量測的結果更加準確，一般會搭配電橋來設計量測電路。如圖 8-6 所示為其構造圖。以荷重元為例，其中載體為應變規主體而測試樣品為荷重元金屬塊，格狀金屬則是電阻變化的所在，格狀金屬的電阻值與其電阻係 (ρ) 和長 (L) 成正比，與其截面積 (A) 成反比。因此，將格狀金屬之長度拉長或縮短則電阻值必定會發生改變；用這種原理可製成一種感測器。

圖 8-5　不同形狀的荷重元

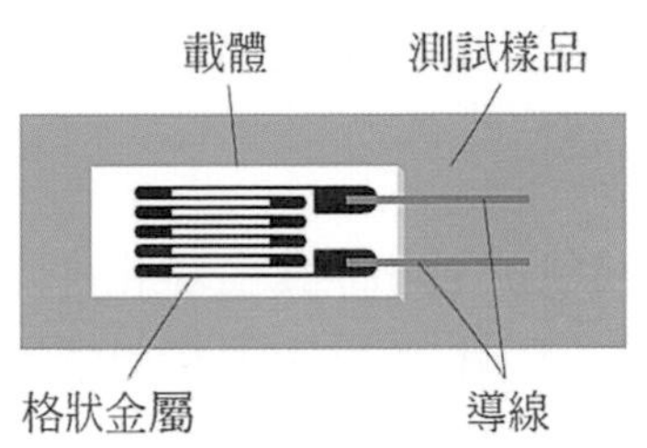

圖 8-6　構造圖

其關係式可以表示為

$$GF=\frac{\triangle R/R}{\triangle L/L}=\frac{\triangle R/R}{\varepsilon}$$

GF 為「電阻的局部變化」與「長度 (應變) 的局部變化」之比，GF：應變係數 (應變的敏感度)

如圖 8-7 所示為其示意圖，如圖 8-8 所示為電阻 - 長度之關係圖。

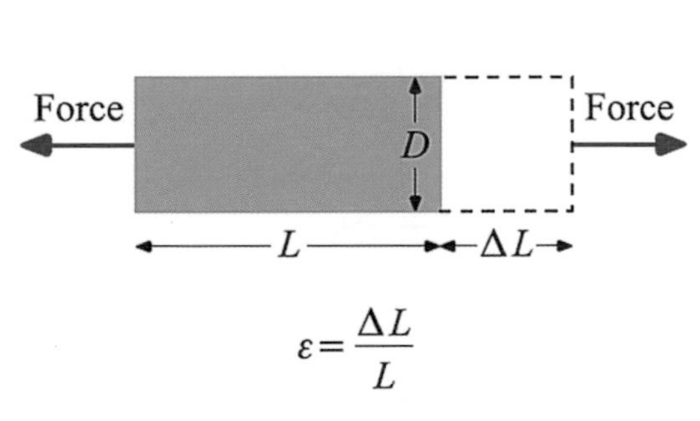

圖 8-7　示意圖

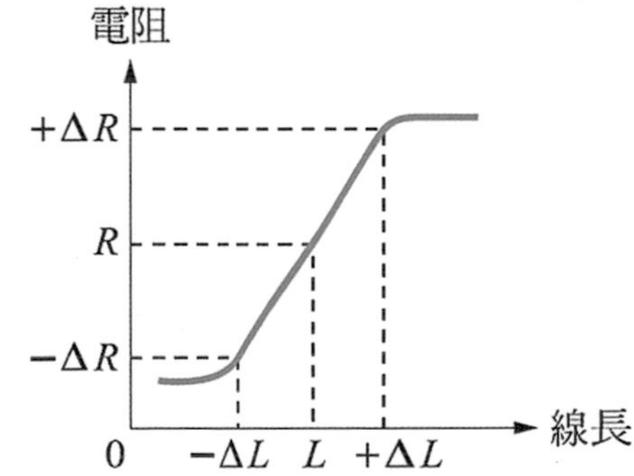

圖 8-8　電阻 - 長度之關係圖

應變規的使用

標準典型的應變規是一個只有幾微米厚度金屬阻抗薄片，固定在一片電子絕緣材料上。為了符合所需的外形將不需要的部份去除掉，如此一來輸出阻抗改變值的導線就可以固定。應變規阻抗一般設計為 120Ω 與 350Ω。應變規的型式有兩種：線狀與箔狀，兩者的基本特性相同，均對應變 (作用力) 有產生對應之電阻變化。而應變計對應變之靈敏度為單方向，即只有一個方向施力才對應變發生反應，如圖 8-9 所示。一般的應變規，它提供上述之特性，由圖中可看出格狀金屬的設計，當力量作用於靈敏方向時，長度增加量可提供足夠的電阻變化。若應變作用在垂直方向，導線長度變化並不明顯，故電阻變化極小，所以只有在水平加作用力才能改變導線長度。

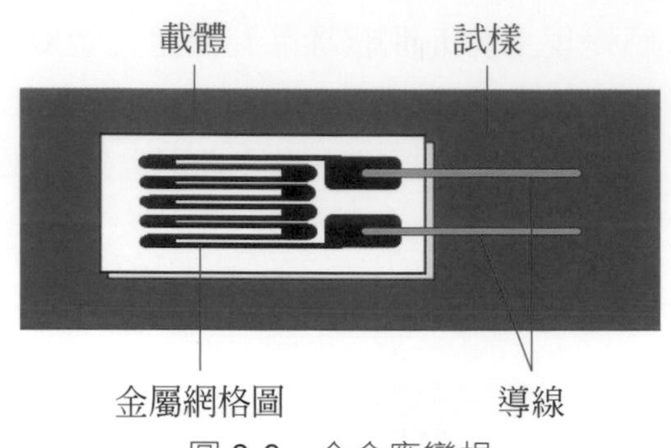

圖 8-9　合金應變規

資料來源：NI 技術文件

由於應變時而發生變化，因此亦改良至極小電阻；因此必須使用額外電路以放大電阻的變化。一般常見電路設定，即稱為惠斯登電橋。如圖 8-10 所示的一般惠斯登電橋，包含 4 組電阻臂與 1 組激發電壓 V_{EX}；激發電壓則套用至整組橋接。橋接的輸出電壓為 V_O，將等於：

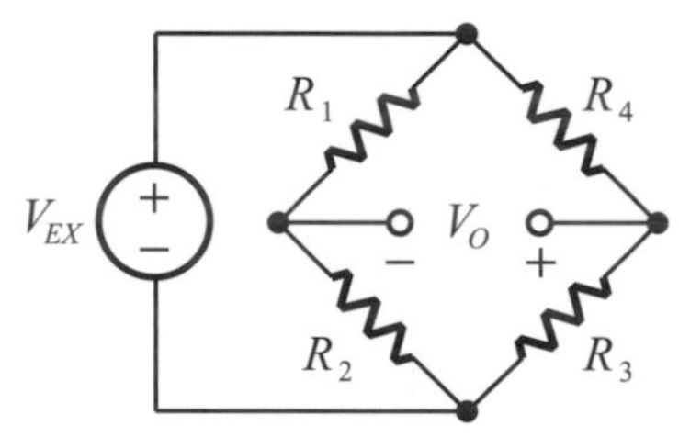

圖 8-10　惠斯登電橋

$$V_O = \left[\frac{R_3}{R_3 + R_4} - \frac{R_2}{R_1 + R_2}\right] \cdot V_{EX}$$

荷重元一般均於惠斯登電橋設計中使用 4 組應變規，電路中的每個阻抗均為啟動狀態。此種設計即稱為全橋接。全橋接設定可大幅提升變更應變時的電路敏感度，以進行更精確的量測。雖然惠斯登電橋有更為艱澀的理論，但是荷重元一般均為「黑盒子」並包含用於激發 (0V 與 V_{EX}) 與輸出訊號 (AI+ 與 AI–) 的各 2 組連接線。荷重元製造商均提供每組荷重元的校準曲線，可整合輸出電壓為特定總數的力。

8-3　單一荷重元與 myRIO-1900 結合

8-3-1　信號處理電路設計

圖 8-11 所示為儀表放大器電路。本重量感測器轉換電路為儀表放大器電路採用 ±5V 雙電源，它使用兩顆放大器 OP-07 IC、一顆 TL341 IC、一顆 TL082，其中兩顆 OP-07 OPA 放大器用來做兩個差動放大器，其中右下角電路中的 OPA 做為隨耦器，SVR_3 功用為調整零準位，而透過隨耦器後端的 48kΩ 電阻和 27.8kΩ 電阻連接輸出端則用來做溫度補償。

本電路內使用到的 TL431 為精密穩壓 IC，不會受到溫度影響使可穩壓提供 3.99V 給荷重元，當電流超過一定電流時，則會影響到它的溫度飄移導致電壓無法準確提供重量感測器 3.99V，此狀況會影響本電路的準確性。

本電路的增益大小取決於電路中的 SVR_2，其中公式為

$$\left[\left(1+\frac{22k}{SVR_2}\right)\times 2\right]\times\frac{12}{2.7}$$

假設 SVR_2=0.1k，公式

$$\left[\left(1+\frac{22k}{0.1k}\right)\times 2\right]\times\frac{12}{2.7}=221\times 2\times 4.44\cong 1962.48$$

因此可得知增益約為 1962.48 倍。

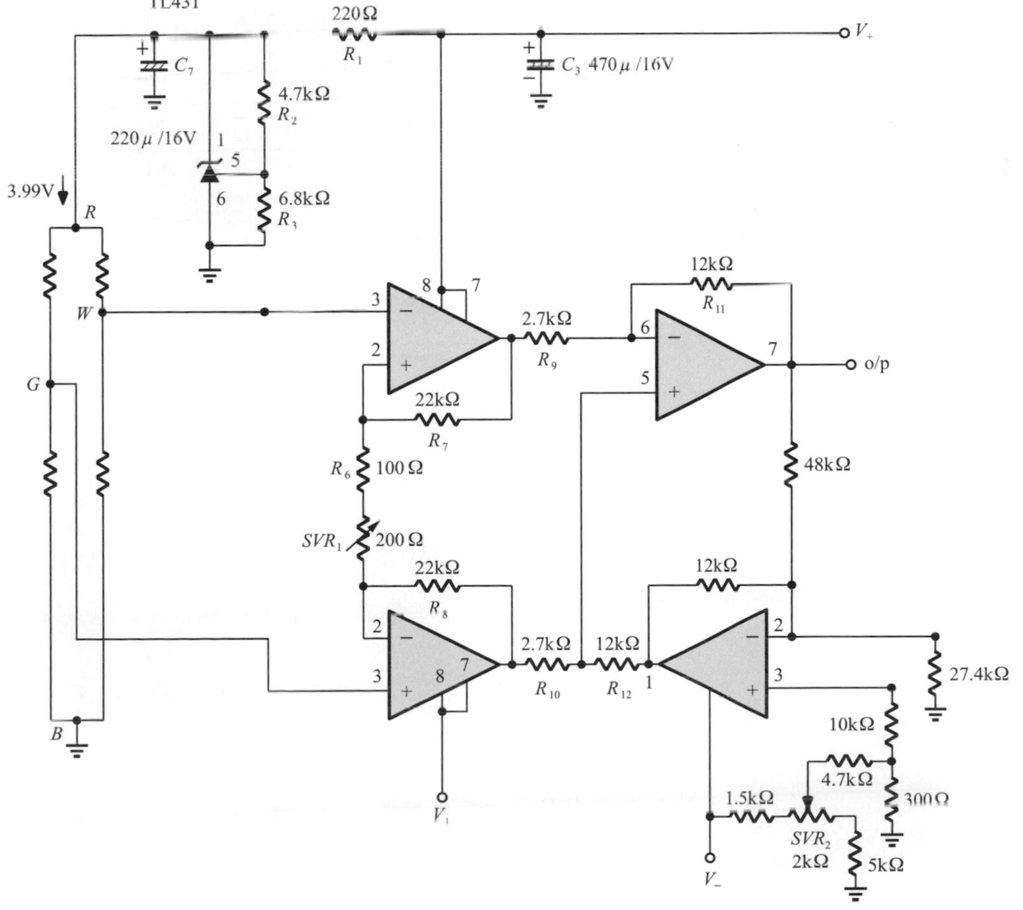

圖 8-11　儀表放大電路圖

8-4 採用教具模組接線

為了教學操作方便，客製成一個專屬的教具模組。荷重元感測器教學模組需 DC ±5V 的電源驅動。為了方便使用教學模組，這裡使用一個 10V 轉 ±5V 電源模組來將 DC10V 電源轉換成正負 5V 的電源。首先看到電源轉換模組，VBUS 端接到電源供應器的正電端點，VBUS(GND) 則是接到電源供應器的 GND。如此一來 10V 轉 ±5V 電源模組就可輸出一個 DC +5V 的電源和一個 DC −5V 的電源。將電源模組上的正負 5V 端連接至磅秤教學模組上的正負 5V 端點，電源模組上的 GND 端則連接到磅秤模組 GND 端。磅秤模組上 Red 端點連接至荷重元感測器上的紅色線，Black 端點則連接至荷重元感測器上黑色線，White 端點連接到荷重元感測器模組的白色線 (此處使用棕色線接至 White 端點是為了讓連接線更好辨識)，Green 端點則是連接到荷重元感測器模組的綠色線即可。最後將磅秤模組的 OUT 端連接 myRIO 上的 AI0，GND 則是連接至 myRIO 的 AGND 端即可完成接線。荷重元感測器實體、教具模組秤盤實體及模組接線圖，如圖 8-12 所示。

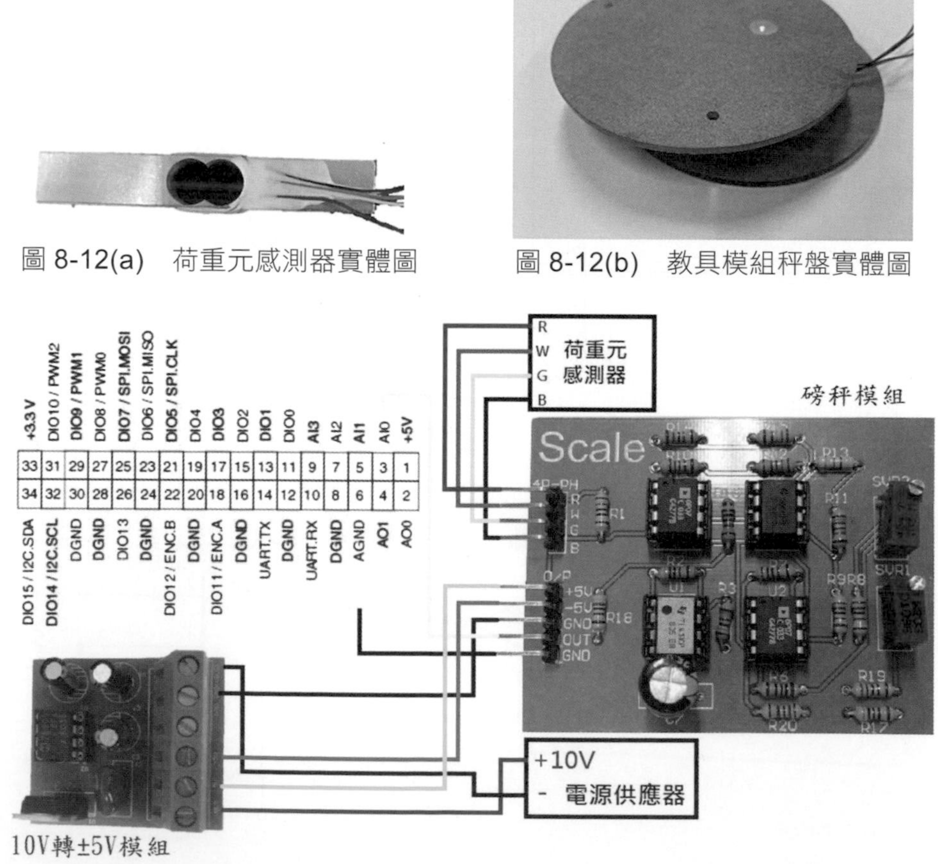

圖 8-12(a)　荷重元感測器實體圖

圖 8-12(b)　教具模組秤盤實體圖

圖 8-12(c)　電源模組、教具模組與 myRIO-1900 接線圖

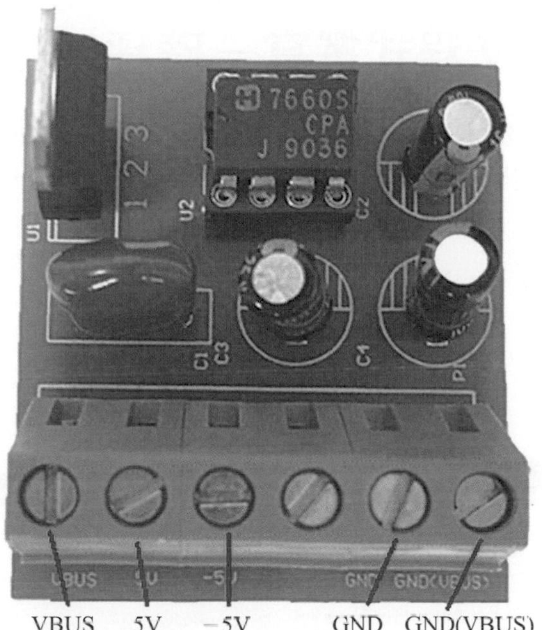

VBUS：DC10~12V輸入端

5V：DC+5V輸出

−5V：DC−5V輸出

GND和GND(VBUS)：GND接地端

圖 8-12(d)　10V 轉 ±5V 電源模組接腳圖

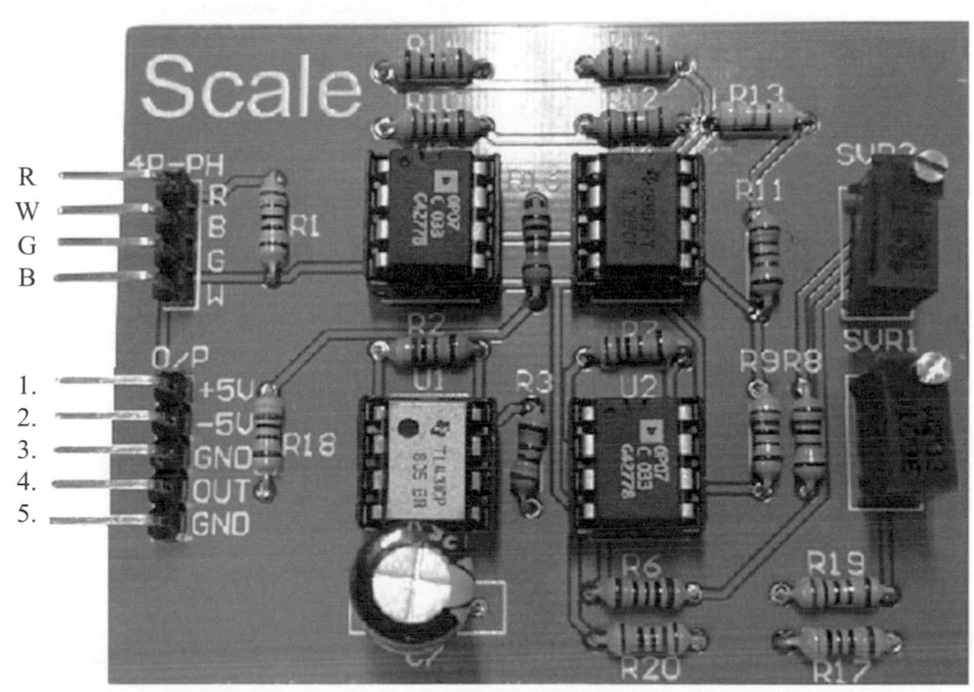

1：DC+5V輸入端　　2：DC−5V輸入端　3：GND　4：Analog輸出端　5：GND

R、B、G、W爲荷重元線的顏色，依照顏色按照端點接。

圖 8-12(e)　荷重元教具模組腳位圖

8-5 LabVIEW 程式撰寫－磅秤

STEP 1 在圖形程式區點選滑鼠右鍵從函數面板取出「myRIO → Analog In」類比輸入函數，在跳出來的視窗中設定 A/AI0(Pin3)，如圖 8-13 所示。

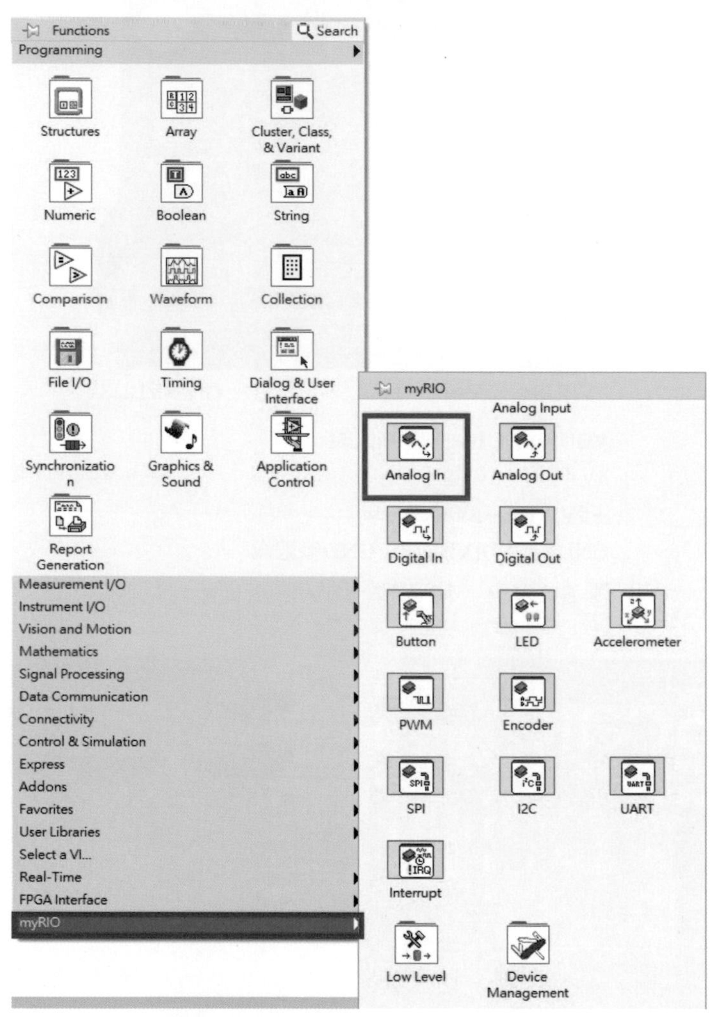

圖 8-13(a) Analog In 路徑圖

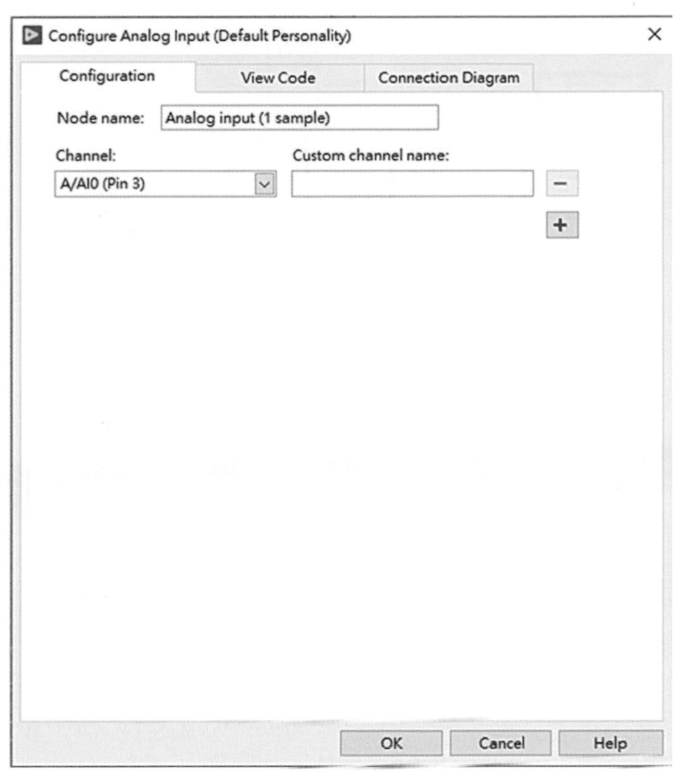

圖 8-13(b)　Analog In 設定圖

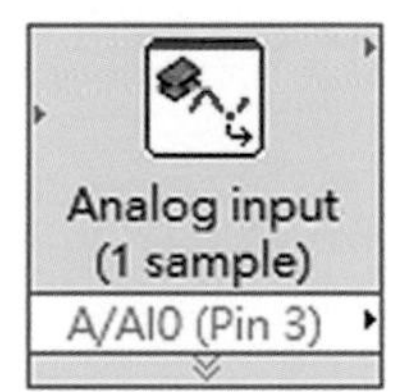

圖 8-13(c)　程式畫面

STEP 2 在人機介面「Controls → Modern → Numeric」中分別取出一個數值控制元件及兩個數值顯示元件，如圖 8-14 所示。控制元件分別命名為校正 (倍數)，顯示元件命名為電壓 (V) 和重量 (g)。

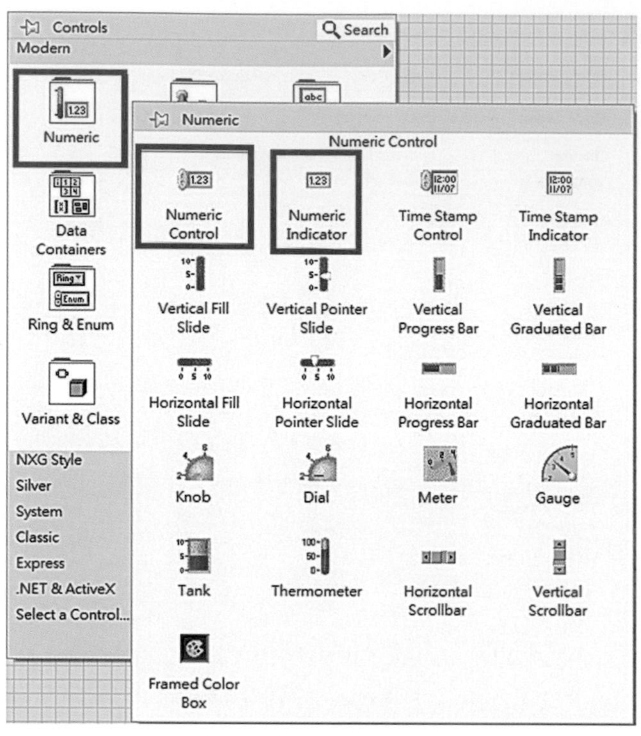

圖 8-14　數值元件路徑

STEP 3 在圖形程式區的「Functions → Programming → Express → Signal Analysis」中取出 Filter 元件，路徑及設定，如圖 8-15 所示。

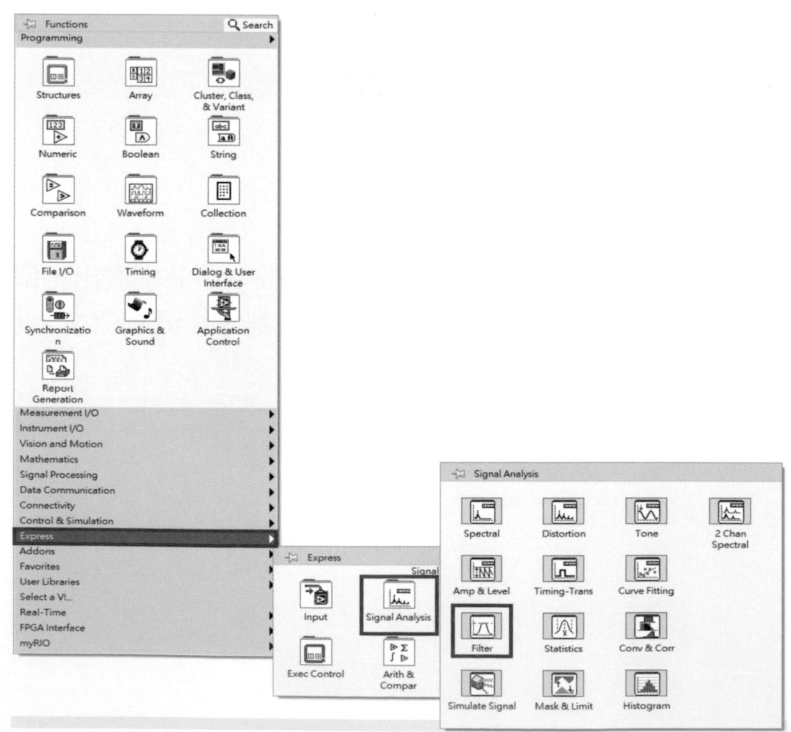

圖 8-15(a)　Filter 元件路徑

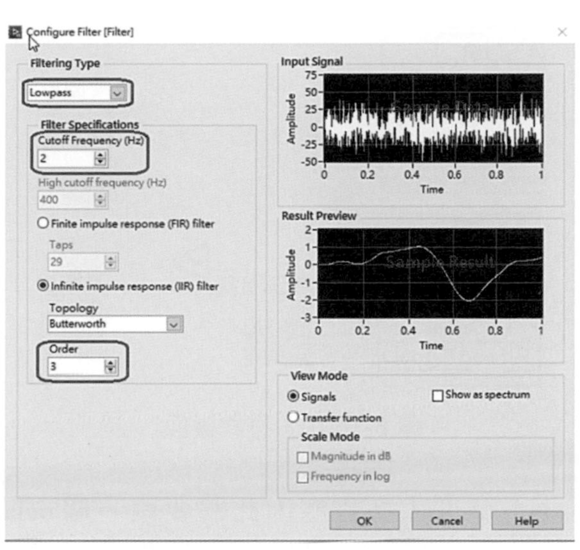

圖 8-15(b)　Filter 元件設定

STEP 4 在圖形程式區的「Functions → Programming → Numeric」中取出乘法元件，將數值輸入元件校止 (倍數) 連接至乘法元件，如圖 8-16 所示。並依照使用者所使用的荷重元進行校正並設定倍數，實驗步驟會詳細說明如何校正。

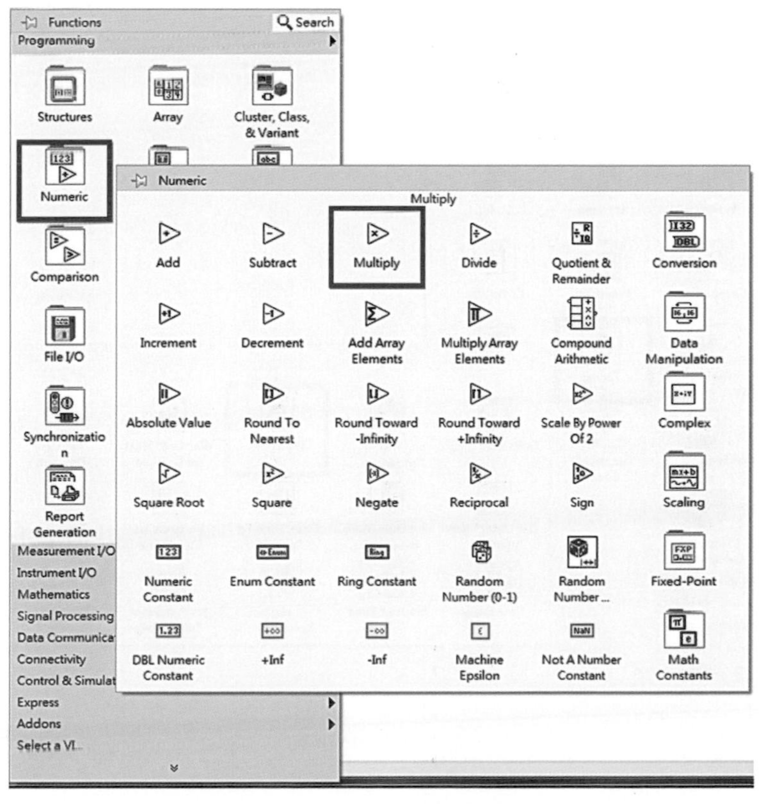

圖 8-16(a)　乘法元件路徑

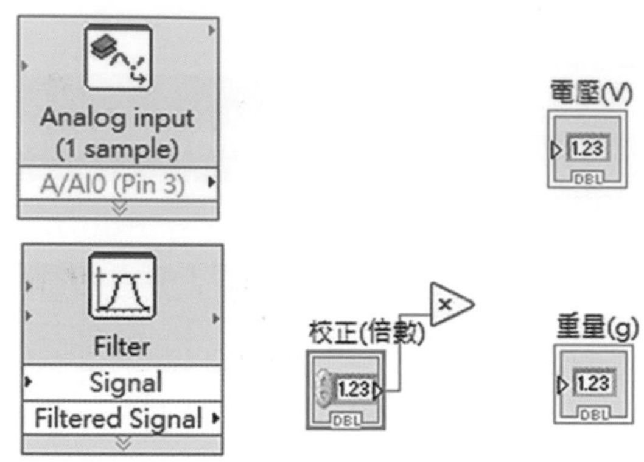

圖 8-16(b)　程式畫面

STEP 5 為了讓程式不吃電腦太多資源因此需要做一個 delay，在圖形程式區的「Functions → Programming → Timing」中取出 Wait 元件並創造一個常數元件輸入 1000，如圖 8-17 所示。需用的元件都已經在圖形程式區，即可開始按照圖 8-18 圖形程式區圖接線。

註 此處延遲1000毫秒主要是為了讓數值顯示的數值不會一直處於跳動的狀態，有助於量測重量時的精確度。

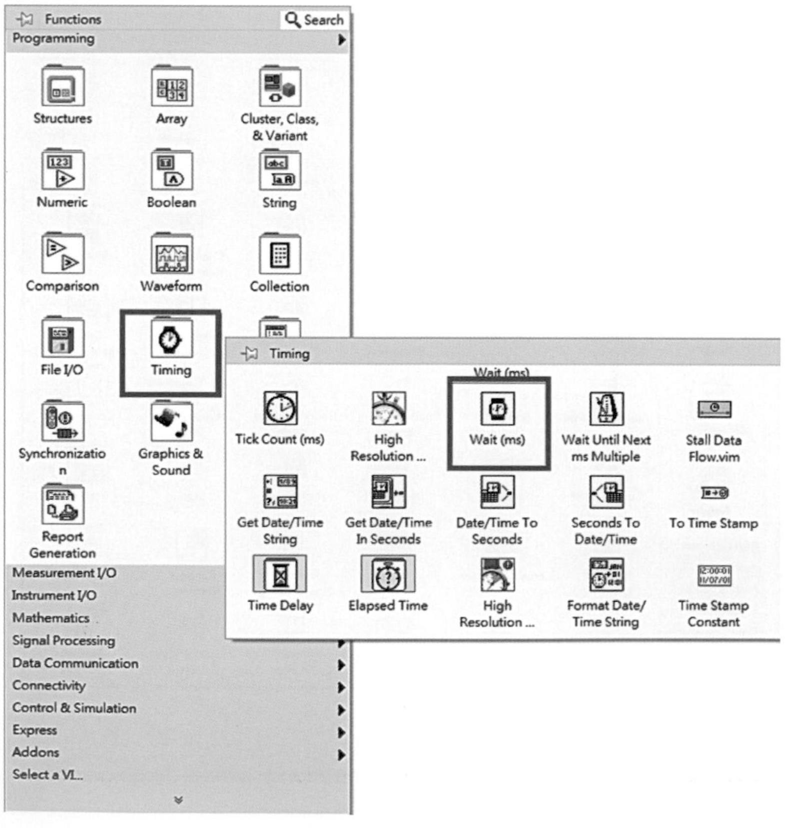

圖 8-17　Wait 元件路徑

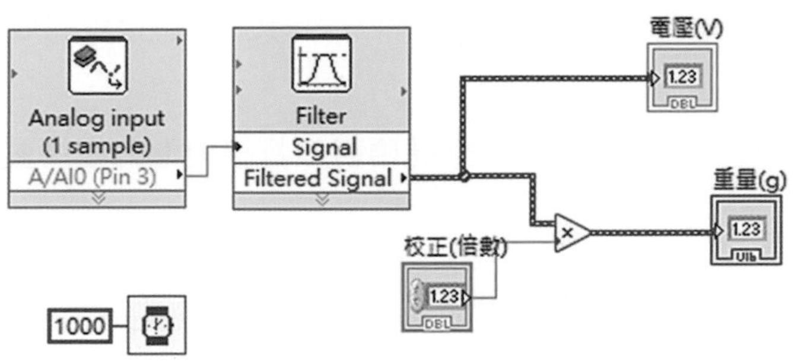

圖 8-18　圖形程式區圖接線

STEP 6 為了讓程式能夠一直執行，在圖形程式區的「Functions → Programming → Structures」中取出 While Loop，如圖 8-19 所示。使用 While Loop 將全部元件包裹在內，並在迴圈右下角的紅點左邊接點按一下右鍵創造一個 STOP 元件，如圖 8-20 所示。

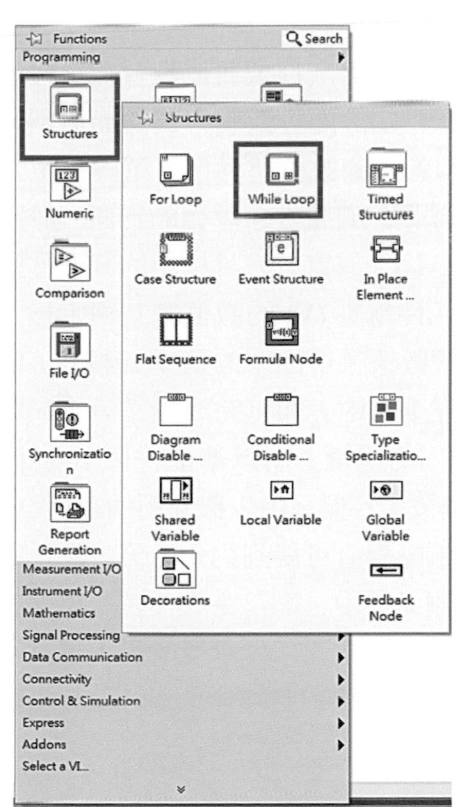

圖 8-19　While Loop 元件路徑

圖 8-20(a)　STOP 元件

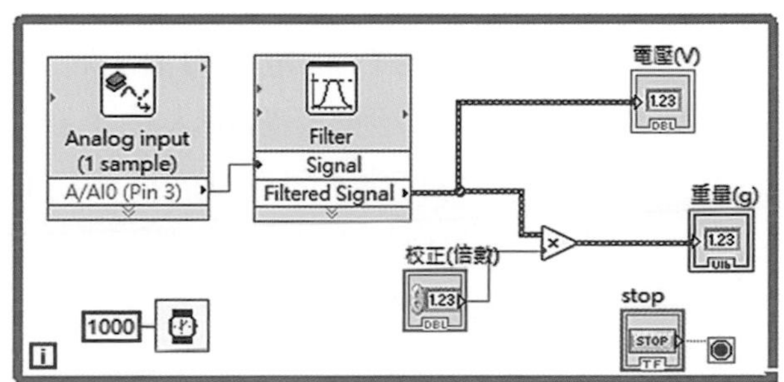

圖 8-20(b)　圖形程式區

STEP 7 將所有元件擺好並連結後，如圖 8-21 所示。硬體接線完成後即可開啟程式並執行。

註 在第一次使用程式時，需透過實際砝碼對教具模組進行校準動作。

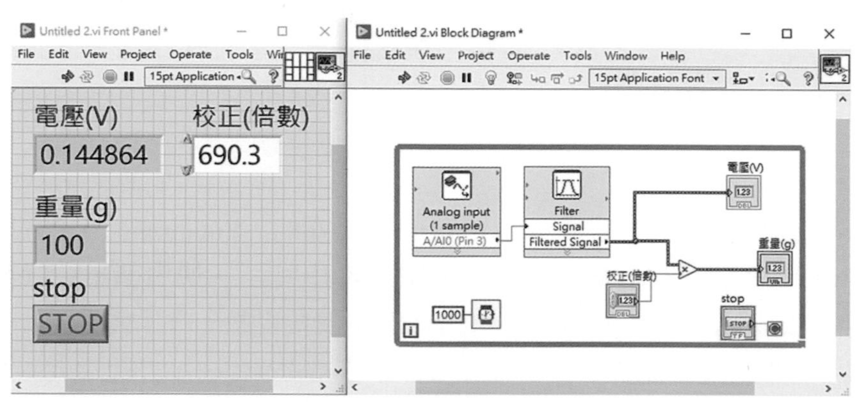

圖 8-21　完整程式圖

實驗步驟：依照圖 8-12 的硬體接線且程式設計完成後，先開啟程式並按執行鍵。接著開啟電源供應器提供 DC10V 給 ±5V 電源模組，即可觀察人機介面電壓的數值。在第一次執行時，必須對教具模組進行參數校準動作。選擇荷重元的量測重量範圍內的任一個重量的砝碼 (砝碼是質量非常準確的物體，於買賣交易或科學研究作為表示特定質量的工具)，放置於教具模組的圓形秤盤上，如圖 8-12(b)。在人機介面上的顯示元件電壓 (V) 的數值較為穩定後，將秤盤上的砝碼重量除以電壓 (V) 看到的數值，得出來的值即為校正 (倍數)。停止執行程式並將數值填入校正 (倍數) 中，即可完成校正設定。舉例，圖 8-12(b) 的荷重元只能承受 1kg 以內的重量，所以準備一個 100g 砝碼進行校正。第一次執行時，將 100g 砝碼放上秤盤。由人機介面的電壓 (V) 得到約 0.144V 的電壓數值。將 100 除以電壓數值可得到約 694 倍。停止執行程式將得到的倍數填入校正 (倍數) 控制元件中，即可完成校正。再來執行程式時可拿不同重量的待測物 (但是必須在荷重元所能承受的最大量測範圍) 放置秤盤中進行量測。

空氣品質監測－空氣盒子

臺灣的空氣汙染問題與日俱增。汙染來源可分為境內產生與境外吹入。境內汙染源主要來自於工廠生產過程中，排放大量的廢料(氣體及液體)，以及交通工具所排放的廢氣。這些物質可能是懸浮粒子、碳氫化合物或氮氧化物。除了危害人體健康也對周遭環境的物質造成汙染。近幾年，許多民眾開始留意生活環境中的懸浮粒子數量。空氣品質監測器有許多做法，像是使用微控制器(MCU)來進行空氣品質監測，本章節將使用 myRIO 來進行空氣品質監測。

9-1 空氣品質感測器的原理

空氣動力學直徑(以下簡稱直徑)小於或等於 10 微米 (μm) 的懸浮微粒稱為懸浮微粒 (PM10)；直徑小於或等於 2.5 微米的懸浮微粒稱為細懸浮微粒 (PM2.5)。其中細懸浮微粒對健康影響大於任何汙染物。細懸浮微粒 PM2.5($\mu g/m^3$) 因粒徑小可穿透肺泡，除了危害呼吸道，甚至造成癌症或心血管疾病。因此，行政院環保署在全國各地設立空氣品質監測站，監測全台空氣品質並公布在行政院環保署網站上。藉此提醒民眾空氣汙染嚴重時，出門時建議戴口罩並且少在室外運動，如圖 9-1 所示。

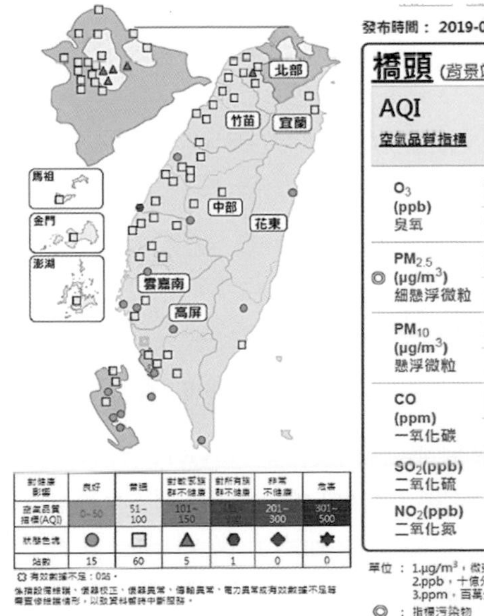

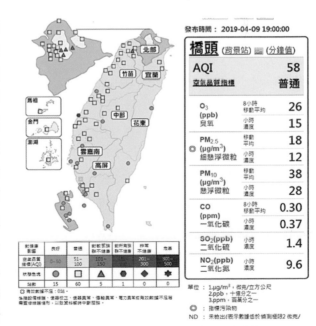

圖 9-1 行政院環保署空氣品質圖

為了提供居住環境資訊，現今已有許多商品化的空氣盒子如圖 9-2 所示。此空氣盒子為訊舟科技所開發出來的空氣品質監測器，可從該空氣盒子專屬網站查詢空氣品質及過去的空氣品質，並且包含 APP，甚至會自動發出空氣品質超標通知。

圖 9-2　空氣盒子 [2]

本章節採用的空氣品質感測模組為攀藤科技有限公司的 PMS7003 空氣品質感測模組，其模組實體如圖 9-3 所示。該模組可量測 PM1.0、PM2.5 及 PM10 等空氣品質數據，並透過 UART 傳輸該數據。模組腳位圖如圖 9-4 所示，其中 SET、RST 腳可控制模組進入休眠狀態及重新啟動。透過 LabVIEW 網頁及所提供的 APP 可輕易的將數據讀出並顯示於使用者介面，讓民眾了解該區域空氣環境的狀況。

圖 9-3　空氣盒子模組實體圖 [3]

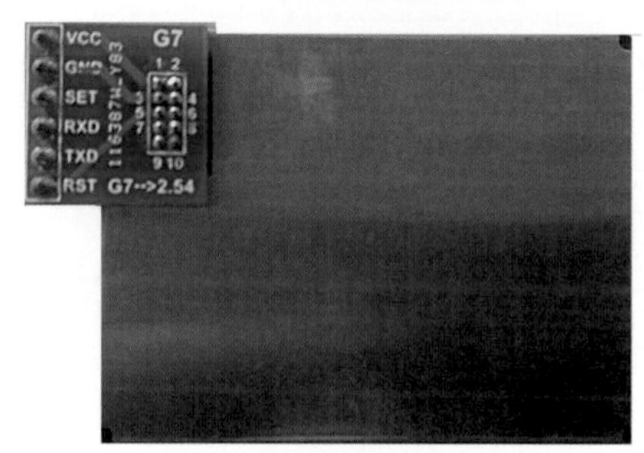

圖 9-4 模組腳位圖

9-2　訊號處理

將空氣盒子與 myRIO 連接，由 myRIO 提供 5V 電源後，myRIO 可直接透過 UART 接收到空氣感測器的數據，myRIO 與模組接線圖如圖 9-5 所示。空氣盒子模組的數據格式為 16 進制，如圖 9-6 所示，根據模組官方提供的對照圖，如圖 9-7 所示，圖中以紅框標註的區塊，可判斷接收的數據是否正確，若正確再將接收到的字串數據轉為數字格式存入陣列。由於每筆資料包含 16 組數據，每組數據為兩個 Byte 大小，因此可利用位元運算的左移及邏輯閘 OR 運算，將其轉為十進制格式的數據，如圖 9-8 所示。若該數據經過確認為錯誤，將透過 RST 腳位重新啟動空氣感測器模組。(本章節並未用到 SET 腳及 RST 腳，只單純利用簡單的判斷式來判斷數據是否正確，若需用到 SET 腳及 RST 腳請自行修改程式及接線)。

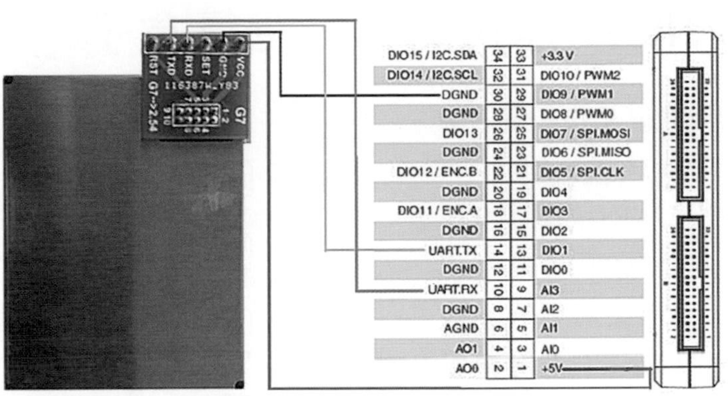

圖 9-5　模組接線圖

圖 9-6　LabVIEW 數據顯示

起始符 1	0x42　（固定）		數據 7 高八位	……	資料 7 表示 0.1 升空氣中直徑在 0.3um 以上顆粒物個數
起始符 2	0x4d　（固定）		數據 7 低八位	……	
幀長度高八位	……	幀長度=2×13+2(資料+校驗位元)	數據 8 高八位	……	資料 8 表示 0.1 升空氣中直徑在 0.5um 以上顆粒物個數
幀長度低八位	……		數據 8 低八位	……	
數據 1 高八位	……	*資料 1 表示 PM1.0 濃度（CF=1，標準顆粒物）	數據 9 高八位	……	資料 9 表示 0.1 升空氣中直徑在 [illegible] 以上顆粒物個數
數據 1 低八位	……	單位 μg/m³	數據 9 低八位	……	
數據 2 高八位	……	資料 2 表示 PM2.5 濃度（CF=1，標準顆粒物）	數據 10 高八位	……	資料 10 表示 0.1 升空氣中直徑在 2.5um 以上顆粒物個數
數據 2 低八位	……	單位 μg/m³	數據 10 低八位	……	
數據 3 高八位	……	資料 3 表示 PM10 濃度（CF=1，標準顆粒物）	數據 11 高八位	……	資料 11 表示 0.1 升空氣中直徑在 5.0um 以上顆粒物個數
數據 3 低八位	……	單位 μg/m³	數據 11 低八位	……	
數據 4 高八位	……	*資料 4 表示 PM1.0 濃度（大氣環境下）	數據 12 高八位	……	資料 12 表示 0.1 升空氣中直徑在 10um 以上顆粒物個數
數據 4 低八位	……	單位 μg/m³	數據 12 低八位	……	
數據 5 高八位	……	資料 5 表示 PM2.5 濃度（大氣環境下）	數據 13 高八位	……	版本號
數據 5 低八位	……	單位 μg/m³	數據 13 低八位	……	錯誤代碼
數據 6 高八位	……	資料 6 表示 PM10 濃度　（大氣環境下）	資料和校驗高八位元	……	校驗碼=起始符 1+起始符 2+……+數據 13 低八位
數據 6 低八位	……	單位 μg/m³	資料和校驗低八位元	……	

圖 9-7　空氣盒子模組數據表

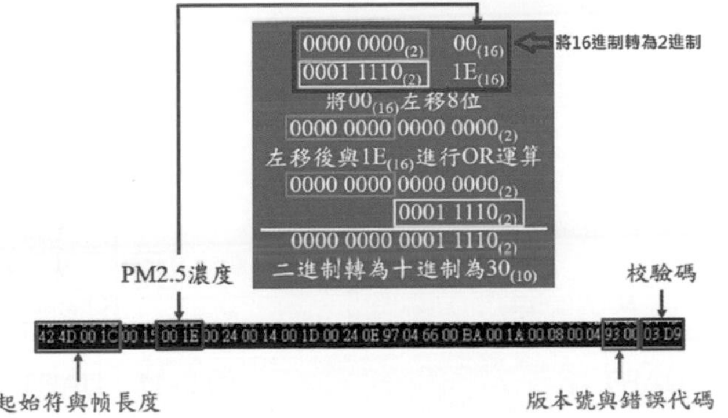

圖 9-8　運算邏輯圖

9-3 LabVIEW 程式撰寫－空氣盒子

STEP 1 在圖形程式區中按滑鼠右鍵從選單中找到「myRIO」，從中取出 UART 如圖 9-9 所示，並將 UART 的設定依圖 9-10 所示來設置。完成設定後對 UART 左邊接點 Character Count 點選滑鼠右鍵從 Create 中取出一個 Constant 元件並設定為 32，如圖 9-11 所示 (為了讓資料不會出現混亂，因此設定為 32 是為了固定只抓取 1 筆 32 個資料)。

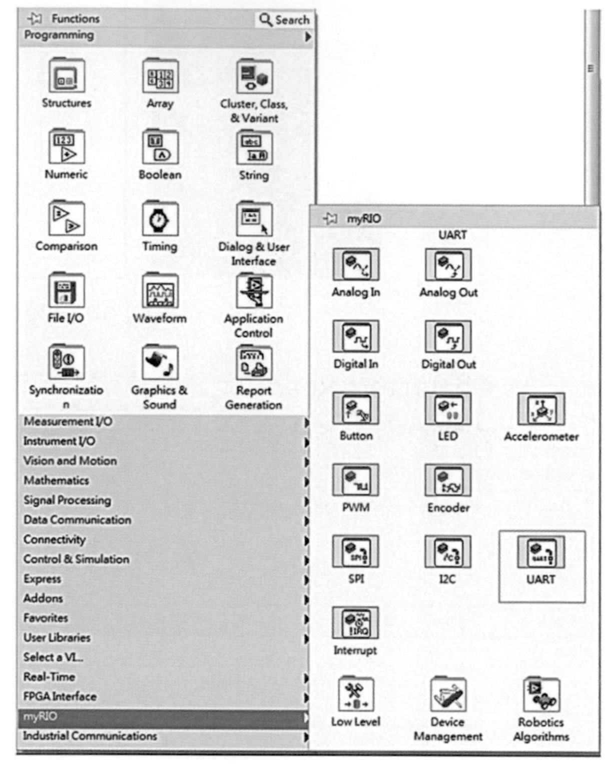

圖 9-9 UART 元件路徑

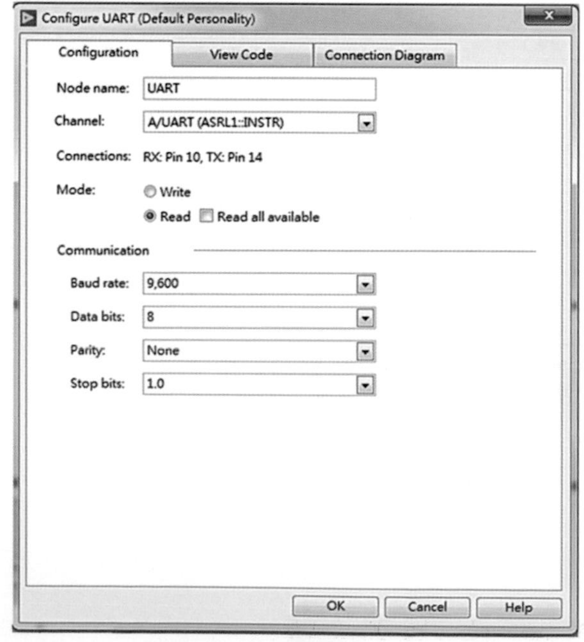

圖 9-10 UART 設定

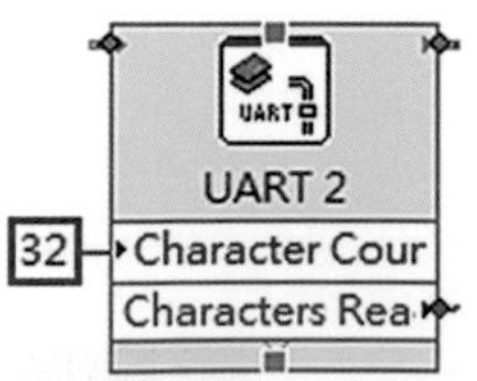

圖 9-11 UART 元件接線圖

STEP 2 對 UART 右邊 Character Read 接點按滑鼠右鍵，選擇 Create 中的 Indicator 元件如圖 9-12 所示。在人機介面區對 Characters Read 按滑鼠右鍵，將顯示數據設定為 16 進制，如圖 9-13 所示。

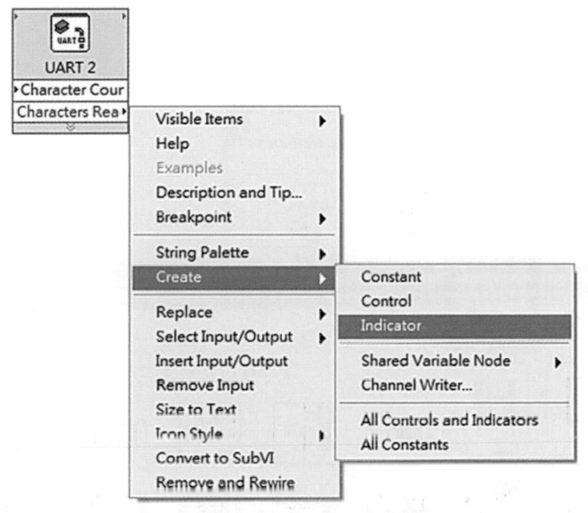

圖 9-12　建立 Indicator

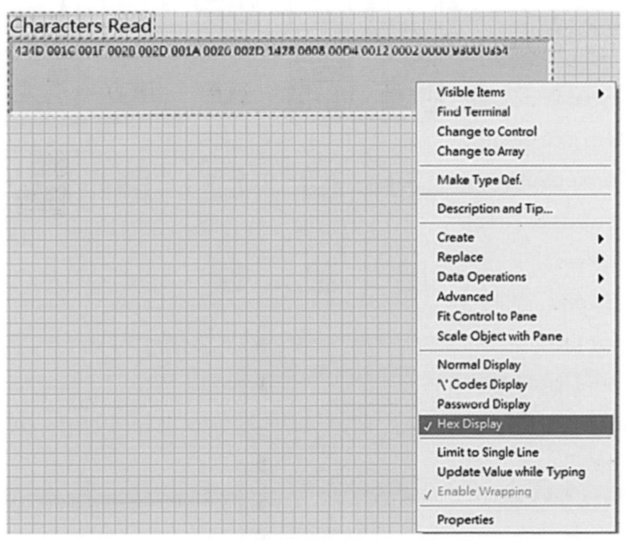

圖 9-13　Characters Read 元件顯示設定圖

STEP 3 在圖形程式區按滑鼠右鍵從「Programming → String」中取出 Scan from string 如圖 9-14 所示。將 Scan from string 按照步驟進行設定，如圖 9-15 所示，並重複步驟三 16 次。(要求重複步驟三 16 次主要是為了將模組輸出的字串數據，全部轉換為數字型態的數據)，完成後會如圖 9-16 所示一樣。

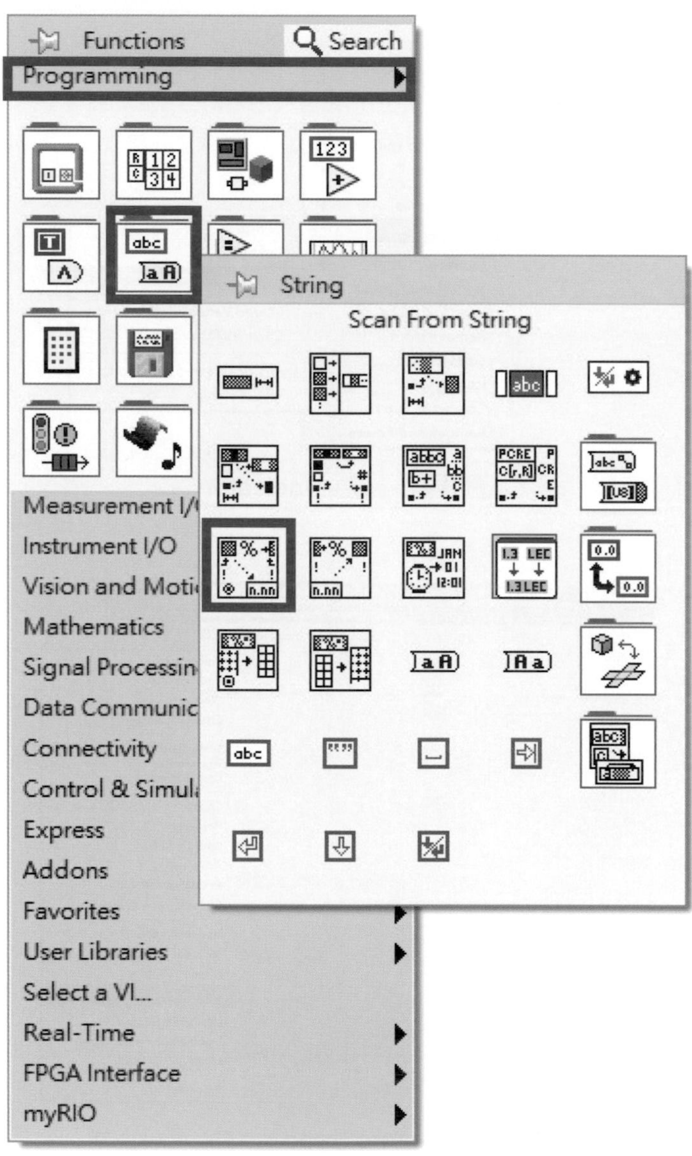

圖 9-14　Scan from string 元件路徑

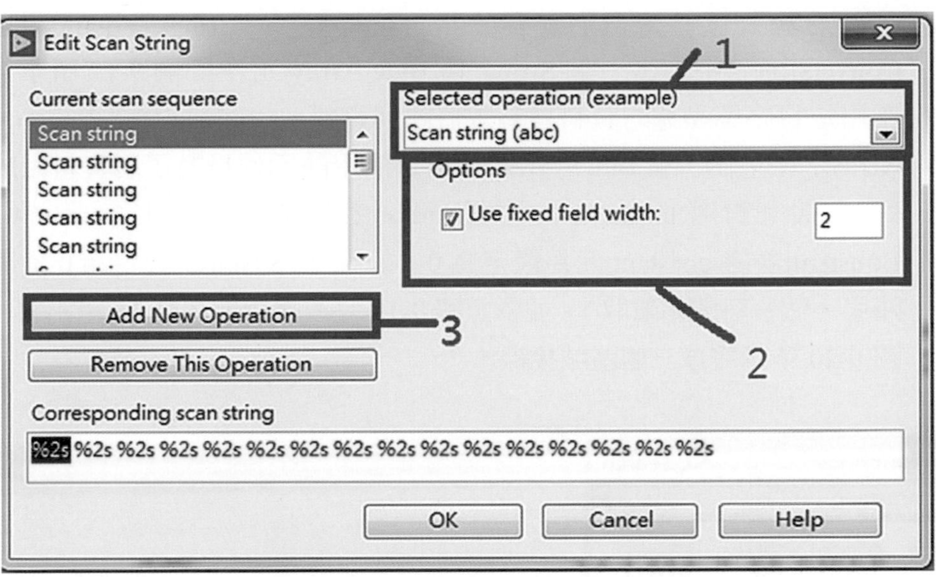

圖 9-15　Scan from string 元件設定

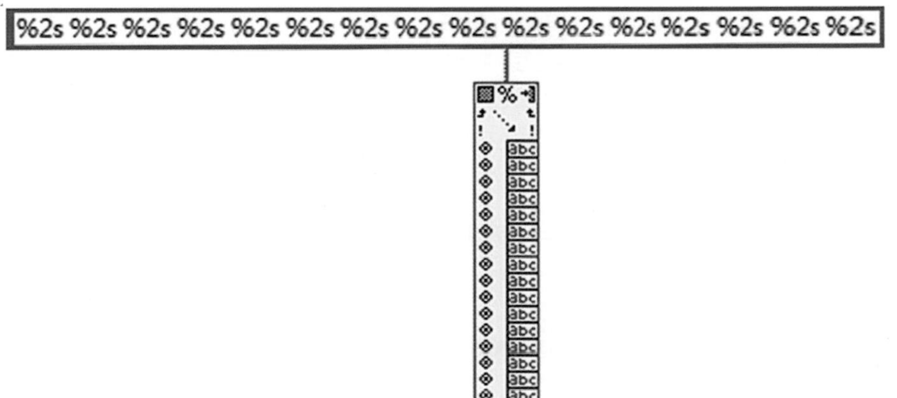

圖 9-16　Scan from string 元件設定完成圖

STEP 4 在圖形程式區按滑鼠右鍵從「Programming → String → Path/Array/String Conversion」中取出一個 String To Byte Array 元件如圖 9-17 所示 (該元件作用是將字串型態的資料轉為數值陣列資料)。再繼續從「Programming → Array」中取出一個 Index Array 元件 (使用該元件是為了將資料組成一個陣列)，接著對著 Index Array 左邊 index 接點按滑鼠右鍵從 create 中，選擇 Constant 並將 constant 元件設定為 0，如圖 9-18 所示 (設定為 0 是為了從矩陣第一個資料開始讀取)。並依照圖 9-19 完成接線並複製 16 組出來，並依照圖 9-20 所示完成一個區域接線。

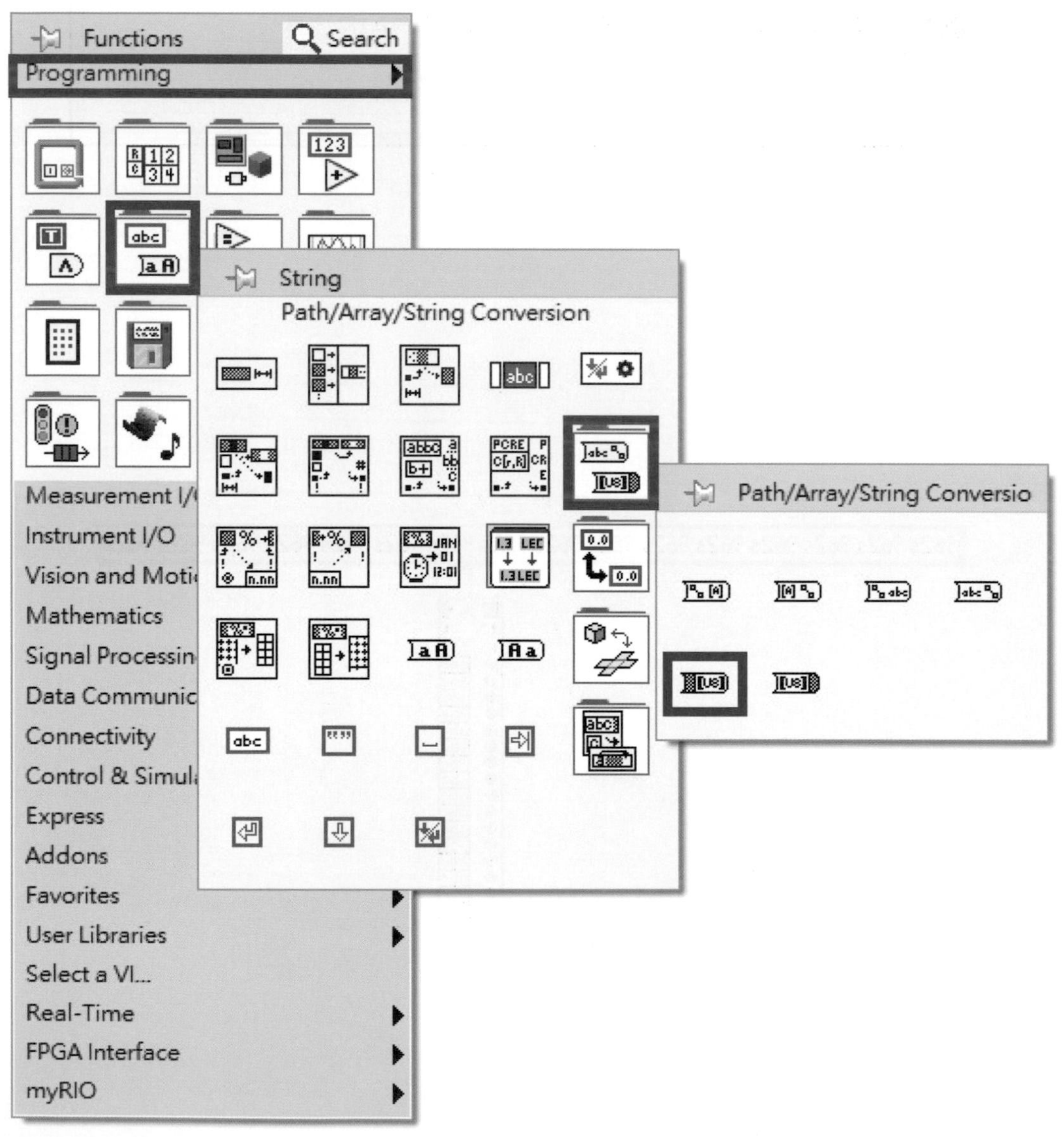

圖 9-17　元件路徑圖

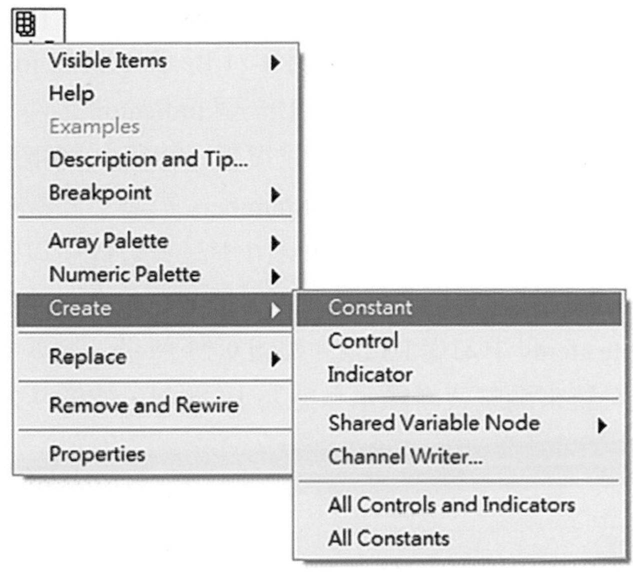

圖 9-18　index array 接點圖

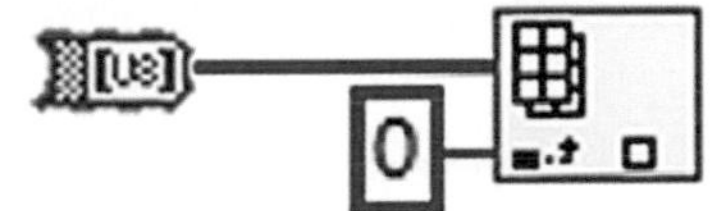

圖 9-19　index array 元件接線圖

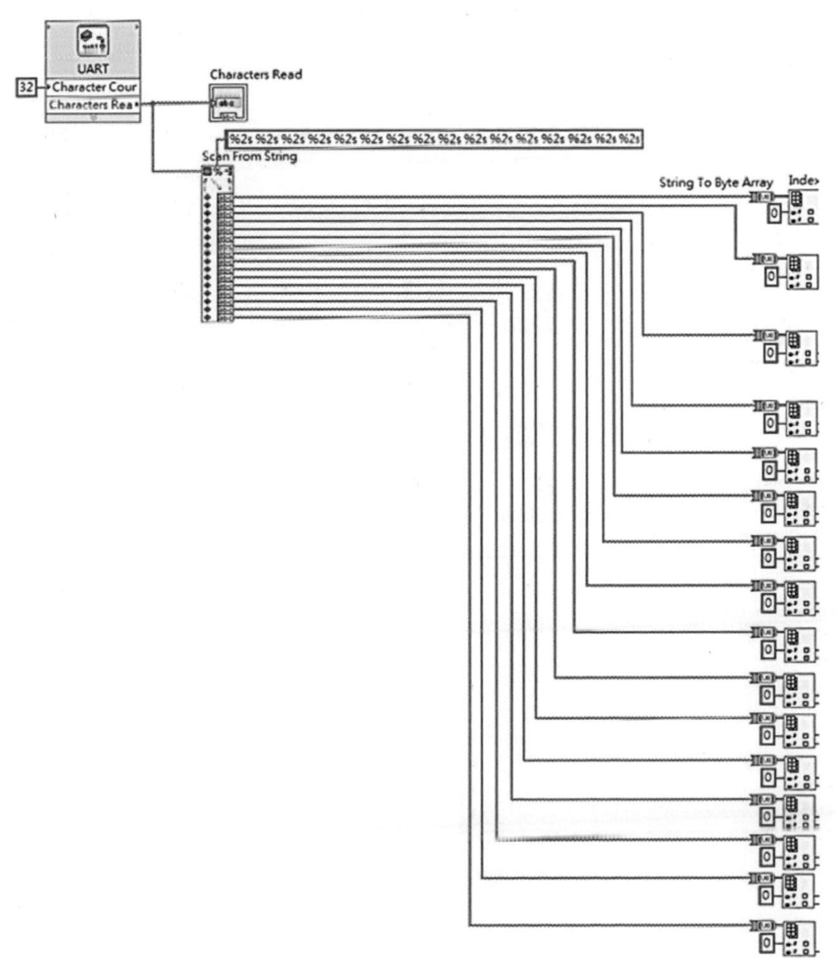

圖 9-20　區域接線圖

STEP 5 在圖形程式區按下滑鼠右鍵，從「Programming → Numeric → Data Manipulation」中取出一個 join numbers 元件，如圖 9-21 所示，並對 join numbers 元件右邊端點按滑鼠右鍵，從 create 中取出一個 indicator 元件，並將 indicator 元件命名為 PM2.5，如圖 9-22 所示。並複製三組將其他兩個 indicator 元件分別命名為 PM1.0 及 PM10。使用 join numbers 是為了將數據高低位元合併在一起。為了抓取 PM2.5、PM1.0 及 PM10 等三筆數據所以需要三組元件，如只需抓取一組數據則只需一組元件即可。接著在人機介面對顯示元件按滑鼠右鍵從 Visible Items 中勾選 Radix，如圖 9-23 所示。接著點選數值顯示元件左側的進制符號來調整資料顯示型態為 10 進制，如圖 9-24 所示。

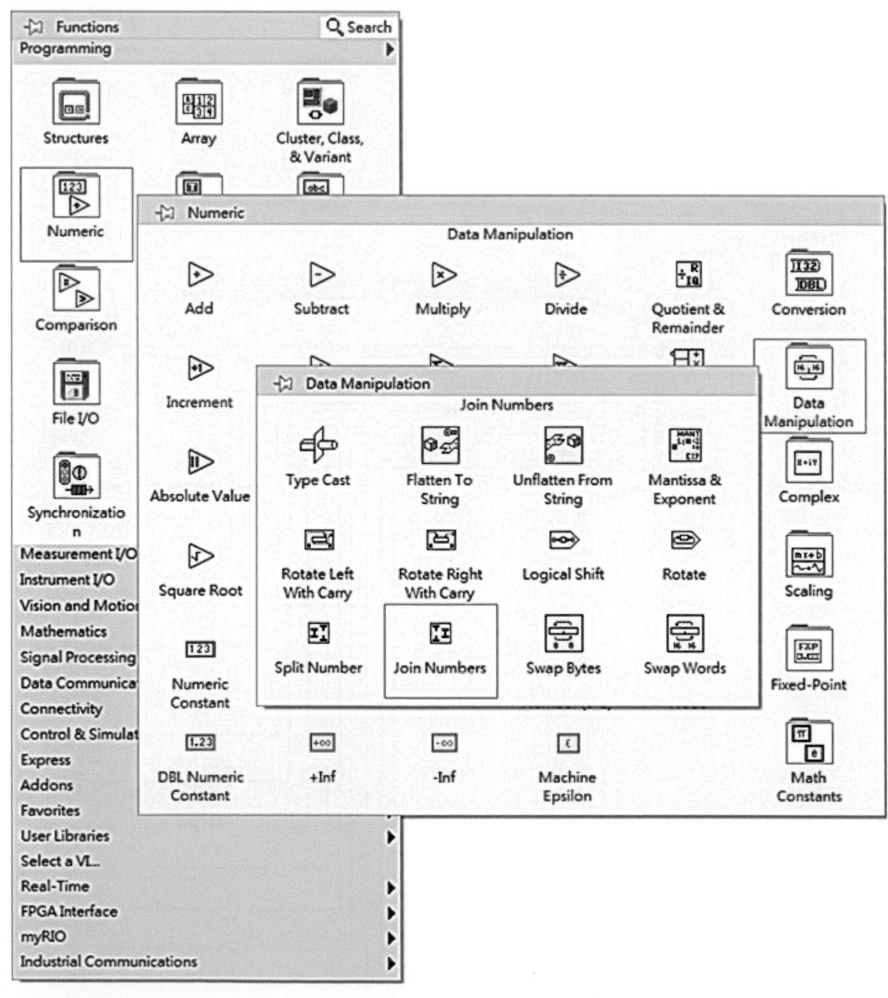

圖 9-21　join numbers 元件路徑圖

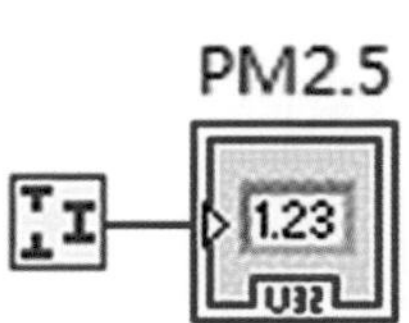

圖 9-22　join numbers 元件接線圖

圖 9-23　indicator 元件設定圖

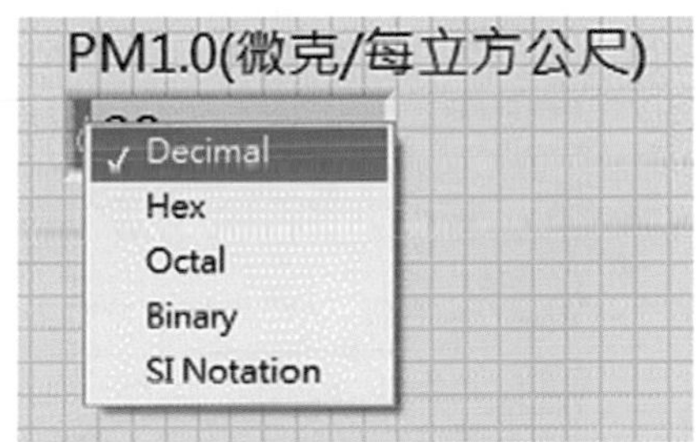

圖 9-24　indicator 元件轉十進制設定圖

STEP 6 在圖形程式區按滑鼠右鍵，從「Programming → Numeric」中取出一個 Compound Arithmetic，如圖 9-25 所示，並將其元件格數拉長至 30 格，如圖 9-26 所示。(使用該元件是為了程式簡潔及校驗資料是否正確所用，使用該元件可一次將多筆資料進行相加，且為了驗證從空氣盒子模組接收到的資料是否正確，因此根據前面數據表所示需將校驗碼之前所有數值進行相加)。

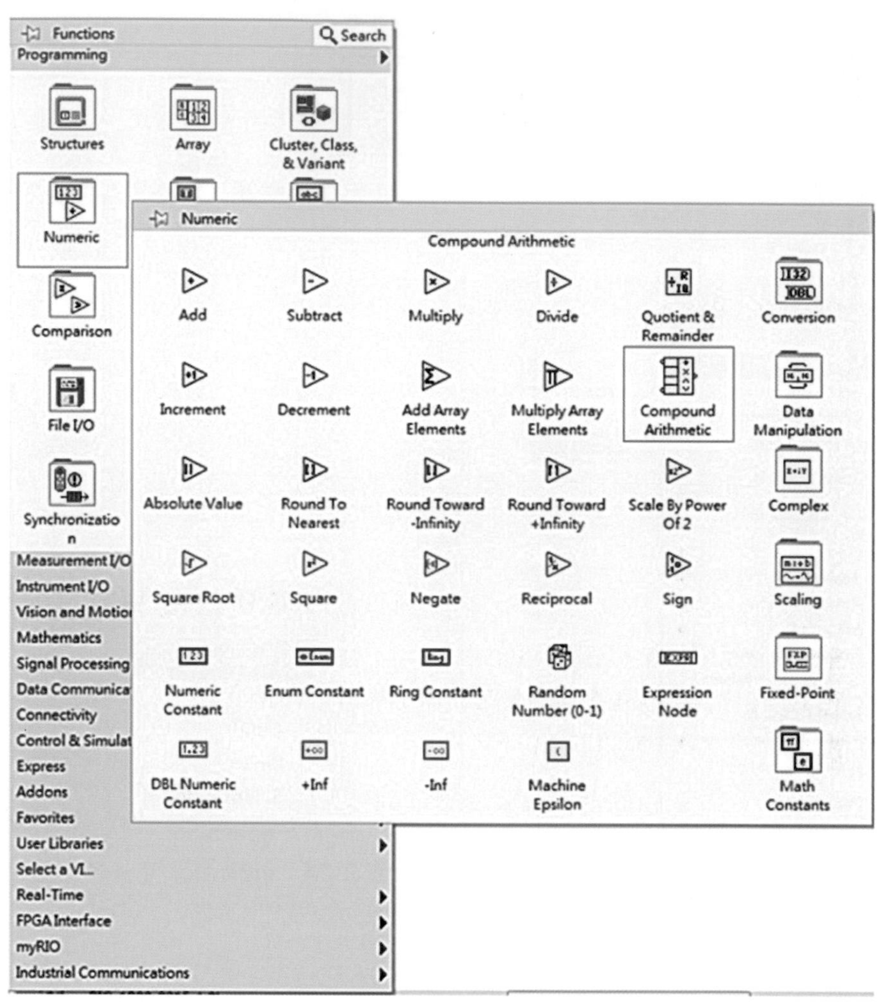

圖 9-25　Compound Arithmetic 元件路徑

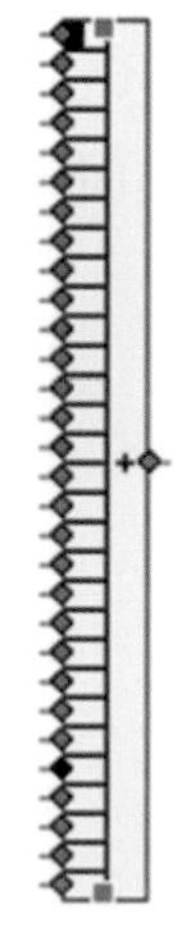

圖 9-26　Compound Arithmetic 元件設定完成圖

STEP 7 在圖形程式區複製兩個先前取出的數值顯示元件，並分別命名為校驗碼及驗證資料，再從「Functions → Comparison」中取出一個 Equal? 元件，如圖 9-27 所示。這樣做的原因在於空氣盒子模組輸出的訊號有時候會出現所謂的錯誤資料，為了免於這種狀況，我們依照前面的數據表把前面數據的總和與校驗碼的低八位元來做比對，藉此來達到判斷接收資料是否正確的動作。

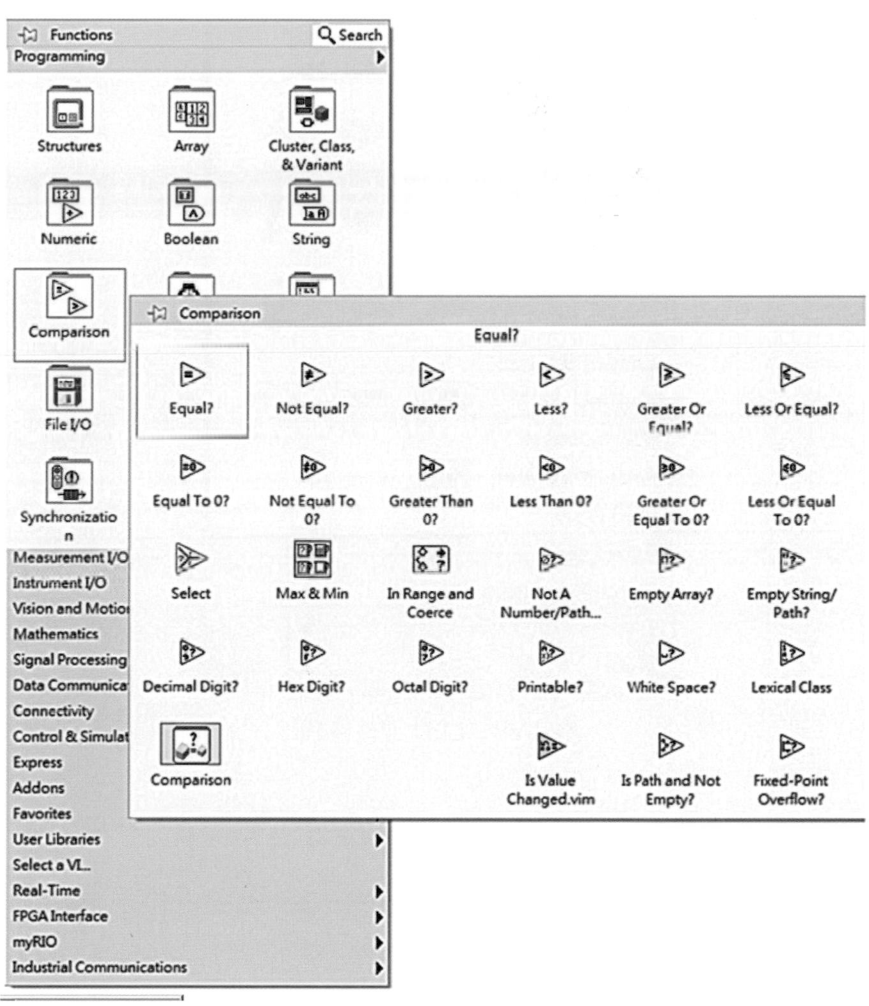

圖 9-27　Equal? 元件路徑

STEP 8 在人機介面區從「Modern → Boolean」中取出 Round LED 並將其命名為資料是否有效。(一旦 LED 燈亮起代表數據資料正確且是有效的)

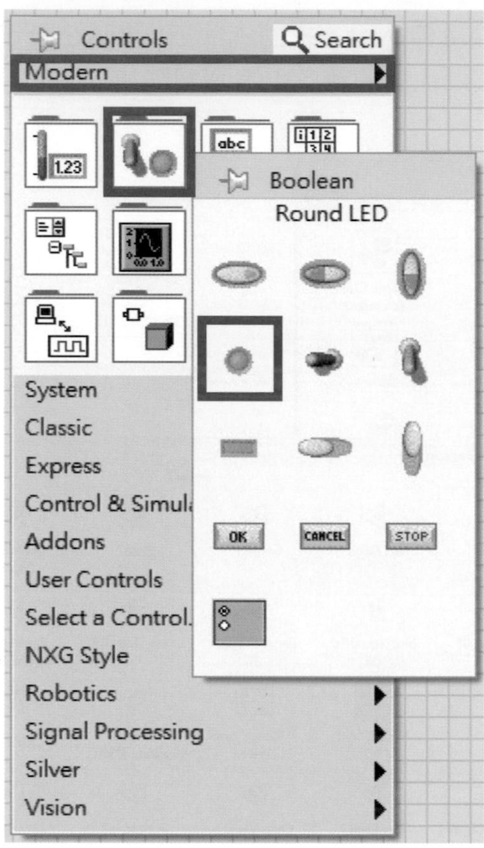

圖 9-28　LED 元件路徑

STEP 9 在圖形程式區從「Programming → Structures」中取 Case Structure，如圖 9-29 所示。將前面所連接的所有元件包含在 true 的條件內，並在 Case Structure 左邊接點按滑鼠右鍵選擇 Create Constant 並將布林常數修改為 T，如圖 9-30 所示。

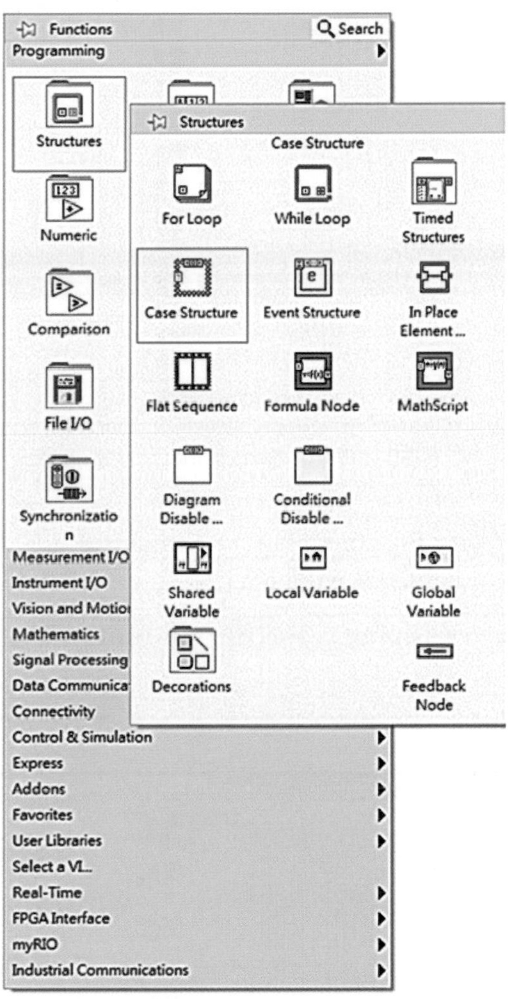

圖 9-29　Case Structure 元件路徑

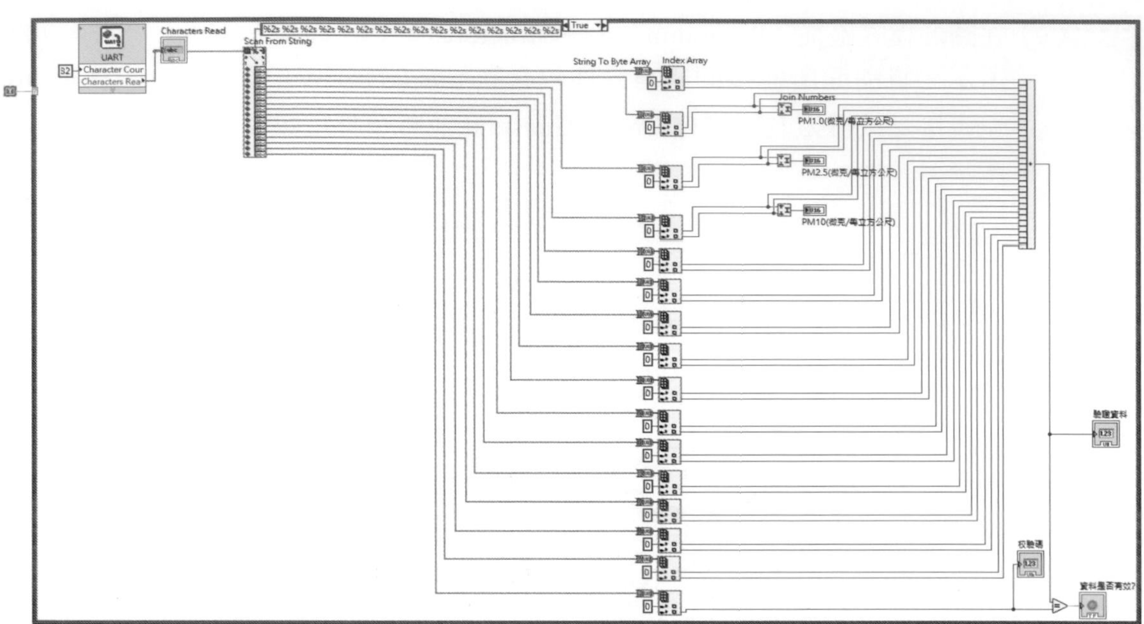

圖 9-30　Case Structure 元件完成圖

STEP 10 在圖形程式區從「Programming → Structures」中取出 While Loop 將 Case Structure 包含在迴圈內，如圖 9-31 所示，並再從圖形程式區按滑鼠右鍵從「Programming → Timing」中取出一個 Wait 元件，如圖 9-32 所示，並將其設定為 500。

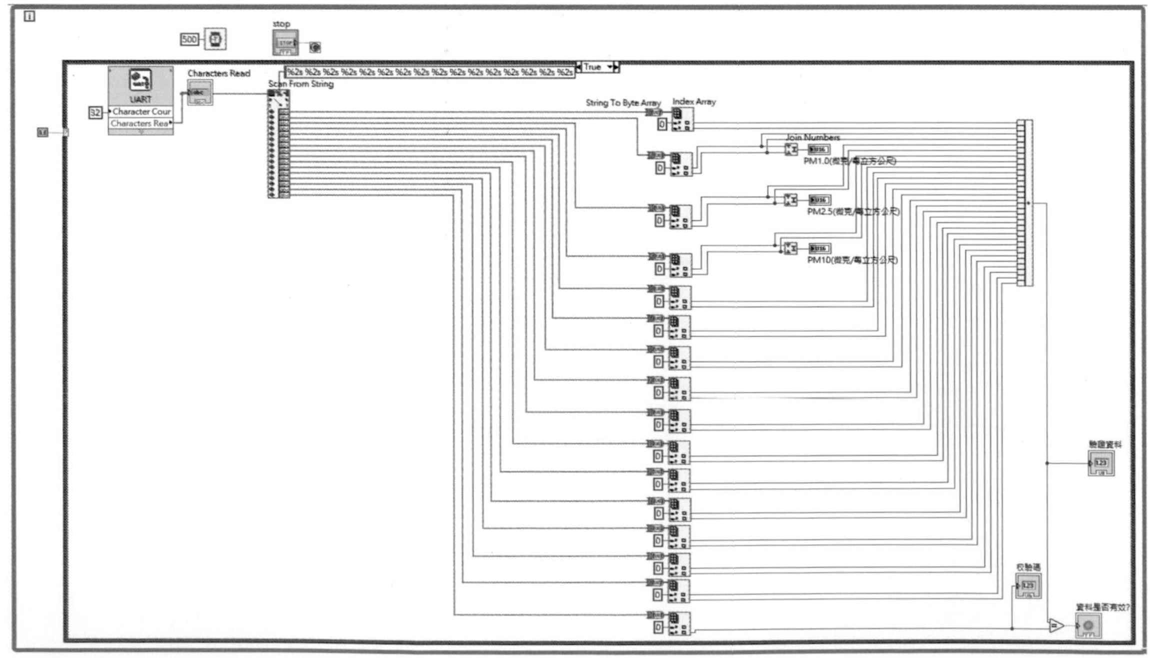

圖 9-31　While Loop 元件接線圖

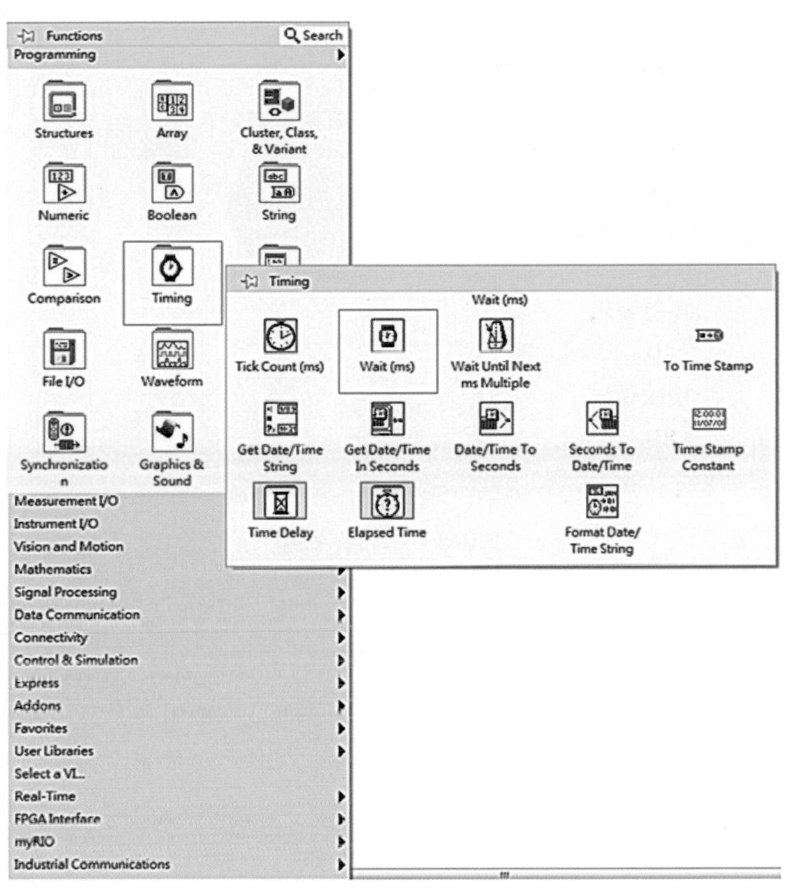

圖 9-32　Wait 元件路徑

STEP 11 將所有元件如圖 9-33 所示連接且擺放好後就大功告成。(圖上校正碼數字每筆資料皆不同，並非單純只是將 PM2.5、PM1.0 及 PM10 三者加總)

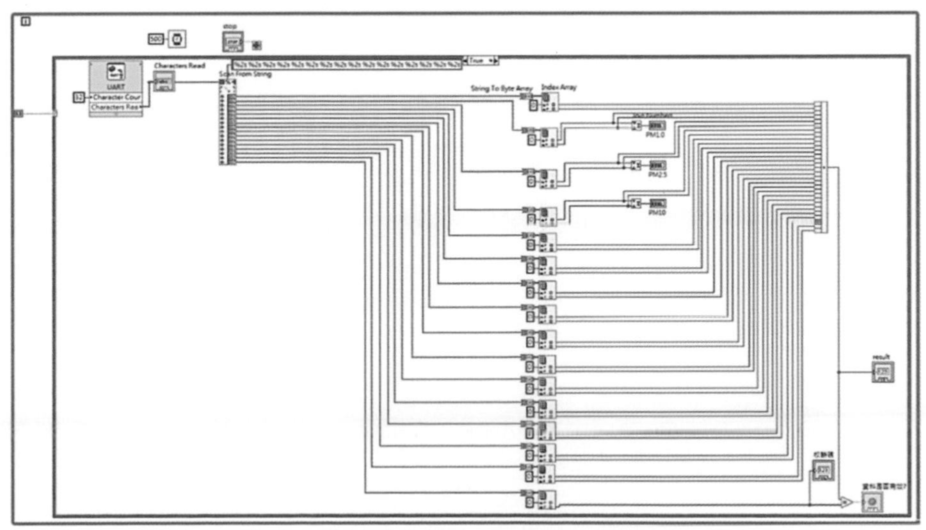

圖 9-33　LabVIEW 圖形程式區

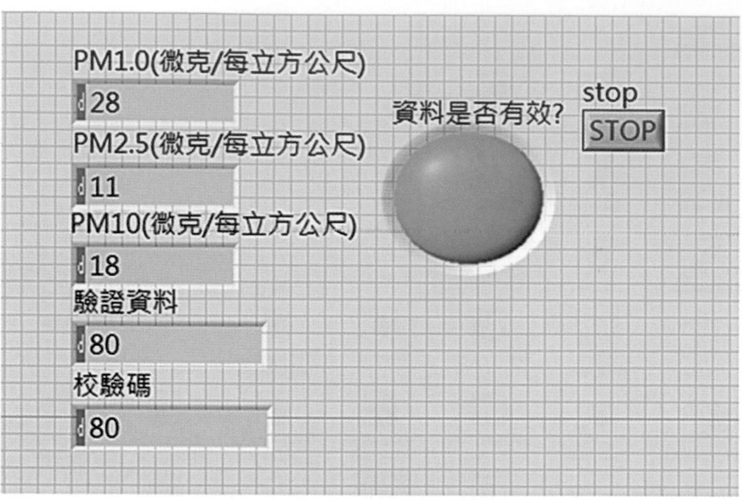

圖 9-34　人機介面

參考資料

[1] 懸浮微粒

https：//zh.wikipedia.org/wiki/%E6%87%B8%E6%B5%AE%E7%B2%92%E5%AD%90

[2] 訊舟科技空氣盒子

https：//www.edimax.com/edimax/merchandise/merchandise_detail/data/edimax/tw/air_quality_monitoring_semioutdoor/ai-1001w_v2/

[3] 攀藤科技有限公司 PMS7003 空氣品質感測器

https：//aqicn.org/air/view/sensor/spec/pms7003.pdf

PWM 馬達控制

10-1　PWM 工作原理

脈波寬度調變器（Pulse Width Modulation，簡稱 PWM），脈波寬度調變是一種調變或改變某個方波的簡單方法。在直流馬達控制系統中，為了減少流經馬達繞線電流及降低功率消耗等目的，常常使用 PWM 來控制交換式功率元件的開與關動作時間。

若將供應馬達的電源在一個固定周期 ON 及 OFF 的操控，則 ON 的時間越長，馬達的轉速越快，反之越慢。此種 ON 及 OFF 比例控制速度的方法及稱為脈波寬度調變。ON 的期間稱為工作週期，以百分比表示。若直流馬達的供應電源電壓為 12 伏特（V），乘以 20% 的工作週期即可得到 2.4 伏特（V）的輸出至馬達上。不同的工作週期對應出不同電壓，讓直流馬達轉速產生不同的變化。

10-2　PWM 馬達控制

那麼接下來就繼續沿用之前專案來撰寫 PWM 馬達控制的程式。在開始前請先依照下表準備好所需的材料，如表 10-1 所示。

再來請參照圖 10-1 的電路圖來將材料、馬達和 myRIO-1900 連接。

表 10-1　材料表

材料	實體圖
CD4007UBE	
DC 3.3 ～ 3V 直流馬達	
IRF510PBF	

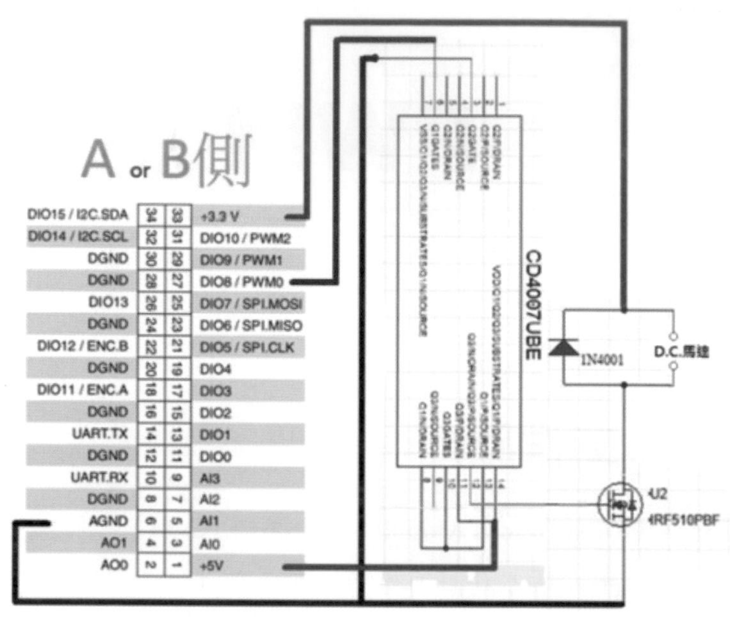

圖 10-1　PWM 模組與 myRIO-1900 接線圖

10-3　LabVIEW 程式撰寫－ PWM

STEP 1 請在專案中對 NI-myRIO 1900 點滑鼠右鍵開啟選單，然後選擇「New → VI」來建立一個新 VI，如圖 10-2 所示。

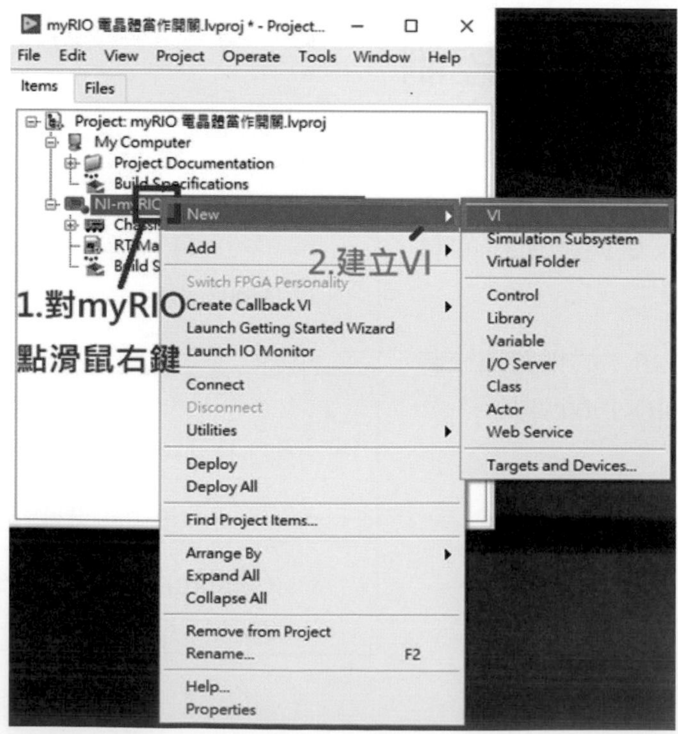

圖 10-2　建立 VI

STEP 2 開啟新增的 VI 來撰寫程式，到圖形程式區「Functions → Structures」中取出一個 While Loop，再到「Functions → myRIO」中取出一個 PWM，如圖 10-3 所示。

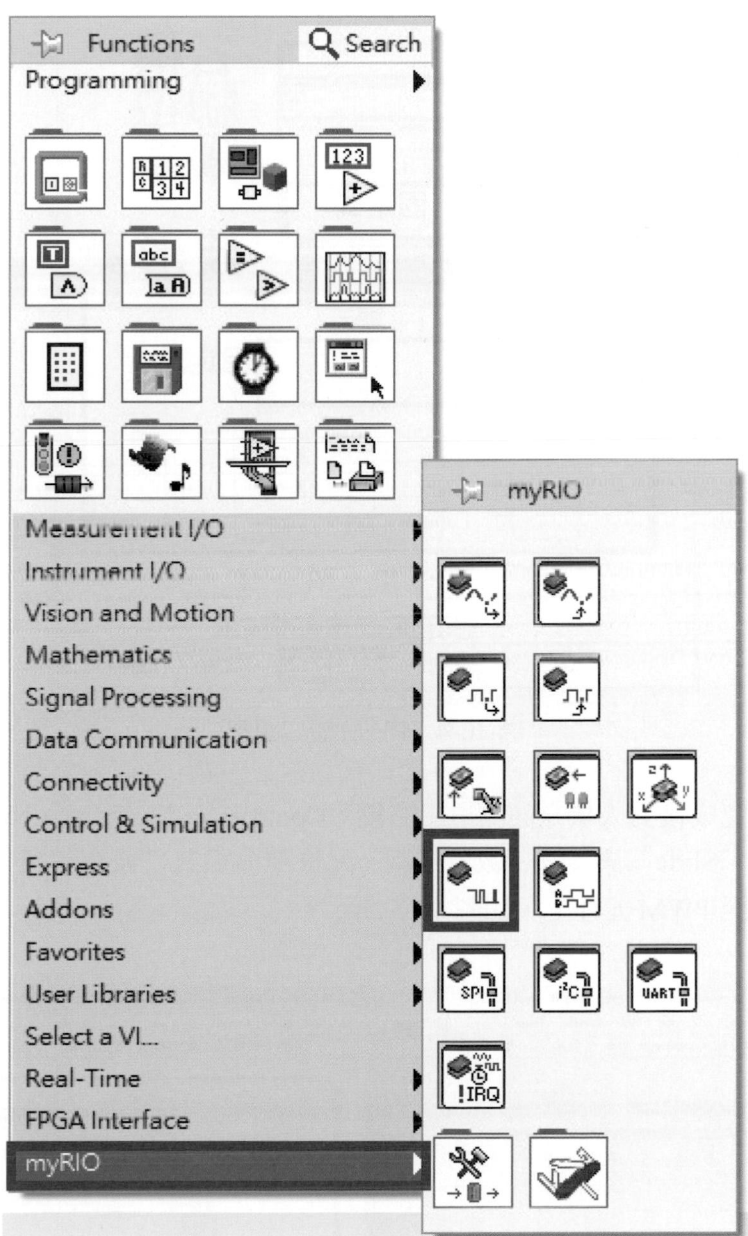

圖 10-3　PWM 路徑

STEP 3 將 PWM 放置於圖形程式區後將會自動開啟設定視窗，如圖 10-4 所示。在本例題中，腳位設定為 A 側 PWM0（Pin27），頻率與波寬都設定為“可調式”。

圖 10-4　PWM 設定視窗

STEP 4 設定完成後到人機介面點滑鼠右鍵「Controls → Modern → Numeric」中取出一個“Slide”與一個“數值控制”元件並命名為“波寬”與“頻率 [Hz]”並連接至 PWM 元件上，如圖 10-5 所示。

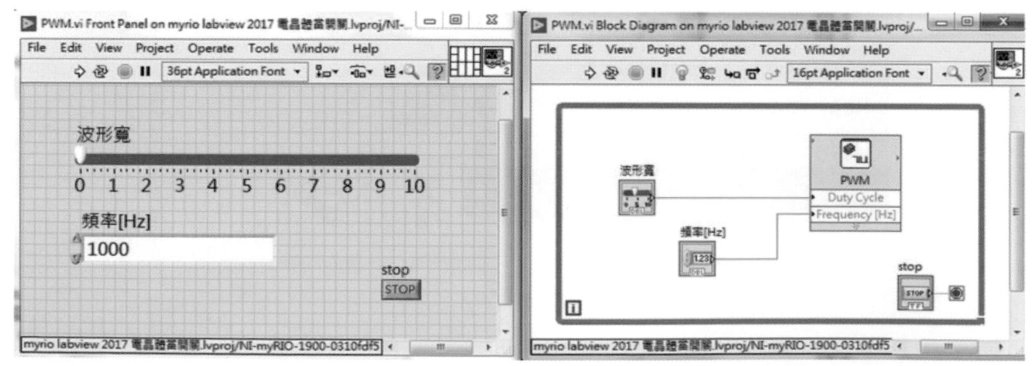

圖 10-5　程式畫面

STEP 5 再來要請讀者注意一點，請看到步驟 3 的圖 10-4。請快速點擊圖形程式區中的 PWM 元件來開啟設定視窗，並且將“波寬”調整成“固定式”，調整完後請調整拉桿來看波寬的狀況，如圖 10-6 所示，會發現波寬的範圍為 0 ～ 1 之間。

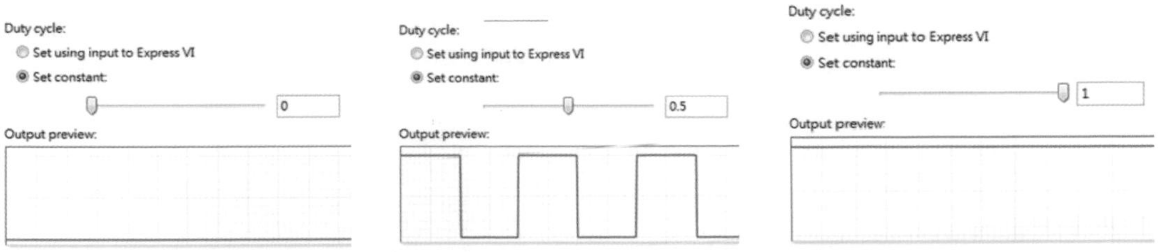

圖 10-6　PWM 波寬設定

STEP 6 因為波寬的範圍為 0 ～ 1 之間，所以要將人機介面中的波寬數值控制元件的範圍修改成 0 ～ 1，滑鼠快速點擊數字 10 的位置來修改成 1 即可，如圖 10-7 所示。

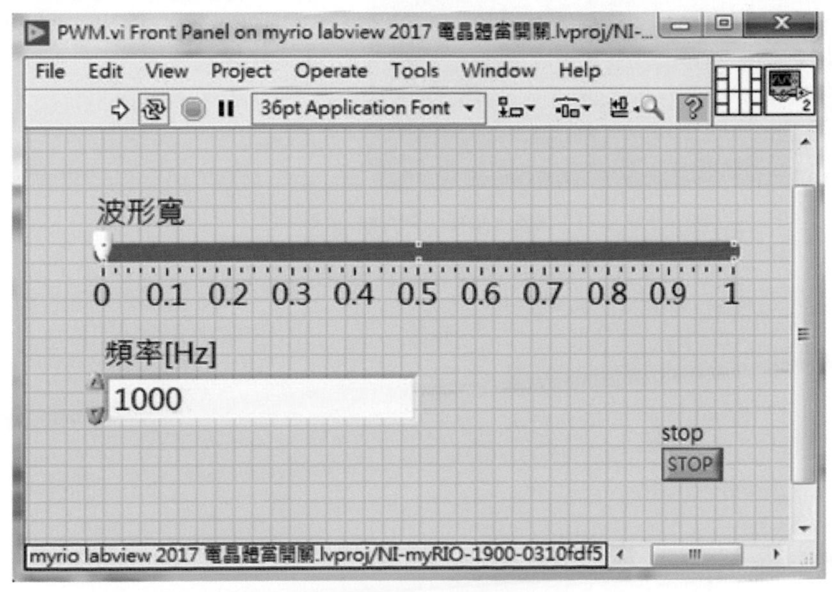

圖 10-7　人機介面

STEP 7 完成電路圖的連接後，執行程式並且調整“波寬”來觀察馬達的狀況，如圖 10-8 所示。（為了觀看方便，所以在圖 10-8 中使用加入一個圖表，並且使用 AI0 擷取 PWM 的訊號）

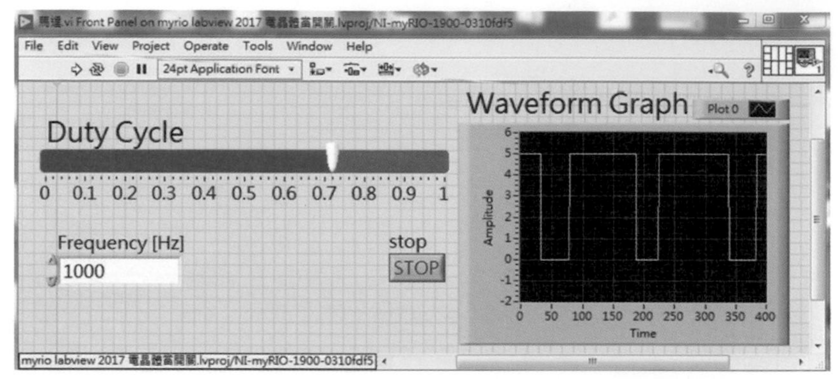

圖 10-8　完整程式圖

圖 10-9 為左側為示波器顯示控制馬達的 PWM 訊號，頻率為 1kHz 電壓為 3.68V（波寬為 0.3 時）。

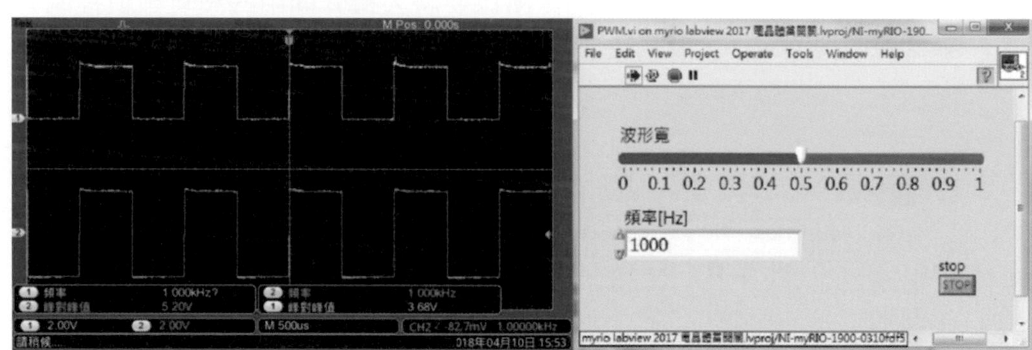

圖 10-9　PWM 訊號

液位感測器

在量測液位之前，必須知道要量測的對象是什麼？量測範圍為何？再決定使用哪一種感測器？目前國內外在液位監測方面採用的技術和產品很多，按其採用的測量技術及使用方法分類已多達十餘種，新的測量技術也不斷湧現，歸納起來主要有以下幾種：

11-1 常用液位檢測原理分析

11-1-1 差壓式液位測量

差壓傳感器（圖 11-1）是利用液體的壓差原理，在液體底部檢測液底壓力和標準大氣壓的壓差，單晶矽固態壓阻傳感器是其核心元件。液體底部壓力使半導體擴散矽薄膜產生形變，引起電橋不平衡，輸出與液位高度相對應的電壓，從而獲取液位信號。這類測量儀表適用於液體密度均勻、底部固定條件下的液位檢測。

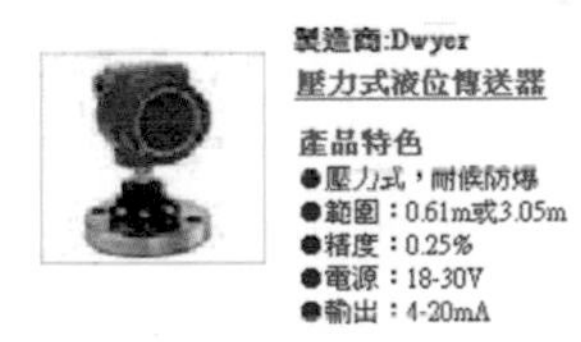

製造商:Dwyer
壓力式液位傳送器
產品特色
●壓力式，耐候防爆
●範圍：0.61m或3.05m
●精度：0.25%
●電源：18-30V
●輸出：4-20mA

圖 11-1　差壓式液位傳感器

11-1-2 浮體式液位測量

浮體式測量儀表主要分為浮筒式（圖 11-2）與浮子式。一般情況下，浮體和某個測量機構相連，如重錘或內置若干個磁簧繼電器的不鏽鋼管，浮體的運動被重錘或對應位置上的磁簧繼電器轉換為相對應的液位（圖 11-3）。這類型的測量裝置僅適用於清潔液體液面的連續測量與位式測量，不宜在髒污的、黏性的以及在環境溫度下凍結的液體中使用。因為有可動元件，機械可動部分的摩擦阻力也會影響測量的準確性。

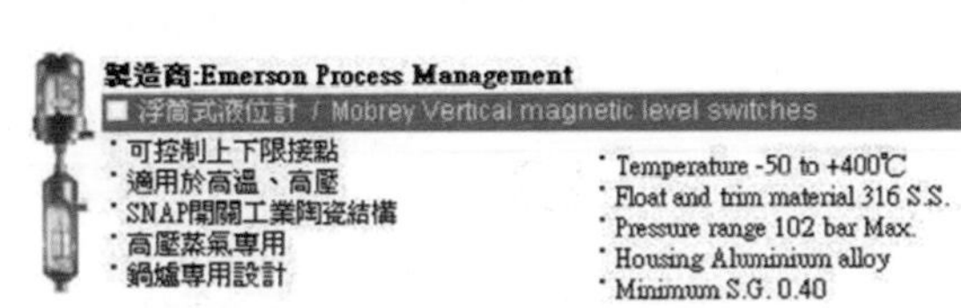

製造商:Emerson Process Management
浮筒式液位計 / Mobrey Vertical magnetic level switches
‧可控制上下限接點
‧適用於高溫、高壓
‧SNAP開關工業陶瓷結構
‧高壓蒸氣專用
‧鍋爐專用設計
‧Temperature -50 to +400℃
‧Float and trim material 316 S.S.
‧Pressure range 102 bar Max.
‧Housing Aluminium alloy
‧Minimum S.G. 0.40

圖 11-2　浮筒式液位計

在圖 11-3 中可以很明顯的看出浮筒相當於一個液位感測器，利用槓桿原理來控制出水口的開啟。

利用一浮筒來當做液位的感測器，當滿水位時自然的將開關關閉，而當水位降低時，又將它打開，如圖 11-4 所示。

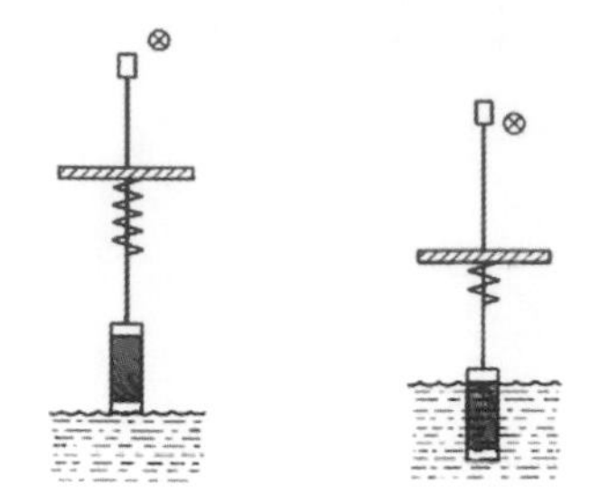

圖 11-3　浮筒式液位計使用示意圖

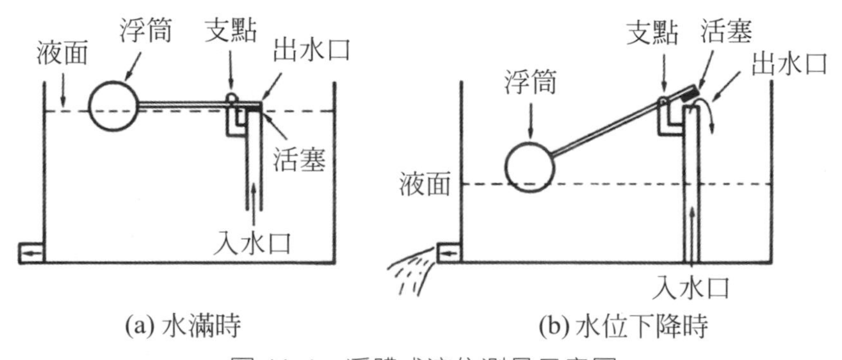

圖 11-4　浮體式液位測量示意圖

11-1-3 非接觸型液位測量

非接觸型液位測量包括超音波液位測量（圖 11-5）和紅外線測量等。超音波液位測量儀表先發射聲波，再測量聲波到達所測液面後反射回來所需時間，利用該時間與液位高度成比例的原理來進行測量，可用於多液面的測量，但超音波式儀表必須用於能充分反射聲波，且傳播聲波的均勻介質對象（圖 11-6）。利用紅外線元件來判別液面的高低有一好處，即不限制液體的種類（酸或鹼）皆可檢測，但有一項缺點，就是設備昂貴。紅外線元件是利用反射式的偵測裝置，計算發射收回的時間來判斷液面的高低。亦有利用光遮斷器所製成的液面感測器，不過，其液面必須有輕微的不可透光性才易於檢測，如圖 11-7 所示。

製造商:Emerson Process Management

MCU900超音波液位計 / MCU900 ultrasonic level transmitter

- 分離形
- 本質安全防爆
- 量測液體
- 上、下液位差
- 明渠流量
- 感測器到控制室可接3000m
- 內含溫度補償

- Isolated 4-20mA output
- 5 Control relays
- Multi-function back lit display
- 2 wire loop powered
- 12m Operating range、Sealed IP68
- ATEX IS certified

圖 11-5　超音波液位計

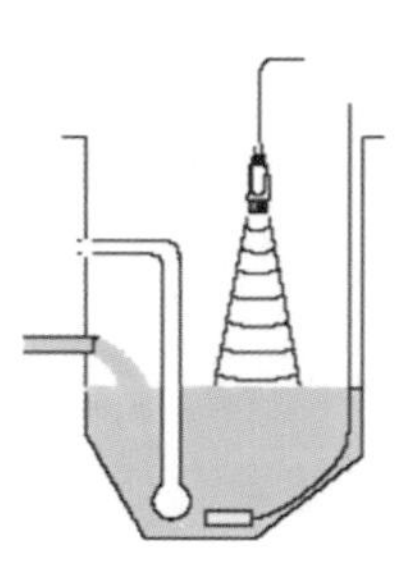

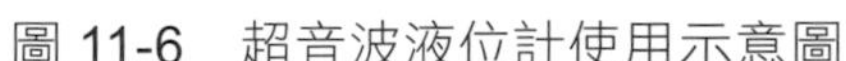

圖 11-6　超音波液位計使用示意圖

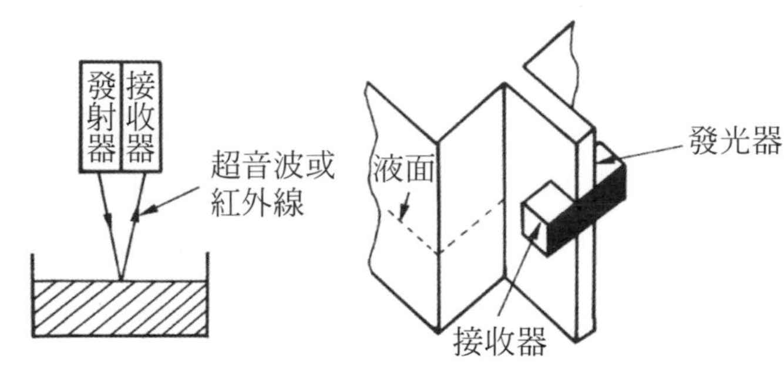

圖 11-7　紅外線液位感測示意圖

11-1-4 電容式液位測量

電容式液位傳感器是利用被測對象物質的導電率，將液位變化轉換成電容變化來進行測量的一種液位計。與其他液位傳感器相比，電容式液位傳感器具有靈敏性好、輸出電壓高、誤差小、動態附應好、無自熱現象、對惡劣環境的適用性強等優點。常見的電容式傳感器測量電路有變壓器電橋式、運算放大器式及脈波寬度式等。這類儀表適用於腐蝕性液體、沈澱性液體以及其它化工工藝液體液面的連續測量與位式測量，或單一液面的液位測量。

11-1-5 直流電極式液位測量

這是一種電極接觸式液位測量方法，其檢測原理是利用液體的導電特性，將導電液體的液面升高與電極接通，視為電路的開關閉合，該信號直接或經由一個電阻及一個三極管組成的簡單電路傳給後續處理電路。電極用金屬材料製成，縱向依次排列在空芯棒外或安裝在棒內，且在棒上至少開一個入口、使電極能夠與被測液體接觸。並且要注意的是只能使用在導電液體之中，並且使用交流電源以免產生電解作用。這種方法中測點數目與測量精度因電極的排列模式而受到限制，其構成形式決定了管內和管表面空隙處易滯留污物造成極間連接，使傳感器失效。這種檢測方法僅適用於導電液體的液位測量。

上述液位檢測方法，一般要求被測量液體有均勻的濃度和單一界面（空氣與液體分界面）。超音波液位測量能測量多層液體界面，但要求液體濃度均勻，純淨度好，並且在小距離測量中不便使用。

11-2 自行研發之水塔水位控制器

利用導電體液面上升到碰到電極棒時導通，而檢知其準位。因此利用此一原理將電極棒作成長短不同，以控制液面之高限與低限。應用範例：家中水塔水位監控配合抽水馬達進水。

水塔是每個建築都有的重要物件，只要有用到水的地方一定就會有水塔的存在。水塔的水位控制也是非常重要的部分，當水塔沒水時，將會影響水流量以及水壓大小等，甚至有時候會導致無水可用的情況。因此本書獨創出新的水塔水位控制器，有別於傳統浮球式水塔水位控制器。本書中的水位控制器更加的穩定且不會出錯，一旦將水位控制用的長、中、短棒設置完成後，便可放心地交給該電路來自行運轉，出錯機率大幅降低且本電路也相當簡潔，成本低廉，因此遠優於傳統浮球水位控制。

在開始前，請先準備如表 11-1 所示的材料。

表 11-1　材料表

材料	數量
CD4049 IC	1 個
CD4013 IC	1 個
1MΩ 精密電阻	2 個
2.2MΩ 精密電阻	2 個
4.7kΩ 精密電阻	1 個
0.1μ 無極電容	2 個
1N4001	2 個
8050 電晶體	1 個 (可用 1815 代替)
繼電器 5V (AC110 1A)	1 個
沉水馬達 AC 110V	1 個
110V 延長線插座 (將一端剪斷並套上杜邦頭 - 公)	1 條
液體容器 (模擬養殖池與蓄水池)	2 個

如圖 11-8 為獨自創新的水位監控電路，與傳統市售電路設計不一樣。圖中的設計使用 CMOS 邏輯閘電路，搭配三根長、中與短棒來設定水位之高低。利用 *RS* 正反器來控制繼電器的 ON/OFF，決定水塔進水動作。CD4013 具有極高的輸入阻抗可抑制雜訊，進而避免抽水馬達的誤動作。將長棒置於水塔底部，當水位低於下限時 (即中棒末

接觸到池水時)，會使 RS 正反器 Q 的輸出為 1。此時，馬達會開始抽水加入到水塔內。當水塔內的水位高度持續增加至接觸到中棒時馬達仍持續動作，進行抽水，RS 正反器的輸出不會改變。此時馬達仍然持續抽水至水塔中直到水滿至碰到短棒(水位上限位置)時，才會使 RS 正反器的輸出狀態 Q 的輸出為 0，並停止抽水加入到水塔中。表 11-2 的 RS 真值表為水位控制電路的工作時序。

表 11-2 的真值表其工作如下：在 11-10(a) 中，中棒經由兩個反向器連接至 S-R 正反器的 S 端，即表示中棒的準位與 S 端一致。短棒則只經由一個反向器連接至 S-R 正反器的 R 端，即表示短棒的準位與 R 反向，即 $\overline{R}$。

(1) 當中棒 (S) 和長棒都在水中時，即 $S = 0$ 準位，且短棒 ($\overline{R}$) 也在水中時，即 $R = 1$。因 $S = 0$ 且 $R = 1$，則 $Q = 0$。

(2) 當中棒 (S) 和長棒都在水中時，即 $S = 0$，且短棒 ($\overline{R}$) 在水位之上(未接觸到水)，即 $R = 0$。因 $S = 0$ 且 $R = 0$，則 $Q = 0$。

(3) 當中棒 (S) 在水位之上(未接觸到水)，即 $S = 1$，且短棒 ($\overline{R}$) 在也水位之上(未接觸到水)，即 $R = 0$。因 $S = 1$ 且 $R = 0$，則 $Q = 1$。此乃表示水塔水位過低，需補水。此時將啟動馬達進行補水的動作。

(4) 當中棒 (S) 再次和長棒都在水中時，即 $S = 0$，且短棒 ($\overline{R}$) 還保持在水位之上(未接觸到水)，即 $R = 0$。因 $S = 0$ 且 $R = 0$，則 $Q = 1$。即馬達持續進行補水。

(5) 當中棒 (S) 持續和長棒在水中時，即 $S = 0$，且短棒 ($\overline{R}$) 已浸入水中，即 $R = 1$。因 $S = 0$ 且 $R = 1$，則 $Q = 0$。此乃表示水塔水位已達預設高度。此時馬達將停止運轉，不再補水。

表 11-2　水位控制電路的工作時序

動作順序	中棒 (S)	短棒 ($\overline{R}$)	R	Q	動作
(1)	0	0	1	0	Reset
(2)	0	1	0	0	保持
(3)	1	1	0	1	Set
(4)	0	1	0	1	保持
(5)	0	0	1	0	Reset
(6)	0	1	0	0	保持
(7)	1	1	0	1	Set

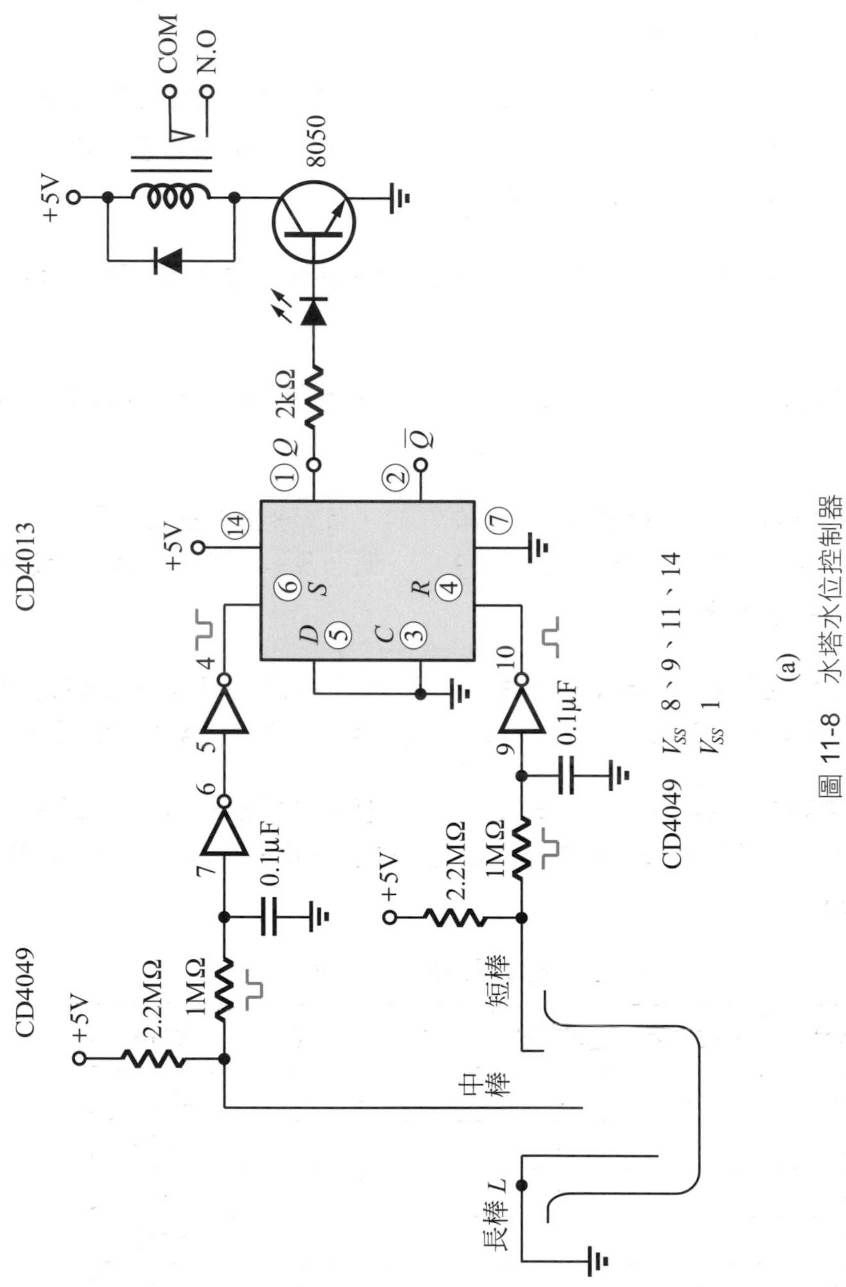

(a)

圖 11-8 水塔水位控制器

11-3 訊號處理

11-3-1 自行研發之水塔水位控制器

圖 11-9 為獨自創新的水塔水位控制器，並且搭配了 NI myRIO-1900 以及 LabVIEW 人機介面，可更加直觀的得知水塔水位狀況。

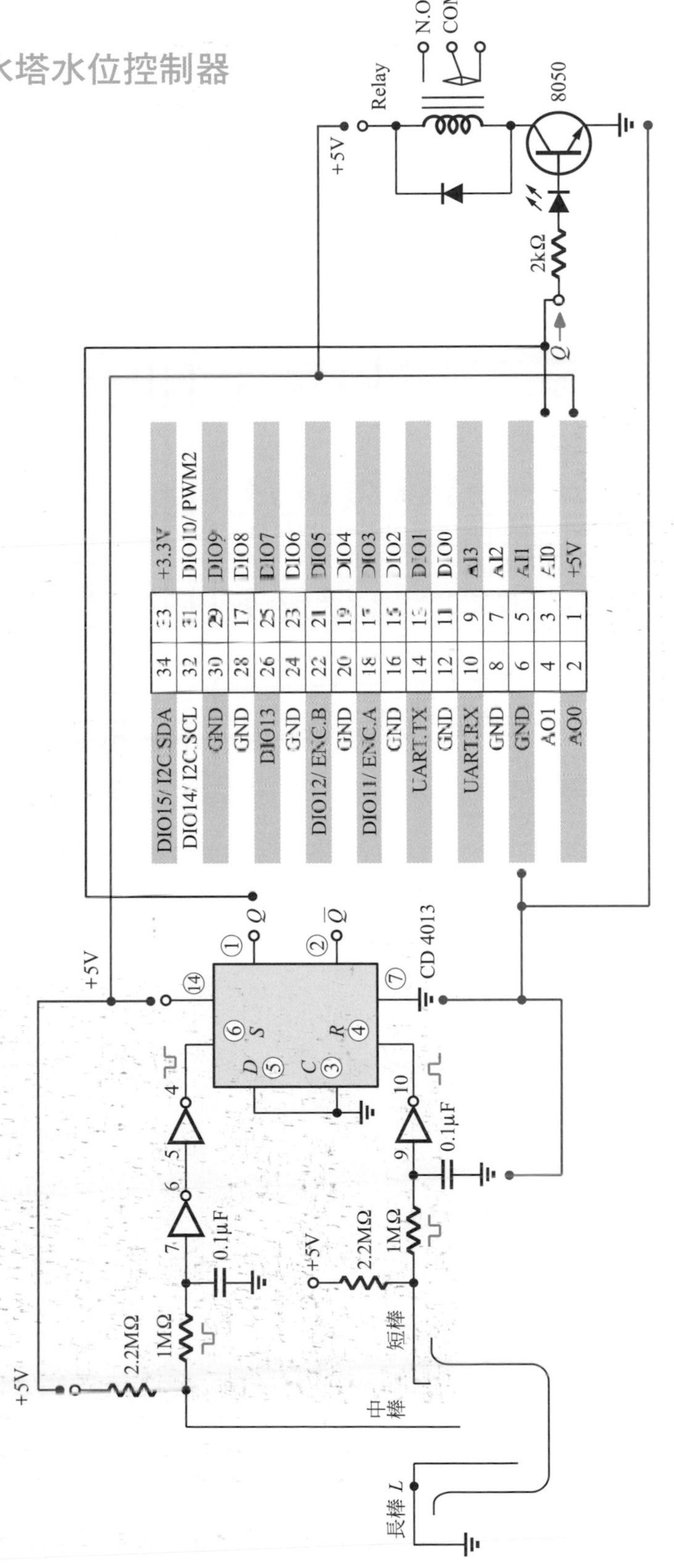

圖 11-9　水塔水位控制電路及 myRIO 腳位接線圖

11-3-2 採用教學模組接線

為了教學操作方便，客製化成一個專屬的教具模組。水塔水位控制模組接線圖，如圖 11-10 所示。水塔水位控制模組接腳圖，如圖 11-11 所示。模組中 5V 端點接至 myRIO 的 +5V，模組上的 GND 則接到 myRIO 的 DGND，其中教具模組的 Q 端點則接至 myRIO 的 DIO0 端點。模組右上角處則是接上抽水馬達，透過繼電器即可控制。教具模組的 Q 點上方有著三個端點，由上至下分別接上杜邦線雙公短棒 (黃)、中棒 (藍) 和長棒 (紫) 即可。

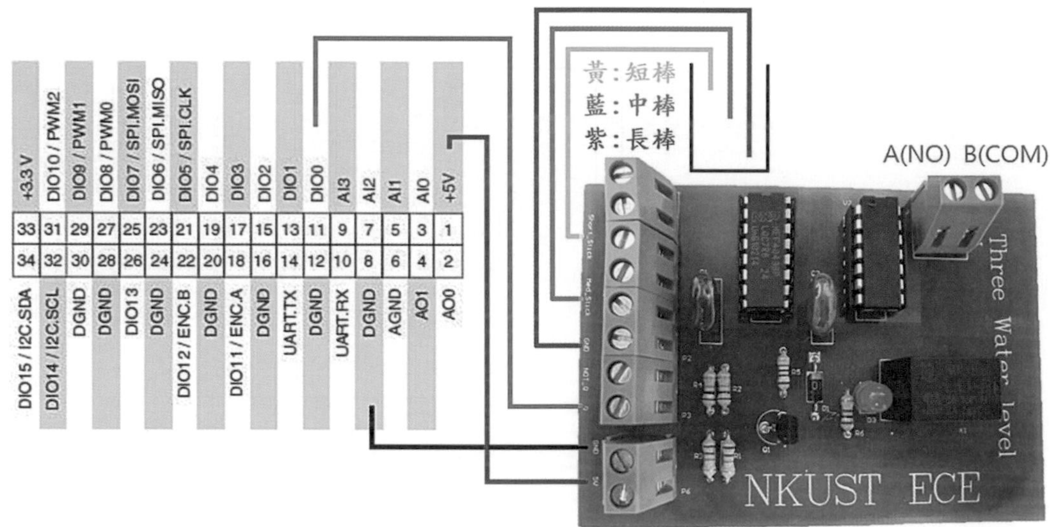

圖 11-10　水塔水位控制模組與 myRIO-1900 接線圖

圖 11-11　水塔水位控制模組接腳圖

繼電器常被當作電源開關使用。由圖 11-12 模組可以看到 A 為繼電器的 NO 端、B 為繼電器的 COM 端。當需要啟動馬達時，需將電路迴路導通才可動作。透過 +5V 電壓通過線圈，即可將繼電器的 NO 端和 COM 端閉合。當 A 和 B 端閉合後，馬達和 AC110 即形成迴路通電，馬達即可開始抽水運作。圖 11-12 為馬達接線示意圖。

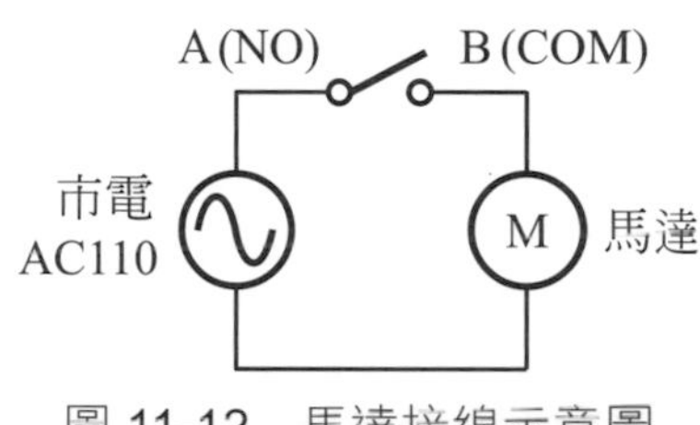

圖 11-12　馬達接線示意圖

11-3-3 LabVIEW 程式撰寫－水塔水位控制器

STEP 1 首先，在 Project 內建立一個新的 VI。在圖形程式區中點滑鼠右鍵，並從「myRIO」中取出一個 Digital In，如圖 11-13 所示。

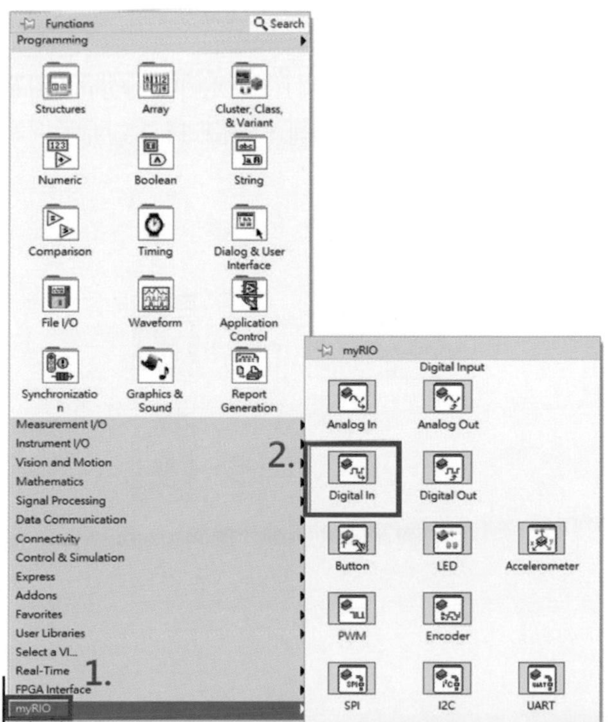

圖 11-13　Digital In 路徑

STEP 2 接著取出元件後會自動開啟設定視窗，請設定通道為 A 側 DIO0 (Pin11)，如圖 11-14 所示。

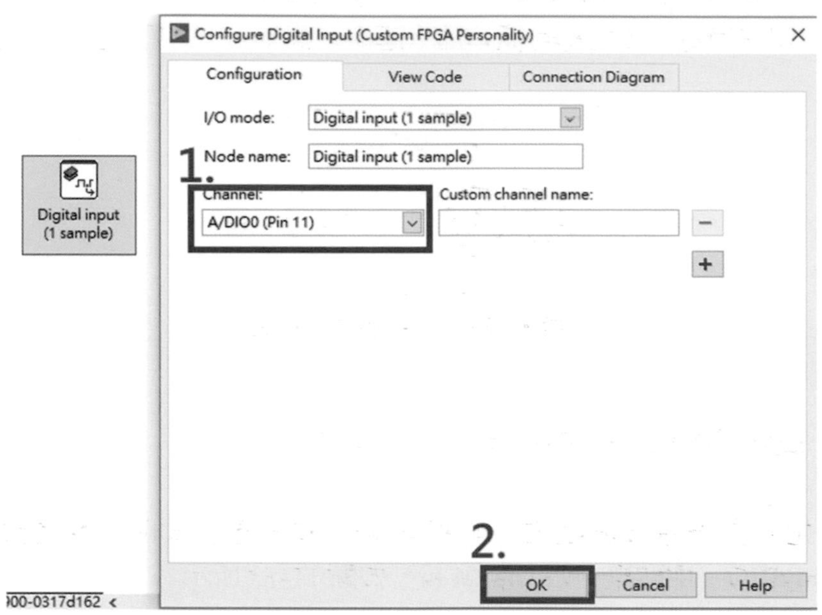

圖 11-14　Digital In 設定

STEP 3 再來，在 Digital In 的輸出接至 2 個 LED 元件，分別取名為"缺水"與"滿水"，最後在"停止進水"前加上 Not 閘，如圖 11-15 所示。

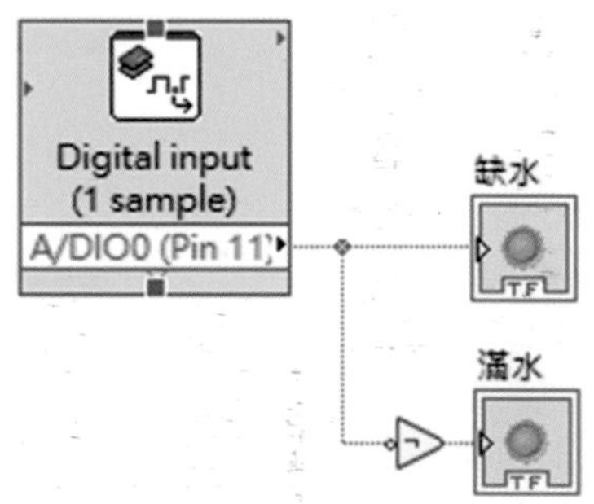

圖 11-15　程式畫面

STEP 4 再來取出一個 Wait 元件並設定為 250(ms)，最後加上一個 While Loop 與 stop 元件，如圖 11-16 所示。

STEP 5 上述步驟完成後，先將長、中、短棒放置養殖模擬容器中，如圖 11-17 所示。

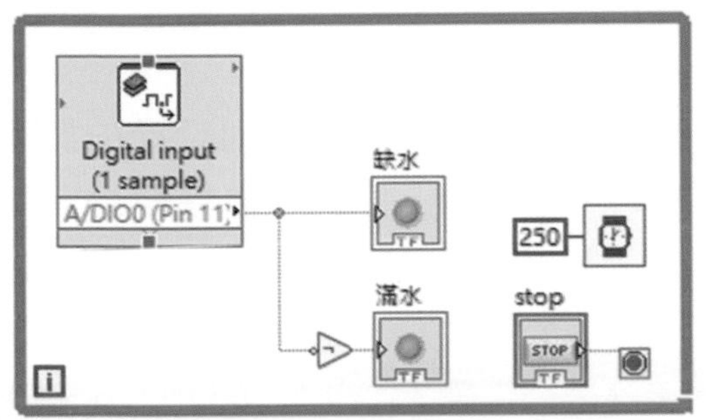

圖 11-16　程式畫面

圖 11-17　示意圖

STEP 6 接著先執行程式再接上電源，即可使用馬達替水槽加水，並透過液位感測器來判斷水位的高低。當水位未碰觸到短棒前，會觸發繼電器啟動馬達進行進水動作。當水位觸碰到短棒後，便會停止馬達進水。當水慢慢蒸發至水未觸碰到中棒時，將會再次啟動馬達進水，如圖 11-18 所示。

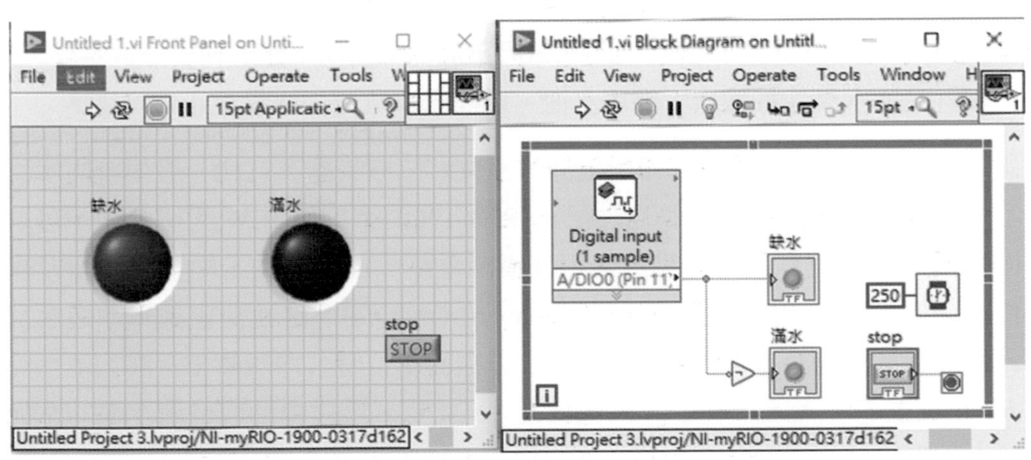

圖 11-18　完整程式圖

實驗步驟：硬體接線按照接線圖完成後，將程式設計完成即可執行。這裡有兩種測試方式。A 方法為實際操作抽水馬達進行演練，B 方法為教室教學，以示意的方式進行測試。

A 方法

將水位控制器的長棒放置水瓶底部，中棒放在水瓶中間，短棒則設置在瓶口附近，並緩慢加水至水瓶瓶口，觀察人機介面的滿水 LED 燈是否有亮起，以及是否聽到繼電器有開關聲音，並觀察到抽水馬達燈號熄滅，便可判斷程式設計及硬體接線是否正確。

B 方法

將水位控制器的長棒放置水瓶底部，中棒放在水瓶中間，短棒則設置在瓶口附近，如圖 11-10 所示。模擬緩慢加水至水瓶瓶口，將長棒、中棒、短棒短路。觀察 LabVIEW 人機介面的滿水 LED 燈是否有亮起，並聽到繼電器有開關聲音，表示抽水馬達燈號熄滅。如果同時將長棒、中棒、短棒開路時，觀察 LabVIEW 人機介面的缺水 LED 燈是否有亮起，便可判斷程式設計及硬體接線是否正確。

11-3-4 水位溢位控制器

臺灣於夏季 7 ～ 9 月的颱風季中，往往造成淹大水的情況，在早期更有鄉鎮於淹水時，在自家中撈魚的現象，因此，本子系統設計之目的乃在於調節水位在安全高度範圍。當豪雨來時，大量的雨水落入養殖池中，傳統養殖池的設計是採用溢水排洩方式。但當雨量超過排洩量時，仍然有淹過圍堵層的情形發生。因此最好加一自動抽水馬達，避免漁獲損失。當炎炎夏季，養殖池的水量因蒸發而減少時，亦不利於魚群生存，因此，也需一套自動抽水馬達抽取地下備用水池，以補充養殖池的水量至正常高度。

圖 11-19 為由水塔水位控制器所延伸的水位溢位控制器。它比一般傳統的水位控制器多了一項溢位排水的控制，並且搭配 myRIO-1900 及 LabVIEW 人機介面，可以很直觀的得知養殖池水位狀況。此設計使用邏輯閘電路，由四根長、中、短、極短棒來設定水位之高低，利用 *RS* 正反器來控制 Relay 的 ON-OFF，進而決定養殖池進水及排水動作。圖中的長棒置於養殖池底部，當水位未達滿水位時〈即短棒未接觸到池水時〉，會使 *RS* 正反器 *Q* 的輸出為 1，*Q'* 的輸出為 0。此時，馬達會抽取儲備水池的水加入到養殖池中，直到池水滿至碰到短棒〈滿水位置〉時，才會使 *RS* 正反器的輸出狀態 *Q* 的輸出為 0，*Q'* 的輸出為 0，馬達便停止抽水動作。反之，當池水高度到達極短棒時〈溢水位置〉，將會啟動抽水馬達將多餘的池水排出，此時使 *RS* 正反器 *Q* 的輸出為 0，*Q'* 的輸出為 1，等到水位高度降低到短棒〈滿水位置〉時，此時使 *RS* 正反器 *Q* 的輸出為 0，*Q'* 的輸出為 0 馬達停止排水動作。當池水容量降低到中棒與短棒間時，會使 *RS* 正反器 *Q* 的輸出轉為 1，*Q'* 的輸出為 0，再次開始進水。

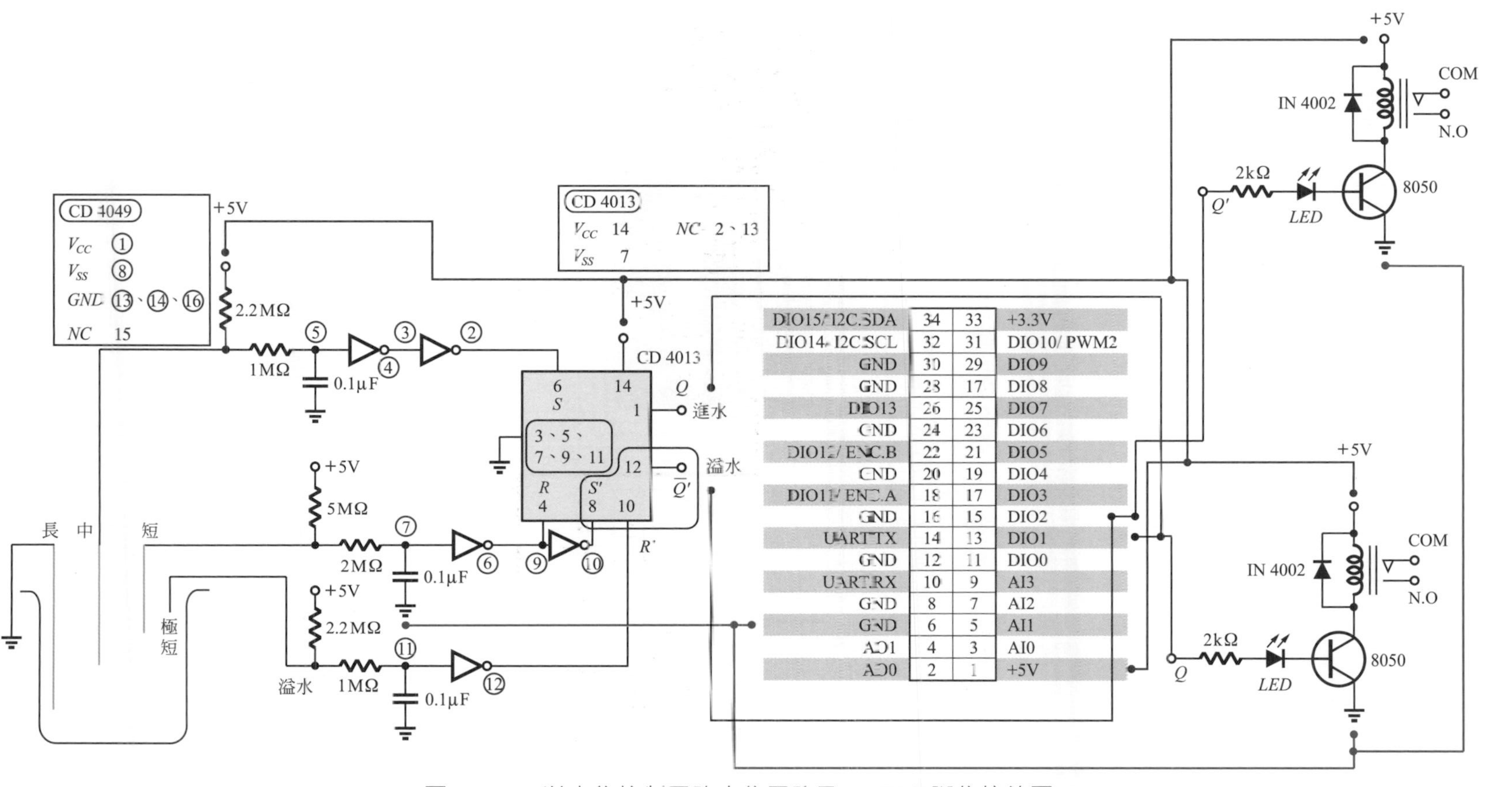

圖 11-19　溢水位控制電路水位電路及 myRIO 腳位接線圖

11-3-5 採用教學模組接線

為了教學操作方便，客製化成一個專屬的教具模組。溢位控制模組接線圖如圖 11-20 所示，接腳圖如圖 11-21 所示，馬達接線可參照 11-3-2 中馬達接線示意圖。模組中 5V 端點接至 myRIO 的 +5V，GND 則接到 myRIO 的 DGND，其中教學模組的 Q 端點則接至 myRIO 的 DIO0 端點，NOTQ 端點則接至 myRIO 的 DIO1 端點。教學模組右邊則是接上抽水馬達及排水馬達，透過繼電器即可控制。教學模組 +5V 電源和 GND 下方有著四個端點，由上至下分別是接上杜邦線雙公極短棒 (黃)、短棒 (橘)、中棒 (淺藍) 和長棒 (紫) 即可。如圖 11-20 中有兩個繼電器控制兩個馬達，分別用來控制抽水與排水。假設，當養殖池因陽光曝曬或其他因素造成水位降低時，就會自動啟動抽水馬達來進行補水的動作。當豪大雨突然來臨造成養殖池的水位爆漲時，這時排水馬達就會立即啟動來將進行排水的動作。如此，可替養殖戶爭取時間來避免魚群流失。

註 抽水馬達接線示意可參考圖11-12所示。

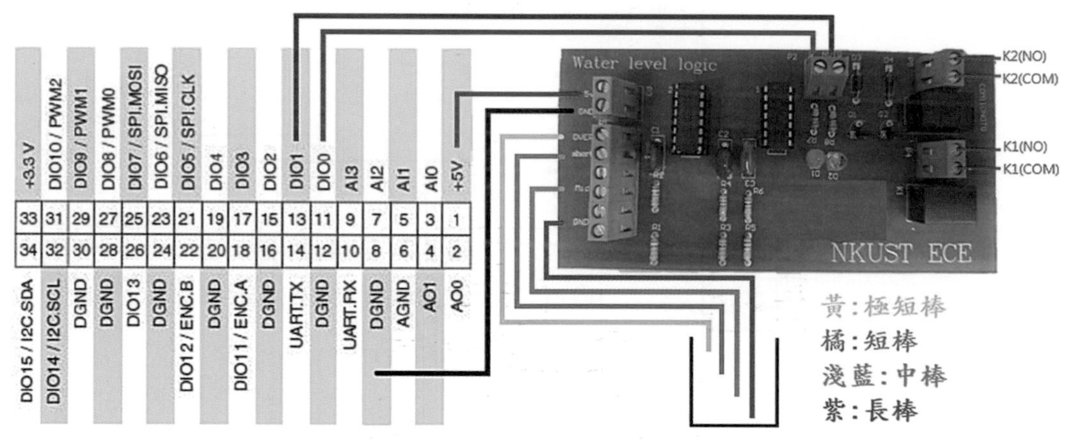

圖 11-20　溢位控制模組與 myRIO-1900 接線圖

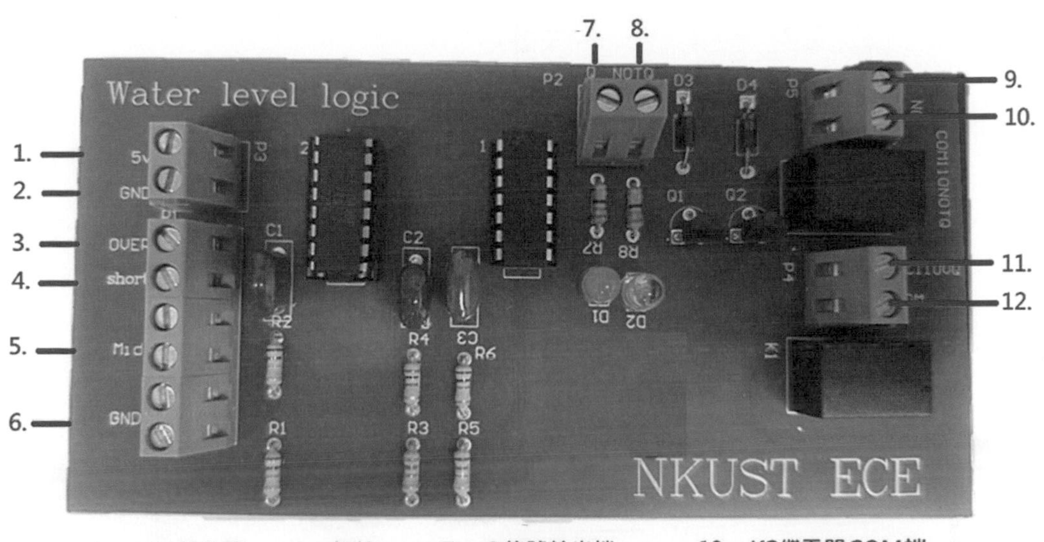

1.：+5V輸入端	4.：短棒	7.：Q信號輸出端	10.：K2繼電器COM端
2.：接地端	5.：中棒	8.：NOTQ信號輸出端	11.：K1繼電器NO端
3.：極短棒	6.：長棒	9.：K2繼電器NO端	12.：K1繼電器COM端

圖 11-21　溢位控制模組與 myRIO-1900 接線圖

11-3-6 LabVIEW 程式撰寫－水位溢位控制器

STEP 1 首先，先取出 While Loop 並建立 Stop 按鈕，如圖 11-22 所示。

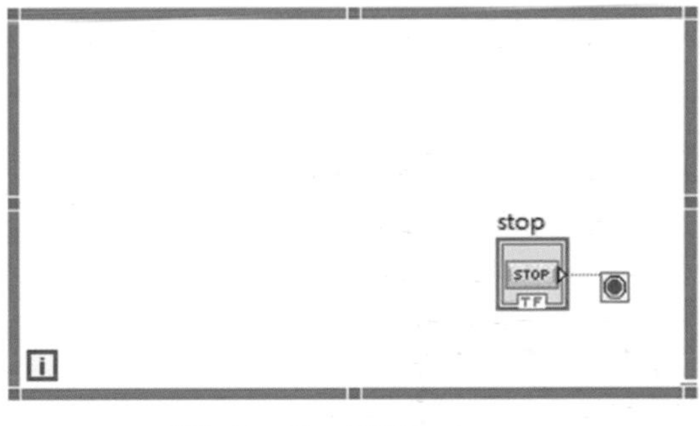

圖 11-22　While Loop

STEP 2 接著，到「Functions → myRIO」中取出 Digital In 元件，如圖 11-23 所示。

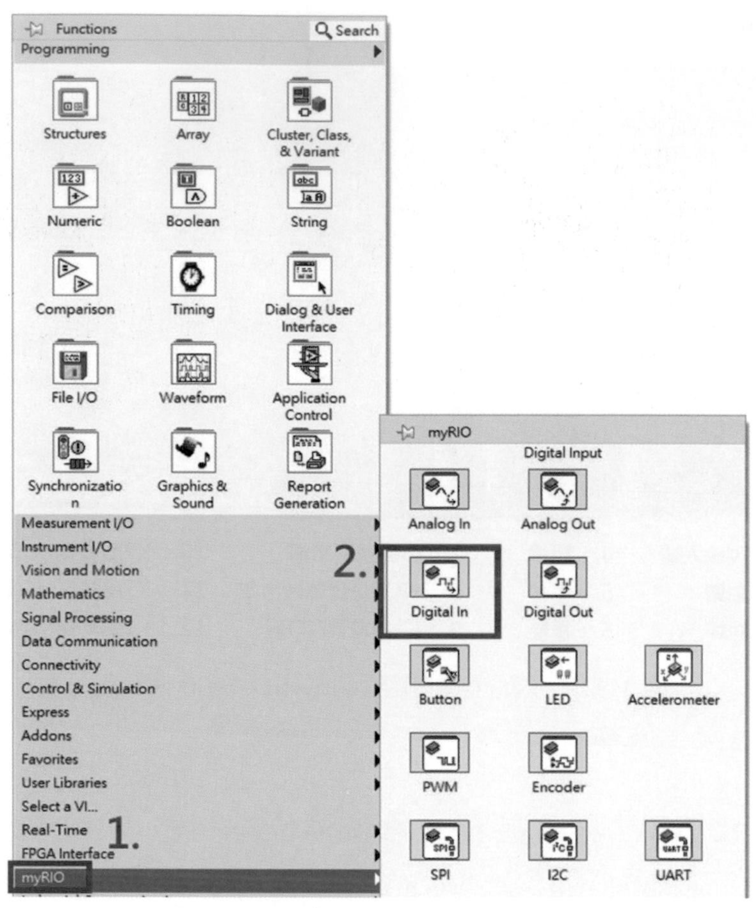

圖 11-23　Digital In 路徑

STEP 3 接著設定通道為 A/DIO0(缺水) 與 A/DIO1(溢位)，設定完後點選 ok 來完成設定，如圖 11-24 所示。

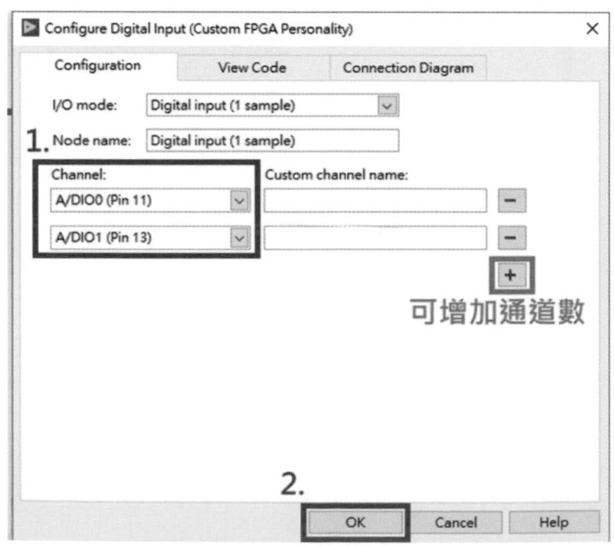

圖 11-24　Digital In 通道設定

STEP 4 接著取出 2 個布林 LED 顯示元件，分別取名為"缺水"與"溢位"，如圖 11-25 所示。

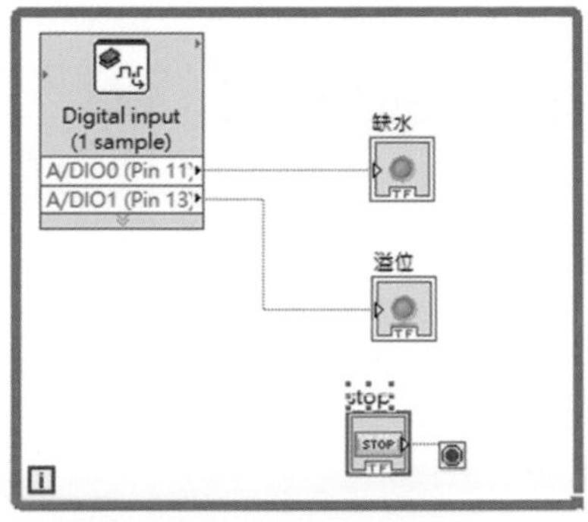

圖 11-25　程式畫面

STEP 5 在圖形程式區中從「Functions → Numeric」取出兩個 Compound Arithmetic 元件，如圖 11-26 所示。

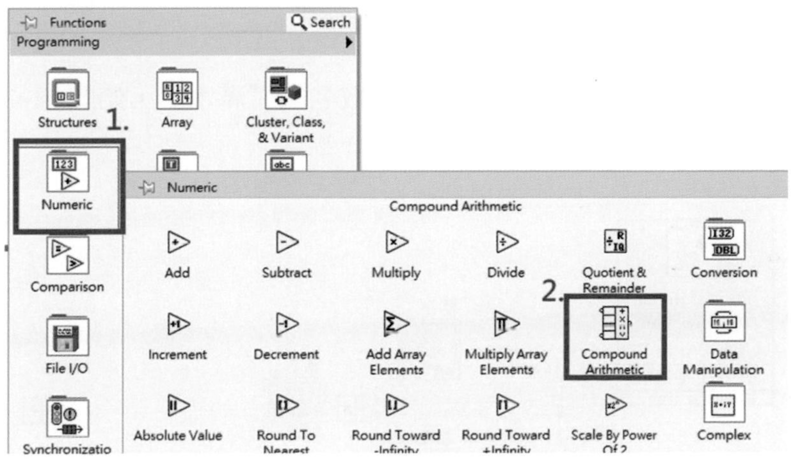

圖 11-26　Compound Arithmetic 路徑

STEP 6 接著對右邊 + 號處點擊左鍵選擇 Change mode 中的 AND，如圖 11-27 所示。

圖 11-27　改成 AND

STEP 7 接著對元件左側的兩個端點點滑鼠右鍵，如圖 11-28 所示。

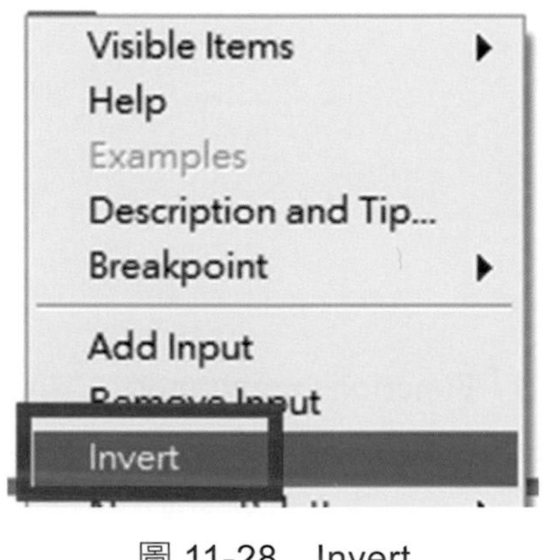

圖 11-28　Invert

STEP 8 接著接上一個布林 LED 顯示元件並取名為“滿水”，如圖 11-29 所示。另一個 Compound Arithmetic 則保持原本 + 號。

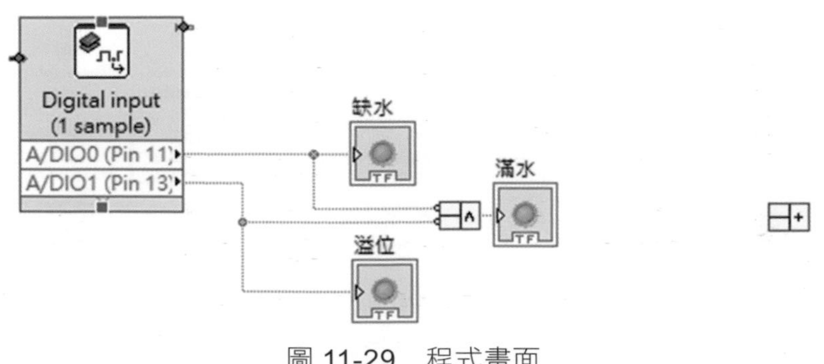

圖 11-29　程式畫面

STEP 9 在圖形程式區中從「Functions → Comparison」取出三個 Select 放入迴圈內，如圖 11-30 所示。

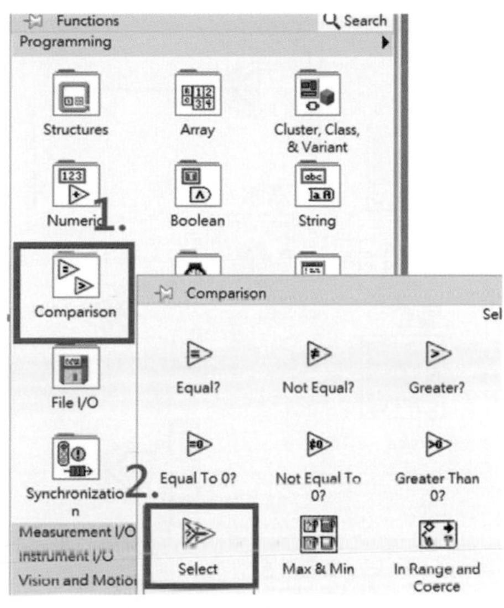

圖 11-30　Select 路徑

STEP 10 接著依序替 Select 元件的 t 端點接上一個數值 Constant 元件並輸入 1、2 與 3，在 f 端點上輸入 0，如圖 11-31 所示。

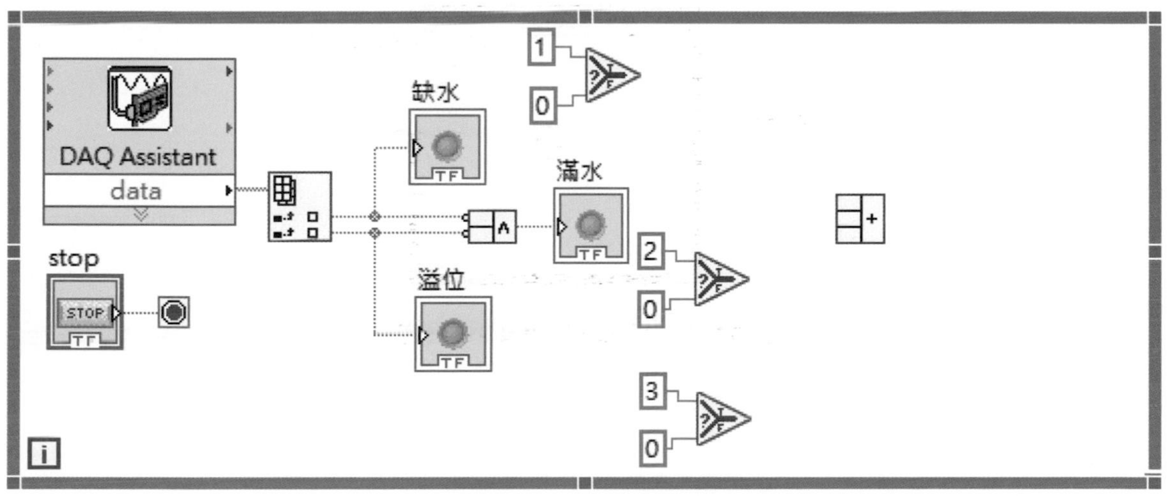

圖 11-31　程式畫面

STEP 11 接著，請將“缺水”、“溢位”與“滿水”接至 Select 元件上，接著將 Select 元件輸出連接至 Compound Arithmetic(+ 號) 元件上，如圖 11-32 所示。

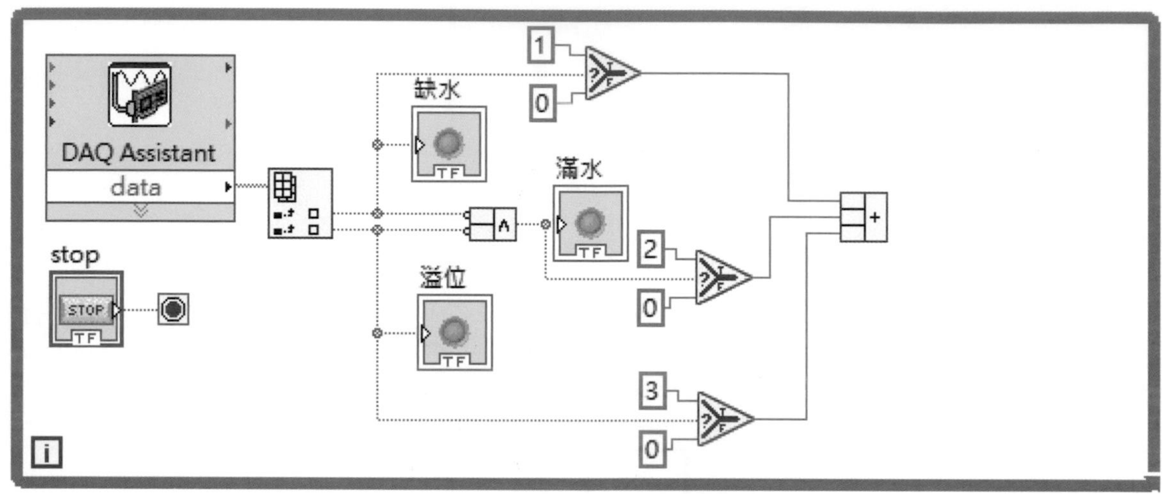

圖 11-32　程式畫面

STEP 12 接著取出 Case Structure 並設定條件為 1,Default、2 與 3，並在內部各三個條件放入數值常數元件並輸入數字 1、7 與 10，如圖 11-33 所示。

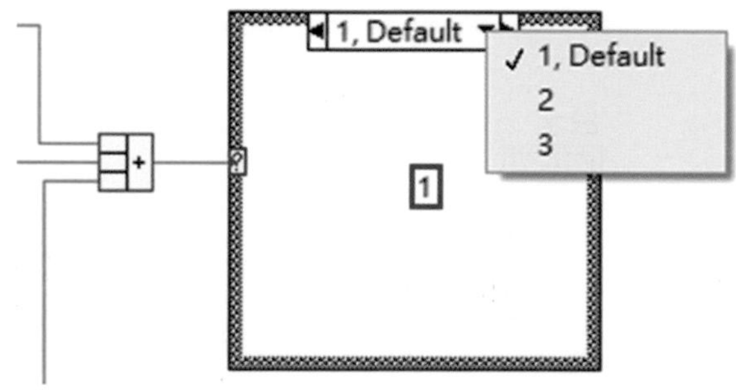

圖 11-33　Case Structure 設定

STEP 13 在人機介面中從「Modern → Numeric」取出 Tank，接著將 Case Structures 各個條件中的數值常數元件將至 Tank 上，如圖 11-34 及圖 11-35 所示。

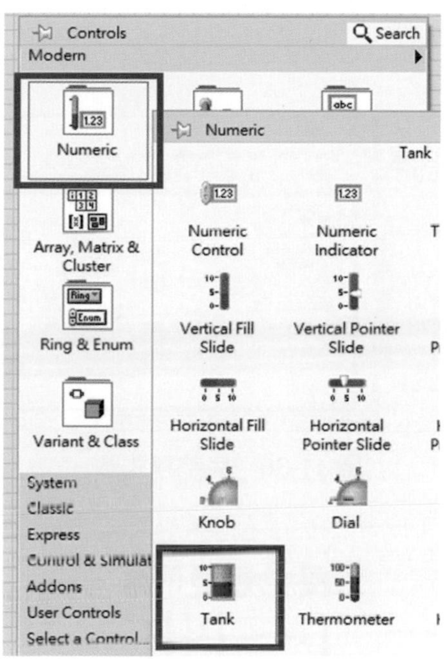

圖 11-34　Tank 路徑

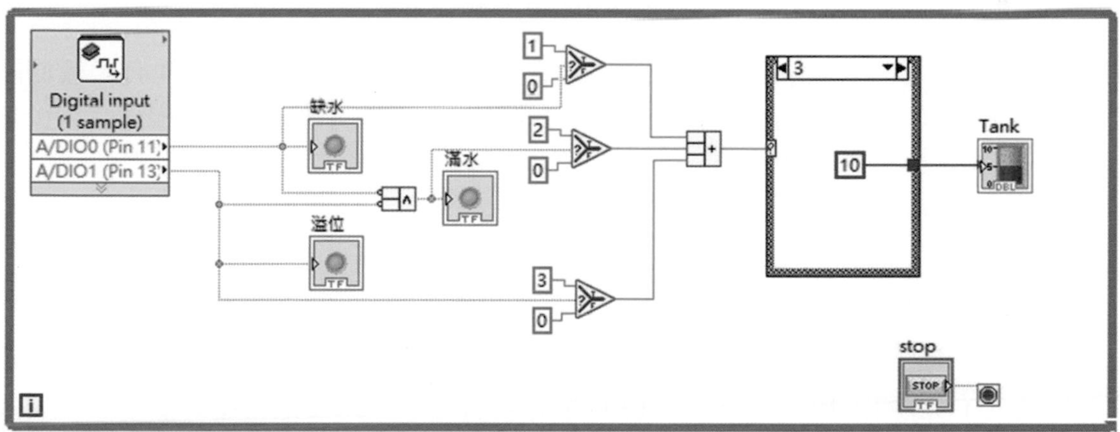

圖 11-35　程式畫面

STEP 14 最後，將人機介面整理後，在圖形程式區中加上 Wait (ms) 元件並設定為 250(ms)，如圖 11-36 所示。完成後便可執行程式來測試自動進水與溢位排水的功能了。上述步驟完成後，先將長、中、短棒及溢位棒放置養殖模擬容器中，如圖 11-37 所示。

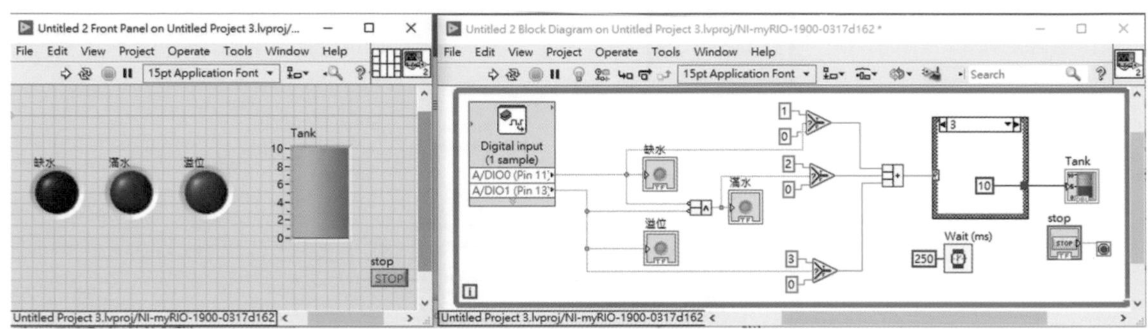

圖 11-36　完整程式圖

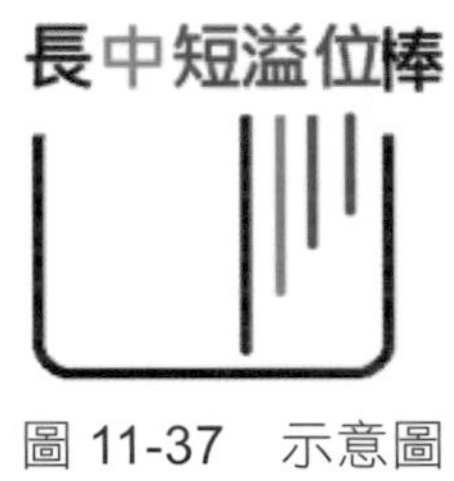

圖 11-37　示意圖

實驗步驟：硬體接線按照接線圖完成後，將程式設計完成即可執行。這裡有兩種測試方式。A 方法為實際操作抽水馬達進行演練，B 方法為教室教學方式，以示意的方式進行測試。

A 方法

將溢位控制器長棒放置水瓶底部，中棒放在水瓶中間，短棒設置於水瓶三分之二高度處，最短棒則設置在水瓶口附近，如圖 11-20 所示。緩慢加水至水瓶內直至短棒 (正常水位高度)，觀察人機介面的滿水 LED 燈是否有亮起，以及是否聽到繼電器有開關聲音，並觀察到 K2 抽水馬達 (補水) 燈號熄滅。接著，持續加水至接觸到最短棒 (代表溢水)，觀察人機介面的溢水 LED 燈是否有亮起，以及是否聽到繼電器有開關聲音，並觀察到 K1 抽水馬達燈號亮起，直到水位回到中棒才會再次加水，便可判斷程式設計及硬體接線是否正確。

B 方法

將溢位控制器長棒放置水瓶底部，中棒放在水瓶中間，短棒設置於水瓶三分之二高度處，最短棒則設置在水瓶口附近，如圖 11-20 所示。模擬緩慢加水至水瓶內直至短棒 (正常水位高度)，可透過短棒、中棒、長棒進行短路示意。觀察人機介面的滿水 LED 燈是否有亮起，以及是否聽到繼電器有開關聲音，並觀察到 K2 抽水馬達燈號熄滅。接著，模擬持續加水至接觸到最短棒 (代表溢水)，可透過極短棒、短棒、中棒、長棒進行短路示意。觀察人機介面的溢水 LED 燈是否有亮起，以及是否聽到繼電器有開關聲音，並觀察到 K2 抽水馬達燈號熄滅，直到水位回到中棒才會再次加水，便可判斷程式設計及硬體接線是否正確。

NOTE

藍牙－Bluetooth

12-1 藍牙介紹

藍牙（Bluetooth），藍牙技術是一種小範圍的無線通訊技術，讓裝置與裝置間能透過藍牙晶片即可在短距離間交換資料，不必再透過有線纜線來進行傳輸，使用短波特高頻（UHF）「頻率由 300MHz 到 3GHz 的電磁波」無線電波，經由 2.4 至 2.485 GHz 的 ISM 頻段「工業（Industrial）、科學（Scientific）和醫學（Medical）」來進行通訊，而藍牙的 Logo 如圖 12-1 所示。

圖 12-1　藍牙 Logo

藍芽？藍牙？哪個正確，藍芽其實是比較早期的譯名，但是在 2006 年之後統一成現在的藍牙。

藍牙使用的地方非常的廣泛，有汽車、消費類電子產品、家居自動化、醫療和保健與手機等，如圖 12-2 所示為手機中的藍牙頁面。

圖 12-2　手機中的藍牙設定頁面與藍牙模組

表 12-1 為藍牙的版本，其中 EDR（Enhanced Data Rate）為數據傳輸速率加速，HS（High Speed）代表高速傳輸。

表 12-1　藍牙的版本

藍牙版本	發布時間	最大傳輸速度	傳輸距離
藍牙 1.0	1998	723.1 Kbit/s	10 公尺
藍牙 1.1	2002	810 Kbit/s	10 公尺
藍牙 1.2	2003	1 Mbit/s	10 公尺
藍牙 2.0+EDR	2004	2.1 Mbit/s	10 公尺
藍牙 2.1+EDR	2007	3 Mbit/s	10 公尺
藍牙 3.0+HS	2009	24 Mbit/s	10 公尺
藍牙 4.0	2010	24 Mbit/s	50 公尺
藍牙 4.1	2013	24 Mbit/s	50 公尺
藍牙 4.2	2014	24 Mbit/s	50 公尺
藍牙 5.0	2016	48 Mbit/s	300 公尺

本章使用的藍牙模組為 PARALLAX 公司 RN-42 藍牙模組，如圖 12-3 所示。

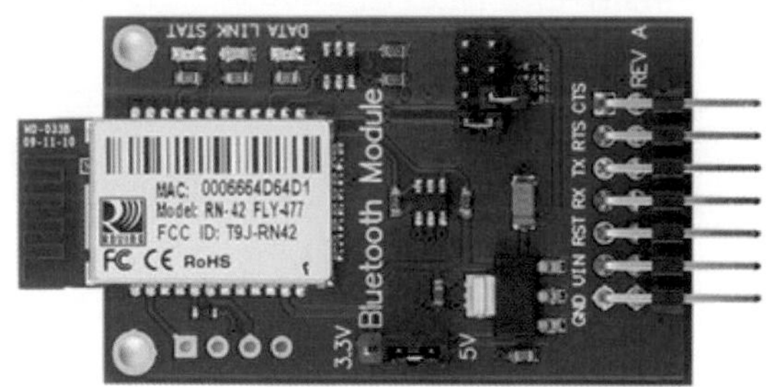

圖 12-3　藍牙模組 RN-42 正、反面

12-1-1 模組腳位介紹

RN-42 藍牙模組的腳位及功能如表 12-2 所示。

表 12-2　藍牙模組的腳位及功能

腳位（Pin）	名稱（Name）	腳位類型（Type）	功能（Function）
1	GND（Ground）	接地端 G（Ground）	數位接地
2	VIN（Voltage In）	電源端 P（Power）	5V 或 3.3V 電源輸入
3	RST（Reset）	輸入端 I（Input）	給予低電位 0V（或接地）將重置模組狀態
4	RX（Receive）	輸入端 I（Input）	接收資料至 RN-42 內
5	TX（Transmit）	輸出端 O（Output）	從 RN-42 向外輸出資料
6	RTS（Request To Send 或是 Ready To Send）	輸出端 O（Output）	是否準備好從 RN-42 送輸出
7	CTS（Clear To Send ）	輸入端 I（Input）	給予高電位暫停資料輸入至 RN-42 中

如果使用 3.3V 電壓來驅動的話，請依圖 12-4 所示將模組左側 A&B 腳位連接在一起，再替 VIN 腳位接上 3.3V，GND 腳位接上 GND。使用 5V 電壓的話請依圖 12-5 所示將 B&C 連接在一起，再替 VIN 腳位接上 5V，GND 腳位接上 GND。

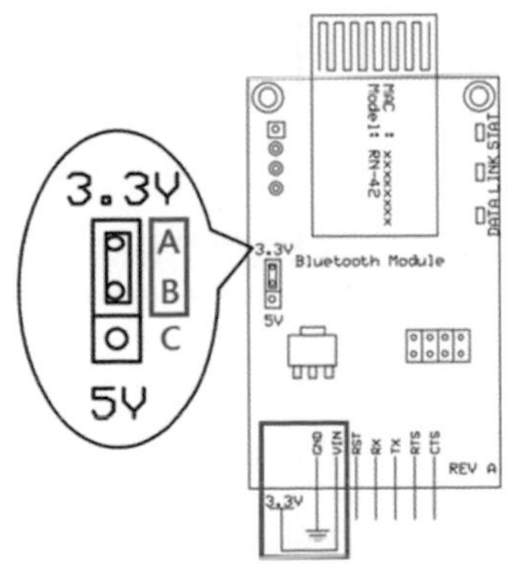

圖 12-4　藍牙模組

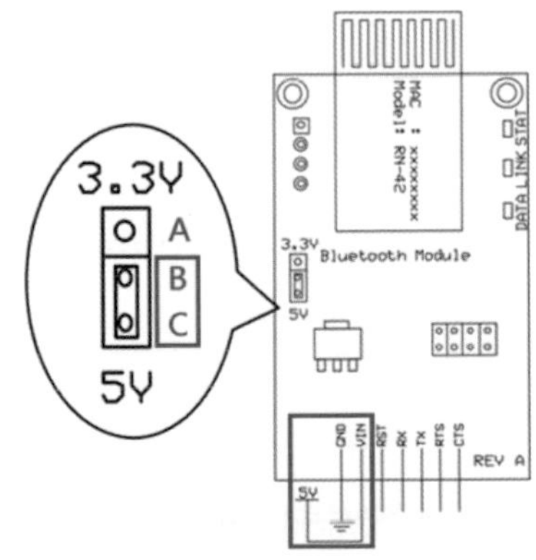

圖 12-5　藍牙模組

接著在鮑率的設定上有 9600 與 155000，如果要設定鮑率為 9600 的話請依圖 12-6 紅框所示將 4 腳位的兩個腳位連接在一起，反之不連接兩個腳位鮑率將會設定為 155000。而其他 1 ～ 3 腳位請自行查看 Data Sheet 內的介紹來使用（在這不使用）。

也可使用 DIGILENT 公司的 PmodBT2 藍牙模組，如圖 12-7 所示。但相關的資料請去查看 Data Sheet。

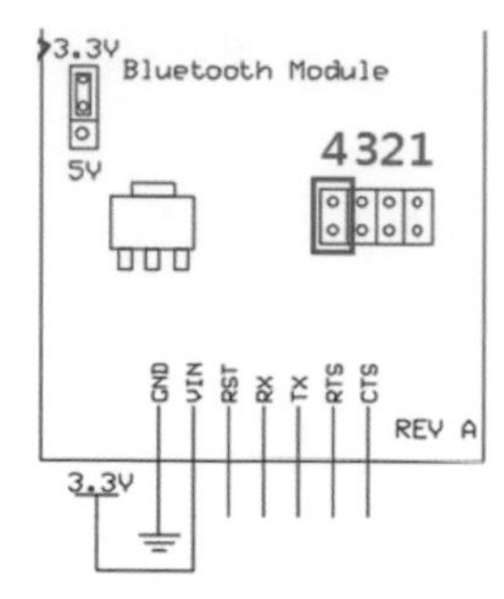

圖 12-6　藍牙模組 RN-42 鮑率接腳圖

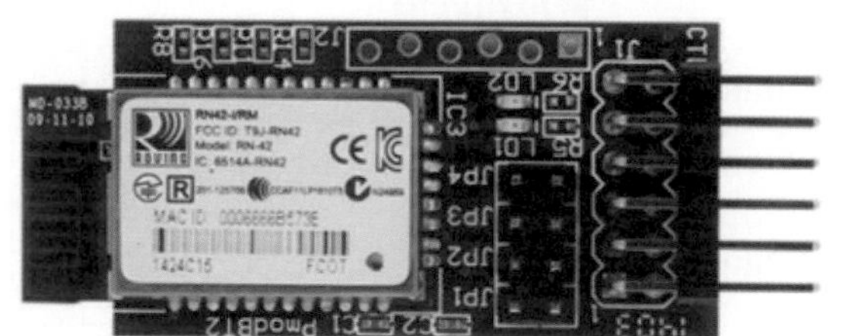

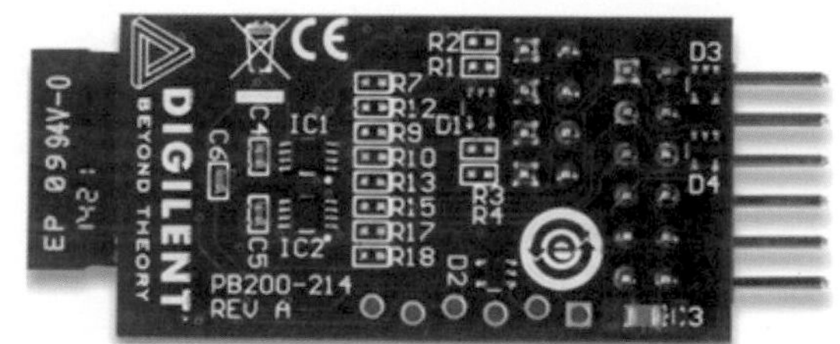

圖 12-7　藍牙模組 PmodBT2

12-2　LabVIEW 程式撰寫及藍牙內部修改

在這就以 PARALLAX 公司 RN-42 藍牙模組來實作，請依下面的步驟來完成藍牙的使用。

12-2-1　建立 myRIO 與藍牙模組溝通的通道

STEP 1　請先開啟 LabVIEW 並開啟 myRIO Project（在這就繼續使用之前的 Project），再來開啟新的 VI，接著請取出 UART 元件並設定視窗內的通訊通道為 A 通道與鮑率為 9600 等設定，如圖 12-8 所示。

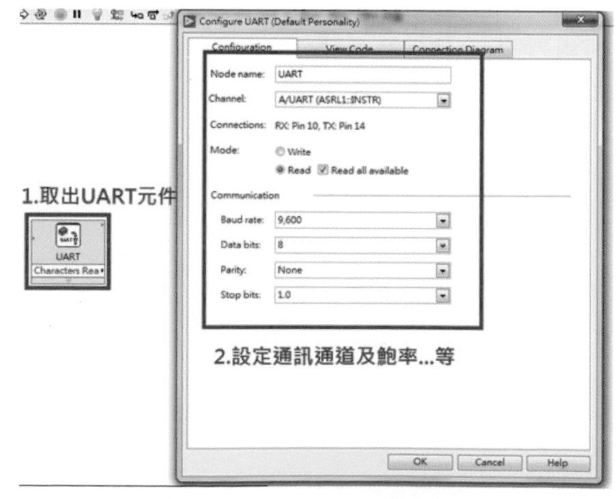

圖 12-8　UART 設定視窗

STEP 2 切換頁面並複製程式碼，再關閉此視窗，如圖 12-9 所示。

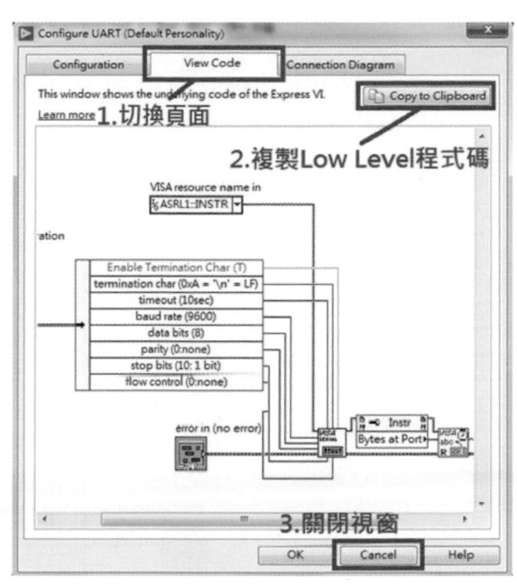

圖 12-9　UART 的 View Code 頁面

STEP 3 貼上複製的 Low Level 程式碼，再刪除 UART 元件，如圖 12-10 所示。

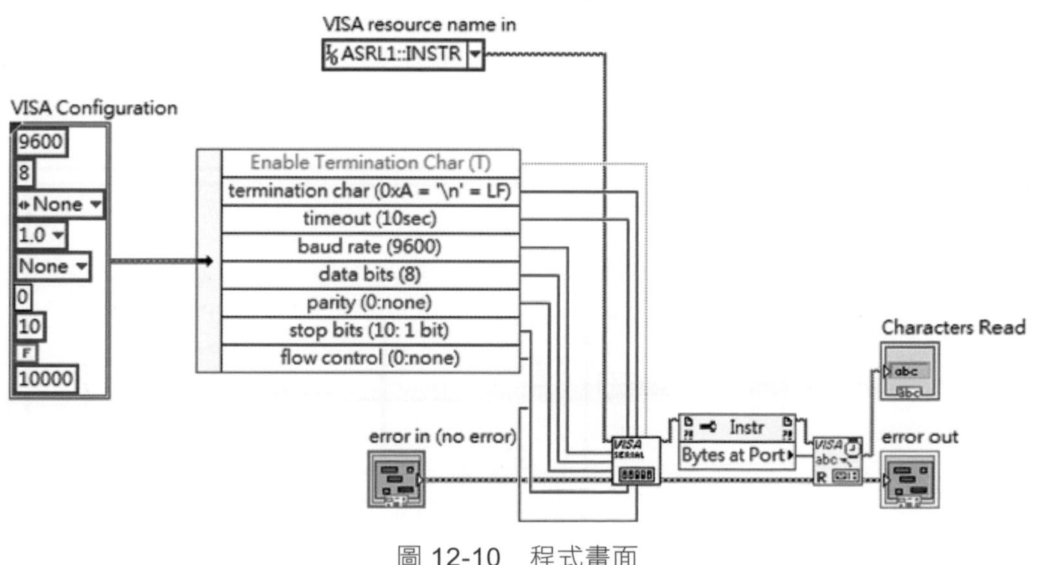

圖 12-10　程式畫面

STEP 4 設定好通道連接後，接著來撰寫 UART 讀取與寫入的部分，請如圖 12-11 所示將 While Loop 取出並框住讀取的部分。

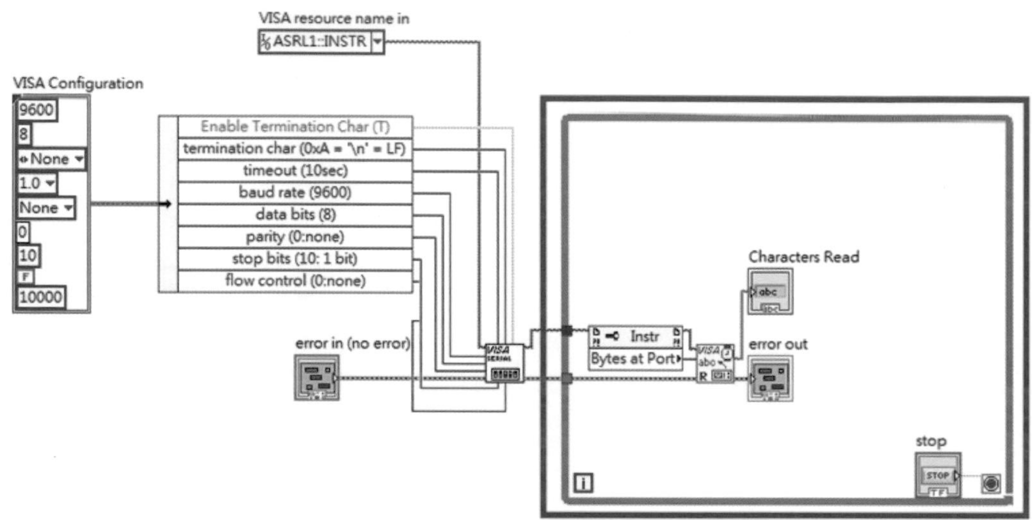

圖 12-11　程式畫面

STEP 5 請取出“大於 0”與條件架構（Case Structure）並將 Bytes at Port 的輸出端接至“大於 0”的輸入端，如圖 12-12 所示。當有接收到資料的時候 Bytes at Port 將會輸出大於 0 的數值，並觸發條件來執行條件架構內的資料讀取並顯示在字串顯示元件上。

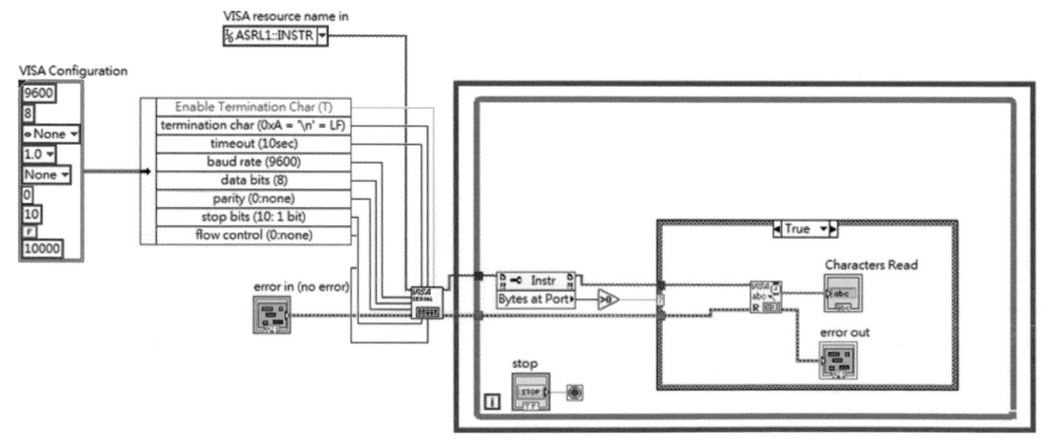

圖 12-12　程式畫面

STEP 6 請先取出 Feedback Node 與 Concatenate Strings，再請依圖 12-13 所示將元件連接在一起並將字串顯示元件取名為“接收訊息”。在這是將接收到的舊資料保留並與新資料一起顯示至字串顯示元件上。

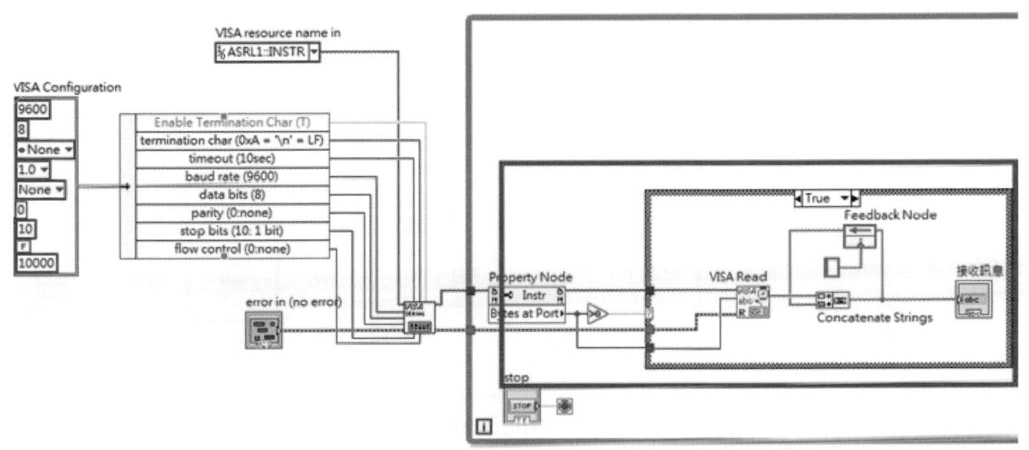

圖 12-13　程式畫面

STEP 7 請取出一個條件架構（Case Structure）放在第一個條件架構的上方，接著替條件架構接上布林（Boolean）控制元件（按鈕）並取名為“送出訊息”，在從圖形程式區按滑鼠右鍵「Function 面板→ myRIO → Low level → UART」中取出 VISA Write，再替它接上“字串控制元件”並取名為“訊息”，在將 Property Node 的 reference out 端接上 VISA Write 的 VISA resource name out 端上，如圖 12-14 所示。VISA Write 的路徑如圖 12-15 所示。

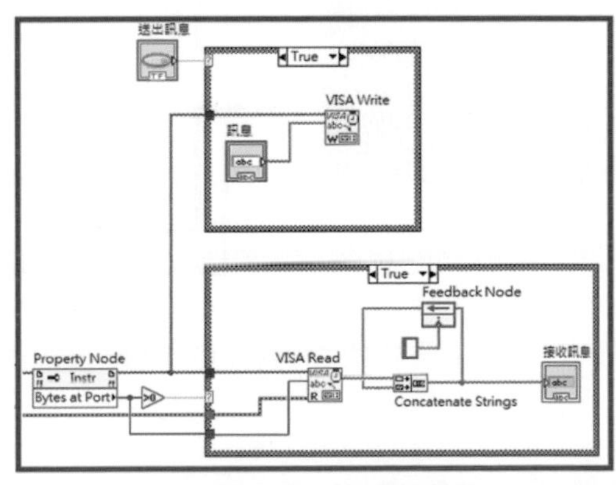

圖 12-14　程式畫面

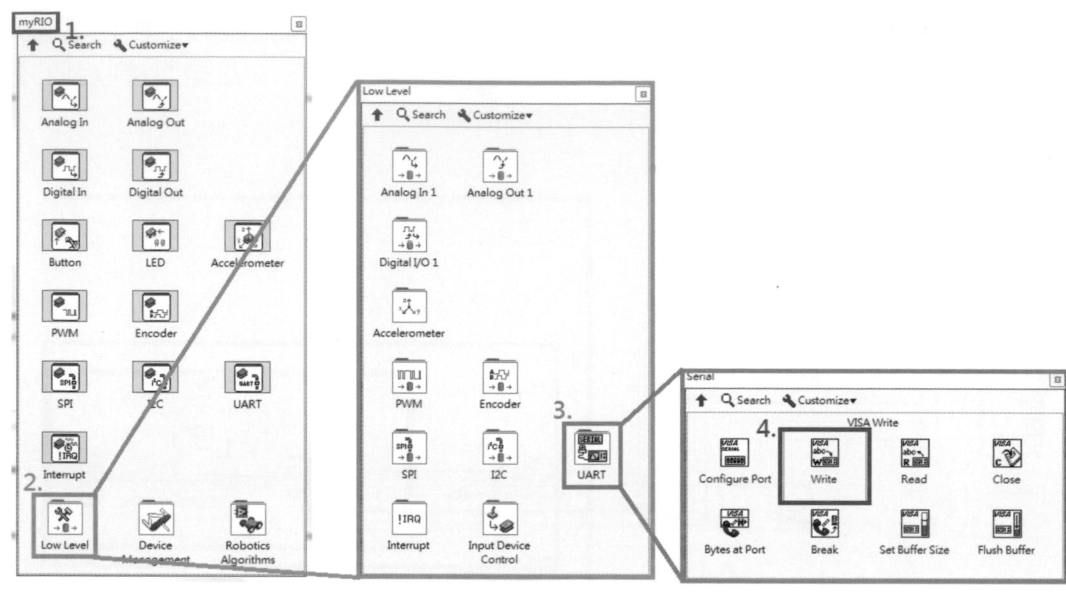

圖 12-15　VISA Write 路徑

STEP 8 請先依圖 12-16 所示，將模組連接至 myRIO 的 A 側上，如圖 12-16 所示。

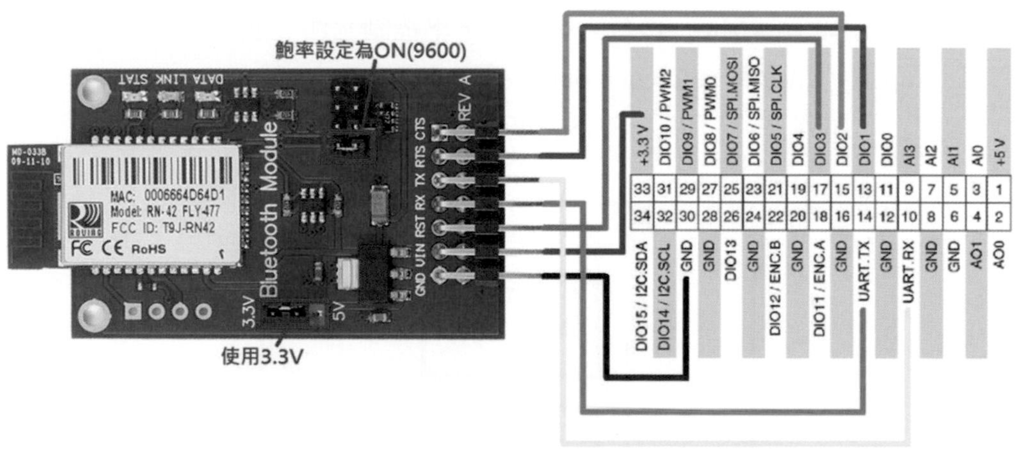

圖 12-16　藍牙模組與 myRIO-1900 接線圖

STEP 9 請在圖形程式區「Function → myRIO」中取出 Digital Out 元件，並依圖 12-16（綠色與棕色）建立 15 與 17 腳位，如圖 12-17 所示。

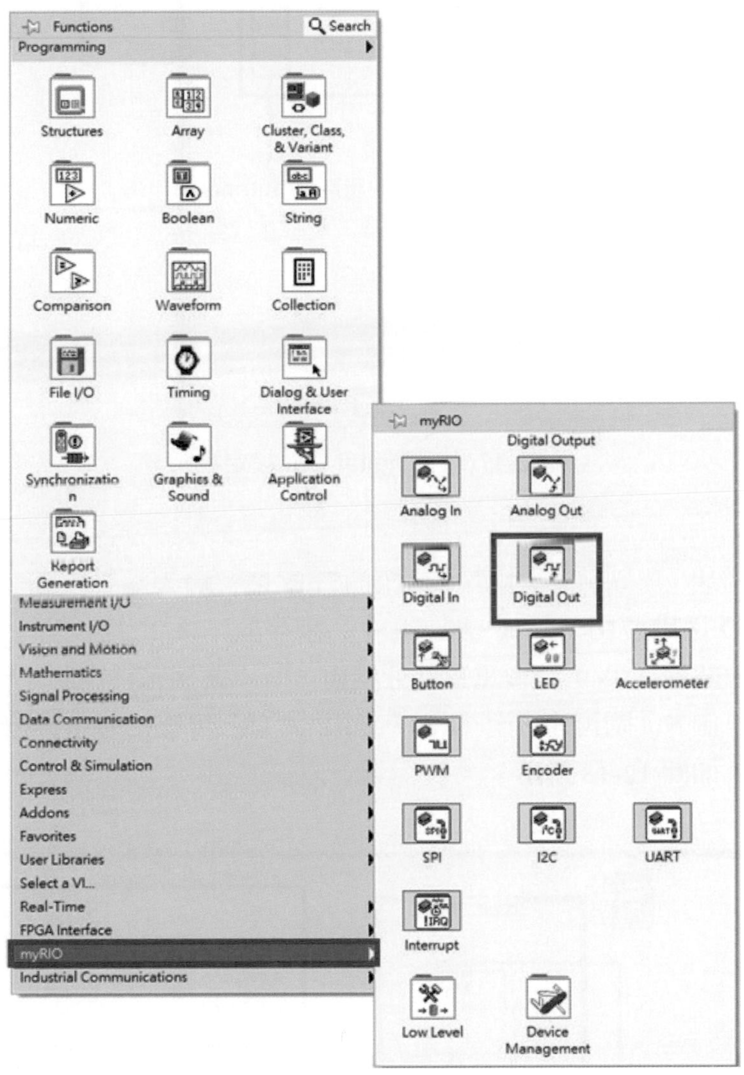

圖 12-17(a)　Digital Out 路徑

圖 12-17(b)　Digital Out 設定視窗

STEP 10 透過“表 2”可知“CTS”與“RST”都是“輸入端”，所以訊號將會透過 myRIO 送出並由“CTS”與“RST”來接收。接下來，因為“RST”接收到低電位訊號（0V）時會重置藍牙模組，所以連接布林控制元件（按鈕）前要補上一個 Not 閘再連接至“RST”，而“CTS”可直接與布林控制元件（按鈕）連接，如圖 12-18 所示。

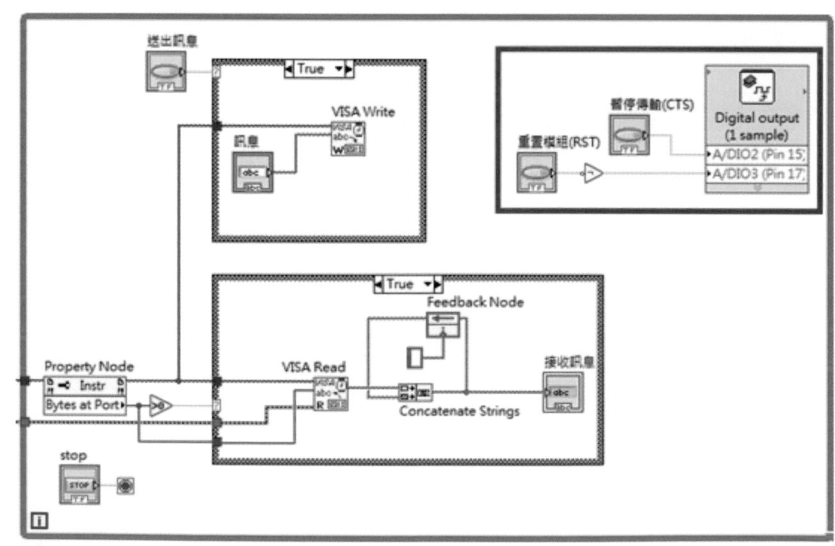

圖 12-18　程式畫面

12-2-2 傳送訊號

“RTS”為“輸出端”，所以藍牙模組的“RTS”端將會送出數位訊至 myRIO 上。

STEP 1 請在圖形程式區「Function → myRIO」中取出 Digital Input 元件，並設置通道腳位為 13，並且接上布林顯示元件（LED 燈），如圖 12-19 所示。

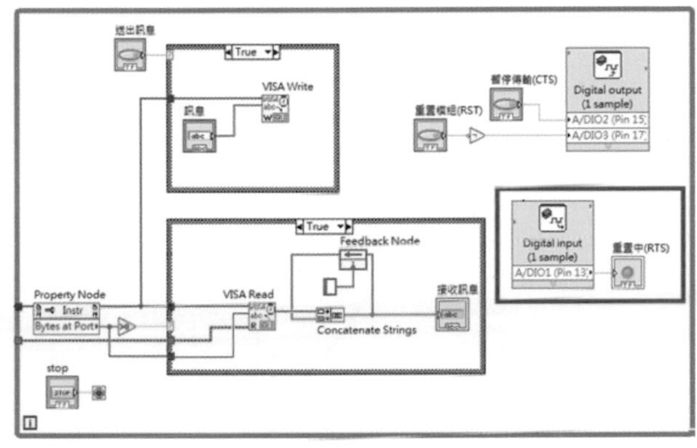

圖 12-19　程式畫面

STEP 2 整理人機介面，請依圖 12-20 所示擺放。

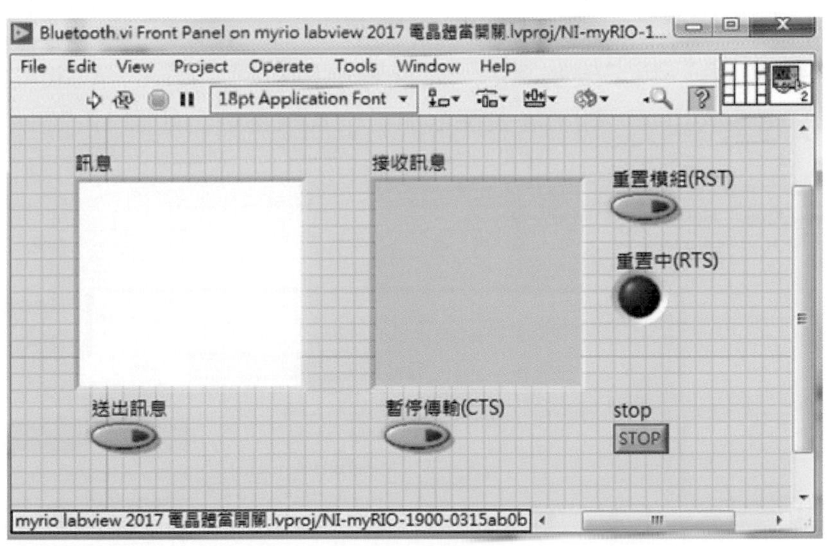

圖 12-20　程式畫面

STEP 3 請分別對“送出訊息”與“stop”按鈕點滑鼠右鍵，點選「Mechanical Action」中的 Latch When Released，來調整按鈕的型態，如圖 12-21 所示。

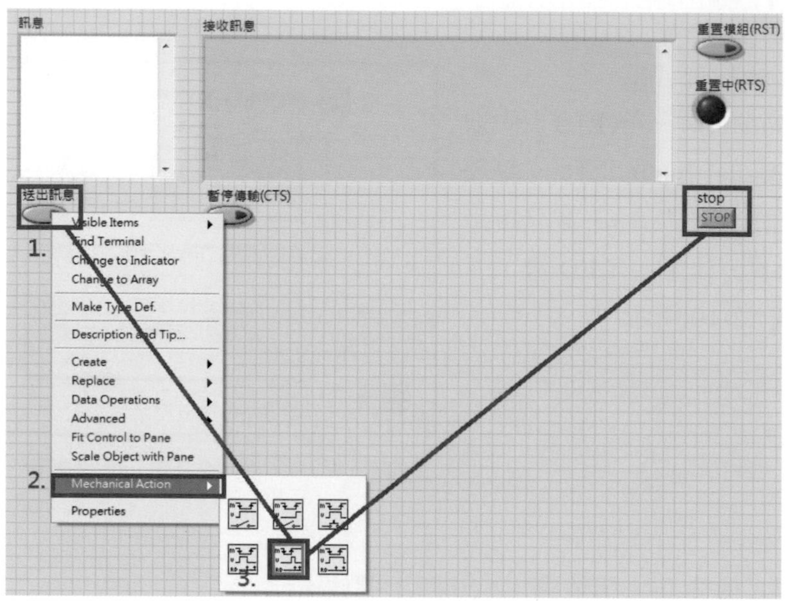

圖 12-21　按鈕設定

STEP 4 請對“訊息”與“接收訊息”元件點滑鼠右鍵，點選「Visible Items」中的 Vertical Scrollbar，即可替視窗增加可拉式的卷軸，如圖 12-22 所示。

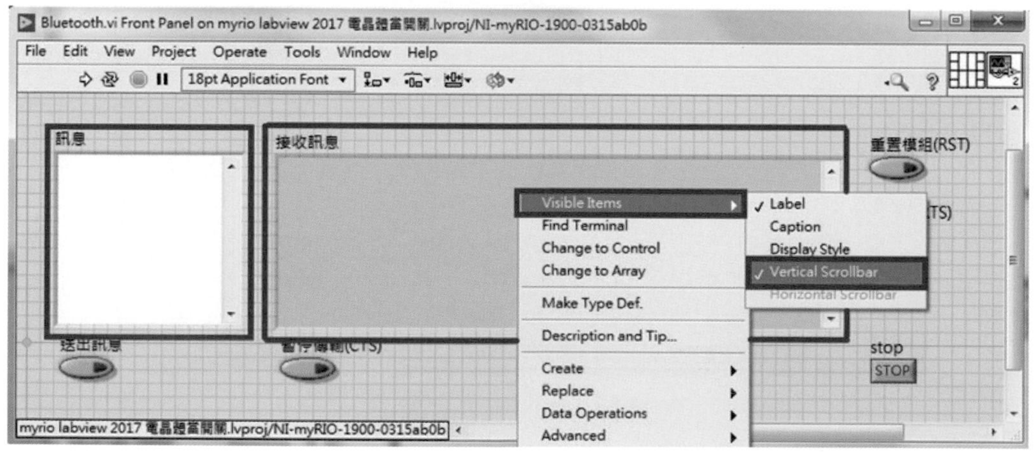

圖 12-22　開啟垂直滾動條

STEP 5 請先確認藍牙模組與 myRIO 是否都已接好，藍牙的燈號是否有規律地閃爍著綠燈，如圖 12-23 所示。

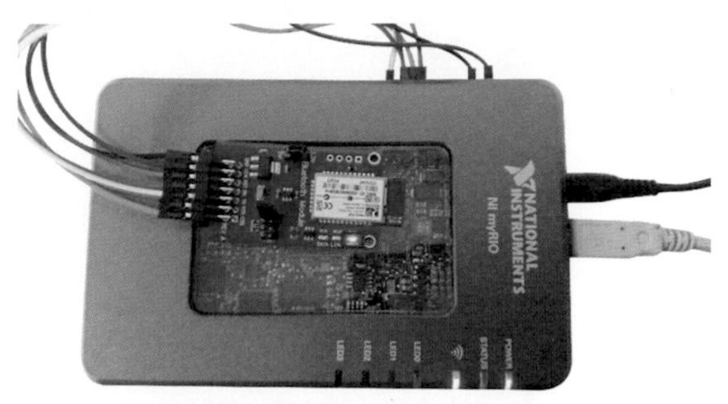

圖 12-23　藍牙是否閃爍

STEP 6 使用藍牙的 AT 指令，請先執行程式，再來在人機介面的 “訊息” 上輸 $$$，輸入後按 “送出訊息” 按鈕，當藍牙模組接收到 $$$ 後將會進入 AT 指令模式並回傳 “CMD” 訊息至 myRIO 在顯示至 “接收訊息” ，如圖 12-24 所示。請觀察藍牙模組上的綠燈閃爍頻率是否有加快，如果沒收到 CMD 或是燈號沒加快，那就代表沒有成功傳送正確指令至藍牙模組，請檢查看看 UART 的 TX 與 RX 是否接錯。

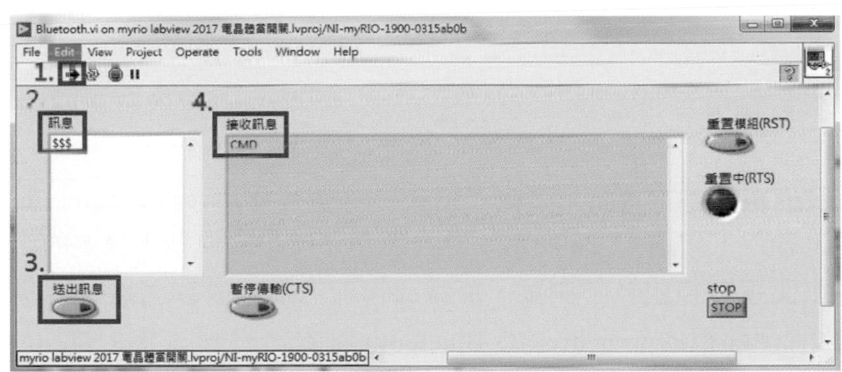

圖 12-24　程式執行

註　請注意！接下來的指令需專心才能順利成功。

STEP 7 首先，請先輸入 H 並按鍵盤中的 Enter 來換一行，在點選 “送出訊息” ，將會收到回傳的訊息，回傳的訊息為全部的 AT 指令，如圖 12-25 所示。

在這麼多 AT 指令中，比較常用到的指令為 $$$、H、D、SP，<text>、SN，<name>、---，其他指令請參考 Datasheet 或實際測試來了解其功能。

- ＊ $$$ = 進入 AT 指令
- ＊ H +< 換行 >= 呼叫 AT 指令
- ＊ D +< 換行 >= 模組的基本資訊
- ＊ SN，<name>+< 換行 >= 名稱，請參考上面的資料。
- ＊ SP，<text> +< 換行 > = 密碼，假設密碼為 1234，就必須輸入 SP，1234。
- ＊ --- +< 換行 > = 結束 AT 指令

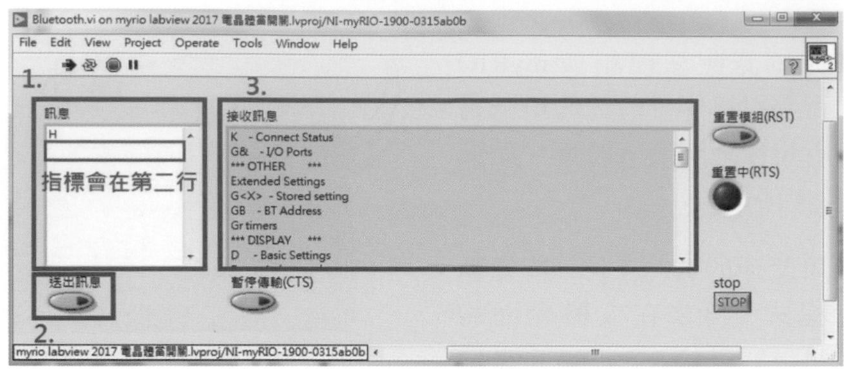

圖 12-25　程式執行

STEP 8 查看模組的基本資訊。請在“訊息”內打上 D 然後按鍵盤的 Enter 再按“送出訊息”，如圖 12-26 所示，會看到藍牙模組回傳基本設定的訊息。由於作者在使用時模組為了測試、辨識及管理方便，所以已經做了些修改，在圖 12-26 中紅框的部分 myRIO Bluetooth 原本預設應該為 RN42-0914。在這還要注意到 0914 為藍牙模組 MAC address 的最後四碼，還有 Aching 的部分為行動裝置與藍牙模組連接時需要的密碼，預設為 1234，所以讀者在使用行動裝置搜尋時要注意一下。

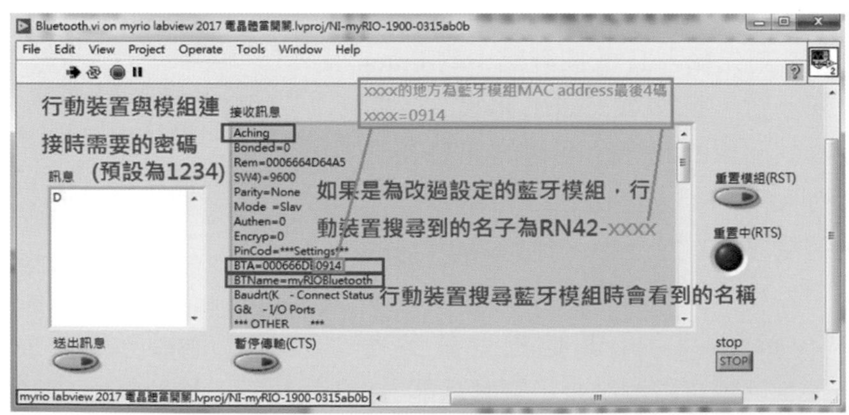

圖 12-26　程式執行

12-2-3 改變名稱與密碼

STEP 1 讀者得到回傳訊息的預設名稱應為 RN42-xxxx（請參考圖 12-26），而預設密碼為 1234。接下來請在訊息內打上 SN，LabVIEWtest 再按鍵盤 Enter 換行，接著按“送出訊息”，如圖 12-27 所示，如果成功更改的話，將會收到回傳訊息 AOK。

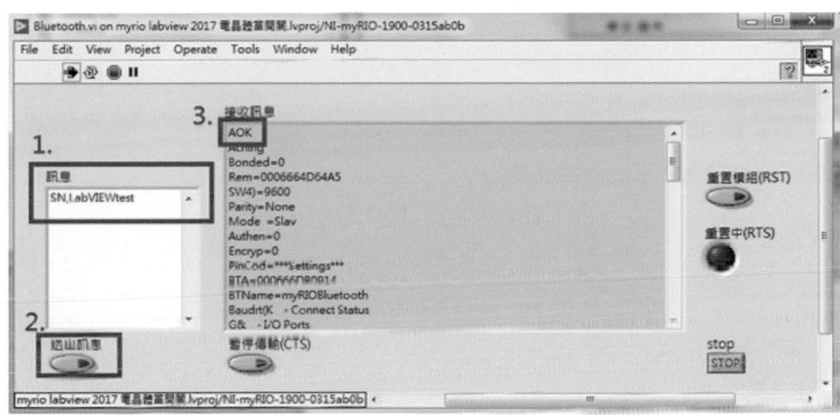

圖 12-27　程式執行

STEP 2 打上 SP，12345678 再按鍵盤 Enter 換行，接著按“送出訊息”，如圖 12-28 所示，也會收到回傳訊息 AOK。

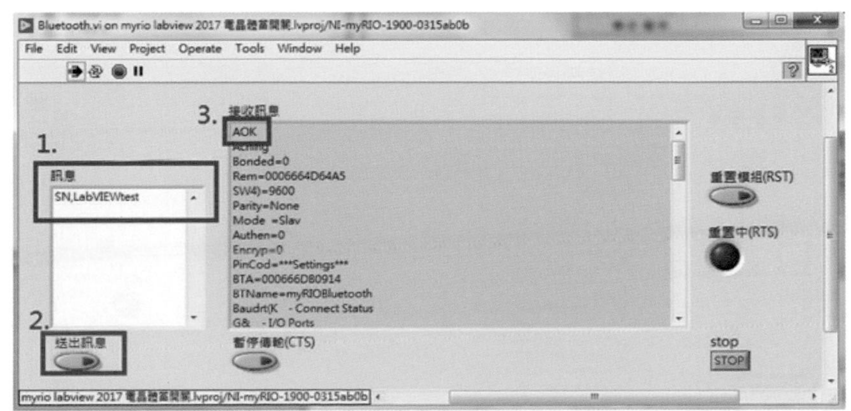

圖 12-28　程式執行

STEP 3 請輸入 D 然後按鍵盤的 Enter 再按“送出訊息，如圖 12-29 所示，將會收到回傳訊息 LabVIEWtest 與 12345678。

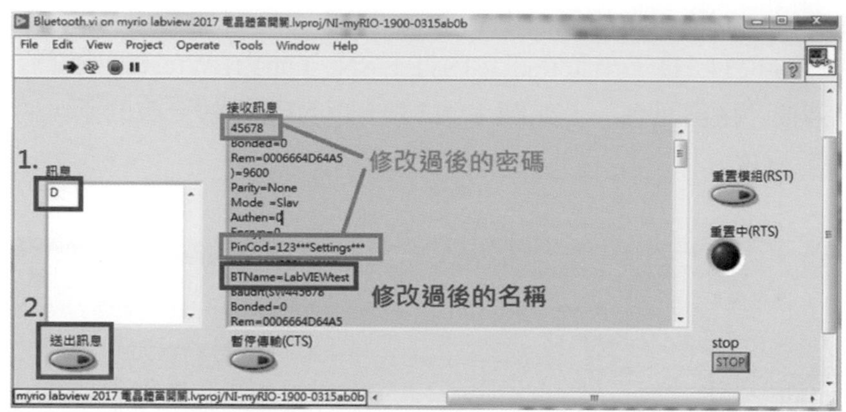

圖 12-29　程式執行

STEP 4 使用行動裝置連接藍牙模組，但是在那之前，請先輸入 - - - 再按鍵盤 Enter 換行，接著按“送出訊息”，如圖 12-30 所示，將會收到回傳訊息 END 並且模組上的 LED 燈號將會恢復成原本的閃爍速度。

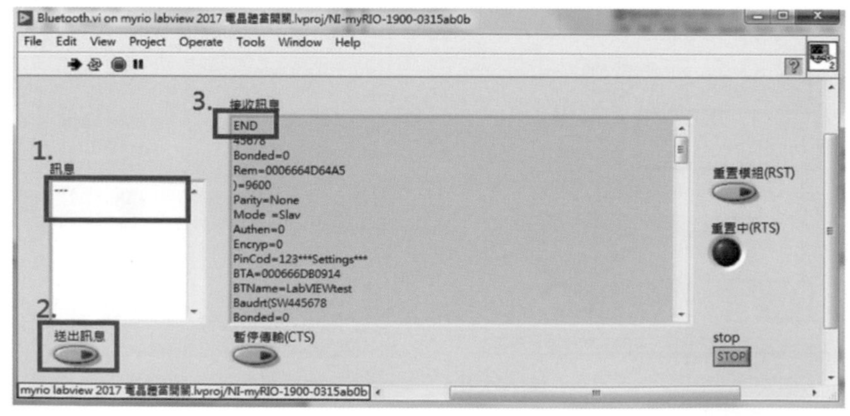

圖 12-30　程式執行

12-2-4 myRIO 連接行動裝置

STEP 1 請開啟行動裝置中的藍牙設定，請依照自己的行動裝置來開啟藍牙，如圖 12-31 所示。

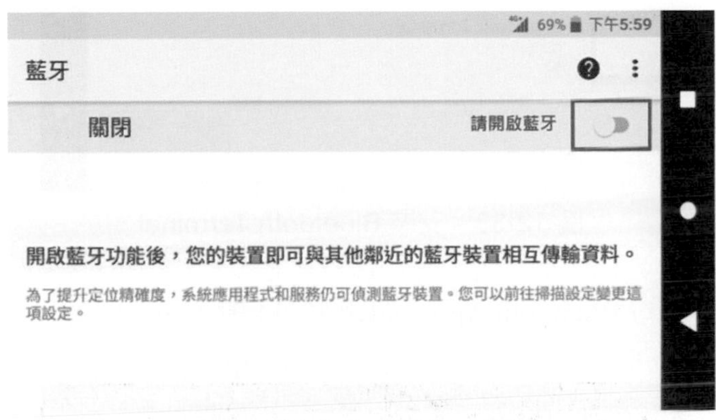

圖 12-31　開啟行動裝置藍牙

STEP 2 開啟 Google Play 商店，搜尋 Bluetooth，再來進入 Bluetooth Terminal 頁面中，如圖 12-32 所示。

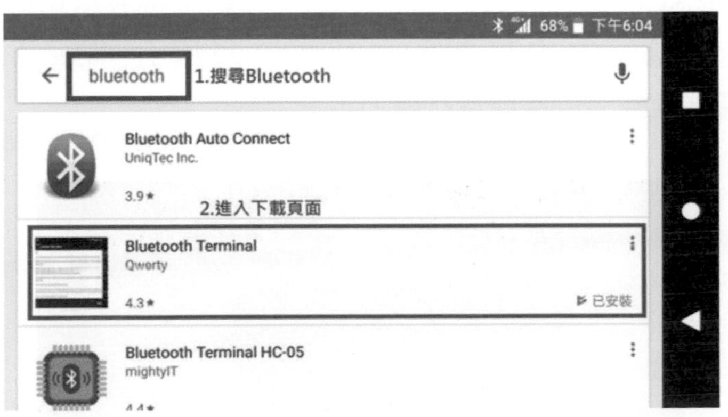

圖 12-32　Google Play 商店搜尋 Bluetooth

STEP 3 進入頁面後，點擊安裝來進行 App 的安裝，如圖 12-33 所示。

圖 12-33　安裝 Bluetooth Terminal

STEP 4 打開安裝好的 Bluetooth App，如圖 12-34 所示。

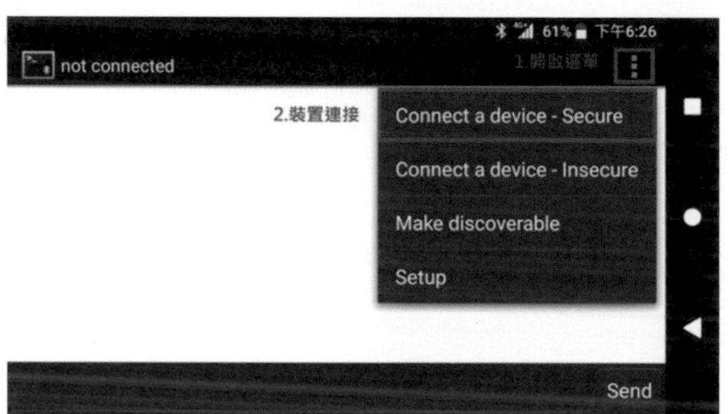

圖 12-34　連結裝置

STEP 5 請先點選 Scan for devices，來搜尋藍牙模組，接著請點選 LabVIEWtest（請依讀者自行設定的 ID 來選取），如圖 12-35 所示，請確認藍牙模組是否退出 CMD 模式（燈號閃爍緩慢狀態）。

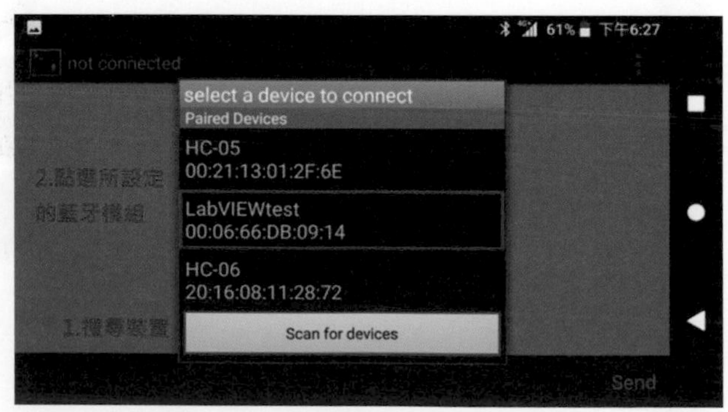

圖 12-35　連結 LabVIEWtest

STEP 6 輸入密碼來進行驗證，如圖 12-36 所示。

圖 12-36　配對視窗

STEP 7 連接成功後會顯示 Connected：LabVIEWtest，而且模組將會亮藍燈，如圖 12-37 所示。

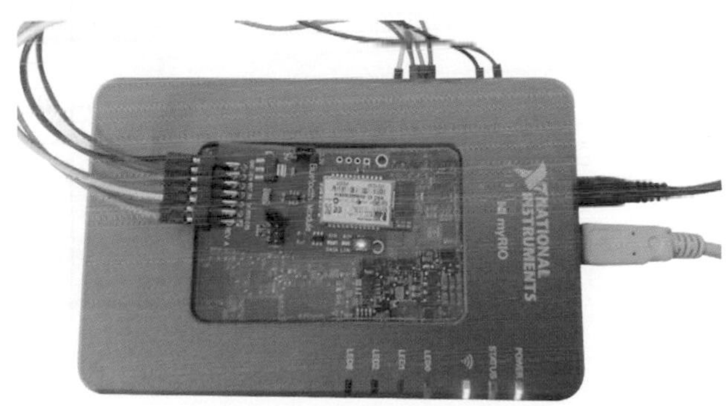

圖 12-37　藍牙模組亮燈

STEP 8 請在輸入框上打上 hi from phone 之後送出，如圖 12-38 所示。

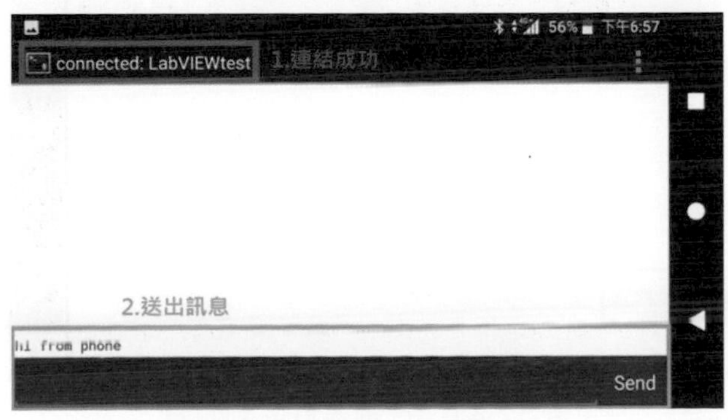

圖 12-38　APP 上輸入訊息

STEP 9 請看到 LabVIEW 的人機介面上，將會收到 hi from phone 的訊息，如圖 12-39 所示。

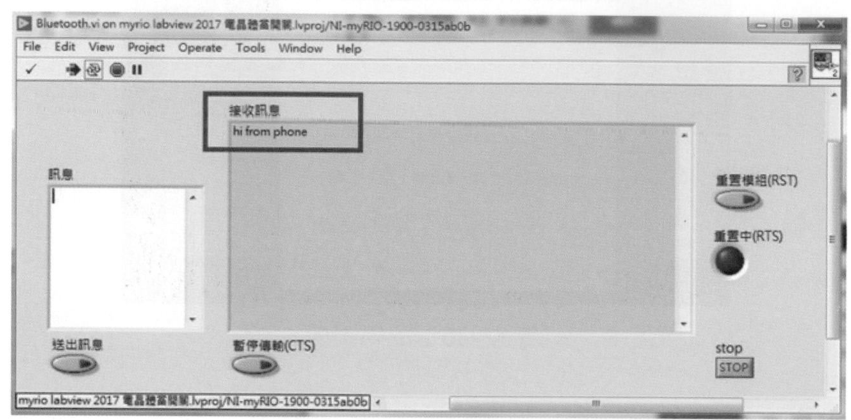

圖 12-39　程式執行

STEP 10 請在 LabVIEW 上輸入 123abC 你好，再按鍵盤 Enter 換行，接著按“送出訊息”，如圖 12-40 所示。

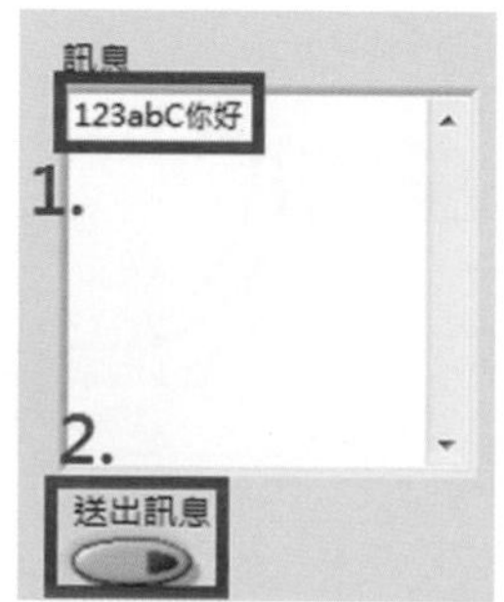

圖 12-40　LabVIEW 輸入訊息

STEP 11 行動裝置將會收到 123abC< 亂碼 > 的訊息，如圖 12-41 所示。由於行動裝置的編碼與 LabVIEW 的編碼不同，所以使用到中文的時候解碼出來的文字便不會是所輸入的“你好”。

圖 12-41　行動裝置收到訊息

Character LCD Display

13-1 LCD 介紹

液晶顯示器 Liquid-Crystal Display（LCD），是一種平面薄型的顯示螢幕，目前使用的地方非常的廣泛，常見的像行動裝置、電視、電腦、儀器上的顯示螢幕或是磅秤上的顯示面板，如圖 13-1 所示。

圖 13-1 LCD 類型

由於 myRIO 能夠單機執行，但是沒有顯示螢幕能觀看運作狀況，所以在撰寫軟體的時候，在執行每個動作的時候由 LCD 來顯示訊息即可得知目前執行的狀況。

在這使用的 LCD 顯示螢幕為 Digilent 的 Pmod CLS 顯示螢幕，為 16 × 2 字元的顯示器，使用的通訊方式為 UART、I²C 與 SPI，如圖 13-2 所示。

（DataSheet 網 址 https：//reference.digilentinc.com/reference/pmod/pmodcls/reference-manual，購買網址 https：//www.haleytech.com/200/220/224/104-digilent-sku-414-092-pmod-cls）

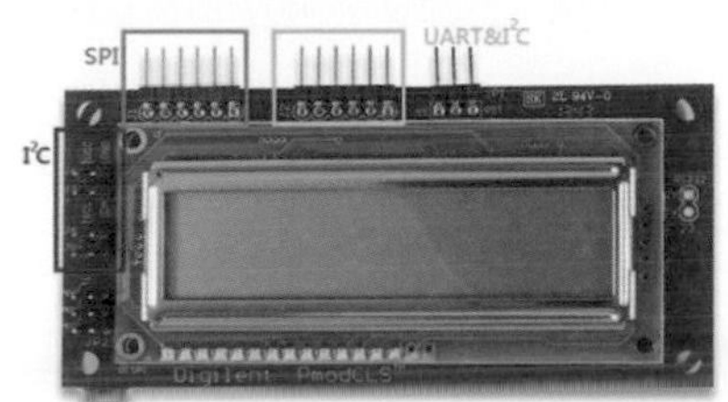

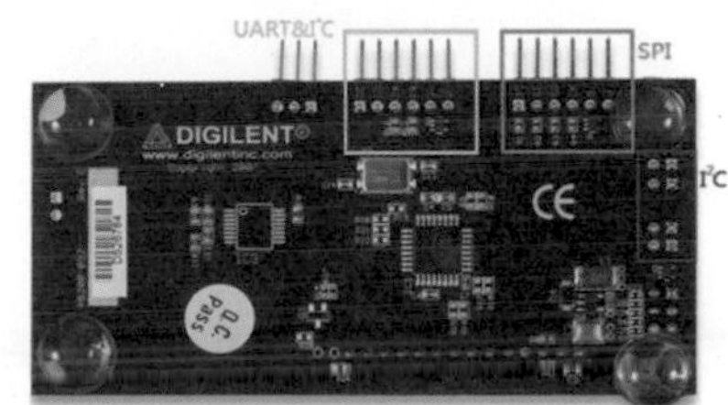

圖 13-2 UART、I²C 與 SPI

13-1-1 模組腳位介紹

I^2C 通訊介面：請依圖 13-2 所標示來參考。

SPI 通訊介面：LCD 模組背後有腳位的縮寫，其 SPI 腳位詳細請參考表 13-1。

表 13-1　SPI 腳位

J1		
Pin	Siganl	Description
1	SS	Slave Select
2	MOSI	Master-Out-Slave-In
3	MISO	Master-In-Slave-Out
4	SCK	Serial Clock
5	GND	Power Supply Ground
6	VCC	Positive Power Supply（3.3V）

UART 通訊介面：LCD 模組背後有腳位縮寫，UART 腳位詳細請參考表 13-2。

表 13-2　UART 腳位

J2		
Pin	Siganl	Description
1	SCL	Serial Clock
2	SDA	Serial Data
3	TXD	Transmit Data
4	RXD	Receive Data
5	GND	Power Supply Ground
6	VCC	Positive Power Supply（3.3V）

接著，看到 JP2 的位置，如圖 13-3 所示，為調整通訊協定的設定，請參考表 13-3 所示，依選擇的通訊界面來做調整，跳線為 0，非跳線為 1。

表 13-3　通訊協定的設定

JP2		
MD2、MD1、MD0	Protocol	Details
0、0、0	UART	2400 baud
0、0、1	UART	4800 baud
0、1、0	UART	9600 baud
0、1、1	UART	baud rate in EEPROM
1、0、0	TWI	address：0x48
1、0、1	TWI	address in EEPROM

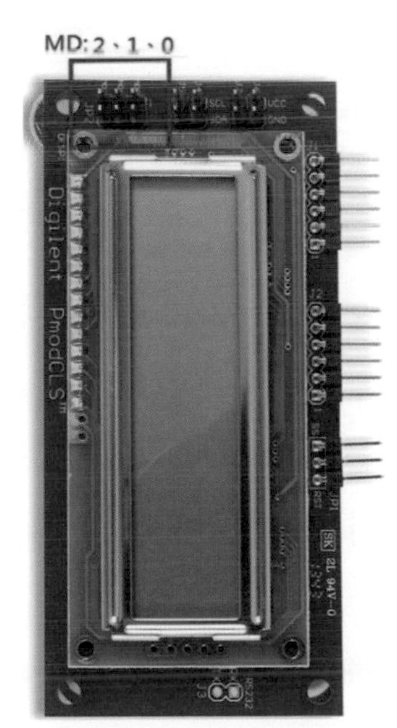

圖 13-3　JP2 位置

13-2 LabVIEW 程式撰寫－ LCD

13-2-1 UART 通訊界面

STEP 1 先選擇使用的通訊界面，那麼就先從 UART 開始。在這一樣來沿用之前的 Project 來新增 VI，開啟一組新的 VI 後，接著在圖形程式區中取出 UART 與 While Loop，再設定 UART 為寫入模式，最後接上字串常數元件取名為 "初始化設定" 並在內輸入 \1B[0h\1B[j，並對字串常數元件按右鍵，再選擇 '\' Codes Display，如圖 13-4 所示。

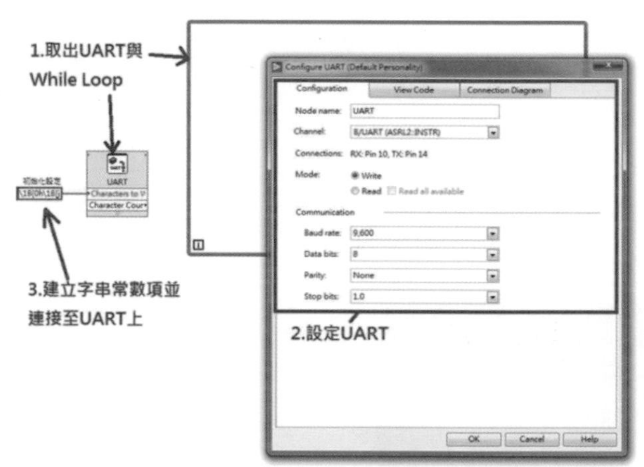

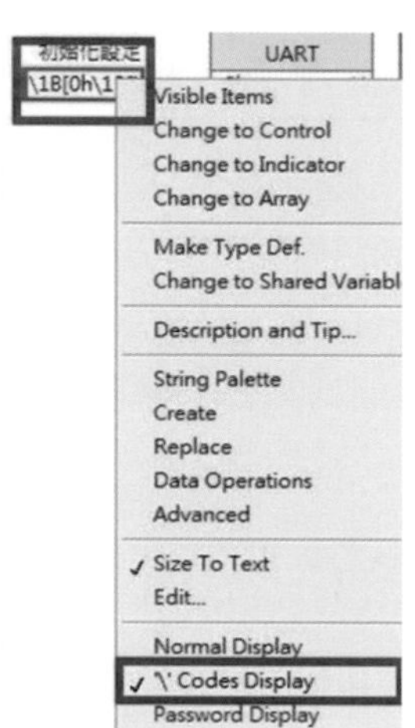

圖 13-4　UART 設定視窗

另外補充：\1B[0h\1B[j 為 LCD 的指令，可參考 https：//reference.digilentinc.com/pmod/pmod/cls/user_guide 的表單，來選擇符合的功能。

在這裡就以 \1B[0h\1B[j 來解釋。使用指令前，要先輸入 \1B[，再輸入 0h。

\ ：區分複數指令。

1B：為 LCD 下令的標頭。

[：區隔前面的標頭與後面的指令。

0h ：為設定 LCD 為 16 字元的指令。

h 指令有 0 與 1，分別為 16 字元換行與 40 字元換行。由於這次使用的 LCD 為 16*2，所以在這使用 0h 來設定 LCD。

j ：清除 LCD 上顯示的字串。

STEP 2 在「Function → Timing」中的 Get Data/Time String，並放入 While Loop 中，如圖 13-5 所示。

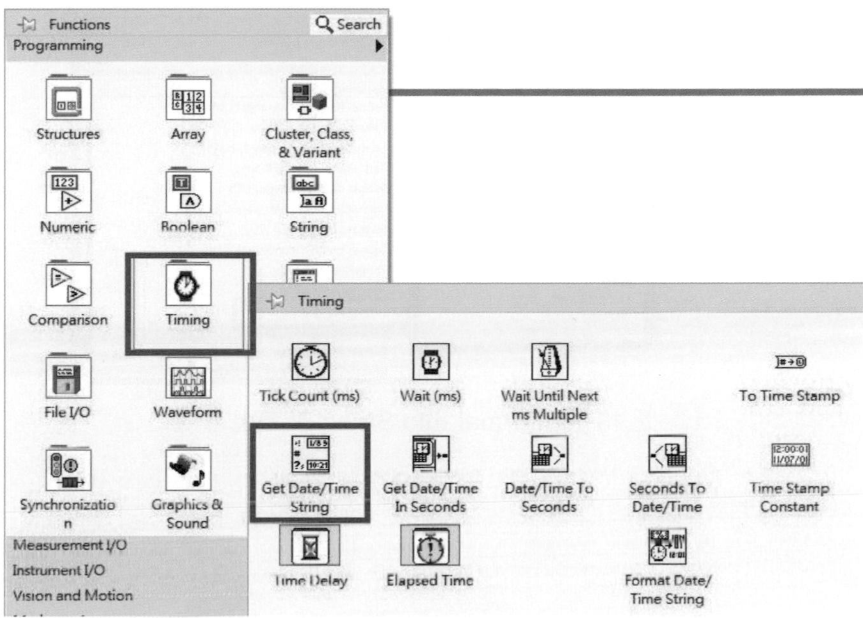

圖 13-5　Get Data/Time String 路徑

STEP 3 在「Function → String」中取出 Format Into String 元件，如圖 13-6 所示。

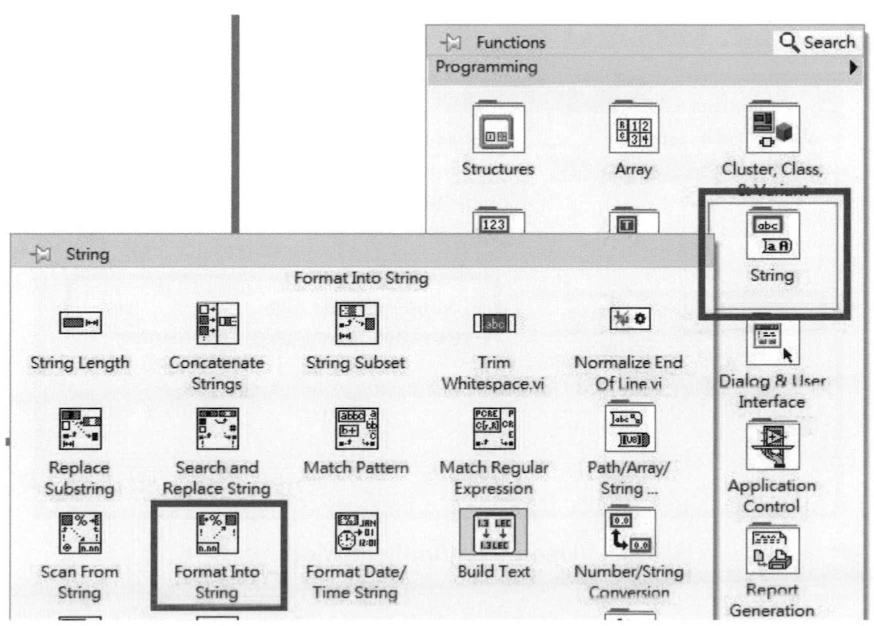

圖 13-6　Format Into String 路徑

STEP 4 快速雙擊 Format Into String 元件開啟設定視窗，再來打開選單並選擇 Format string（abc），如圖 13-7 所示。

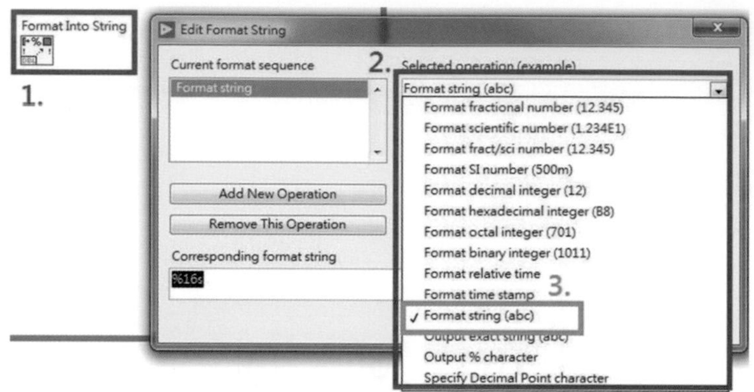

圖 13-7　Format Into String 設定視窗

STEP 5 請將 Use minimum field width 勾選起來並輸入 16，再點 Add New Operation 來新增選項，如圖 13-8 所示。

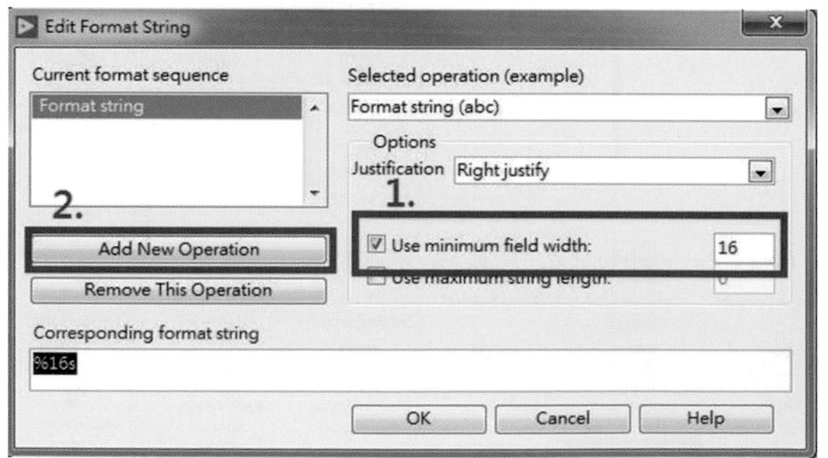

圖 13-8　Use minimum field width 設定 16

STEP 6 接著設定新增的選項，設定跟前面一樣，只有 Use minimum field width 後面的 16 改成 15，如圖 13-9 所示。（這裡請試著使用 15 與 16 來執行程式，並觀察結果）

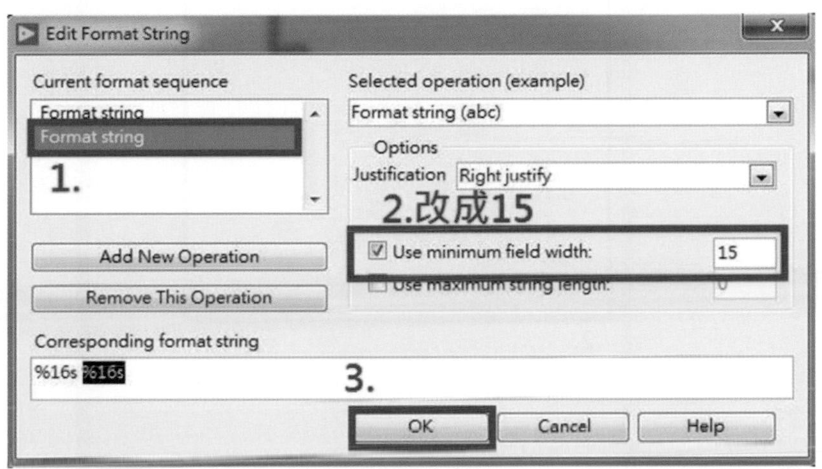

圖 13-9　新增並設定 15

由於 LCD 一行有 16 字元，所以未滿足 16 字元的話，顯示在 LCD 中的資料會亂跑。

STEP 7 將 Get Data/Time String 的輸出接至 Format Into String 上，如圖 13-10 所示。

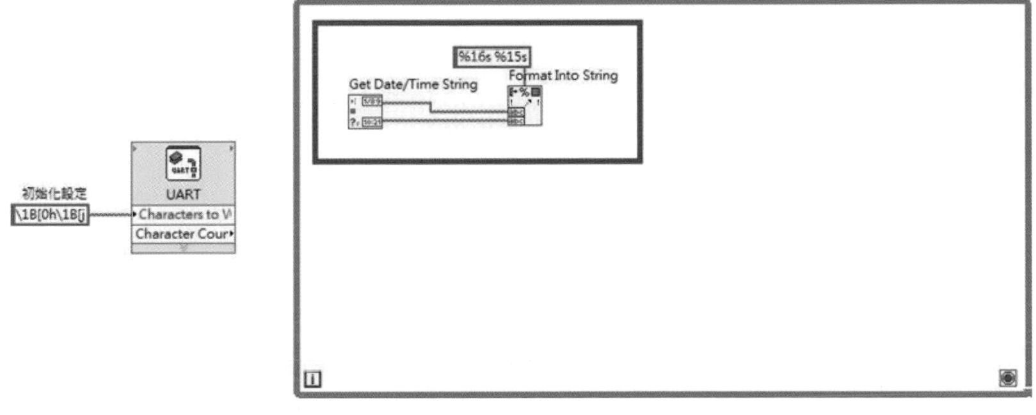

圖 13-10　程式畫面

STEP 8 請再取出一個 UART 元件並設定為寫入，如圖 13-11 所示。

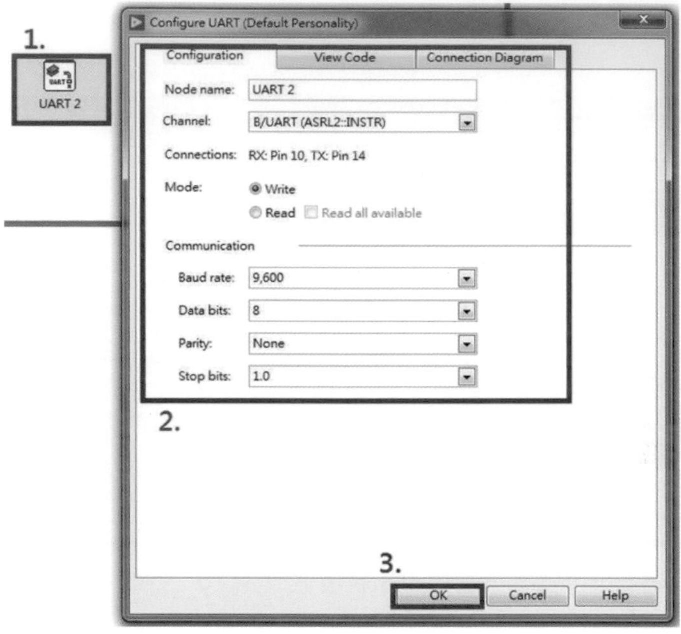

圖 13-11　UART 設定視窗

STEP 9 請將 Format Into String 接至 UART 與字串顯示元件上，並替 Get Data/Time String 接上 Ture 元件，如圖 13-12 所示。

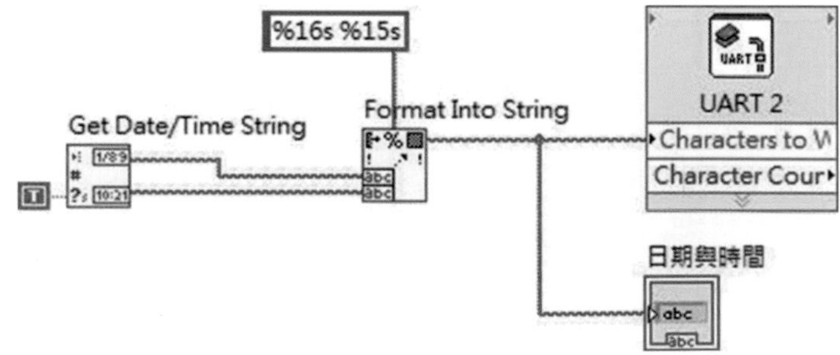

圖 13-12　程式畫面

STEP 10 請接上一個時間延遲元件，並替 While Loop 接上 Stop 元件，最後如圖 13-13 所示。

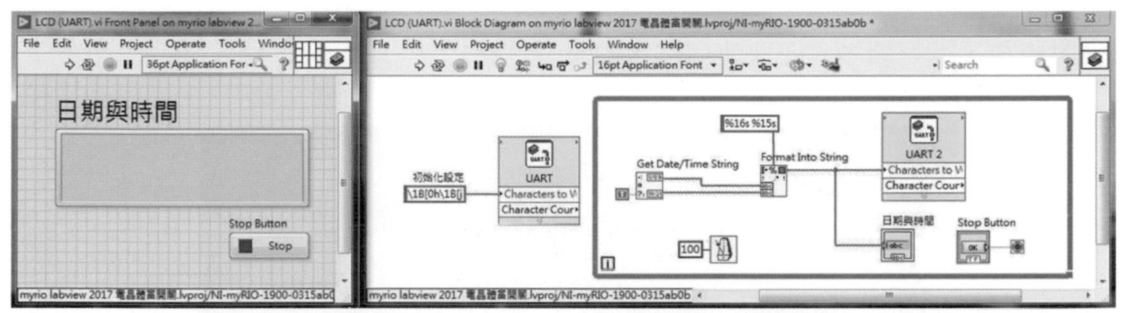

圖 13-13　程式畫面

STEP 11 請依圖 13-14 所示，將 myRIO 與 LCD 連接在一起。

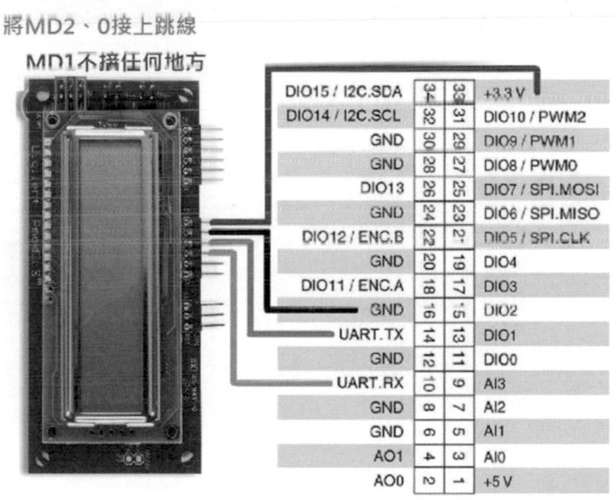

圖 13-14　LCD 與 myRIO-1900 接線圖

STEP 12 連接完成後，請執行程式並觀看 LCD 的顯示，如圖 13-15 與圖 13-16 所示。

圖 13-15　程式執行

由於本書在拍攝 LCD 與擷取程式圖片的時候有時間差，所以請別太在意圖 13-15 與 13-16 顯示秒數的差異。在這裡顯示的時間為 UTC+0 的時間，如果有問題的話，請觀看本章節最後的設定。

完成後，即可繼續往下來使用其它的通訊介面。

圖 13-16　LCD 實體圖

13-2-2 I²C 通訊介面

接下來，來使用 I²C 的通訊介面，如圖 13-17 所示有兩側可以使用，在這就使用紅色的區域來做說明。記得順便調整跳線的部分，MD2：1、MD1：0、MD0：0， 調 整 LCD 的 address 為 0x48。

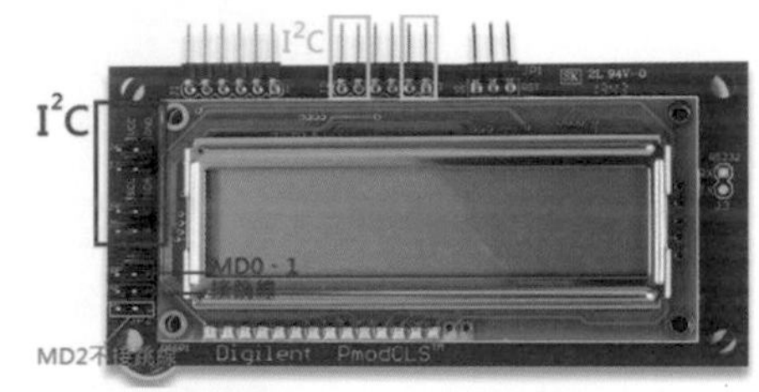

圖 13-17　I²C 通訊介面

STEP 1 請先複製剛剛完成的 VI 程式碼，並貼在新開的 VI 上，接著將 UART 元件刪除，如圖 13-18 所示。

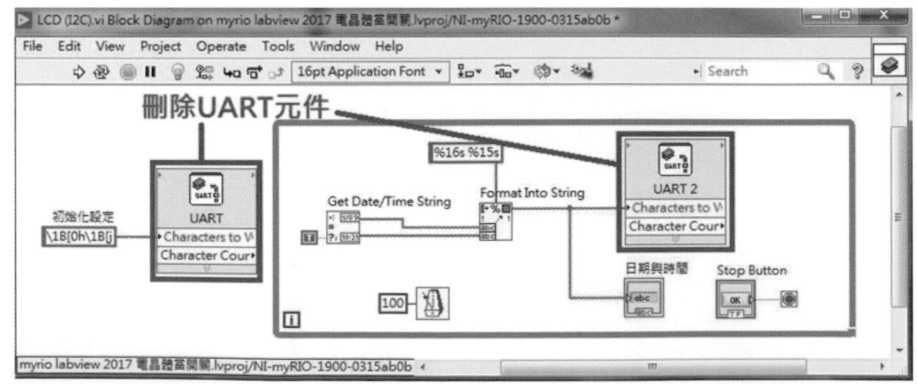

圖 13-18　程式畫面

STEP 2 請在圖形程式區中取出 I^{2}C 元件並設定為寫入，如圖 13-19 所示。

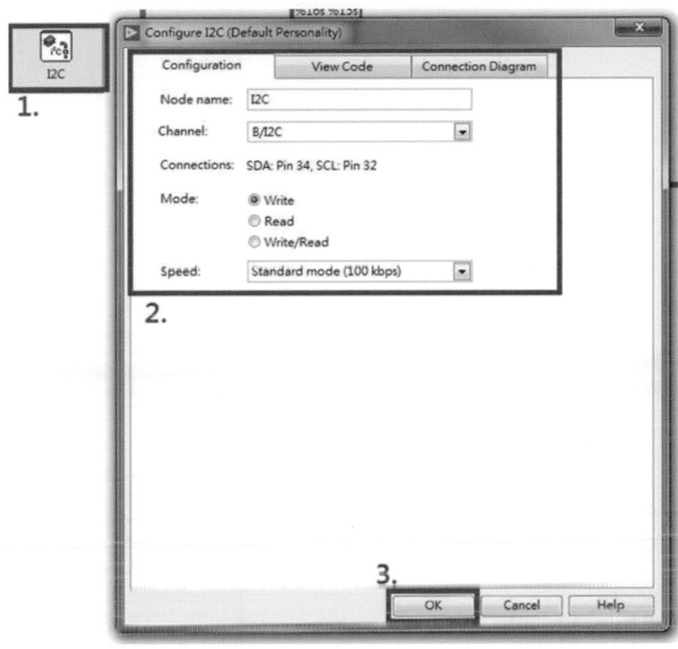

圖 13-19　UART 設定視窗

STEP 3 在「Function → String → Path/Array/String Conversion」 中 取 出 String To Byte Array 元件，再將 "初始化設定" 字串元件連接至 String To Byte Array 上，再連接至 I^{2}C 元件的 Bytes to Write 上，如圖 13-20 及圖 13-21 所示。

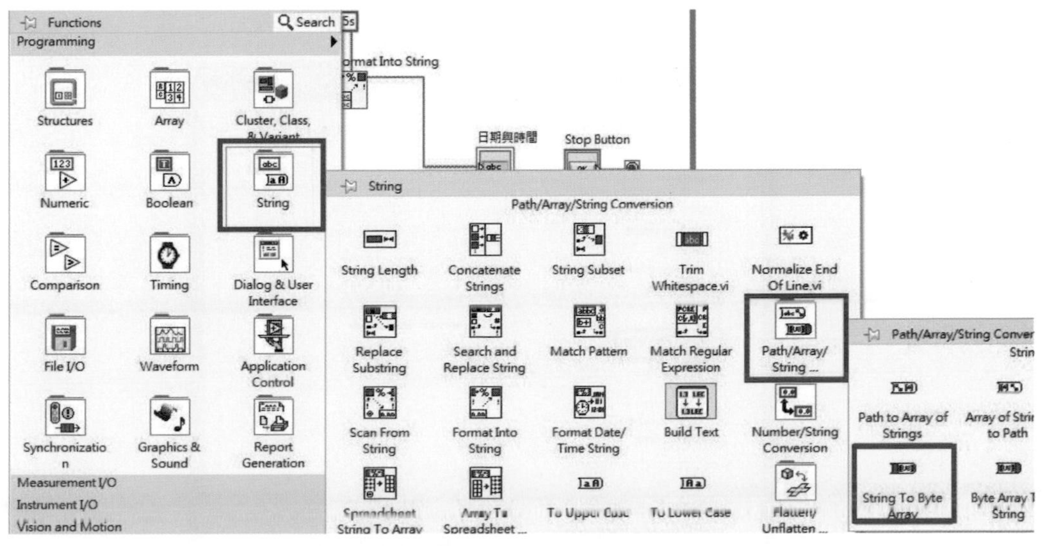

圖 13-20　String To Byte Array 路徑

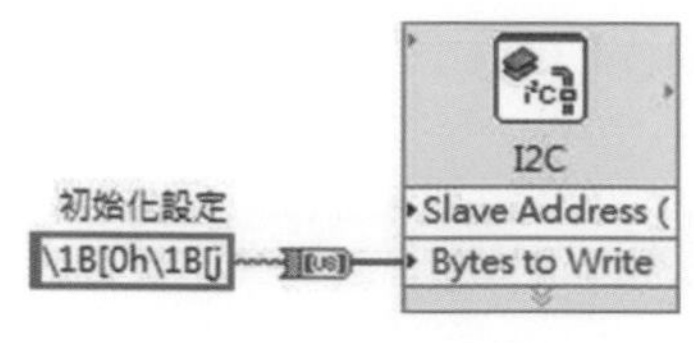

圖 13-21　程式畫面

STEP 4 替 I²C 的 Slave Address 接腳接上數值常數元件，並將數值常數元件設定為 16 進制，如圖 13-22 及圖 13-23 所示。

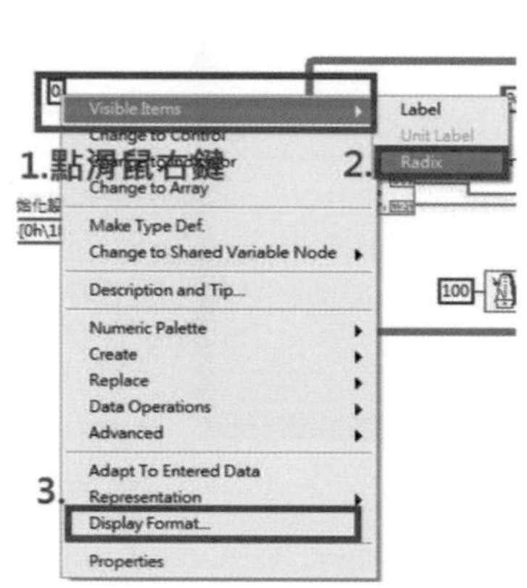

圖 13-22　設定常數元件

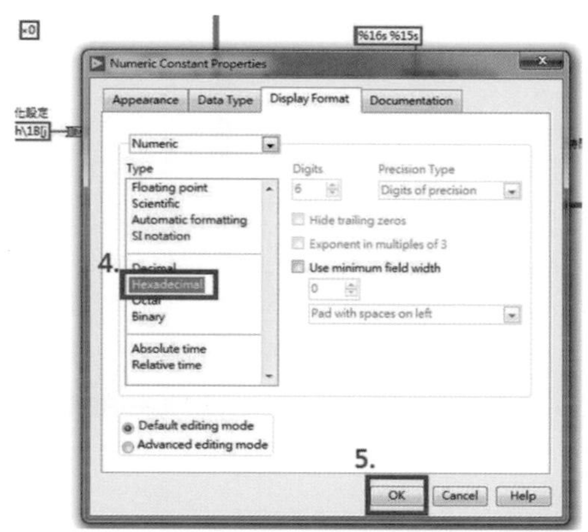

圖 13-23　設定視窗

STEP 5 請在數值常數元件上輸入 48，並連接至 I²C 的 Slave Address 接腳上，如圖 13-24 所示。

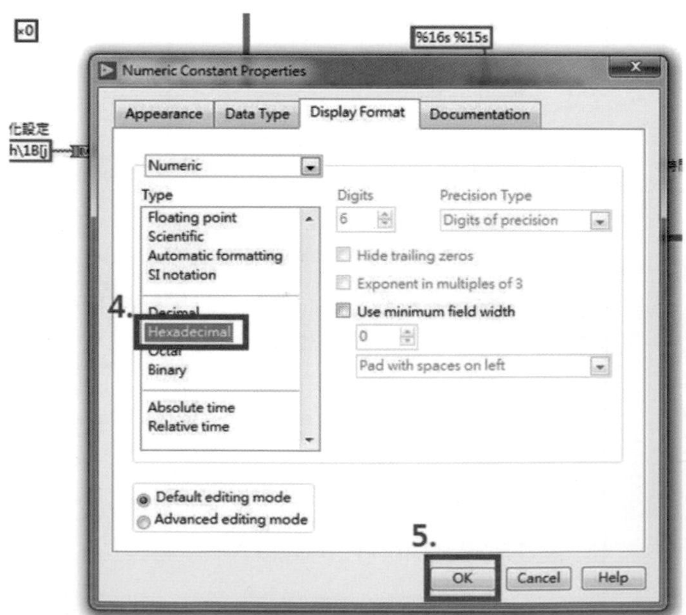

圖 13-24　設定視窗

STEP 6 請依圖 13-25 所示，複製框起來的部分並放至 While Loop 內。

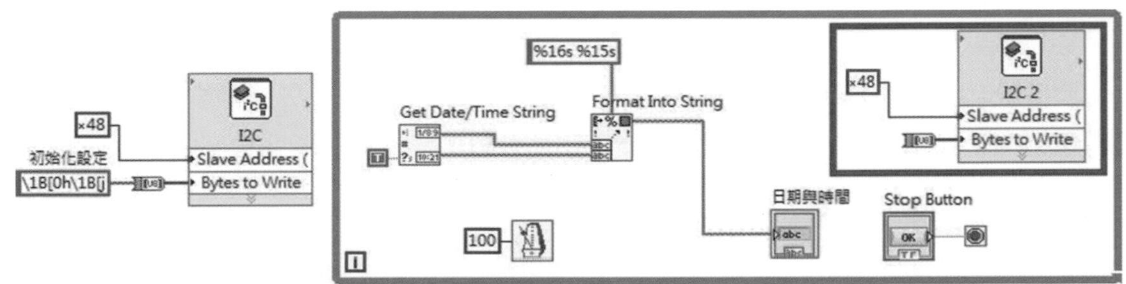

圖 13-25　程式畫面

STEP 7 將 Format Into String 的輸出接至 String To Byte Array 的輸入端上即可完成程式的撰寫，如圖 13-26 所示。

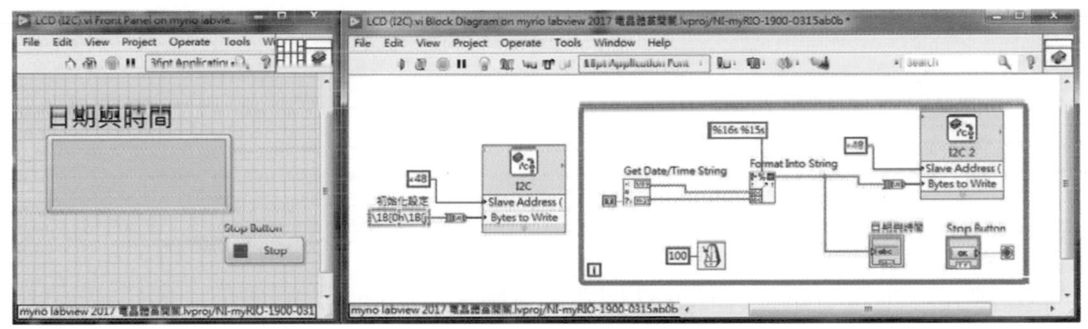

圖 13-26　程式畫面

STEP 8 請依照圖 13-27 所示將 LCD 連接至 myRIO 上。

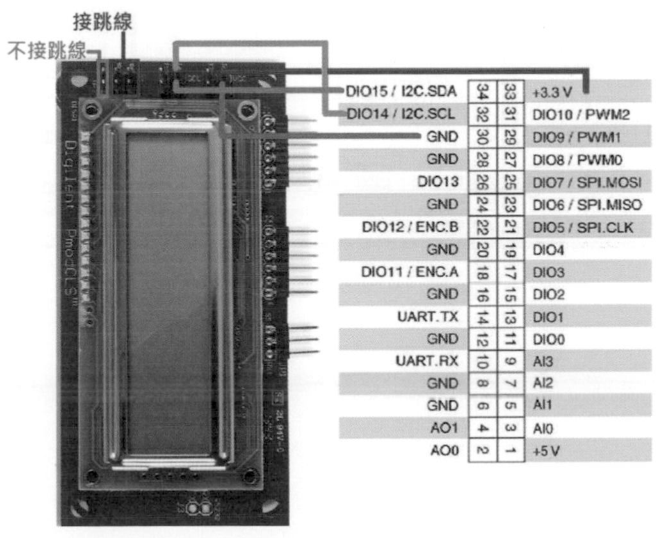

圖 13-27　LCD 與 myRIO-1900 接線圖

完成後，請執行程式並觀看 LCD 是否有正常顯示日期與時間，如圖 13-28 及圖 13-29 所示。在這裡顯示的時間為 UTC+0 的時間，如果有問題的話，請觀看本章節最後的設定。

讀者成功讓 LCD 顯示資料的話，可以試試看使用上側的 I²C 接腳來測試看看，也可以繼續向下使用 SPI 通訊介面來讓 LCD 顯示資料。

圖 13-28　程式執行

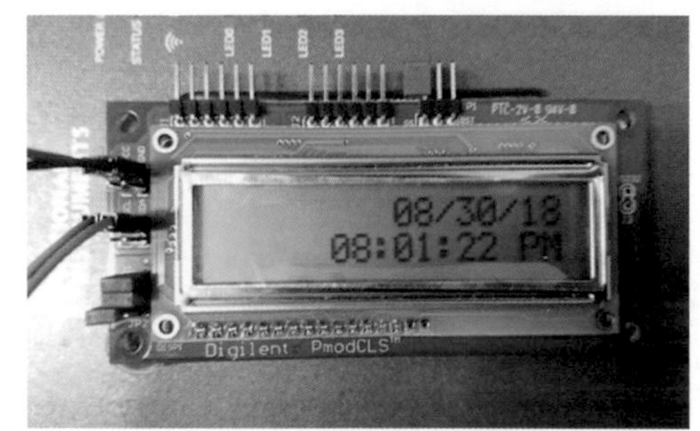

圖 13-29　LCD 實體圖

13-2-3 SPI 通訊介面

STEP 1 一樣先來複製完成的 LCD-I²C 通訊介面程式碼，再開啟新的 VI，並貼上複製的程式碼，再刪除 I²C 元件與數值常數項，如圖 13-30 所示。

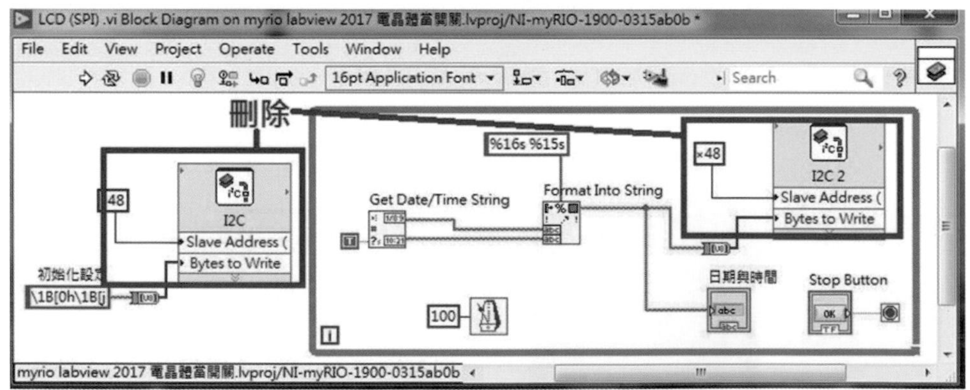

圖 13-30　程式畫面

STEP 2 在「Functions → Numeric → Conversion」中取出兩個 To Unsigned Word Integer 元件，如圖 13-31 所示。

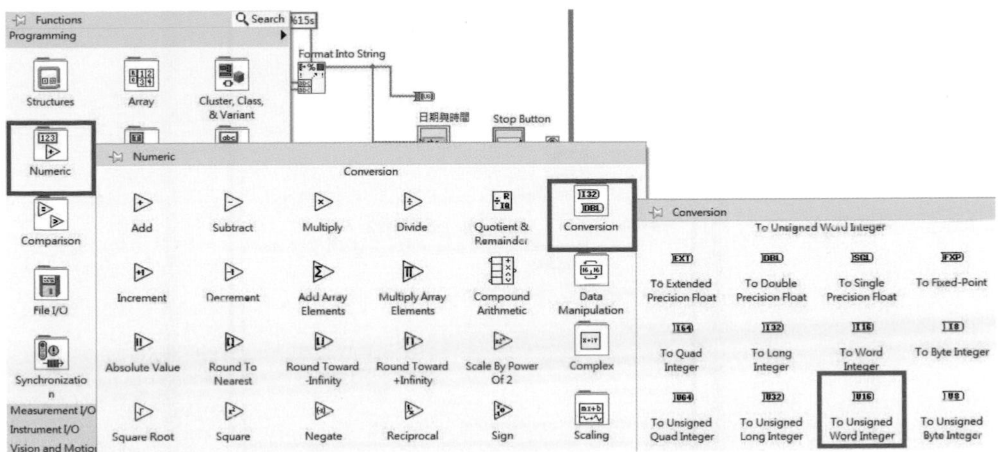

圖 13-31　To Unsigned Word Integer 路徑

STEP 3 將 String To Byte Array 的輸出連接至 To Unsigned Word Integer 元件上，如圖 13-32 所示。

圖 13-32　程式畫面

STEP 4 取出兩個 SPI 元件，並依圖 13-33 所示設定通訊介面的通道設定。

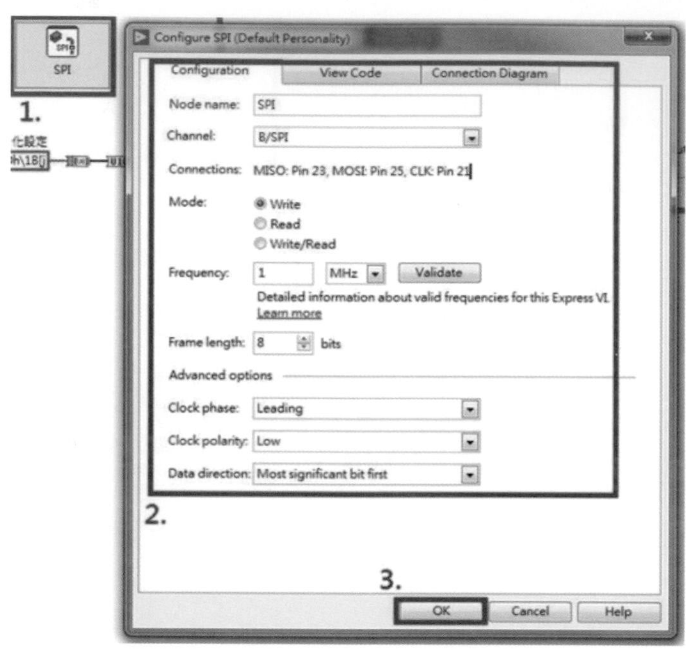

圖 13-33　SPI 設定視窗

STEP 5 將兩個 To Unsigned Word Integer 元件與兩個 SPI 元件連接，如圖 13-34 所示。

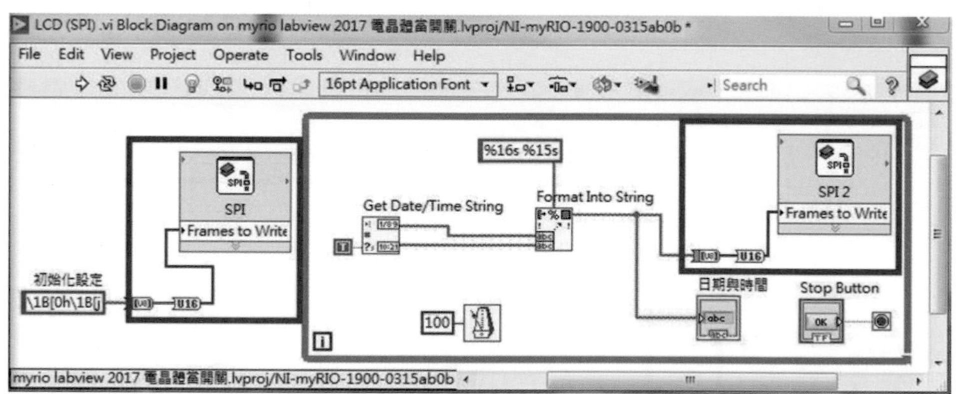

圖 13-34　程式畫面

STEP 6 請依圖 13-35 所示，將 LCD 與 myRIO 連接。

不接跳線 接跳線

DIO15 / I2C.SDA	34	33	+3.3 V
DIO14 / I2C.SCL	32	31	DIO10 / PWM2
GND	30	29	DIO9 / PWM1
GND	28	27	DIO8 / PWM0
DIO13	26	25	DIO7 / SPI.MOSI
GND	24	23	DIO6 / SPI.MISO
DIO12 / ENC.B	22	21	DIO5 / SPI.CLK
GND	20	19	DIO4
DIO11 / ENC.A	18	17	DIO3
GND	16	15	DIO2
UART.TX	14	13	DIO1
GND	12	11	DIO0
UART.RX	10	9	AI3
GND	8	7	AI2
GND	6	5	AI1
AO1	4	3	AI0
AO0	2	1	+5 V

圖 13-35 LCD 與 myRIO-1900 接線圖

連接完後，請執行程式來觀看 LCD 是否有正常接收到資料，如圖 13-36 及圖 13-37 所示。在這裡顯示的時間為 UTC+0 的時間，如果有問題的話，請觀看本章節最後的設定。

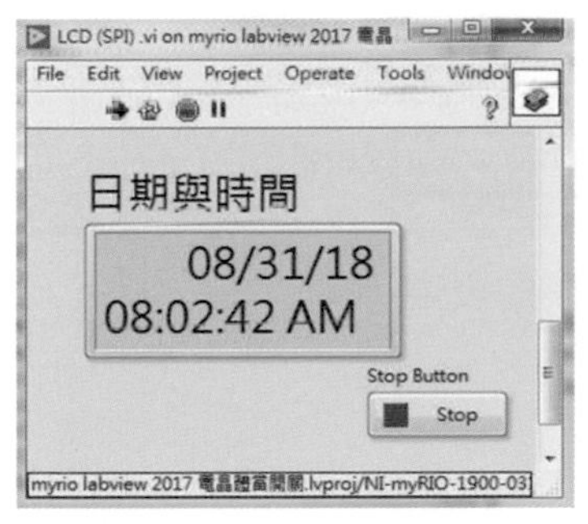

圖 13-36 程式執行

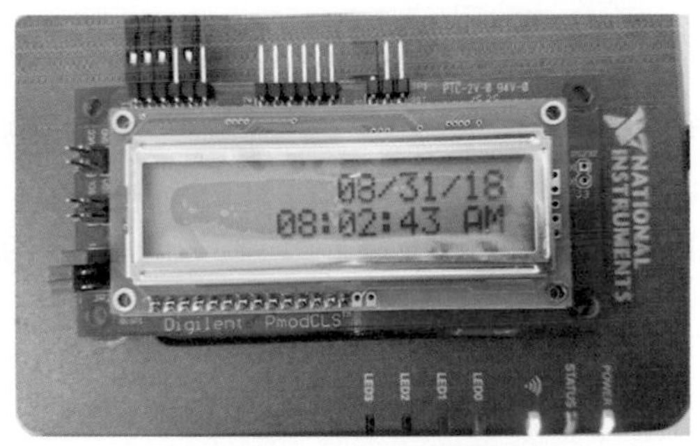

圖 13-37 LCD 實體圖

做到這邊，已經完成三種通訊介面。這三種通訊介面雖然都是用顯示日期與時間來送資料到 LCD 上，但是試著從現有的程式來改寫成自己需要的程式吧。

如果時間沒辦法與 UTC+0 相同的話，請打開 NI-MAX 再將 Remote Systems 選單開啟，接著點選正在使用的 myRIO，再點選右下的 Time Settings 開啟設定頁面，調整好時間後按 Save 來完成 myRIO 時間的設定，如圖 13-38 所示。

注意事項 每次斷電都會重置myRIO內部的時間。

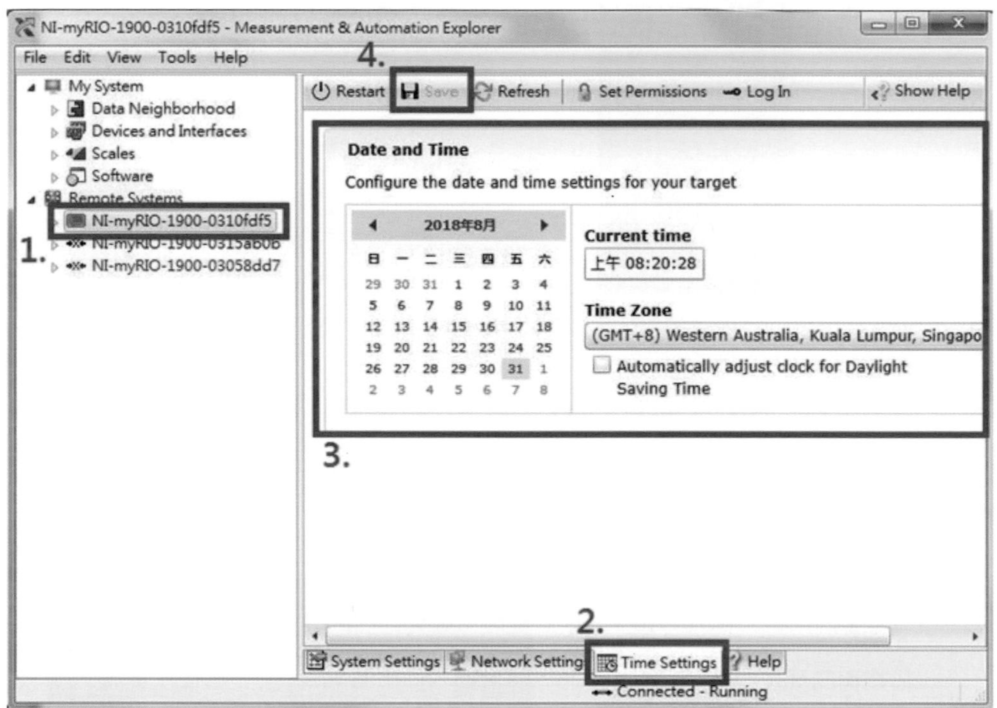

圖 13-38　myRIO-1900 時間的設定

水質酸鹼度測量 (pH)

pH 感測器可用來測量各種物體的酸鹼值；例如液體、土壤和食物等。它已廣泛被應用在農業、生物科技、醫學、養殖業、環境監測和汙染偵測等。本章節將會詳細介紹 myRIO 如何與市售的 pH 感測器結合來測量液體的 pH 值。

14-1 pH 感測器的構造

pH 值亦稱氫離子濃度指數、酸鹼值，是溶液中氫離子活度的一種標度，也就是溶液酸鹼程度的衡量標準。通常情況下為 25℃、298°K 左右，當 pH 小於 7，溶液呈酸性；當 pH 大於 7，溶液呈鹼性；當 pH 等於 7，溶液為中性。

「pH」中的「p」代表力度、強度，「H」代表氫離子 (H^+)。pH 值的活性氫離子在摩爾濃度定義下為負的對數，，如式子所示。故 pH 值是依氫離子的活性強度去測定。

$$\mathrm{pH} = -\log_{10}[\mathrm{aH}^+]$$

pH 感測器是由一參考電極及內電極所組成，用以偵測溶液中氫離子 (H^+) 濃度。而 pH 電極之電極薄膜就相當重要，就是一個只讓氫離子通過的濾網，薄膜對氫離子要有很好的靈敏度和選擇性，才能提高量測準確度。圖 14-1 為 pH 電極構造圖。pH 電極主要含 Ag/AgCl 內電極、0.1MHCl 電極內溶液 /AgCl(AgCl 飽和) 及玻璃薄膜。其內部反應式可以表示成能斯特方程式 (Nernstian equation)，如式子所示。

$$E_{\mathrm{pH}} = E^{o}_{\mathrm{pH}} + 0.059\log_{10}[\mathrm{aH}^+]$$

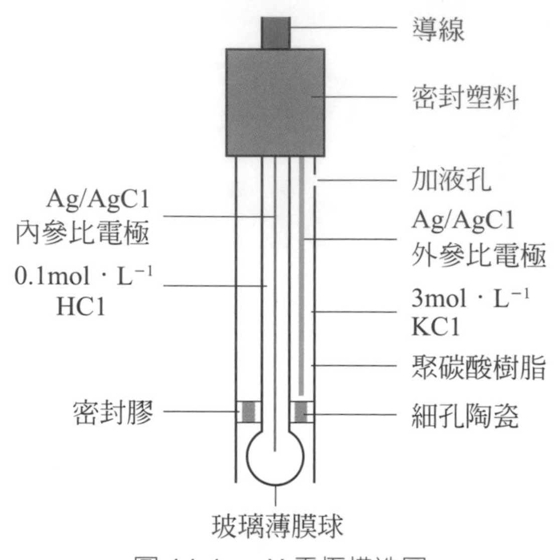

圖 14-1　pH 電極構造圖

圖片來源：https：//www.itsfun.com.tw/pH%E5%BE%A9%E5%90%88%E9%9B%BB%E6%A5%B5/wiki-9355375-5267945

目前市面上，針對各種不同的需求已有各式各樣的 pH 感測器；如圖 14-2(a) 的土壤酸鹼度檢測器，如圖 14-2(b) 的食物酸鹼度檢測計和圖 14-2(c) 的水質酸鹼度檢測。

圖 14-2(a)　土壤酸鹼度檢測器

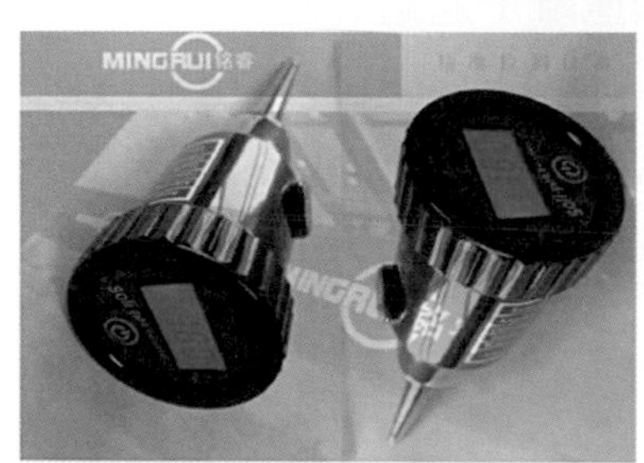

圖 14-2(b) 食物酸鹼度檢測計

圖 14-2(c)　水質酸鹼度檢測

一般水質的 pH 值範圍為 6.5 ～ 8.5 之間，在這數值範圍外的生物將會因為水質過於偏酸或偏鹼造成危害。pH 值對各種生物的危害範圍及造成 pH 值異常的來源，如圖 14-3 所示。

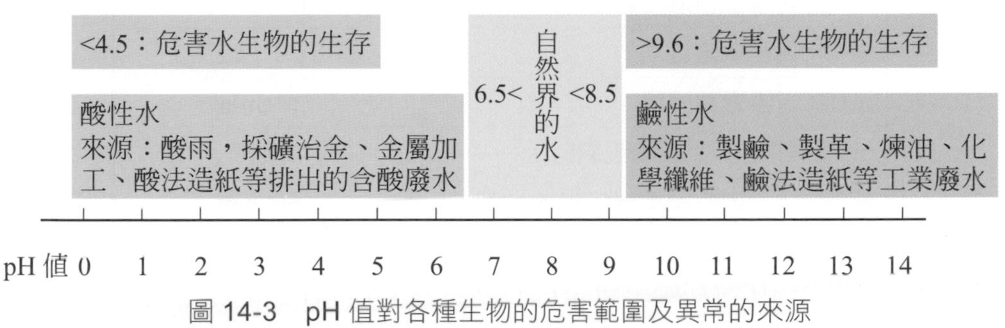

圖 14-3　pH 值對各種生物的危害範圍及異常的來源

14-2　元件特性

14-2-1　pH 感測器特性

如圖 14-4 為本章節採用的 pH 感測器，此為 DFRobot 公司原廠生產的模擬類比式 pH 感測儀組 (Analog pH Sensor / Meter Kit For Arduino,DFRobot)。本章所使用的 pH 感測器規格為表 14-1 所示。感測棒所需的電源 DC +5V 是透過廠商提供的信號轉接板來供給。pH 的測量範圍：pH 0-14，檢測的工作溫度範圍：0°C ～ 60°C。pH 檢測棒與信號轉換板採用 BNC 接頭連接。

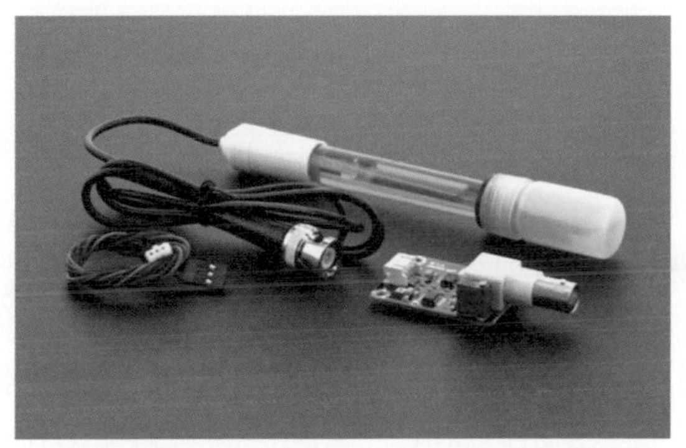

圖 14-4　DFRobot 公司 pH 感測儀組

表 14-1　pH 感測儀組規格表

信號轉接板需求電源	+5V
pH 感測器測量範圍	pH 0-14
pH 感測器工作溫度範圍	0 ～ 60℃
pH 感測器準確度	±0.1pH（25℃）
pH 感測器響應時間	≤ 1min
pH 感測器與轉接板連線接口	BNC
感測器到 BNC 連接器的電纜長度	660mm

由表 14-2 可得知 pH 電極輸出與 pH 值關係 (25℃)。pH 電極的輸出單位極小 (mV)，所以必須在電極上外加一塊轉接板。透過轉接板放大電極電壓變化，以方便測量 pH 變化。

表 14-2　pH 電極輸出與 pH 值關係表 (25℃)

VOLTAGE(mV)	pH value	VOLTAGE(mV)	pH value
414.12	0.00	–414.12	14.00
354.96	1.00	–354.96	13.00
295.80	2.00	–295.80	12.00
236.64	3.00	–236.64	11.00
177.48	4.00	–177.48	10.00
118.32	5.00	–118.32	9.00
59.16	6.00	–59.16	8.00
0.00	7.00	0.00	7.00

14-2-2 pH 感測器的選用

市面上所販售的感測器有兩種材質的包裝，分別為玻璃與塑膠，如圖 14-5 和圖 14-6 所示。玻璃材質的感測器可承受 100℃ 以上的高溫、耐腐蝕性的材料與溶劑且容易清理，適合實驗使用，但是很脆弱，所以請小心使用。塑膠材質的 pH 感測器在使用時建議量測物的溫度範圍不要超過 80℃，腐蝕性的材料與溶劑的耐性適中。塑膠材質能承受一定的碰撞，因此適合多種地方使用。

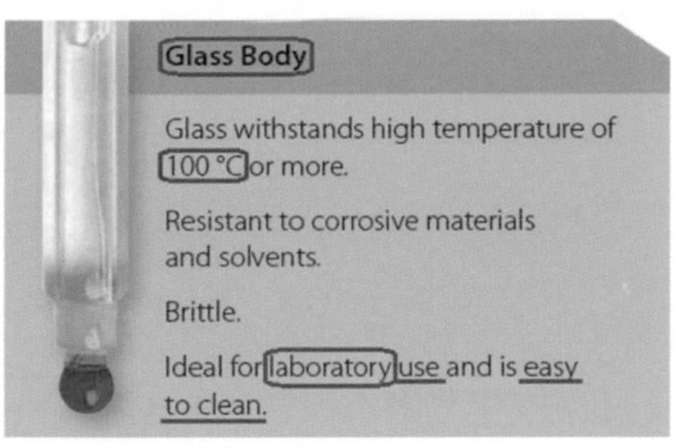

圖 14-5　玻璃型 pH 感測器

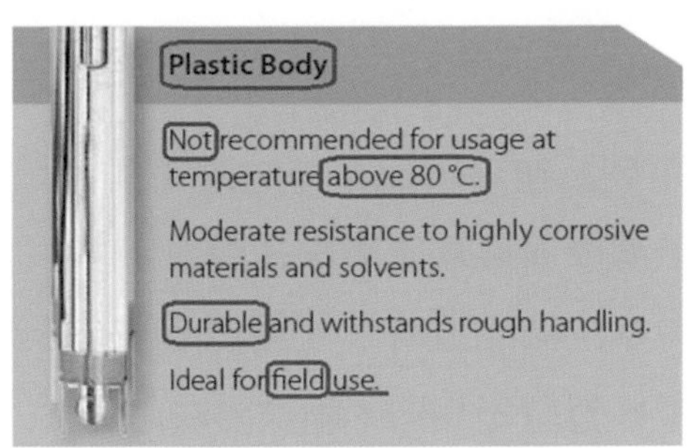

圖 14-6　塑膠型 pH 感測器

pH 感測器內部的液體的封裝方式有兩種，分別為填充型與密封型。填充型有注入口，並可以反覆使用多次，缺點是當內部液體快沒了就需要填充。而密封型使用後不用太常保養，缺點是如果出現量測不準確情形就需要淘汰，如圖 14-7 和圖 14-8 所示。

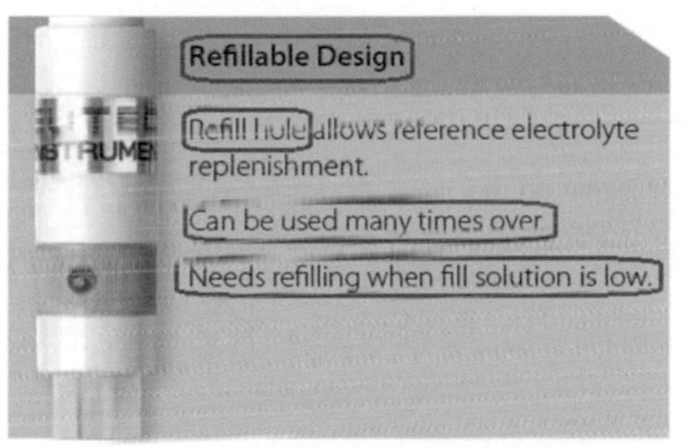

圖 14-7　填充型 pH 感測器

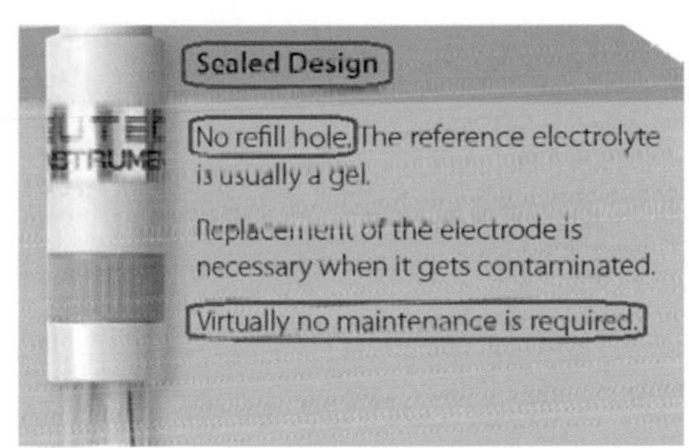

圖 14-8　密封型 pH 感測器

14-3　pH 感測器的保養

pH 感測器想要長期使用的話，必須做好一定的保養。在這裡以填充內部溶液來作示範。補充型補充的方式如圖 14-9(從左至右)，轉動黑色的瓶蓋將瓶口開啟，將補充液接上瓶口後倒入感測器中，完成後轉動瓶蓋將瓶口封閉，這樣就能完成感測器液體的補充。

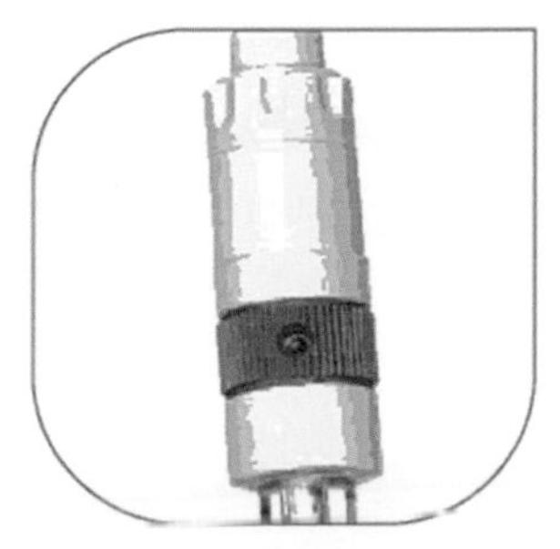

Twist-open the cap to expose the refilling hole

Pour in reference electrolyte with the refilling bottle

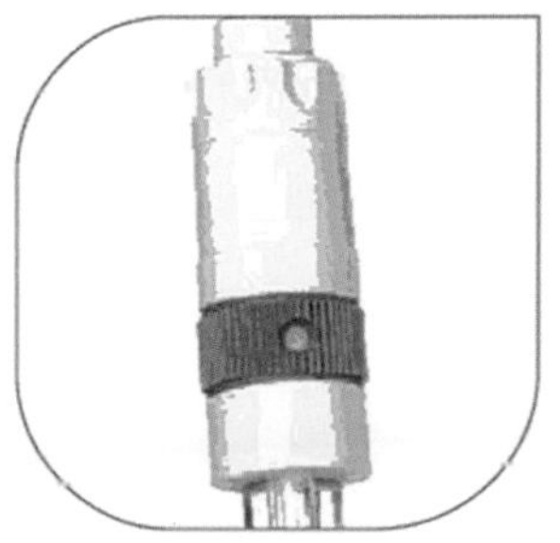

圖 14-9　填充型 pH 感測器之填充方式

14-3-1 玻璃電極

下列為使用玻璃電極的注意事項：

1. 玻璃表面必需永遠保持乾淨。
2. 做水溶液測量時，先用蒸餾水充分沖洗。
3. 電極暫時不用時 (兩次實驗之間)，玻璃電極應存放在蒸餾水或弱酸緩衝液中。
4. 長期使用強鹼溶液或弱氟氫酸溶液會嚴重減低電極的壽命，而且玻璃表面也會逐漸被融解 (高溫下損毀速率更快)。
5. 如果電極有二星期 (或以上) 沒有使用，應將電極擦乾存放於 KCl、AgCl 溶液中。再次使用之前必需充分浸泡在緩衝溶液中。
6. 電極內部的參考電極四周若有氣泡，會使測量讀值不穩定。因此有氣泡出現時，請輕輕敲 (甩) 電極；如果氣泡卡在 KCl 結晶內，則將電極隔水加熱 (最高不超過 60°C) 以移除氣泡。
7. 新的或乾燥存放後的電極使用之前，需先浸泡在蒸餾水或酸性緩衝溶液中至少 24 小時以上 (小型的電極則需更久的浸泡時間)，才能確保測量數據的穩定；如果急需使用電極而無法做到上述浸泡工作，則測量時需反覆做校正 (未充分浸泡即使用電極，會造成測得數據的漂移)。
8. 注意電極內的 KCl 或 AgCl 溶液高度要保持不超過填加孔位，並要保持電極內可以看到 5mm 高 KCL 固體結晶量最好，避免影響到 pH 電極的靈敏度。
9. 校正液平時保存在室溫即可，長期不用可放在 4°C 冰箱保存，但使用時需等回到常溫才可使用。
10. 校正液使用約二星期後建議更換，避免影響校正值的準確度。
11. 電極線，接頭連接器必需保持乾燥及輕潔。
12. 每支電極的壽命受到很多因素影響，所以每支電極的壽命也不盡相同。高溫、強鹼溶液，反覆腐蝕或不當保養都會縮短電極壽命，甚至乾燥存放下的電極都會逐漸耗損。一般正常使用下的電極壽命約一年到二年 (視使用狀況有所不同)。
13. 實驗後清洗完畢，須以拭鏡紙擦拭，如以其他物品做擦拭會刮傷電極。

14-4　訊號處理

14-4-1　pH 感測模組與 myRIO-1900 接線

如圖 14-10 為轉接板接腳圖，由上往下為 1 ～ 3 腳位。將轉接板上的 DC +5V 輸入端接腳接至 myRIO-1900 的 +5V 接腳，再來將轉換板上的 GND 端接腳接至 myRIO-1900 的 GND 接腳，最後將轉換板上的 analog 輸出端接至 myRIO-1900 的 AI 0 接腳。如圖 14-11 所示。

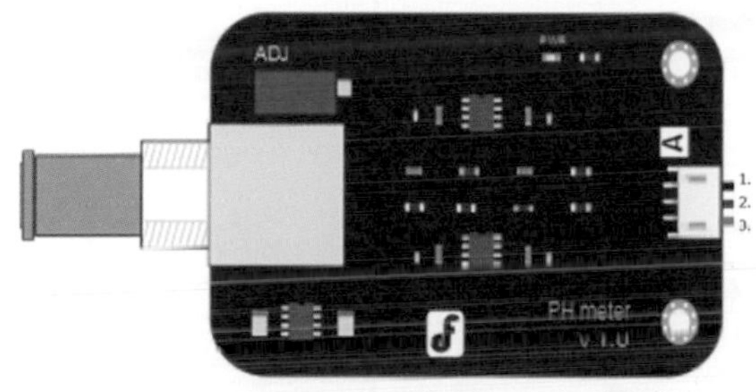

圖 14-10　轉接板接腳圖

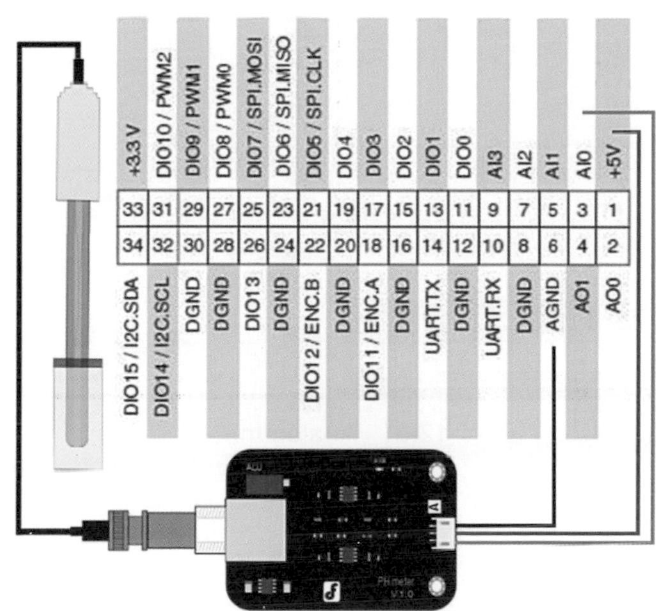

圖 14-11　myRIO-1900 及 pH 感測器模組接線

14-5 LabVIEW 程式撰寫－水質酸鹼度量測

14-5-1 LabVIEW 程式撰寫－水質酸鹼度量測 (pH)

STEP 1 在圖形程式區點選滑鼠右鍵從函數面板取出「myRIO → Analog In」類比輸入函數，在跳出來的視窗中設定 A/AI0(Pin3)，如圖 14-12 所示。

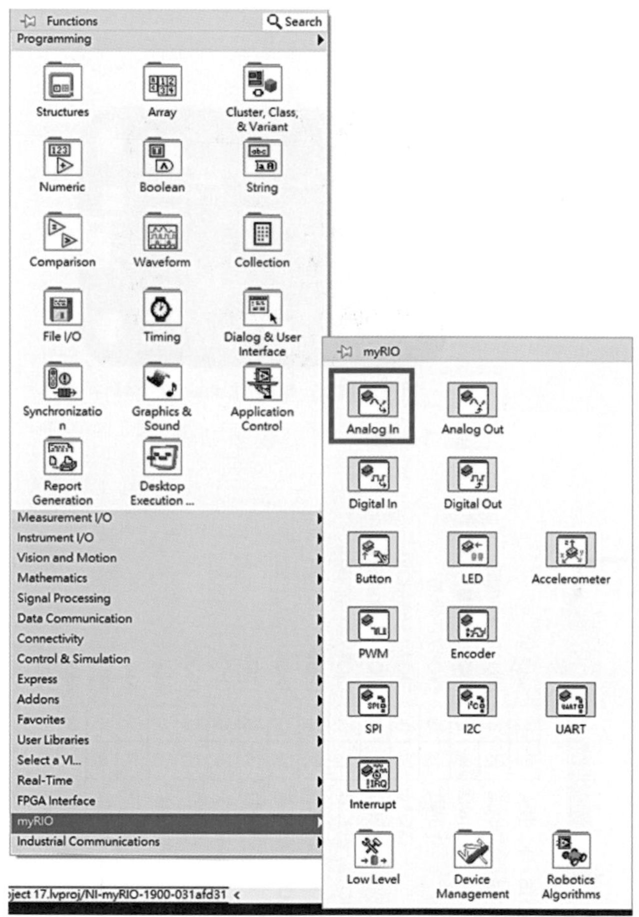

圖 14-12(a)　Analog In 路徑圖

圖 14-12(b)　Analog In 設定圖

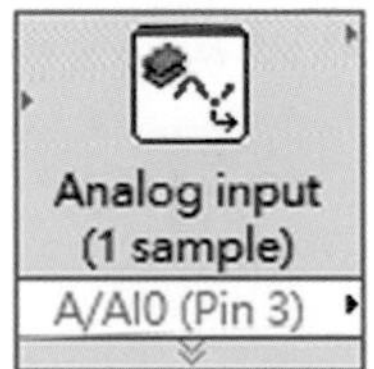

圖 14-12(c)　程式畫面

STEP 2 接著在人機介面「Controls → Modern → Numeric」中取出一個數值顯示元件和一個數值控制元件，顯示元件命名為 pH 值，控制元件命名為 offset。pH 值顯示元件為測量的 pH 值。offset 控制元件為電壓準位調整值，如圖 14-13 所示。透過轉接板的預設參數程式碼可得知，在 analog 輸出端讀到的電壓數值乘上 3.5 倍後，再加上 offset 值 (offset 為電壓準位)，即為實際量測到的 pH 值。在之後的實驗步驟會說明如何得出 offset 值和如何調整電壓準位。

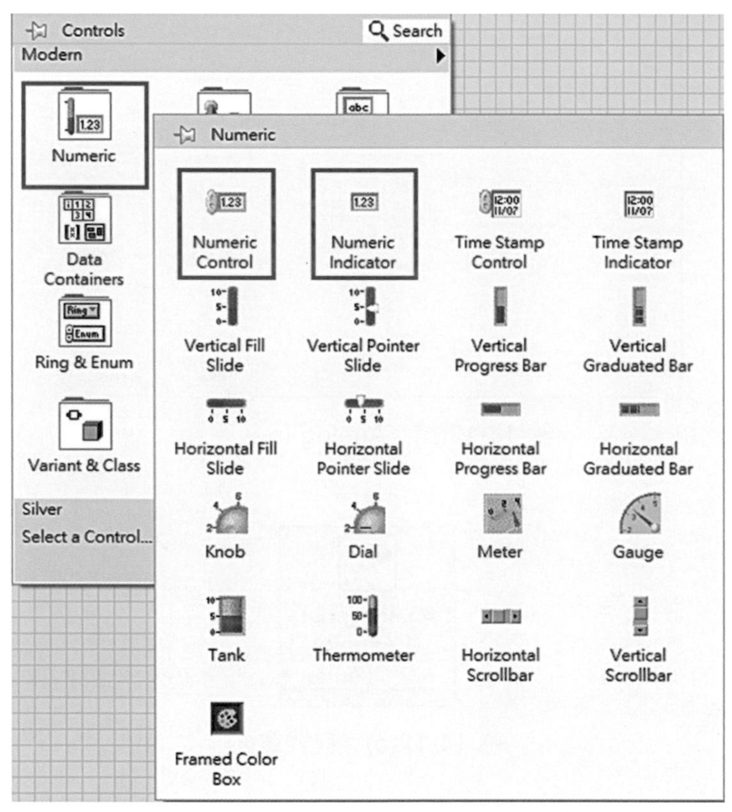

圖 14-13(a) 數值元件路徑

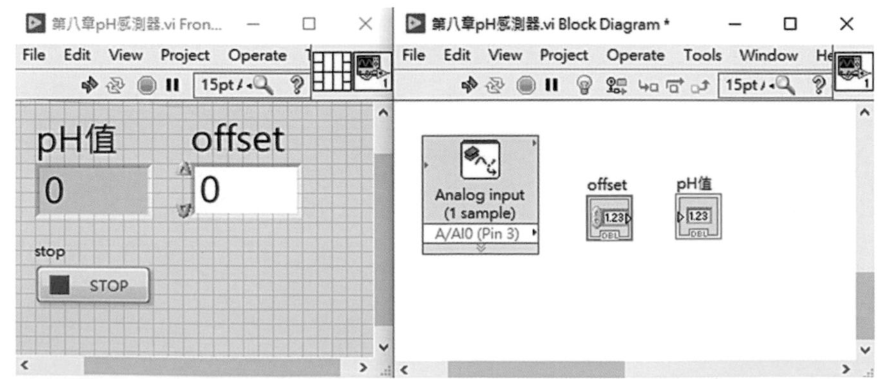

圖 14-13(b) 程式畫面

STEP 3 在圖形程式區的「Functions → Programming → Numeric」中取出一個加法元件、一個乘法元件，如圖 14-14(a)。並創造一個常數元件輸入 3.5，透過轉接板的預設參數程式碼可得知，在 analog 輸出端讀到的電壓數值乘上 3.5 倍後，再加上 offset 值 (offset 為電壓準位)，即為實際量測到的 pH 值。按照圖 14-14(b) 接線。(註：數值的運算皆為模組預設的參數公式運算)，在之後的實驗步驟會說明如何得出 offset 值和如何調整電壓準位。

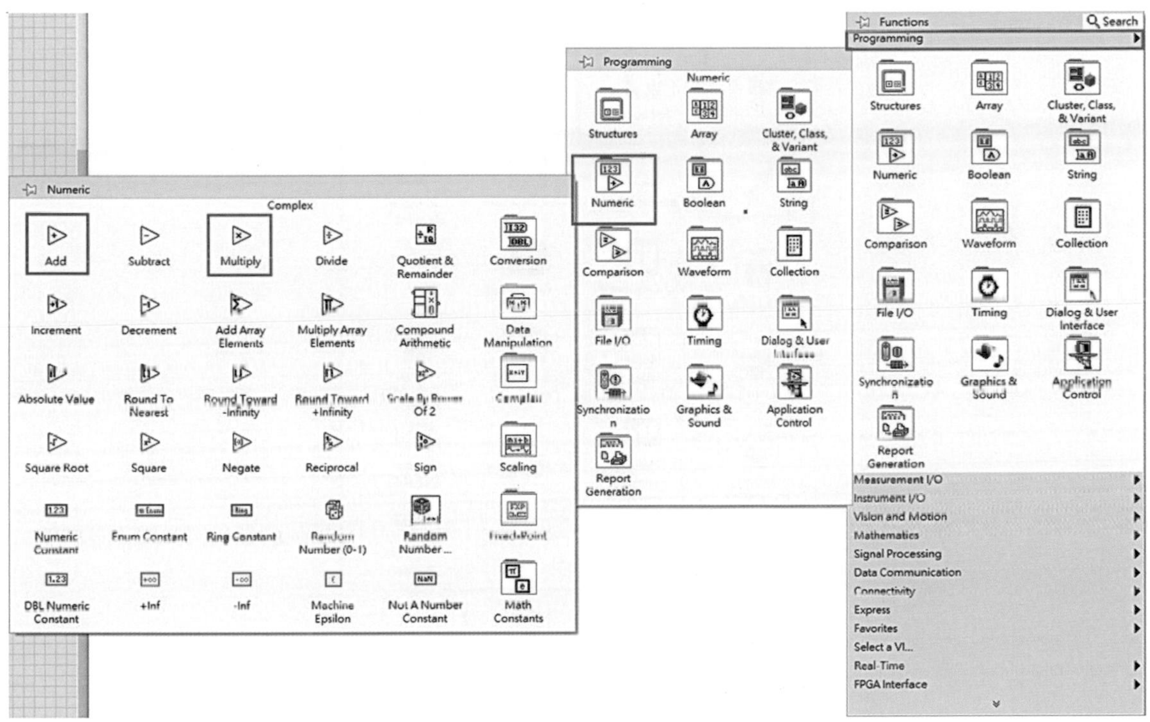

圖 14-14(a)　元件路徑圖

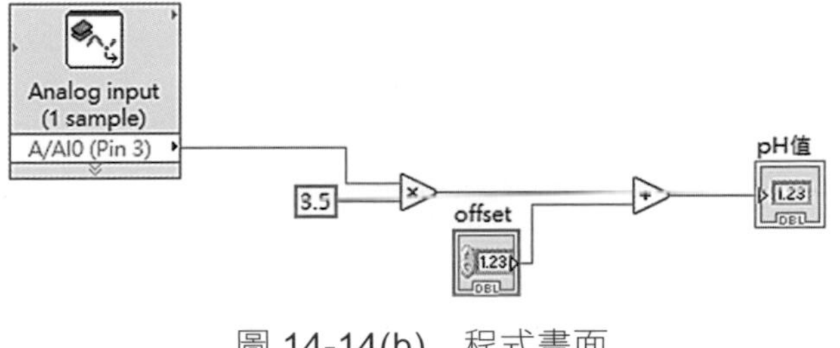

圖 14-14(b)　程式畫面

STEP 4 為了讓程式能夠一直執行，在圖形程式區的「Functions → Programming → Structures」中取出 While Loop，如圖 14-15 所示。接下來用 While Loop 將全部元件包裹在內，並在迴圈右下角紅點左邊接點按一下右鍵創造一個 STOP 元件，如圖 14-16 所示。圖形程式區按照圖 14-17 接線即可完成。

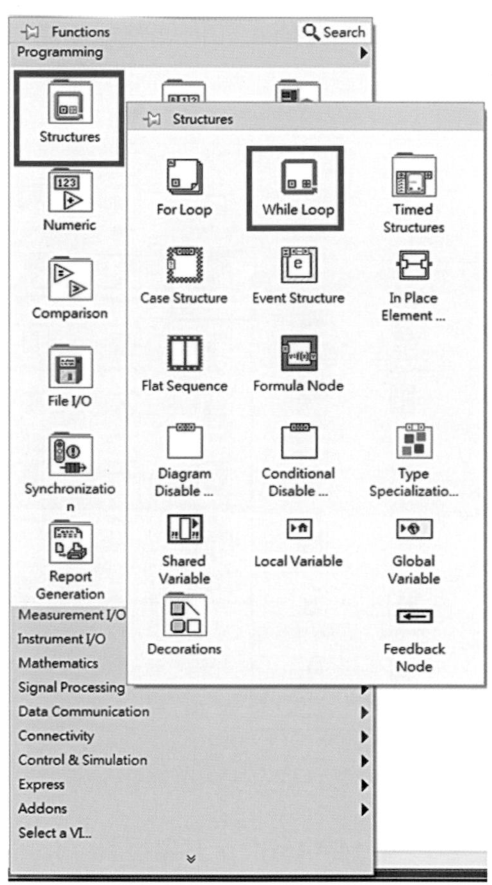

圖 14-15　While Loop 元件路徑圖

圖 14-16　STOP 設定

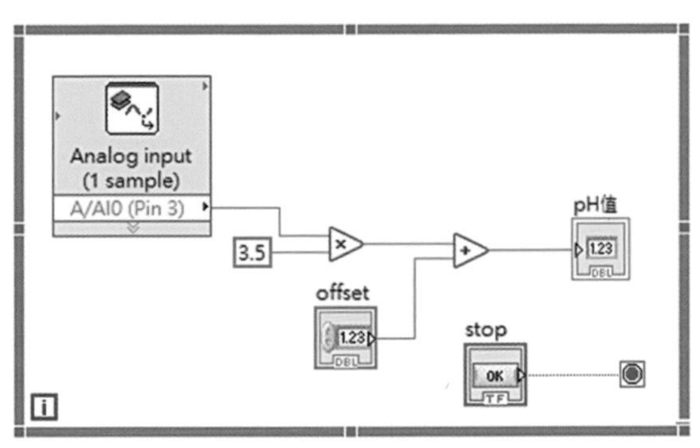

圖 14-17　完整圖形程式區

STEP 5 將所有元件擺好連結後，如圖 14-18 所示。接著便可開始執行程式。

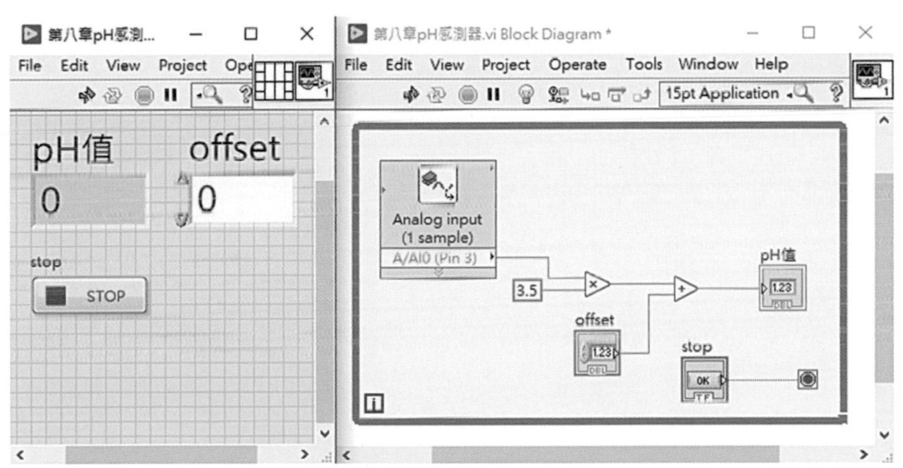

圖 14-18　完整程式圖

實驗步驟：按照圖 14-11 接線完成硬體接線後，完成程式並按下執行鍵。當初次執行時，必須先調整 14-5-1 節所提到的 offset 值。拿起預先準備的 pH 校正液 (市面上常看到的有 pH4、pH7、pH10 的校正液)。在執行程式下將電極插入校正液中靜置 1 分鐘。當數值穩定後可由人機介面的 pH 值顯示元件中，查看 pH 值是否和校正液體的 pH 值相同。如不同就必須調整 offset 值 (電壓準位調整)，將需要調整的數值填入人機介面的 offset 數值控制元件中。經由反覆調整 offset 數值參數，將 pH 顯示數值調整到和校正液相同的數值即為校正完成。再來就可以將電極插入待測物中進行測量。

註 在pH電極測量不同溶液之前，需要用水對其進行清洗(建議使用去離子水)。在電極第一次使用或很久沒使用時，建議將電極浸入3M KCl溶液中活化8小時。

NOTE

全球衛星定位系統－GPS

15-1　GPS 概論

在現代科技裡，所使用的定位系統為 GPS，那大家知道什麼是 GPS 嗎？GPS（Global Positioning System）又稱全球衛星定位系統，是美國國防部研製和維護的中距離圓型軌道衛星導航系統，GPS 則可以在大部分的地區提供準確定位、測速及高精度的標準時間，如圖 15-1 所示。

在 GPS 的系統中包括太空中的 24 顆 GPS 人造衛星（21 顆工作衛星、3 顆備用衛星）、地面上 1 個主控站、3 個數據注入站、5 個監測站及作為用戶端的 GPS 接收機，但是接收衛星最少需要 3 顆才能夠定位，以取得定位位置及時間資料；所能接收到的衛星數越多，其解碼出來的位置就越準確。

圖 15-1　GPS 衛星流程圖

15-2　GPS 基本原理

衛星不間斷地發送自身的參數和時間資訊，用戶接收到這些資訊後，經過計算來求出接收機的三維位置、三維方向以及運動速度和時間資訊。按定位方式，GPS 定位分為單點定位和相對定位（差分定位）。單點定位就是根據一台接收機的觀測資料來確定接收機位置的方式，它只能採用偽距觀測量，可用於車船等的概略導航定位。相對定位（差分定位）是根據兩台以上接收機的觀測資料，來確定觀測點之間的相對位置的方法，它既可採用偽距觀測量也可採用相位觀測量，大地測量或工程測量均應採用相位觀測值進行相對定位。

15-3 GPS 資料接收

在 GPS 接收資料時，接收的資料如圖 15-2 所示。看到這些密密麻麻的資料請別害怕，其實這些資料都是以 NMEA 所編製的，所謂 NMEA 是美國國家海洋電子協會（National Marine Electronics Association）制定的 GPS 介面協定標準，這種介面協定採用 ASCII 碼輸出，協定定義了每個段或所代表的含義，其格式如表 15-1 及語句如表 15-2 所示，想要擷取資料？稍後會詳盡說明。

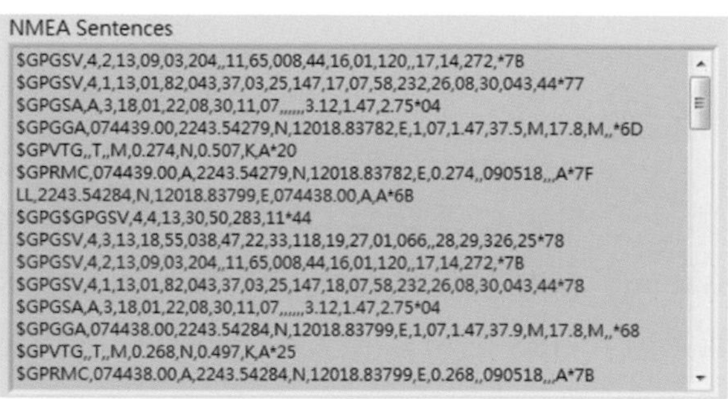

圖 15-2　NMEA 編碼

首先，先來瞭解 NMEA 的進化史，在 NMEA 版本有 0180、0182 與 0183 三種，NMEA-0183 是架構在 0180 及 0182 的基礎上。在電子傳輸的實體界面上，NMEA-0183 包括 NMEA-0180 及 NMEA-0182 所定義的 RS232 界面格式，而且又多增加 EIA-422 的工業標準界面，在傳輸的資料內容方面，也比 NMEA-0180 及 NMEA-0182 來得多，目前廣泛使用 NMEA-0183 的版本為 Ver. 2.01，如表 15-1 所示。

表 15-1　常見 NMEA-0183 語句內容

符號 (ASCII)	定義	HEX	DEC	說明
$	起始位	24	36	語句起始位
aaccc	地址域			前兩位為位識別符，後三位為語句名
“，”	域分隔符號	2C	44	域分隔符號
ddd……ddd	資料塊			發送的資料內容
“*”	校驗和符	2A	42	星號分隔符號，表明後面的兩位數是校驗和
Hh	校驗和			校驗和
/	終止符	0D,0A	13,10	回車，換行

在從串列埠中讀出的一串資料如圖 15-2 所示，開頭有 $GPGGA、$GPGSA、$GPGSV、$GPGLL、$GPRMC 及 $GPVTG，所代表的意思都不同，起始位為“$”、GP 則是固定型態，而 GGA、GLL 與 GSA 等語句如，表 15-2 所示。在圖 15-2 中的“，”則是表示資料段落，所以在程式的撰寫必須以“，”為分段的依據，就可以分出經度、緯度及時間。

表 15-2　常見 NMEA-0183 語句內容

語句	語句內容
GGA	UTC 時間、緯度值、經度值、定位狀態（無效、單點定位、差分）、觀測的 GPS 衛星個數、HDOP 值、GPS 橢球高、天線架設高度、差分數據齡期、差分基準站編號、校驗和。
GLL	UTC 時間、緯度值、經度值、定位狀態（無效、單點定位、差分）、校驗和。
GSA	定位模式（M －手動，強制二維或三維定位；A －自動，自動二維或三維定位）、定位中使用的衛星 ID 號、PDOP 值、HDOP 值、VDOP 值。
GSV	視野中的 GPS 衛星顆數、PRN 編號、衛星仰角、距正北的角度（方位角）、信噪比。
MSS	信標台的信號強度、信噪比、信標頻率、串列傳輸速率、通道號。
RMC	UTC 時間、定位狀態（A －可用，V －可能有錯誤）、緯度值、經度值、對地速度、日期等。
VTG	對地速度等。
ZDA	UTC 時間、年、月、日、當地時區、時區的分鐘值等。

15-4　GPS 模組

使用的模組為“NEO-6M APM2.5 飛控帶 EEPROM 導航衛星定位模組”，購買的網站為“臺灣物聯科技”（https：//www.taiwaniot.com.tw/），價格大約為 450 ～ 550 左右，如圖 15-3 所示。

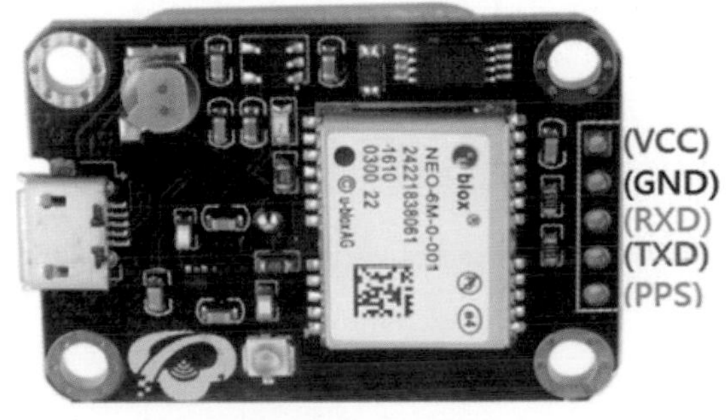

圖 15-3　GPS 模組

1. 電壓　輸入電壓：3.3 ～ 5.5V
2. 溫度　工作溫度 –40°C to +85°C
　　　　儲存溫度 –55°C to +100°C
3. 功耗　正常模式：50 mA
　　　　省電模式：30 mA

接著請將 GPS 接收器模組與 myRIO-1900 連接，接線圖如圖 15-4 所示。

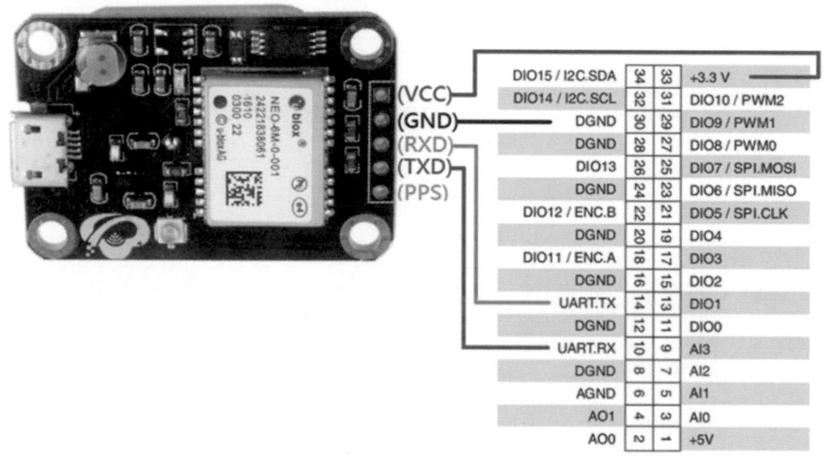

圖 15-4　GPS 模組與 myRIO-1900 接線圖

15-5　LabVEIW 程式撰寫－全球衛星定位系統

STEP 1 開啟新的 VI，在圖形程式區中取出 While Loop，以及「Functions → myRIO」中的 UART，如圖 15-5 所示。

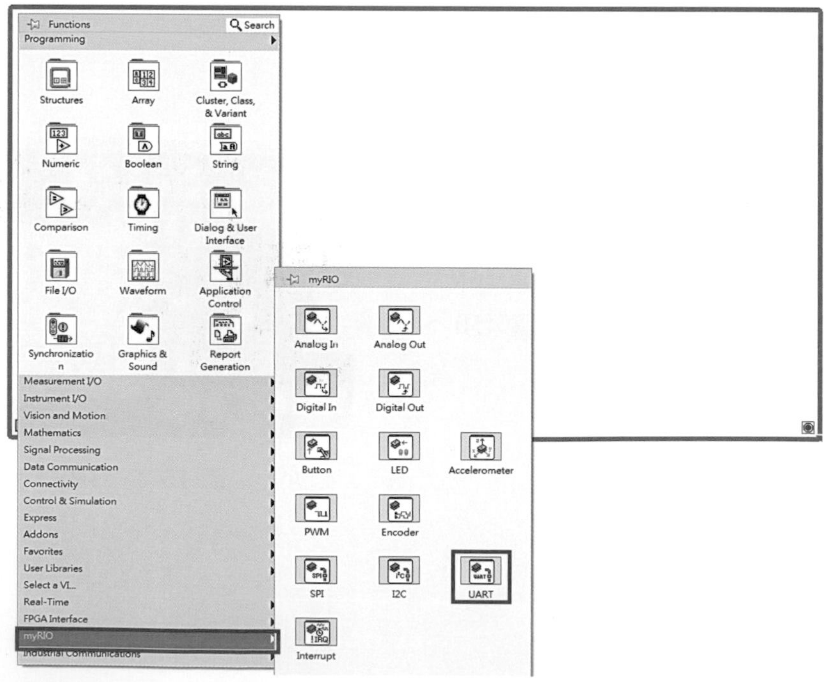

圖 15-5　UART 路徑

STEP 2 取出 UART 後，將會自動開啟設定視窗，請 Channel（通道）請選擇 B 側 UART，Mode 請選擇 Read 並勾選 Read all available（全部讀取），Communication（通訊模式）中 Baud rate（鮑率）為 9600（bps）、Data bite 為 8bit、Parity 為 None 與 Stop bits 為 1.0，如圖 15-6 所示，再來請點選 View Code 來切頁面。

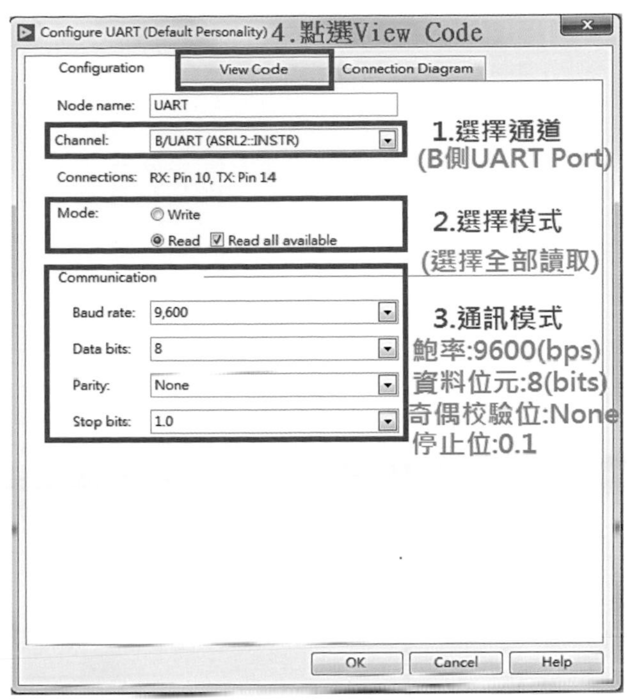

圖 15-6　UART 設定

STEP 3 進入 View Code 頁面後，點選 Copy to Clipboard 來複製 Low Level Code，之後點選 OK 來完成設定，如圖 15-7 所示。

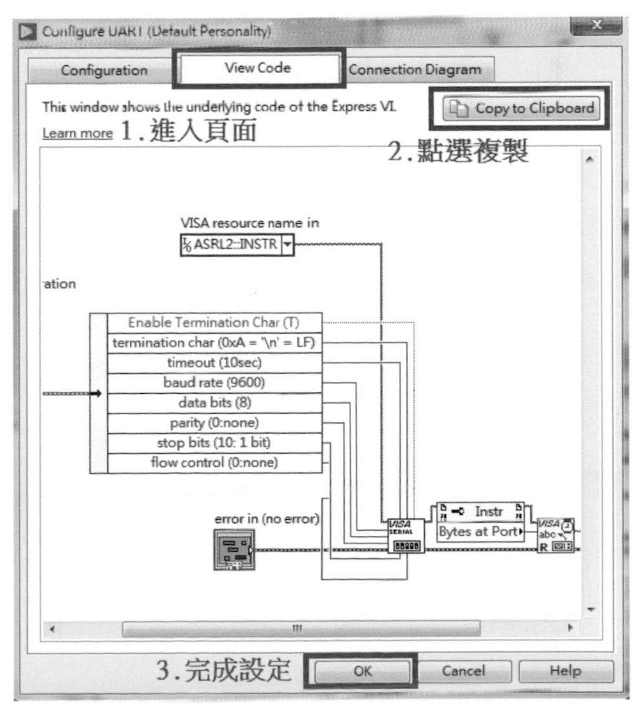

圖 15-7　UART 與 View Code 頁面

STEP 4 在圖形程式區中按鍵盤 Ctrl+V 來貼上剛才複製的 Low Level Code，如圖 15-8 所示。

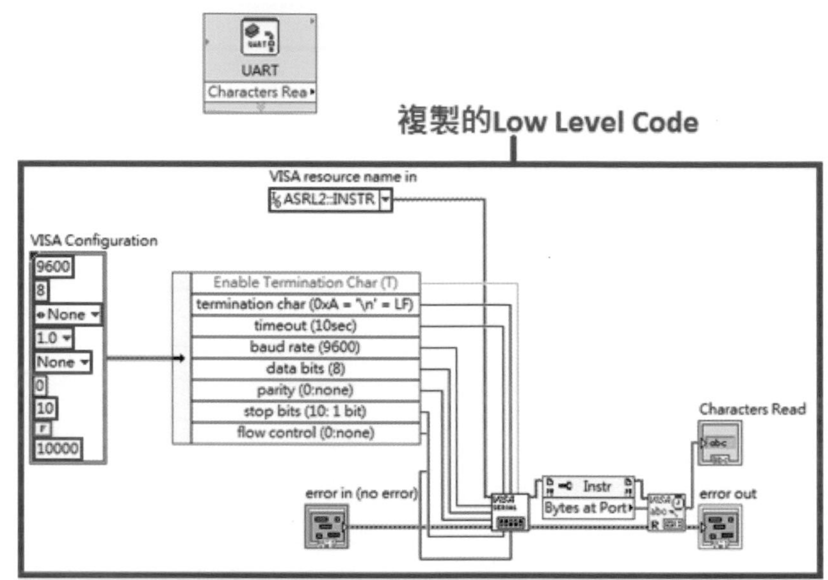

圖 15-8　貼上 View Code

STEP 5 請將紅框內的元件選取起來，如圖 15-9 所示。

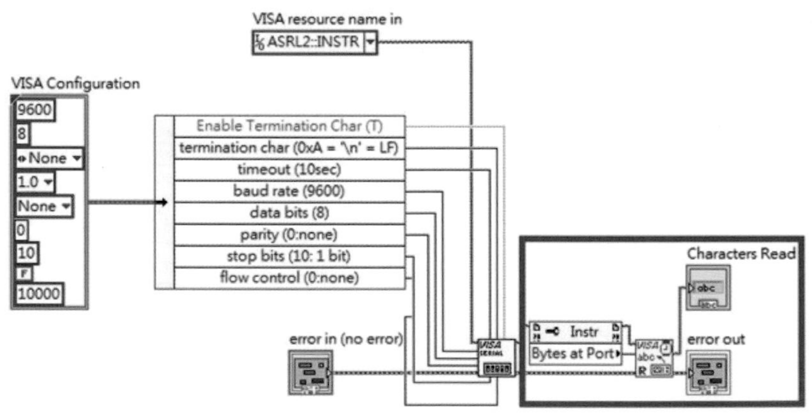

圖 15-9　圈選原件

STEP 6 將剛才選取的部分拉進迴圈內，再將 False 調成 Ture（請優先調整），最後刪除 UART 元件，如圖 15-10 所示。

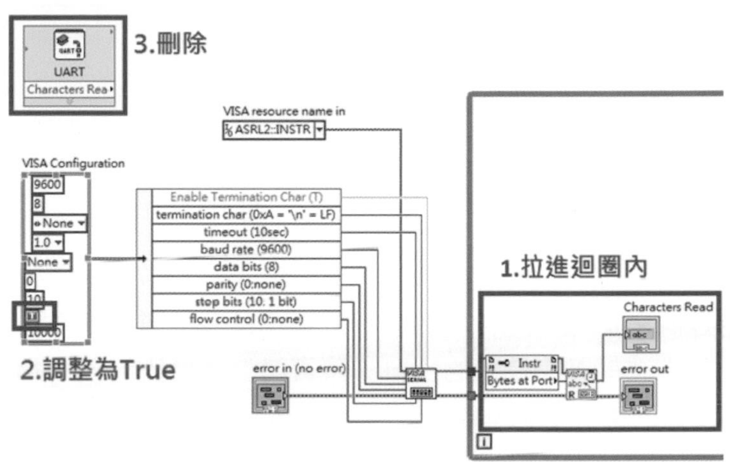

圖 15-10　程式畫面

STEP 7 請先到「Functions → Programming → String」中取出 Concatenate Strings，以及「Functions → Programming → Structures」中取出 Feedback Node，再將元件依照圖 15-11 所示連接。

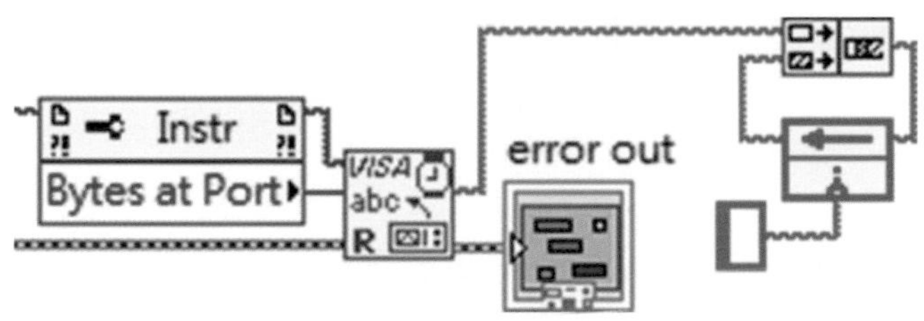

圖 15-11　程式畫面

STEP 8 請在人機介面中取出一個字串顯示元件，命名為 NMEA sentences（NMEA 句子）。接著將元件展開，並對字串顯示元件點滑鼠右鍵，勾選「Visible Items」選項中的 Vertical Scrollbar，如圖 15-12 所示。

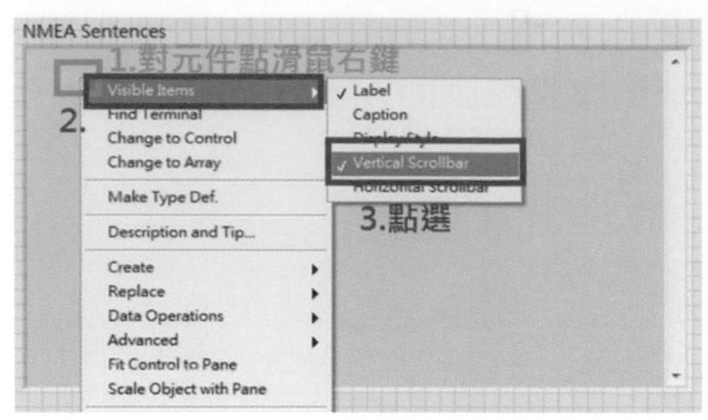

圖 15-12　開啟垂直滾動條

STEP 9 將設定好的字串顯示元件與圖形程式區中的程式連接，如圖 15-13 所示。這樣的撰寫方式能讓先進來的資料（舊資料）不會因為後面進來的資料（新資料）覆蓋而消失。在字串顯示元件中顯示的資料排列的方式會由舊資料在下、新資料在上面地不斷增加。

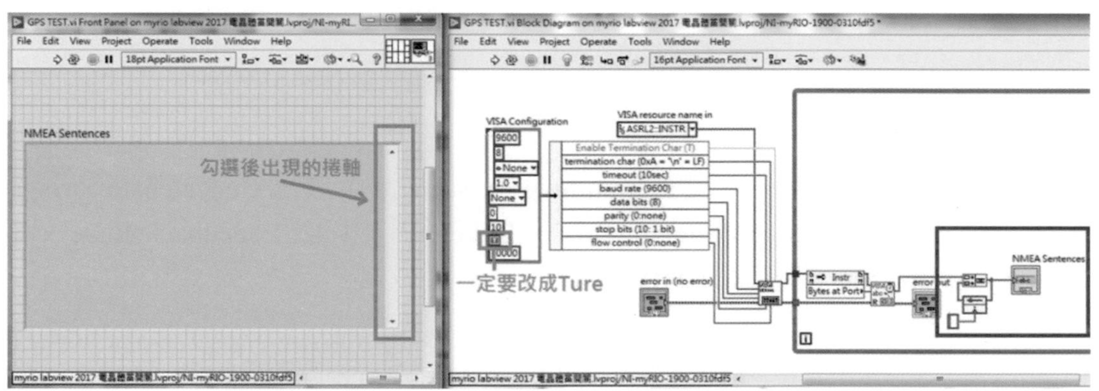

圖 15-13　程式畫面

STEP 10 請在圖形程式區中取出一個 While Loop，並對 While Loop 點滑鼠右鍵再選擇 Add Shift Register，如圖 15-14 所示。

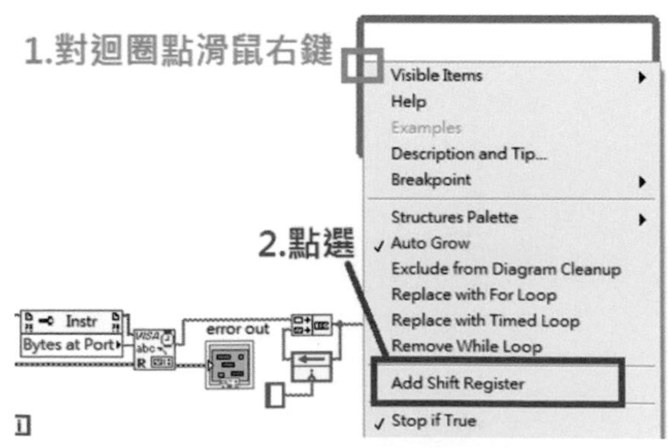

圖 15-14　增加移位暫存器

STEP 11 請到「Functions → Programming → String」中取出 Match pattern，如圖 15-15 所示。

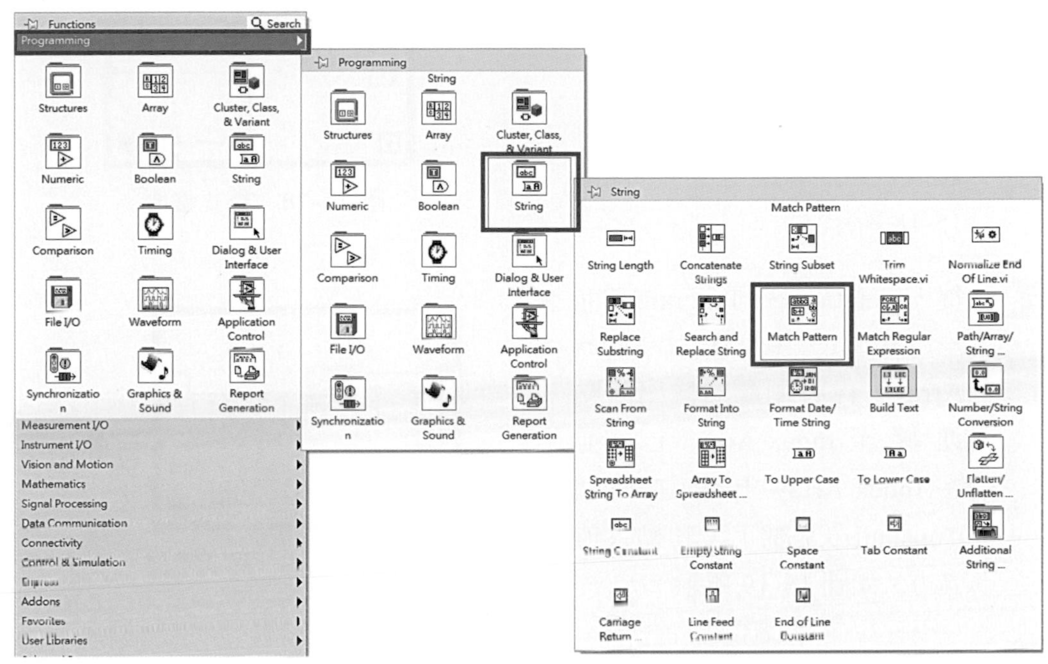

圖 15-15　Match pattern

STEP 12 請將 VISA Read 的 read buffer（輸出端）連接至 Add Shift Register 輸入端上。替 Match pattern 的 regular expression 端點建立一個 Constant（常數），再將 Match pattern 的 after substring 端點連接至 Add Shift Register 的另一側輸入端上，如圖 15-16 所示。

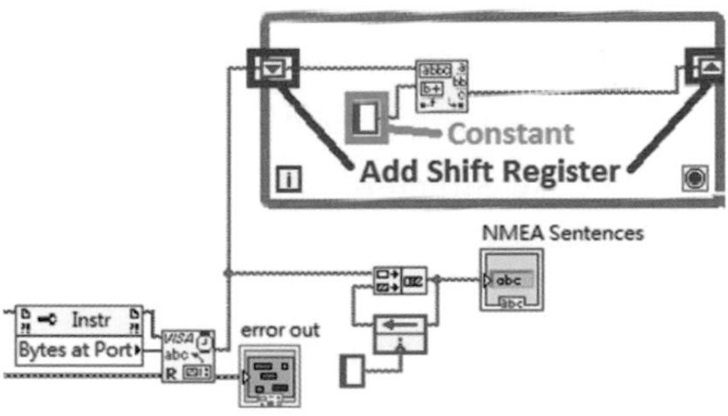

圖 15-16　新增 Shift Register

STEP 13 將 Match pattern 的 befoer substring 端點連接至迴圈上（建立節點），再對節點點滑鼠右鍵，在 Tunnel Mode 中選擇 Indexing，如圖 15-17 所示。讓資料以陣列的方式儲存，第 0 筆、第 1 筆、第 2 筆等。

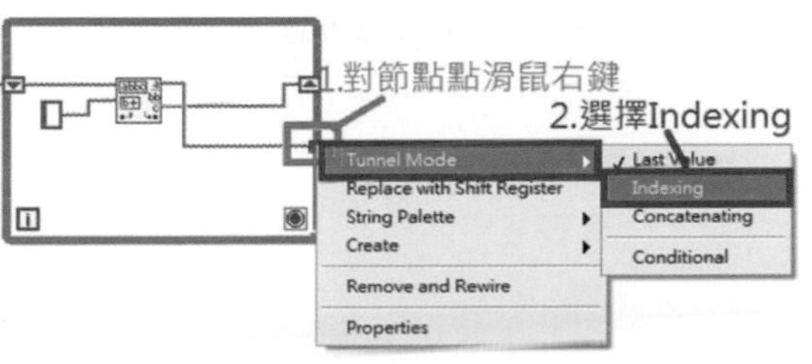

圖 15-17　Tunnel 設定為 Indexing

STEP 14 請在 Constant（常數）中輸入“,”（逗號），再將 offset past match 連接至「Functions→Programming→Comparison」中的 Less Than 0 ？上，之後連接至迴圈的停止元件，如圖 15-18 所示。

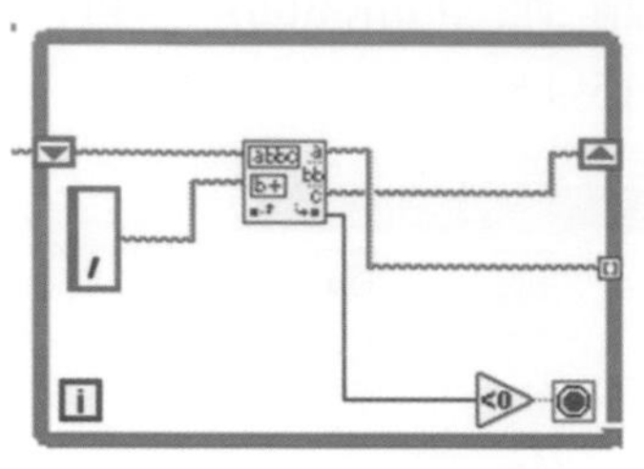

圖 15-18　程式畫面

STEP 15 從「Functions→Programming→Array」中取出 Index Array，再將迴圈的輸出節點連接至 Index Array 上，並在 Index Array 上建立一個 Constant（常數），其輸入值為 0，如圖 15-19 所示。

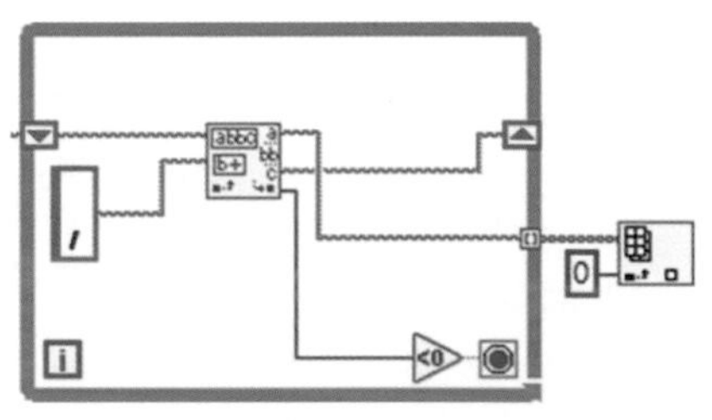

圖 15-19　程式畫面

STEP 16 到「Functions→Programming→Structure」中取出 Case Structure，並將 Index Array 的輸出端接上 Case Structure。再來從迴圈的輸出節點連接至 Case Structure 上，如圖 15-20 所示。

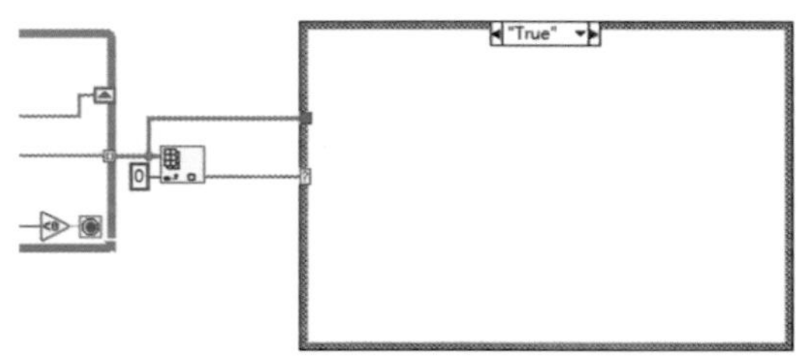

圖 15-20　程式畫面

STEP 17 請將 Case Structure 的“True”條件更改成“$GPGGA”、“False”條件更改成 Default，如圖 15-21 所示。

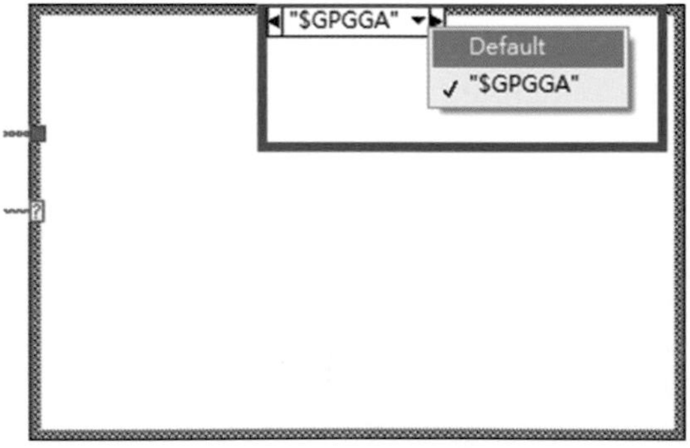

圖 15-21　程式畫面

STEP 18 在 Case Structure 中的 "$GPGGA" 條件下，建立「Functions → Programming → Array」中的 Index Array，並將節點連接至 Index Array 上，再建立一個 Constant（常數），其輸入值為 1，如圖 15-22 所示。由於需要從陣列位置 1 開始抓取資料，所以才需要在 Index Array 上加上一個 Constant（常數）並輸入 1。

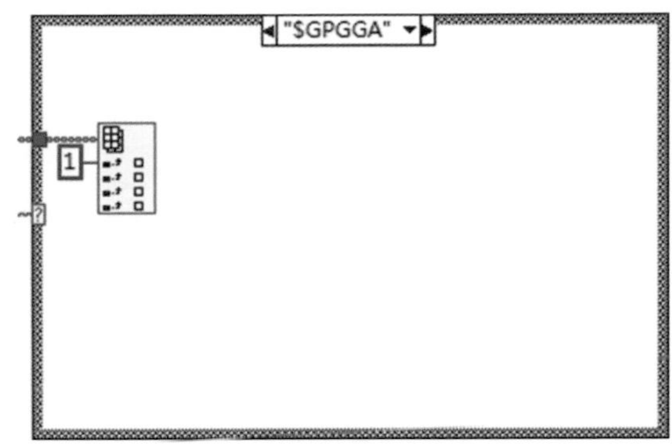

圖 15-22　程式畫面

由於 $GPGGA 中有許多的資料，在下列為幾筆重要的基本資料說明。

$GPGGA,123456,2407.8945,N,12041.7649,E,1,00,1.0,155.2,M,16.6,M,X.X,xxxx,*47

0.$GPGGA = GGA 衛星定位資訊。

1. 123456 = UTC of Position [接收到的世界標準時間][格式：時分秒]
2. 2407.8945 = Latitude [緯度][格式：度度分分 . 分分分分（1 度 = 60 分、1 分 = 60 秒）] 換算成 Google Map 單位 [格式：度度度度 . 度度度度（將分模組中得到的分 /60）]
3. N = N or S [N = 北半球、S = 南半球]
4. 12041.7649 = Longitude [經度][格式：度度度分分 . 分分分分（1 度 = 60 分、1 分 = 60 秒）]
5. E = E or W [E = 東半球、W = 西半球]
6. 之後的資料請自行上網搜尋

由上述可知，將會抓取五筆資料，所以在圖 15-19 中的 Index Array 取出第 0 筆，在圖 15-22 中的 Index Array 取出第 1 ～ 4 筆資料。

STEP 19 從 GPS 的 1 資料開始，請先到圖形程式區點滑鼠右鍵並取出「Functions → Programming → String」中的 Scan From String，如圖 15-23。

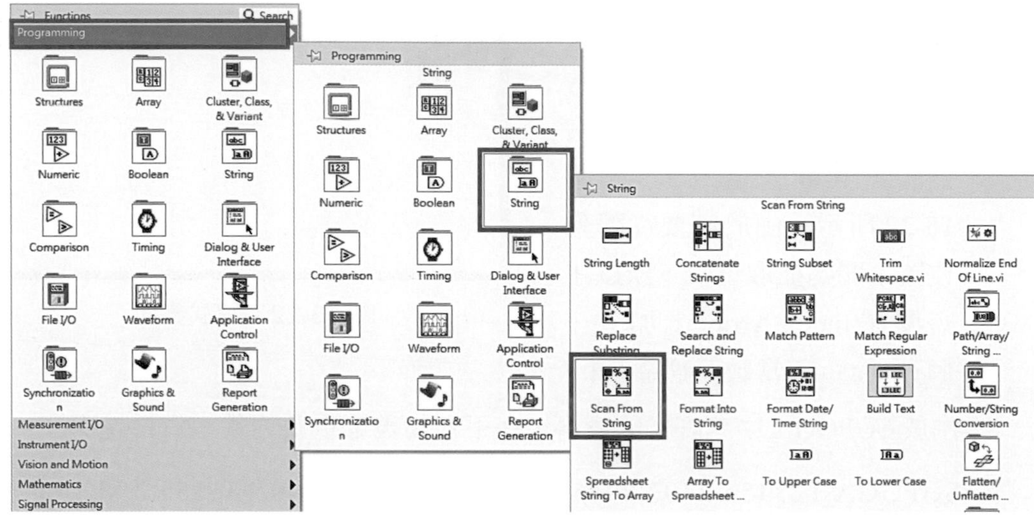

圖 15-23　Scan From String 路徑

STEP 20 請將 Index Array 第 1 個輸出端連接至 Scan From String 元件再快速雙擊來開啟設定視窗，如圖 15-24 所示。

圖 15-24　Scan From String 設定視窗

STEP 21 要來建立掃描動作，請先開啟選單再選擇 Scan decimal integer (12)，如圖 15-25所示。

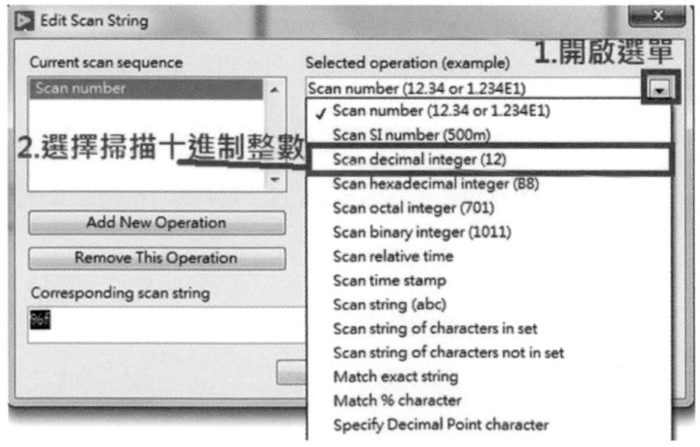

圖 15-25　設定掃描

STEP 22 選擇完後，先勾選 Use fixed field width，再輸入 2，來完成第 1 個掃描動作的設定，如圖 15-26 所示，再點選 Add New Operatione 來新增掃描動作。

圖 15-26　建立掃描動作

STEP 23 掃描動作設定完成後，點選新增，請再建立 3 組掃描動作，建立好後，點選 OK 來完成設定，如圖 15-27 所示，為什麼要建立三組呢？因為收到的資料為一組字串 123456，其格式為：時分秒，所以收到的字串資料將會被拆解成 12（時）、34（分）、56（秒）。

圖 15-27　完成設定

123456 = UTC of Position [接收到的世界標準時間][格式：時分秒]

STEP 24 由於接收到的時間為 UTC 時間，所以要在“時”的部分加上目前所在地的時差，來調整成所在地的時間。建立好的 Scan From String 會將收到的字串由左到右地拆開，並由上到下的排列輸出端（output 1 ～ 3）。接下來，請先將 Scan From String 的 output 1 連接至 add（加號算子）上。再來建立一個數值控制元件，命名為“時區”並也連接至 add（加號算子）上，如圖 15-28 所示。

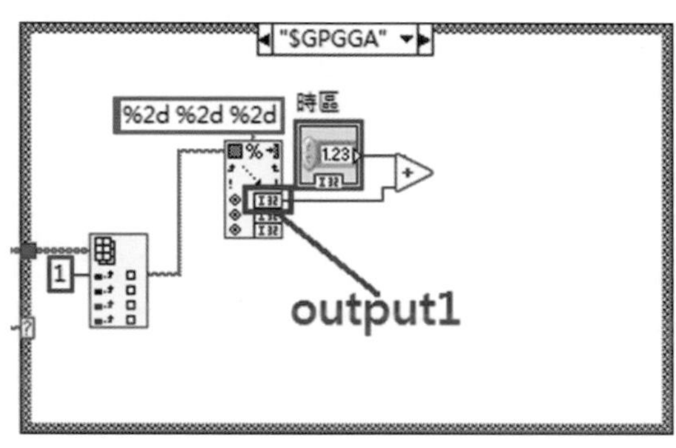

圖 15-28　程式畫面

STEP 25 在圖形程式區點滑鼠右鍵「Functions → Programming → String」中取出 Format Into String，如圖 15-29 所示。

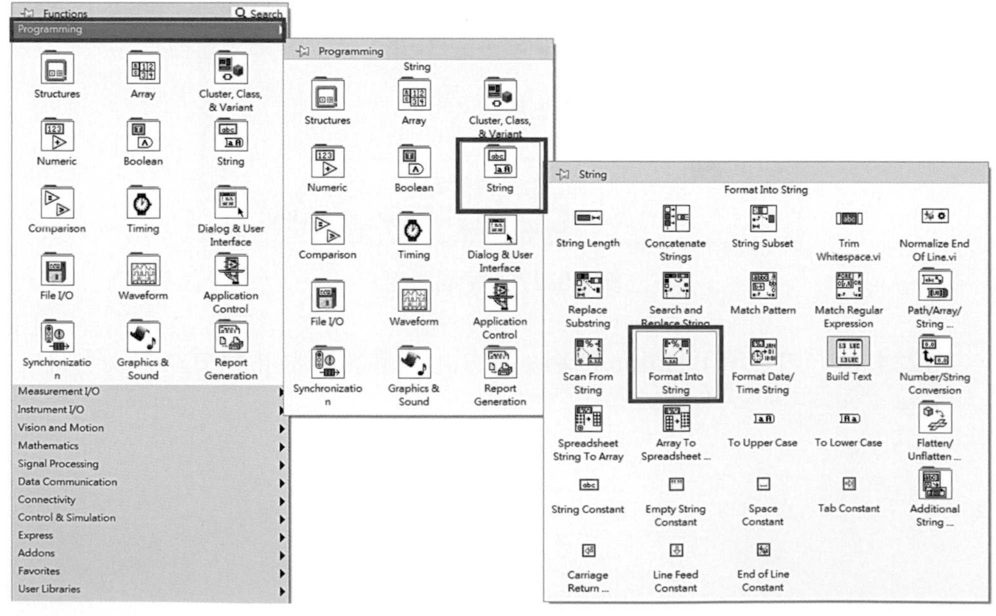

圖 15-29　Format Into String 路徑

STEP 26 取出 Format Into String 元件後，快速雙擊來開啟設定視窗，如圖 15-30 所示。

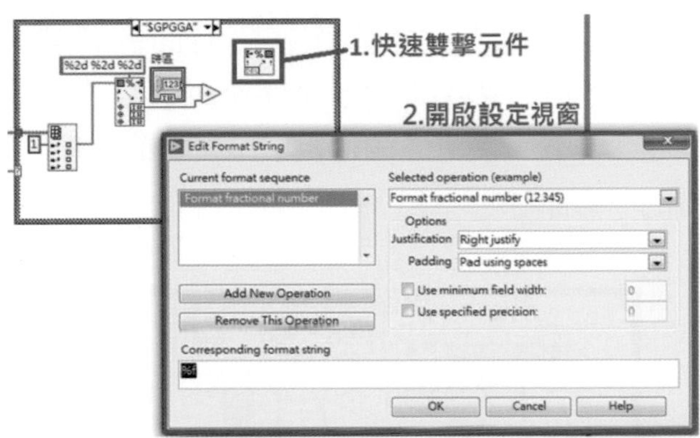

圖 15-30　Format Into String 設定視窗

STEP 27 請先選擇 Format decimal integer（12），再新增三組合併動作，完成後點選 OK，如圖 15-31 所示。

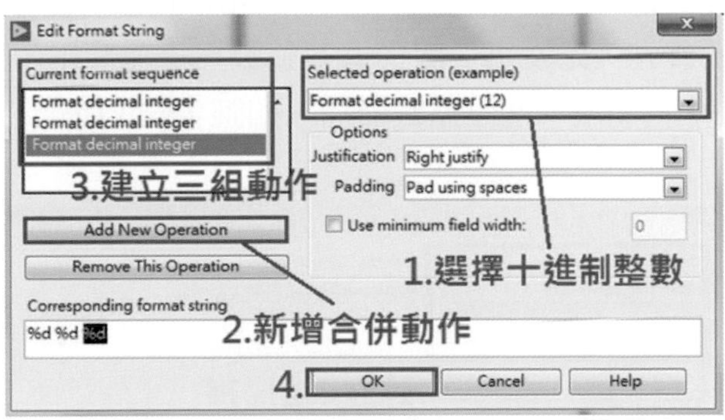

圖 15-31　Format Into String 設定過程

STEP 28 設定好 Format Into String 元件後，將 Scan From String 元件的 output 2、3 以及 Add 元件的輸出依序接上 input 1 ～ 3 上。再來替字串常數元件內的“%d %d %d”中間加上“：”，來當作區隔時間的符號，最後再 Format Into String 輸出端上建立一個字串顯示元件並命名為“現在時間”，如圖 15-32 所示。完成這部分後，便可完成這組字串資料的整理，將所謂的“資料”轉換成可觀看的“資訊”。

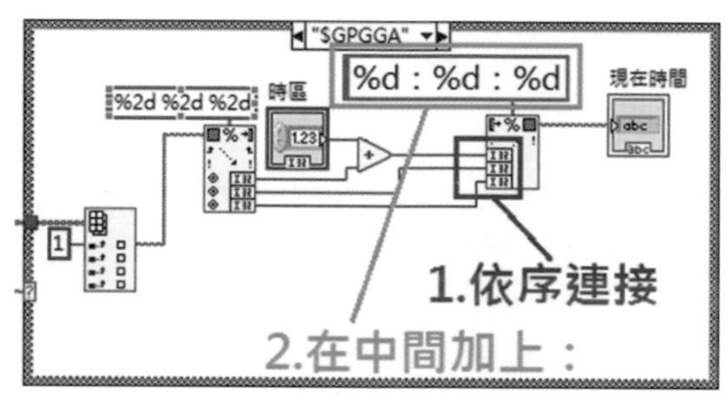

圖 15-32　程式畫面

2407.8945 = Latitude [緯度][格式：度度分分 . 分分分分（1 度 = 60 分、1 分 =60 秒）]

STEP 29 要處理緯度的部分，請先將 Scan From String 元件取出，再快速雙擊來開啟設定視窗。首先，先設定一個十進制整數掃描並使用勾選固定掃描數，且設定數值為 2，再新增一個浮點數掃描，如圖 15-33 所示。

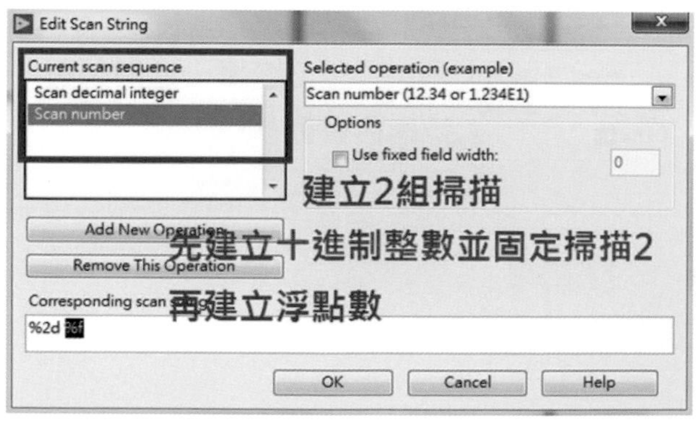

圖 15-33　Scan From String 設定

STEP 30 設定完成後，先將 Index Array 的第 2 個輸出連接至 Scan From String 元件的 input string 端上，接著將 output1 連接至 Add 上，最後將 output 2 的資料除以 60 再連接至 Add 上，如圖 15-34 所示。

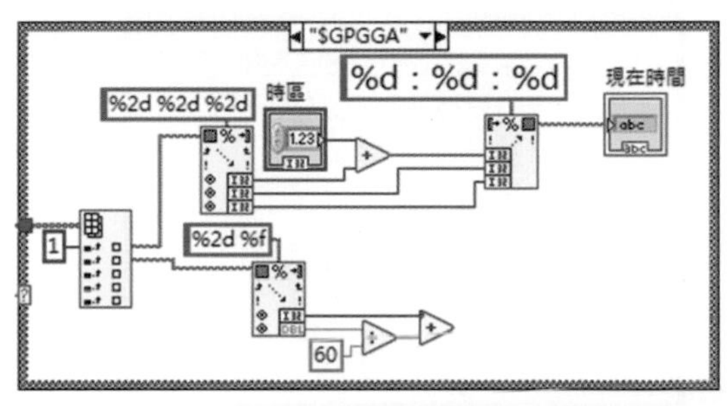

圖 15-34　程式畫面

STEP 31 要取出 Format Into String，一樣快速雙擊元件來進入設定視窗。接下來建立一個數值組合 [Format fractional number （12.345）]，以及一個字串組合 [Format string（abc）]，如圖 15-35 所示。

圖 15-35　Format Into String 設定過程

N = N or S [N= 北半球、S= 南半球]

STEP 32 將 Add 的輸出連接至 Format Into String 的 input 1 上，再將 Index Array 的第 3 個輸出連接至 Format Into String 的 input 2 上，如圖 15-36 所示。

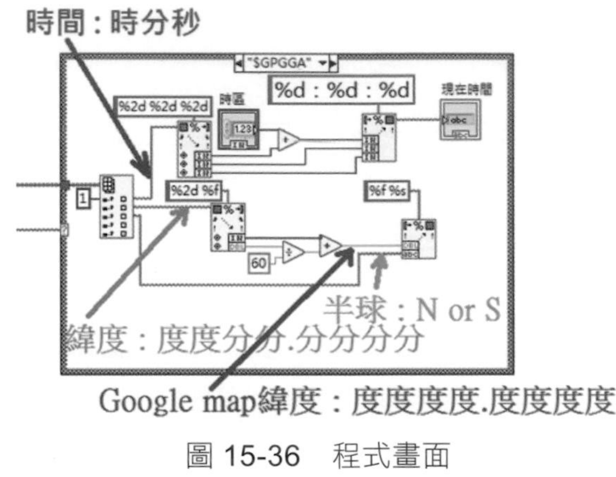

圖 15-36　程式畫面

STEP 33 請在 Format Into String 的 resulting string 輸出端上建立一個字串顯示元件，並取名為緯度 & 半球，如圖 15-37 所示。

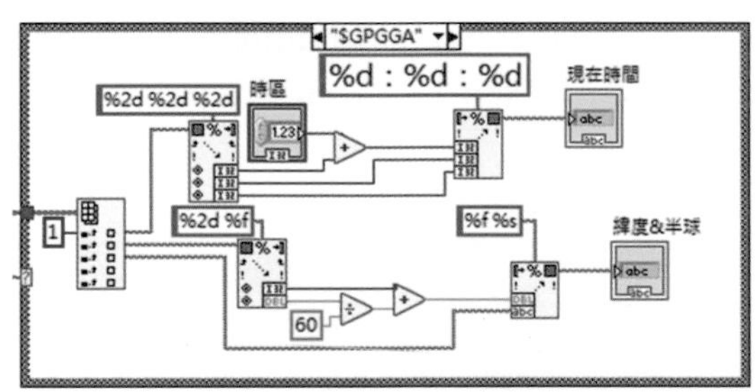

圖 15-37　程式畫面

12041.7649 = Longitude [經度][格式：度度度分分 . 分分分分（1 度 = 60 分、1 分 = 60 秒）]

E = E or W [E = 東半球、W = 西半球]

STEP 34 將剛剛緯度與半球部分的元件全部框起來，在按住 Ctrl+ 滑鼠左鍵來拖曳框起來的部分，來複製剛剛建立完成的元件及運算子，如圖 15-38 所示。

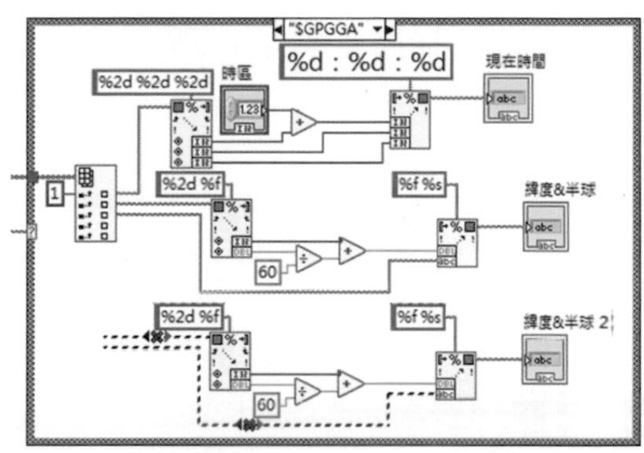

圖 15-38　程式畫面

STEP 35 將 Index Array 的第 4、5 個輸出連接至 Scan From String 元件的 input string 端上以及 Format Into String 的 input 2 上，如圖 15-39 所示。

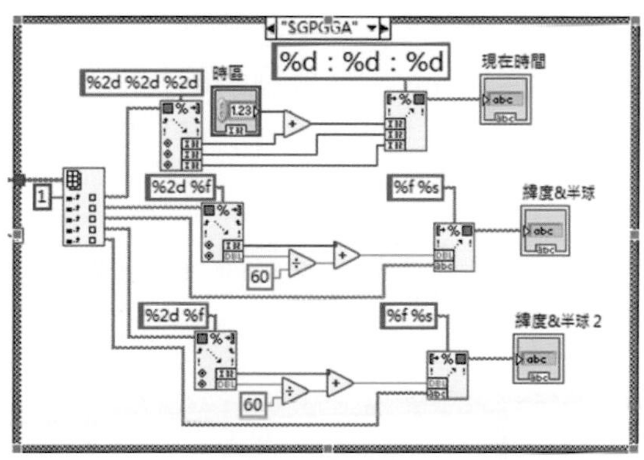

圖 15-39　程式畫面

STEP 36 將 Scan From String 的 Constant（常數）內的字串 %2d%f 改成 %3d%f，並將字串顯示元件取名為經度 & 半球，如圖 15-40 所示。由於緯度的格式為：度度分分 . 分分分分，經度的格式為：度度度分分 . 分分分分，為了配合經度的格式，所以在這將字串掃描整數的部分調整為 3 個（緯度的度有二個，經度的度有三個）。

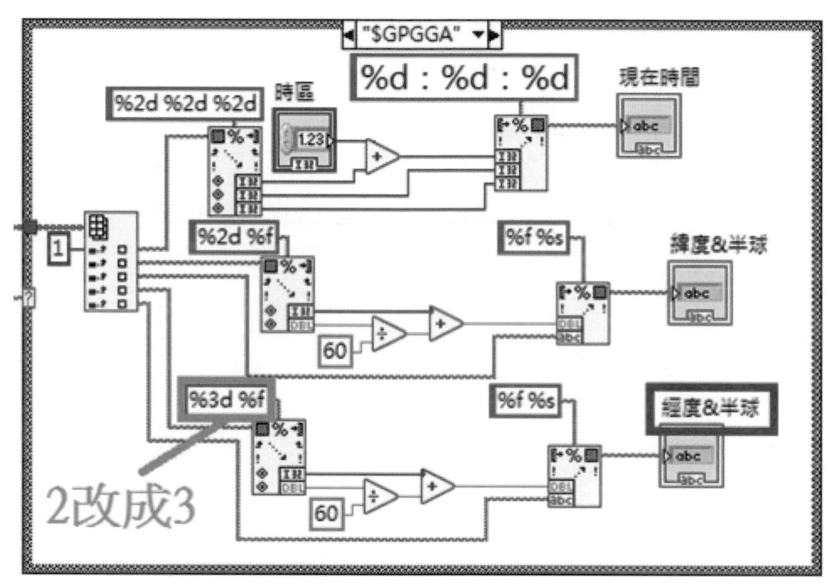

圖 15-40　程式畫面

STEP 37 取出一個 wait 並設定 100ms，再替迴圈的停止端接上 Stop 布林控制元件、編排人機介面後就即可完成這個 VI 的撰寫，如圖 15-41 所示。

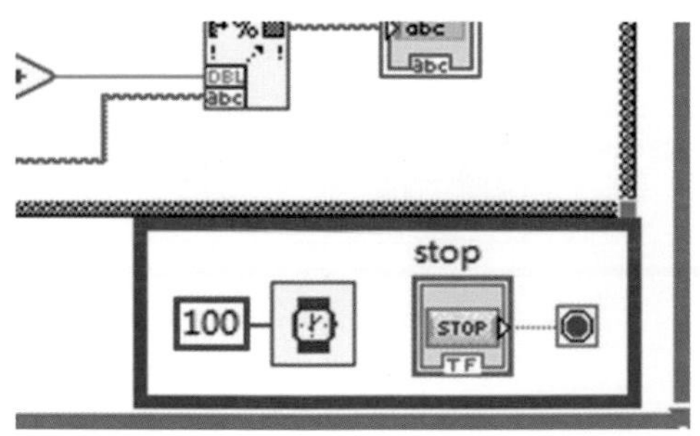

圖 15-41　Wait 與 Stop 端設定

STEP 38 輸入所在時區（臺灣時區為 +8），之後點選執行來讀取 GPS 接收器的資料，如圖 15-42 所示。便可取得目前的時間及所在的位置經度、緯度、北半球及西半球，接著請自行利用這些資料來撰寫其他的專案吧。（請將 myRIO 與 GPS 模組放置於室外空曠處）

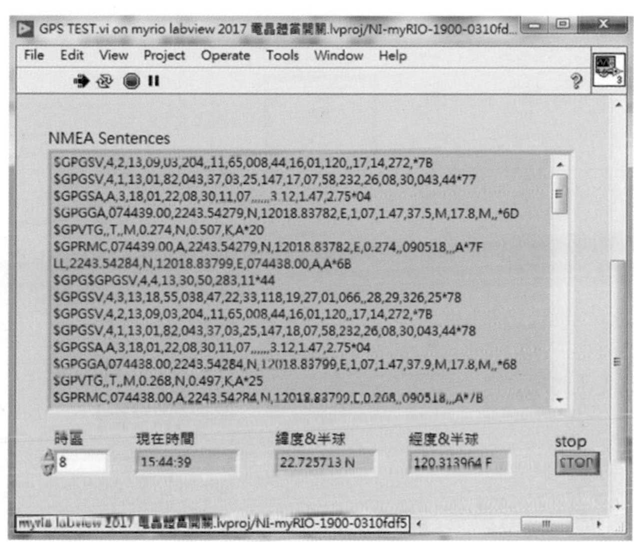

圖 15-42　程式執行

15-6　主要元件使用介紹

接著，要教導讀者這些元件的使用，請依照步驟來撰寫程式，並學習如何使用這些元件。

15-6-1　Match Pattern

Match Pattern 的腳位如圖 15-43 所示。

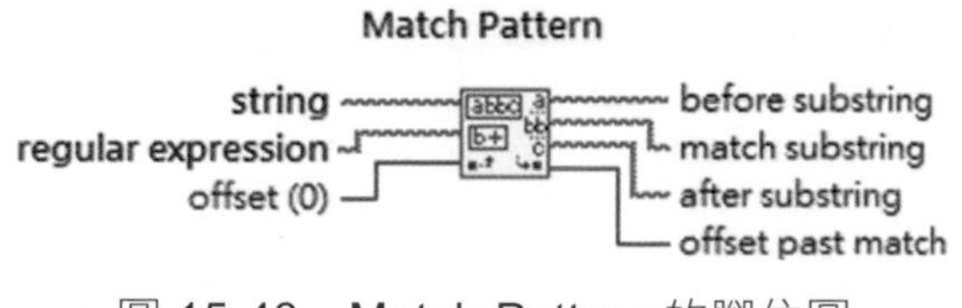

圖 15-43　Match Pattern 的腳位圖

STEP 1 請先到圖形程式區點滑鼠右鍵並取出「Functions → Programming → String」中的 Match Pattern，如圖 15-44 所示。

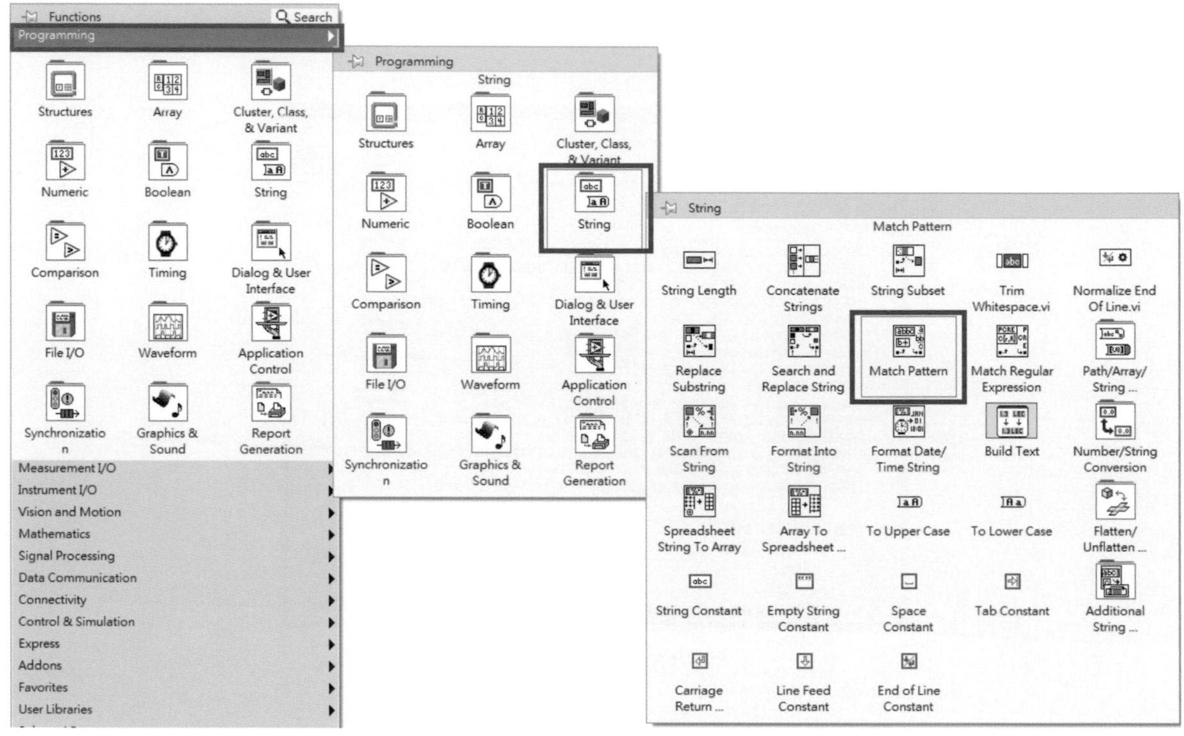

圖 15-44　Match Pattern 路徑

STEP 2 請將元件的輸入及輸出端接上控制元件與顯示元件，如圖 15-45 所示。

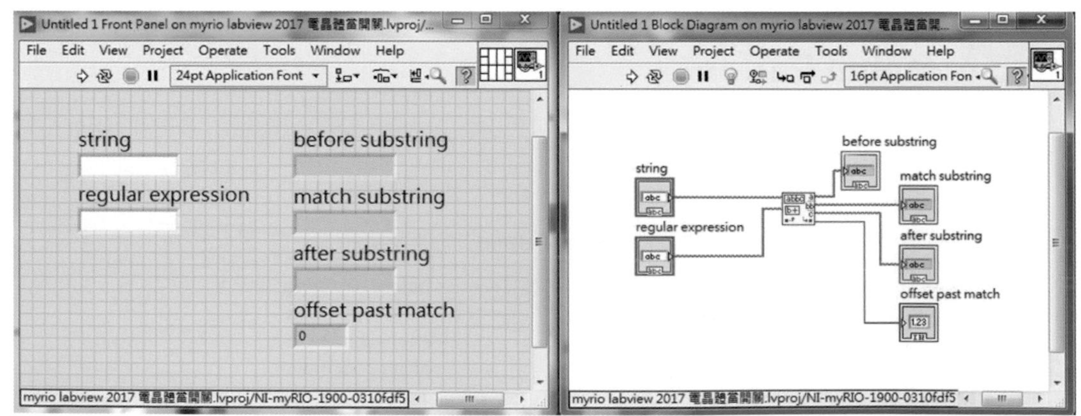

圖 15-45　程式畫面

STEP 3 請依照圖 15-46 所示來更改控制及顯示元件的名稱，取名為“資料字串”、“目標”、“目標之前的字串”、“匹配的目標”、“目標之後的字串”與“目標的位置”。

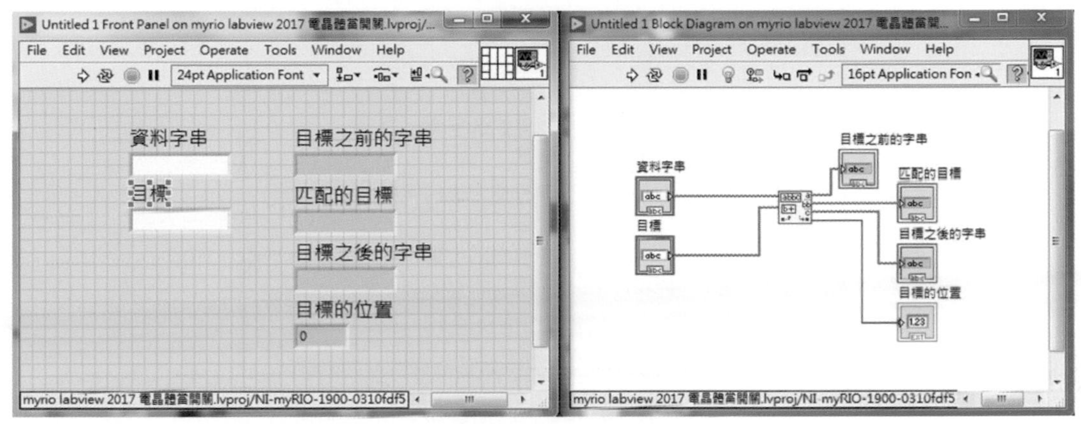

圖 15-46　程式畫面

在“資料字串”中輸入“1234A6789”，在“目標”中輸入“A”，輸入完後，執行程式來觀看結果，如圖 15-47 所示。執行後會得到以下的資料：

[“目標之前的字串”中顯示的字串為“1234”]

[“匹配的目標”中顯示的字串為“A”]

[“目標之後的字串”中顯示的字串為“6789”]

[“目標的位置”中顯示的數值為“5”]

由人機介面上得到的資訊來看，這些顯示元件會依照“資料字串”以及“目標”來前後切割並擺放至相對的顯示元件上。（在這裡以顏色來標示“字串資料”內，字串的相對關係）

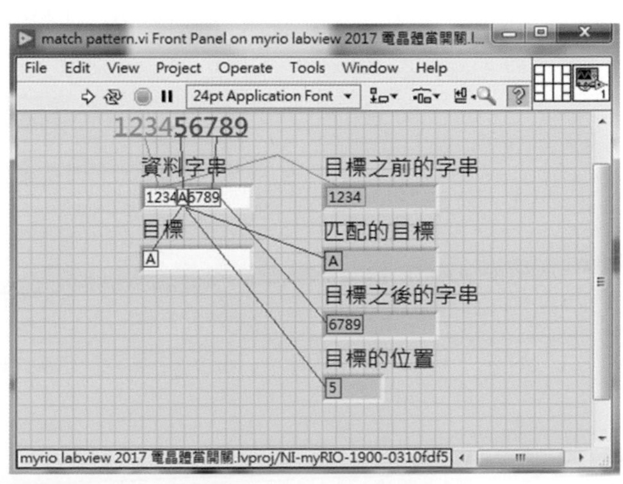

圖 15-47　程式畫面

STEP 4 請將“資料字串”中的資料換成“1234567A9”，如圖 15-48 所示，並執行程式。

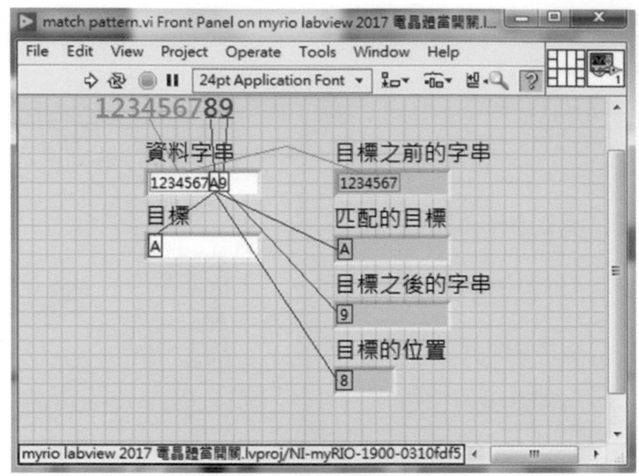

圖 15-48　程式畫面

執行後會得到以下的資料：

[“目標之前的字串”中顯示的字串為“1234567”]

[“匹配的目標”中顯示的字串為“A”]

[“目標之後的字串”中顯示的字串為“9”]

[“目標的位置”中顯示的數值為“8”]

由圖 15-47 與圖 15-48 即可更了解 Match pattern 元件的功能是什麼了。

STEP 5 請將“資料字串”中的資料換成“123456789”，如圖 15-49 所示，之後執行程式。

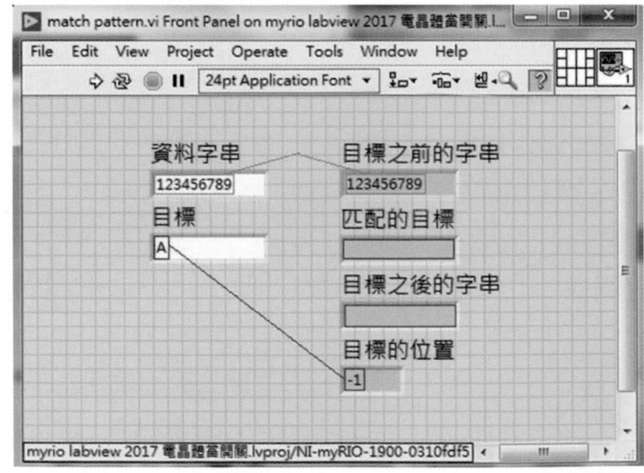

圖 15-49　程式畫面

執行後會得到以下的資料：

[“目標之前的字串”中顯示的字串為“123456789”]

[“匹配的目標”中顯示的字串為“ ”]

[“目標之後的字串”中顯示的字串為“ ”]

[“目標的位置”中顯示的數值為“-1”]

由於在“資料字串”中，並沒有所謂的“目標”在裡面，所以搜尋不到“目標”的時候“目標的位置”會以“–1”來表示。

15-6-2 Scan From String

再來要學習的第二個元件為 Scan From String，在前面第 9 章中，雖然有提過，但並沒有將其功能全部使用過，所以在這裡要來教導讀者沒學到的部分。在這裡要來學會如何使用 Scan From String 來切割以及區分所得到的資料，Scan From String 的腳位，如圖 15-50 所示。

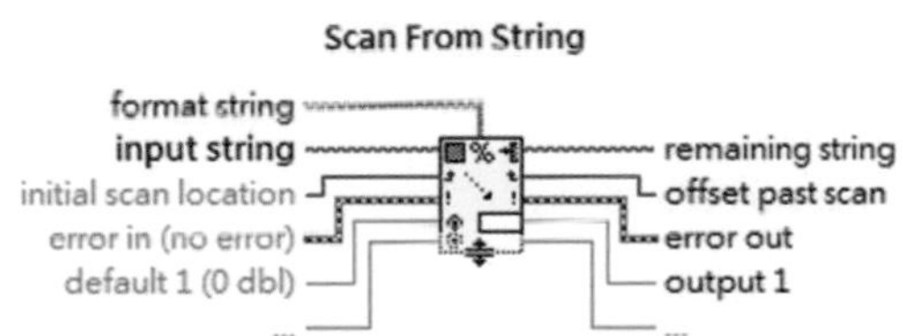

圖 15-50　Scan From String 的腳位圖

STEP 1 請先到圖形程式區點滑鼠右鍵並取出「Functions → Programming → String」中的 Scan From String，如圖 15-51 所示。

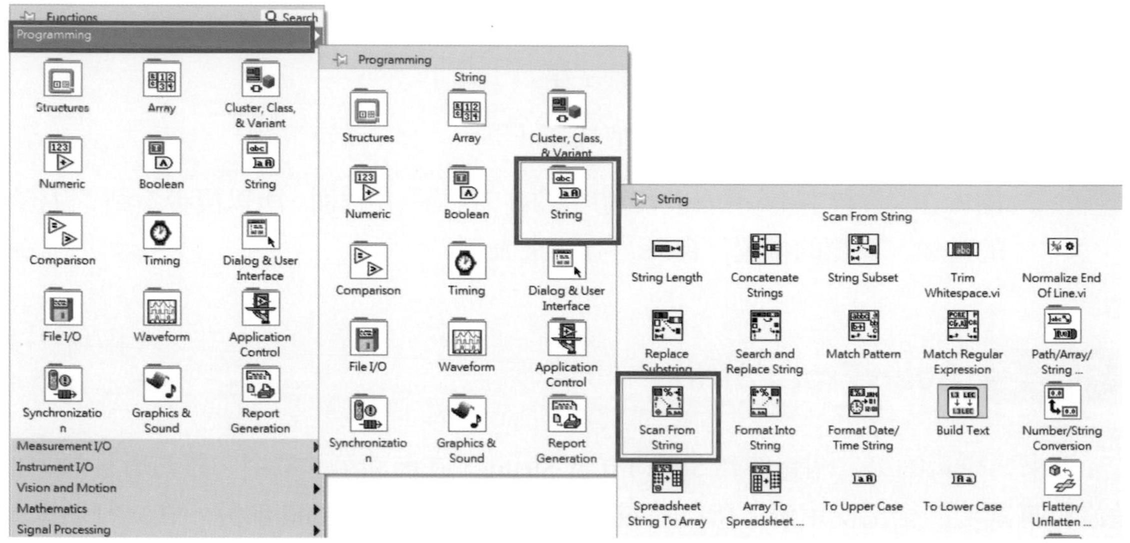

圖 15-51　Scan From String 路徑

STEP 2 請快速雙擊 Scan From String 來開啟設定視窗，再來請將選單展開，如圖 15-52 所示。請依照圖內的註解來調整設定視窗。

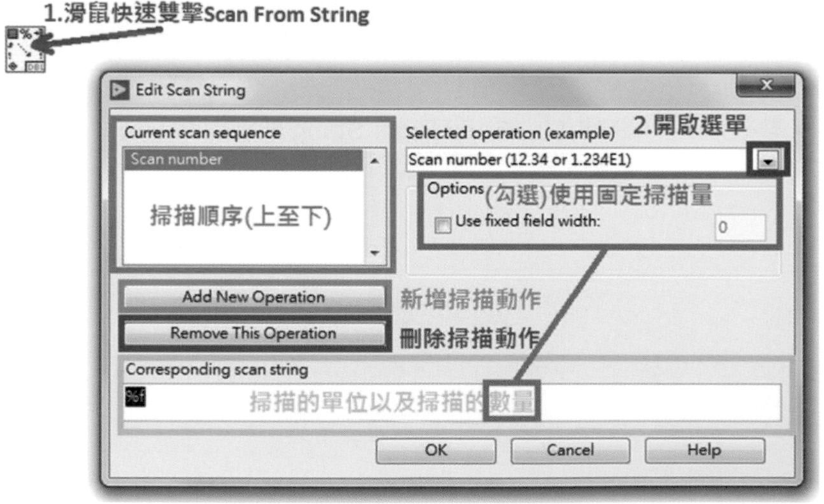

圖 15-52　Scan From String 設定

STEP 3 開啟選單後，選擇 Scan decimal integer (12)，再點選 Add New Operation，如圖 15-53 所示。

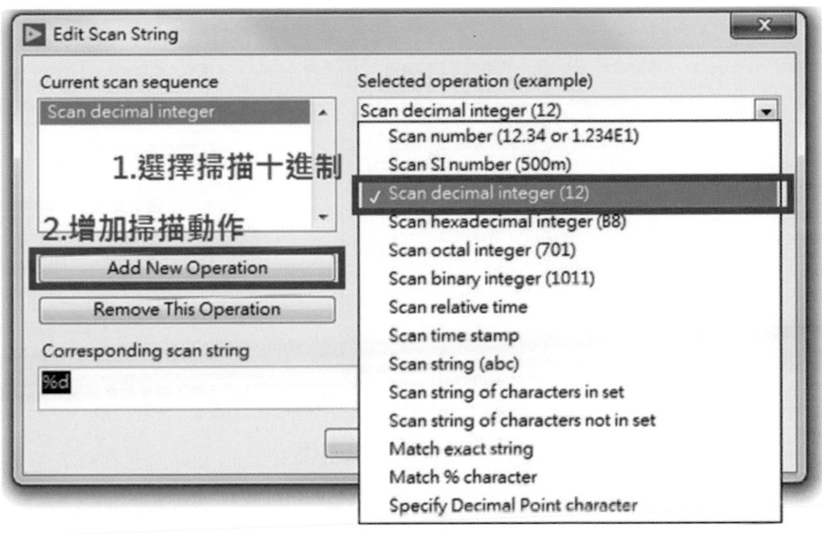

圖 15-53　設定掃描動作

STEP 4 新增掃描動作後，再開啟選單並選擇 Scan number (12.34 or 1.234E1)，完成後點選 OK 來儲存設定，如圖 15-54 所示。

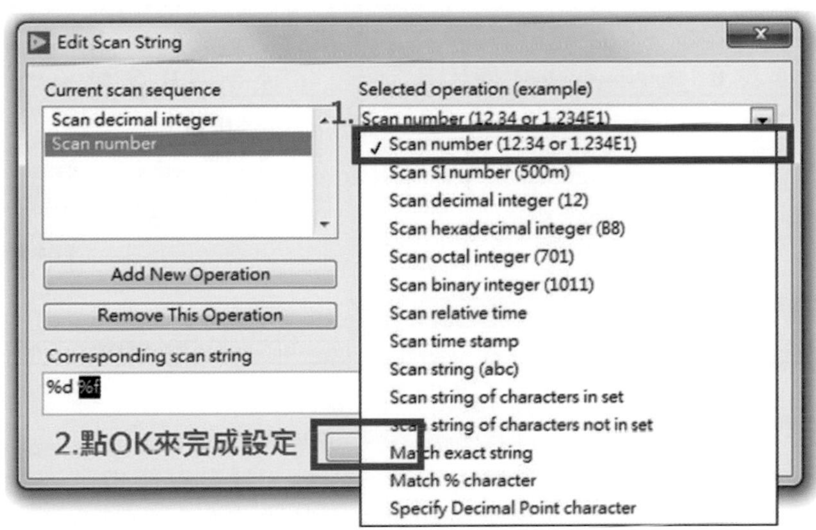

圖 15-54　新增掃描動作

STEP 5 再來請將 input string、format string、整數 output 與浮點數 output 接上控制及顯示元件，如圖 15-55 所示。

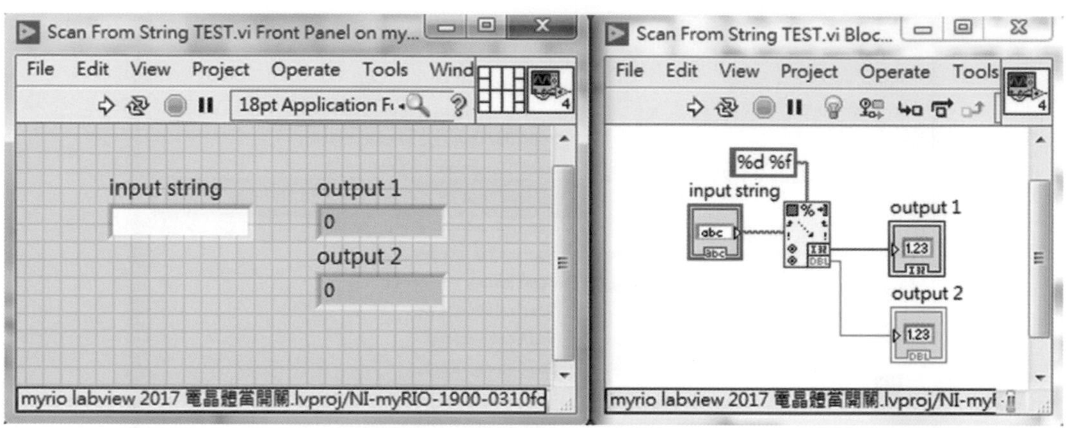

圖 15-55　程式畫面

STEP 6 請將 input string、整數 output 與浮點數 output 分別取名為輸入字串、整數資料以及浮點數資料，如圖 15-56 所示。再來請輸入 120.471 後點選執行，即可得到“整數資料”120 與“浮點數資料”0.471，在這邊要請注意輸出的資料型態為數值。

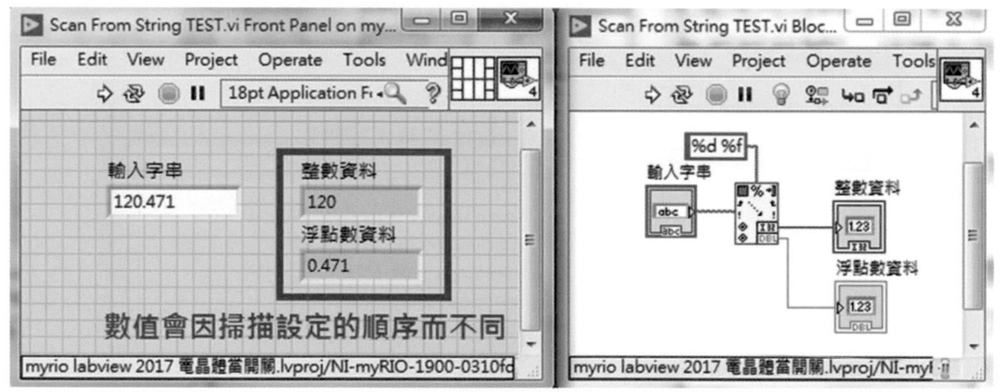

圖 15-56　程式執行

註 在圖15-57中，將掃描順序改變後，執行程式，就可以發現“浮點數資料”將“輸入字串”的資料都擷取出來，所以在“整數資料”中將會沒有可掃描的資料。

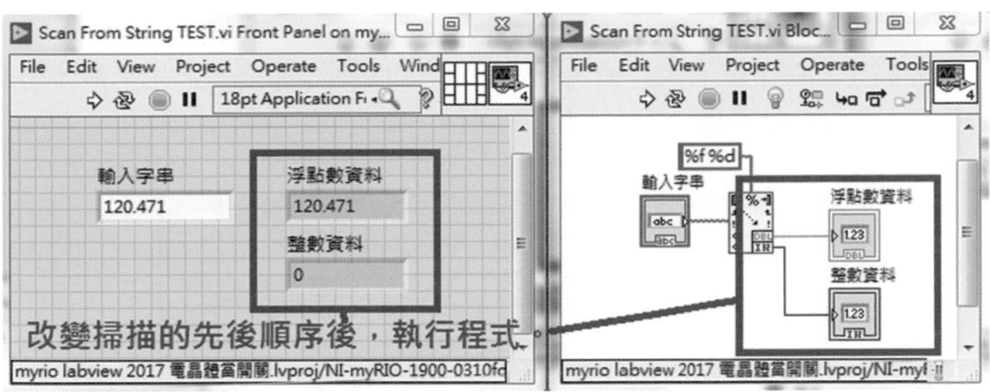

圖 15-57　程式執行

15-6-3 Format Into String

接著來看看跟 Scan From String 有關連的元件，這個元件的名稱為 Format Into String，腳位如圖 15-58 所示。此元件的功能與 Scan From String 相反，是將得到的資料組合並轉成字串來顯示。

Format Into String

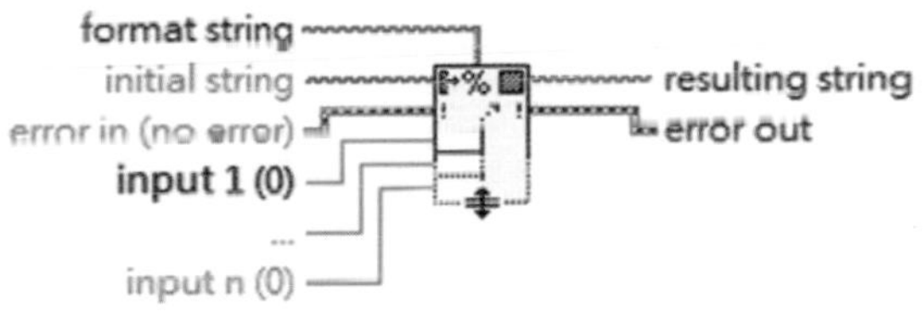

圖 15-58　Format Into String 的腳位圖

STEP 1 開啟新的 VI，並在圖形程式區點滑鼠右鍵「Functions → Programming → String」中取出 Format Into String，如圖 15-59 所示。

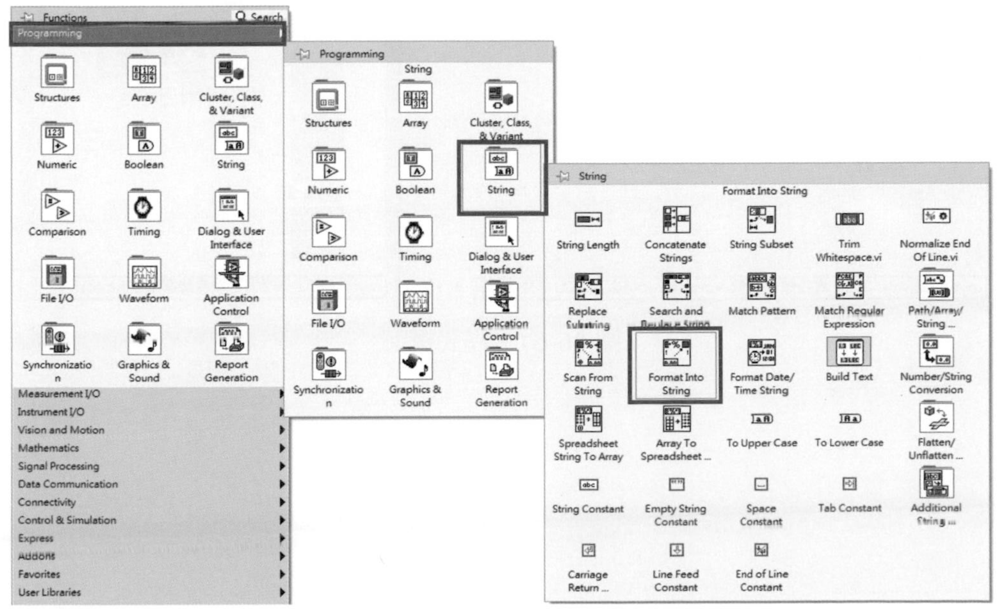

圖 15-59　Format Into String 路徑

STEP 2 對 Format Into String 快速雙擊滑鼠左鍵來開啟設定視窗（參考圖 15-52），並設定三個十進制組合輸入端，如圖 15-60 所示來完成設定。設定方式請參照前圖 15-52 ～圖 15-54 來建立。

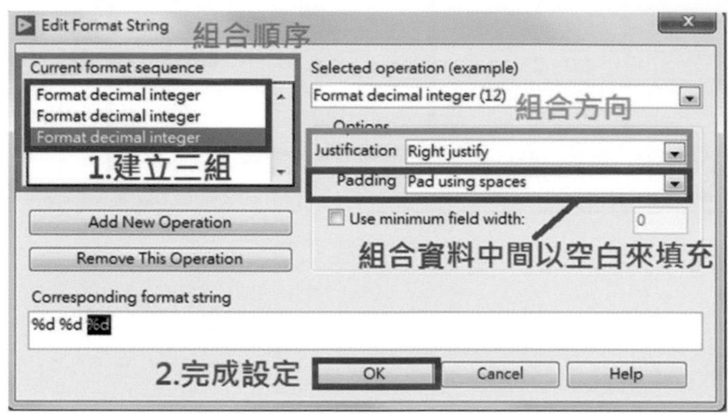

圖 15-60　Format Into String 設定

STEP 3 完成設定後，再將 Format Into String 元件接上控制及顯示元件，如圖 15-61 所示，再將 resulting string（字串顯示元件）取名為“組合字串”。

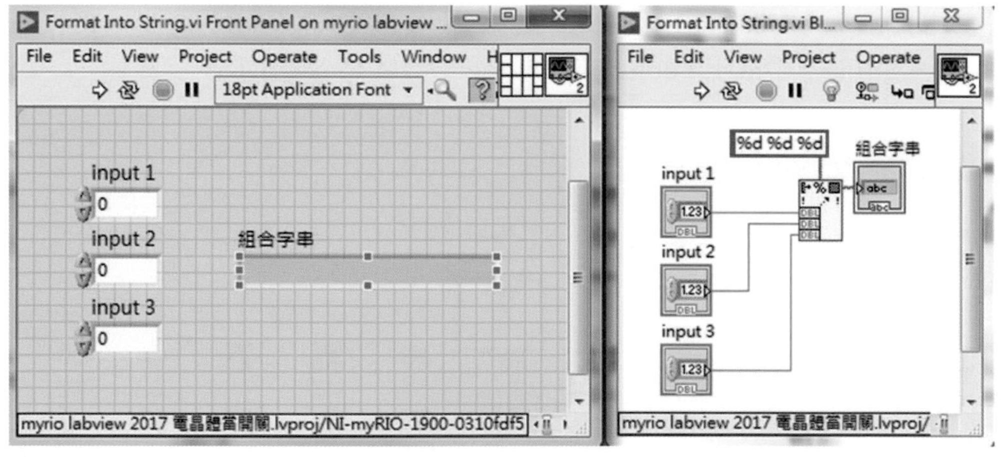

圖 15-61　程式畫面

STEP 4 請將 input1 ～ 3 輸入 12、34 與 56，並執行軟體，如圖 15-62 所示。再“組合字串”中就會顯示：12 空白 34 空白 56，這樣就能理解 Format Into String 是如何將其他資料組合起來。

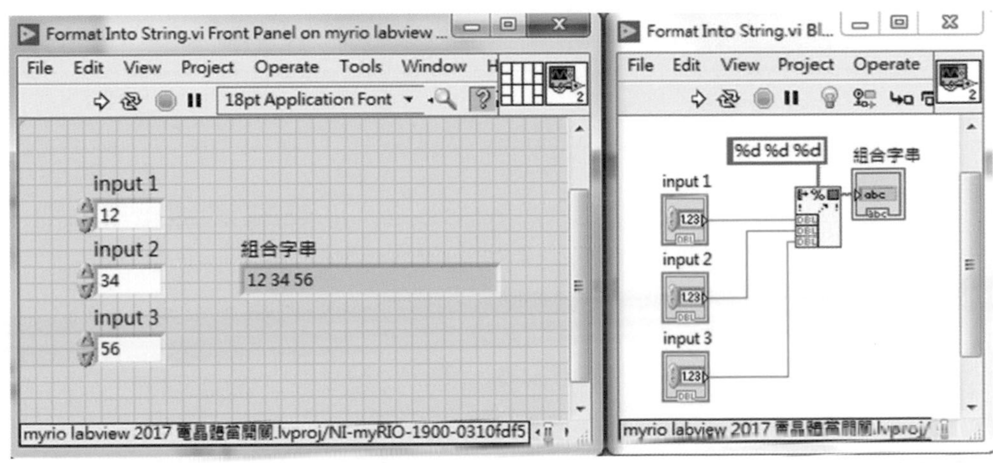

圖 15-62　程式執行

STEP 5 請到圖形程式區中，在“字串常數元件”內輸入“：”，如圖 15-63 所示。再執行程式，即可看到在“組合字串”中顯示著 12：34：56，這樣就能將此資料轉換成時間來表示。雖然 input 中的數字是隨便挑選地，但是只要加上相對的符號即可變成一個有意義的資料，在 Format Into String 中還有其他的使用方法就再請各位讀者自行去挖掘了。

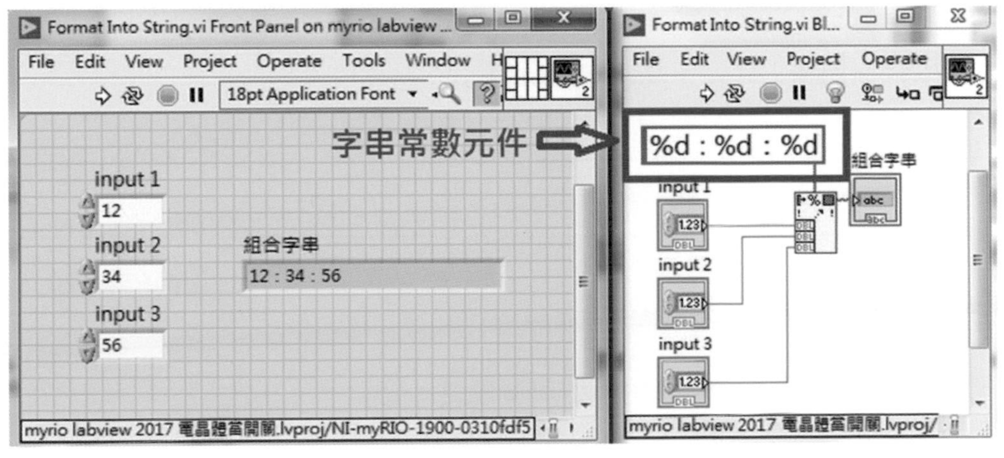

圖 15-63　程式執行

NOTE

養殖池溶氧監測系統

16-1 溶氧感測器 (DO) 原理

DO(Dissolved Oxygen) 指溶解於水中之含氧量，其濃度單位以 mg/L 表示，一公升 (L) 的溶液中有某物質一毫克 (mg)，某物質含量即為 1ppm。以水來說，一公升 (L) 的水有一公斤 (kg) 重，一公斤比上一毫克的比值剛好是一百萬，也就是說 1mg/L = 1ppm。

氧為生物生存 (新陳代謝) 所需之基本元素。因此，在河川水質監測實務上，溶氧量被視為是判斷水質好壞之主要指標。一般而言，濃度愈高代表水質狀況愈好。水中之飽和溶氧量受水溫及水中含有之雜質量之影響。水溫愈高飽和溶氧量 (濃度) 愈低。例如，當水中氯鹽濃度為 0mg/L 且水溫為 25℃ 時，其飽和溶氧量為 8.38mg/L，若水溫降為 20℃，則飽和溶氧量升高為 9.17mg/L。而廢 (污) 水因含有大量有機及無機之雜質，其飽和溶氧量較純水為低。

在水產養殖過程中，水中溶氧量須維持生物的基本耗氧需求，才能達到生存的基本條件。在水源品質方面，水中溶氧量是水質好壞的重要指標。水中溶氧量高表示水質較佳；反之，則表示水質受污染較為嚴重。而水在一般在室溫下的水溫為 25 度，25 度的飽和溶氧量為 8.25mg/L。

在溶氧計測方法中，雖以 Winkler method 之化學分析法可得到精確資料，但是採樣計測過程費時，且實驗過程的精密與否影響準確度甚大。我國監測用感測器產業由於市場規模及生產技術不足，其來源仍需仰賴國外先進工業國家進口。臺灣所使用的溶氧計測用感測器全部由國外進口，包含可更換薄膜及補充電解液之重複使用型，以及與不需更換薄膜及補充電解液之簡易型等兩種。

在工業生產或科學研究中，如果需要測量水或溶液中所溶解氧的濃度，常採用克拉克 (clark) 法。由於該法可直接將待測參數轉換成電信號，測試回響靈敏，便於實現連續線上分析，因而套用十分廣泛，如圖 16-1。由於選擇的陽極材料及電解液不同，克拉克法又分為電化學極譜法和 Galvanic 薄膜電流法。

極譜法測定水中溶解氧的陰極為金或鉑電極，陽極為銀電極 (Ag/AgCl 參比電極)。電解液為 KCl 溶液，直流電源電壓 0.65V ～ 0.85V。當將陽極材料改用鉛，電解液換成 KOH 溶液，即為 Galvanic 法。Galvanic 法與極譜法相比，由於陽極鉛的氧化反應更迅速，因而測試讀數更快捷，且無需極化，多用於實驗室一般分析，注意使用中應頻繁應進行維護保養，如圖 16-1。而極譜法使用前必須進行極化，但無需頻繁維護，特別適用於連續過程的線上分析，如圖 16-2。

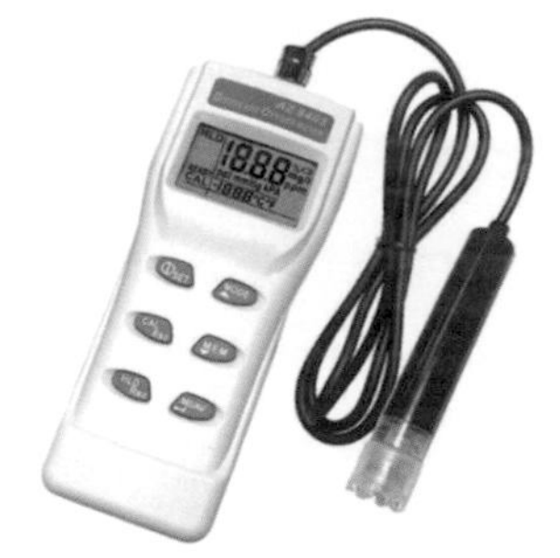

圖 16-1　8403AZ 高精度溶氧計

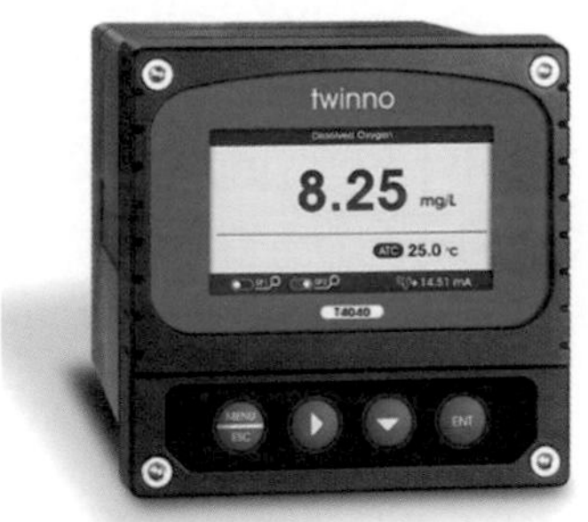

圖 16-2　twinno T4040 極譜在線溶氧儀

16-2　元件特性

如圖 16-3 為本章節採用的溶氧感測器，此為 DFRobot 公司原廠生產的模擬類比式溶氧感測儀組 (Analog Dissolved Oxygen Sensor, DFRobot)。本溶氧感測器的規格為表 16-1 所示。感測棒所需的電源 DC 3.3 ～ 5V 是透過廠商提供的信號轉接板來供給。溶氧量的檢測範圍：0 ～ 20mg/L，檢測的工作溫度範圍：0 ～ 40°C。溶氧檢測棒與信號轉換板採用 BNC 接頭連接。

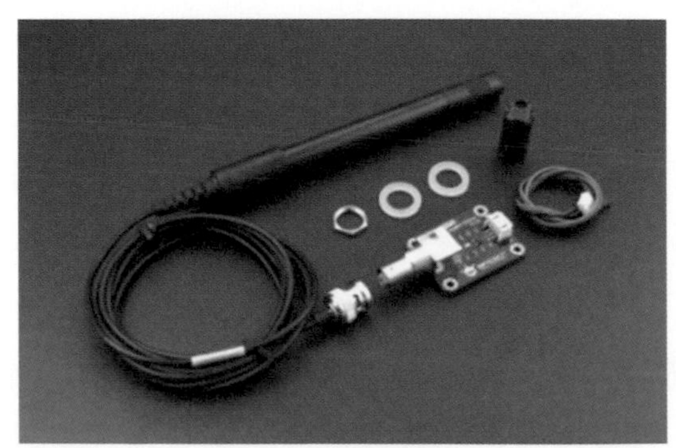

圖 16-3　溶氧感測儀組

表 16-1　溶解氧電極規格表

電極類型	原電池型電極
檢測範圍	0 ～ 20mg/L
工作溫度範圍	0 ～ 40℃
工作響應時間	90 秒達到 98% 全響應 (25℃)
工作壓力範圍	0 ～ 50PSI
流動條件	0.3mL/s
電極芯壽命	1 年 (正常使用情況下)
維護週期	視水質狀況，對於渾水，通常 1 ～ 2 個月需更換膜帽；對於清水，通常 4 ～ 5 個月需更換膜帽。電極補充液建議每個月更換一次。
線纜長度	2 米
連線接口	BNC

表 16-2　信號轉接板規格表

供電電壓	3.3 ～ 5.5V
輸出電壓	0 ～ 3.0V
電極接口	BNC
信號接口	Gravity 接口 (PH2.0 ～ 3P)
板子尺寸	42mm×32mm

本感測器所使用的量測方式為薄膜電極法。薄膜電極法原理：溶氧計構造上有兩金屬電極為陽極與陰極，電極間充滿電解液，並以一層薄膜將電極與電解液包覆，以分隔待測液體。液體無法通過膜層，但溶液中的氧氣可以通過薄膜進入並在陽極產生氧化還原，依據原理不同，氧化還原反應所產生之電流大小與氧氣量呈正比，即可推測出含氧量。再加上一個溫度感測器，即可以計算出溶氧百分比的數值。其溫度與飽和溶氧量的關係表，如表 16-3 所示。

原電池型電極無需外加電壓，一般由貴金屬白金、金或銀當作陰極；由鉛當作陽極。極譜型電極需要外加 0.6V ～ 0.8V 的電壓。一般由貴金屬，如白金或金當作陰極；由銀當作陽極。由於電解質發生反應，因此，在一定的時間後必須補充電解質。溶氧電極結構一般由陰極、陽極、電解質和塑料薄膜構成。極譜型電極的陰極表面做的非常小，一般直徑範圍在 1μm ～ 50μm。輸出的電流非常的小，因此需要搭配放大器，即為信號轉換板，轉換板規格如圖 16-4 所示。

註　填充液為0.5 mol/L NaOH溶液。需要在使用前將其倒入膜帽中，請謹慎使用此操作，因為該溶液具有腐蝕性，請記得戴手套！如果溶液不小心滴到皮膚上，請立即用大量水清洗皮膚。膜帽中的透氧膜敏感且易碎，處理時要小，應避免使用指甲和其他尖銳物體。DO感測器在測量過程中會消耗少量氧氣，請輕輕攪拌溶液，讓氧氣均勻分佈在水中。

表 16-3　溫度與飽和溶氧的關係表

T(℃)	DO(mg/L)	T(℃)	DO(mg/L)	T(℃)	DO(mg/L)
0	14.60	16	9.86	32	7.30
1	14.22	17	9.64	33	7.17
2	13.80	18	9.47	34	7.06
3	13.44	19	9.27	35	6.94
4	13.08	20	9.09	36	6.84
5	12.76	21	8.91	37	6.72
6	12.44	22	8.74	38	6.60
7	12.11	23	8.57	39	6.52
8	11.83	24	8.41	40	6.40
9	11.56	25	8.25	41	6.33
10	11.29	26	8.11	42	6.23
11	11.04	27	7.96	43	6.13
12	10.76	28	7.83	44	6.06
13	10.54	29	7.68	45	5.97
14	10.31	30	7.56	46	5.88
15	10.06	31	7.43	47	5.79

Board Overview

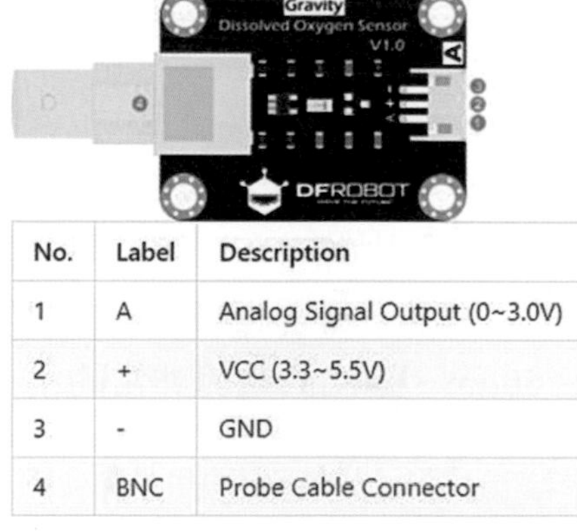

No.	Label	Description
1	A	Analog Signal Output (0~3.0V)
2	+	VCC (3.3~5.5V)
3	-	GND
4	BNC	Probe Cable Connector

圖 16-4　信號轉接板接腳

16-3　訊號處理

16-3-1　感測器校正

感測器校正步驟如下：

STEP 1　首先不要急著把感測器接到 myRIO-1900。先來做校正，第一步先準備一杯飽和氧的純淨水 (用幫浦連續打水 10 分鐘使溶解氧飽和)

STEP 2　停止抽吸，待氣泡消失後再放入探頭。

STEP 3　放置探頭後，繼續緩慢攪拌，同時避免任何氣泡。

STEP 4　輸出電壓穩定後，記錄電壓，即當前溫度下的飽和溶解氧電壓 (CAL_V)，並同時拿溫度計測量水溫 (CAL_T)。

16-3-2　myRIO-1900 及溶氧感測器接線

首先將轉換板上的＋端接腳接至 myRIO-1900 的＋5V 接腳，再來將轉換板上的－端接腳接至 myRIO-1900 的 GND 接腳，最後將轉換板上的 A 端接至 myRIO-1900 的 AI 0 接腳。如圖 16-5 所示。

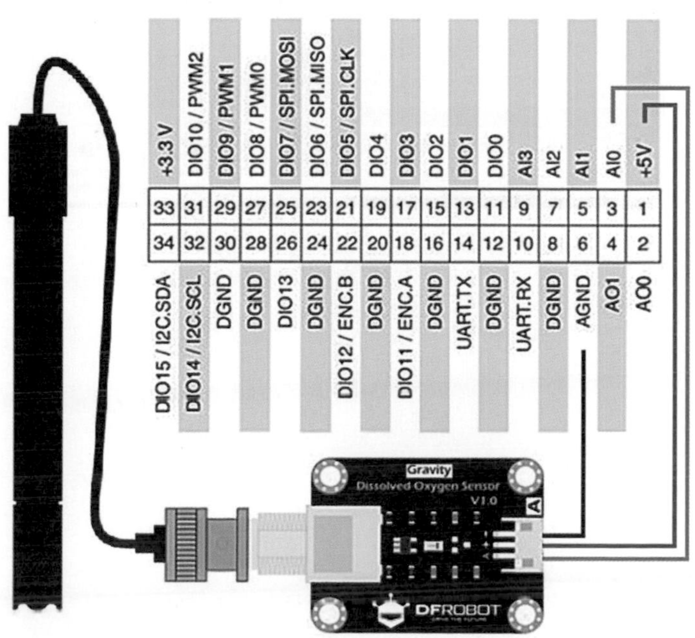

圖 16-5　myRIO-1900 及溶氧感測器模組接線

16-4 LabVIEW 程式撰寫－養殖池溶氧監測系統

STEP 1 在圖形程式區點選滑鼠右鍵從函數面板取出「myRIO → Analog In」類比輸入函數，在跳出來的視窗中設定 A/AI0(Pin3)，如圖 16-6 所示。

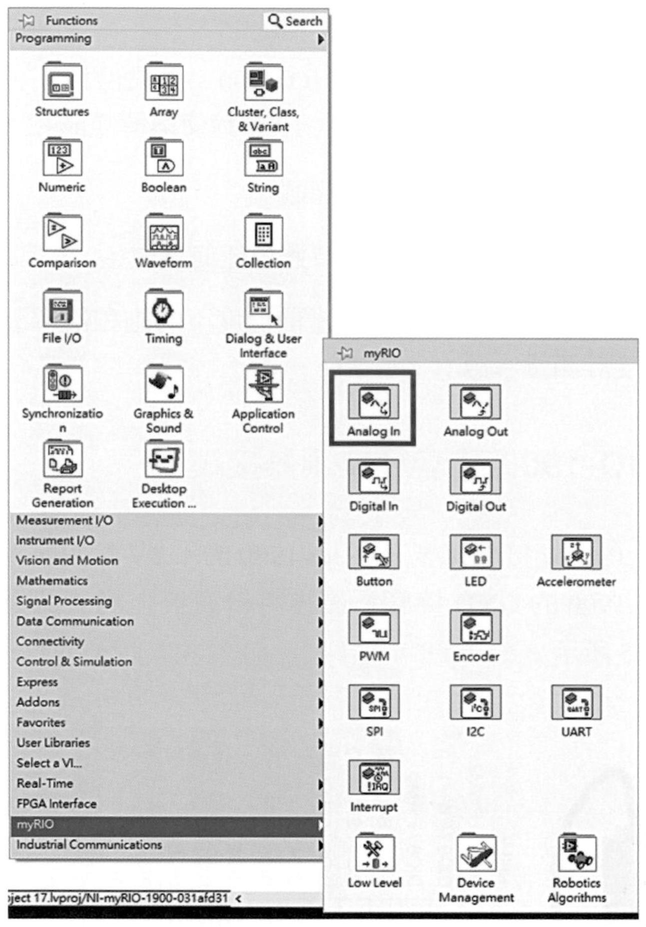

圖 16-6(a)　Analog In 路徑圖

圖 16-6(b)　Analog In 設定圖

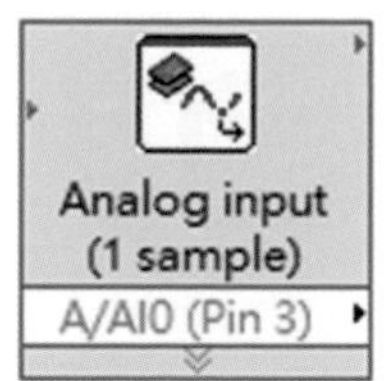

圖 16-6(c)　程式畫面

STEP 2 接著在人機介面「Controls → Modern → Numeric」中取出一個數值顯示元件和三個數值控制元件，顯示元件命名為 DO(mg/L)，控制元件分別命名為 Temp、CAL_V、CAL_T。Temp 控制元件為水的當下溫度。CAL_V 控制元件為飽和溶解氧量的校正電壓、CAL_T 控制元件為飽和溶解氧量的校正溫度，如圖 16-7 所示。

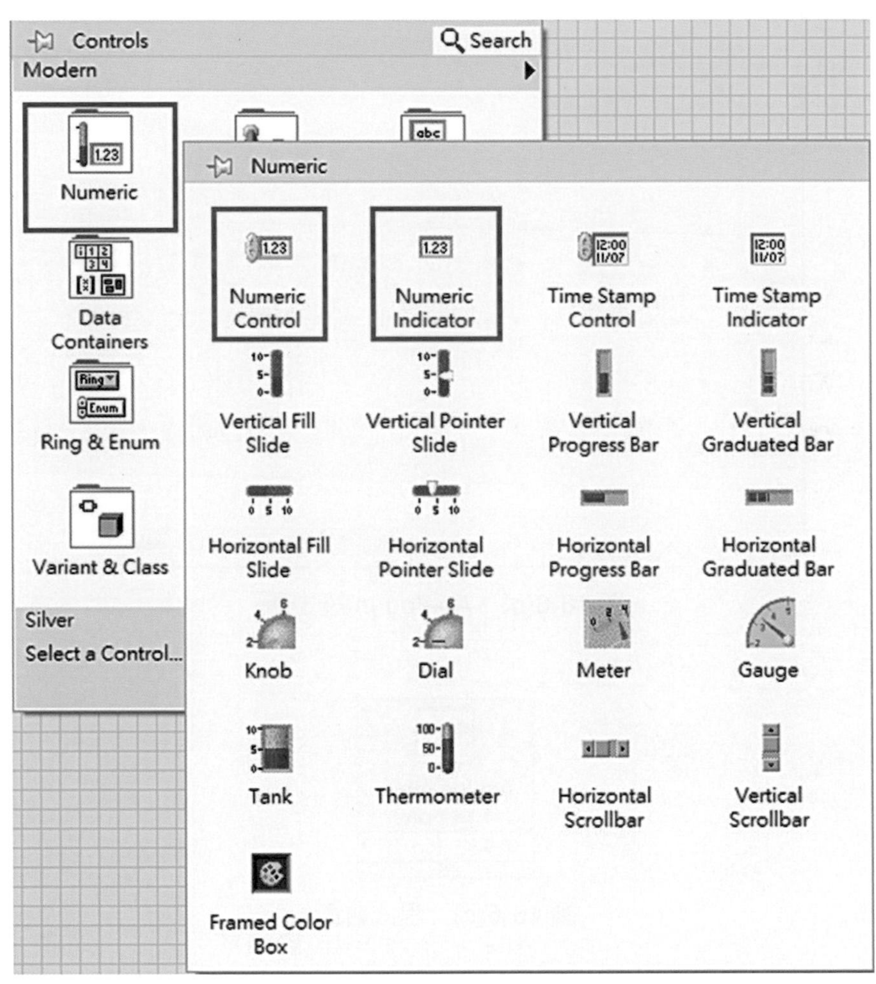

圖 16-7(a)　數值元件路徑

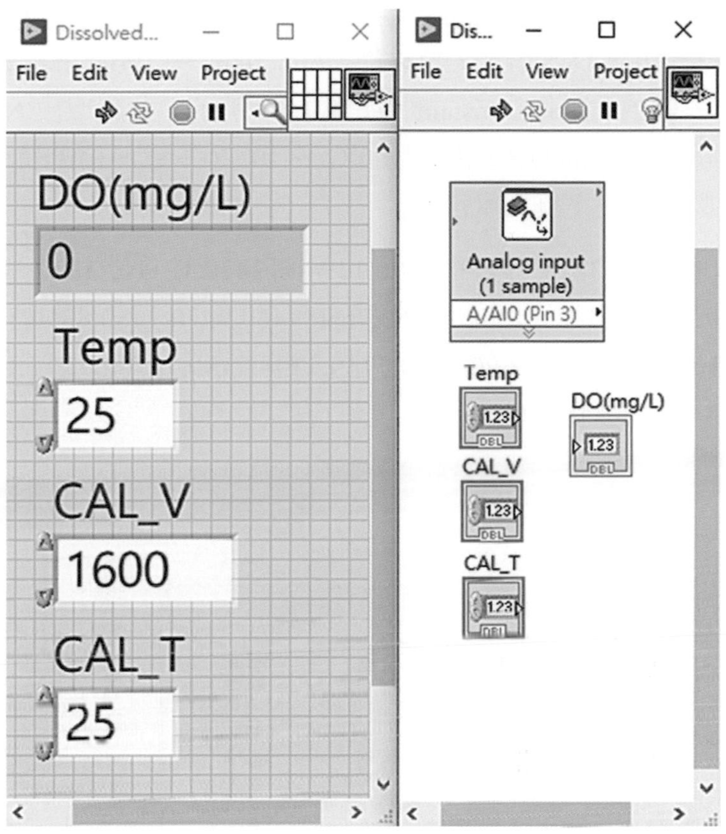
Dissolved...
File Edit View Project
DO(mg/L)
0
Temp
25
CAL_V
1600
CAL_T
25
Dis...
File Edit View Project
Analog input
(1 sample)
A/AI0 (Pin 3)
Temp
DO(mg/L)
CAL_V
CAL_T

圖 16-7(b)　程式畫面

STEP 3 在圖形程式區的「Functions → Programming → Array」中取出一個 Array Constant，如圖 16-8 所示。再來從「Functions → Programming → Numeric」中取出一個 Numeric Constant，如圖 16-9 所示。並將取出 Numeric Constant 放入 Array Constant 中，再來將 0°C ～ 40°C(本感測器的工作溫度範圍) 的補償參數由上往下填入陣列中

{14460,14220,13820,13440,13090,12740,12420,12110,11810,11530,11260,11010,10770,10530,10300,10080,9860,9660,9460,9270,9080,8900,8730,8570,8410,8250,8110,7960,7820, 7690,7560,7430,7300,7180,7070,6950,6840,6730,6630,6530,6410}，如圖 16-10 所示。

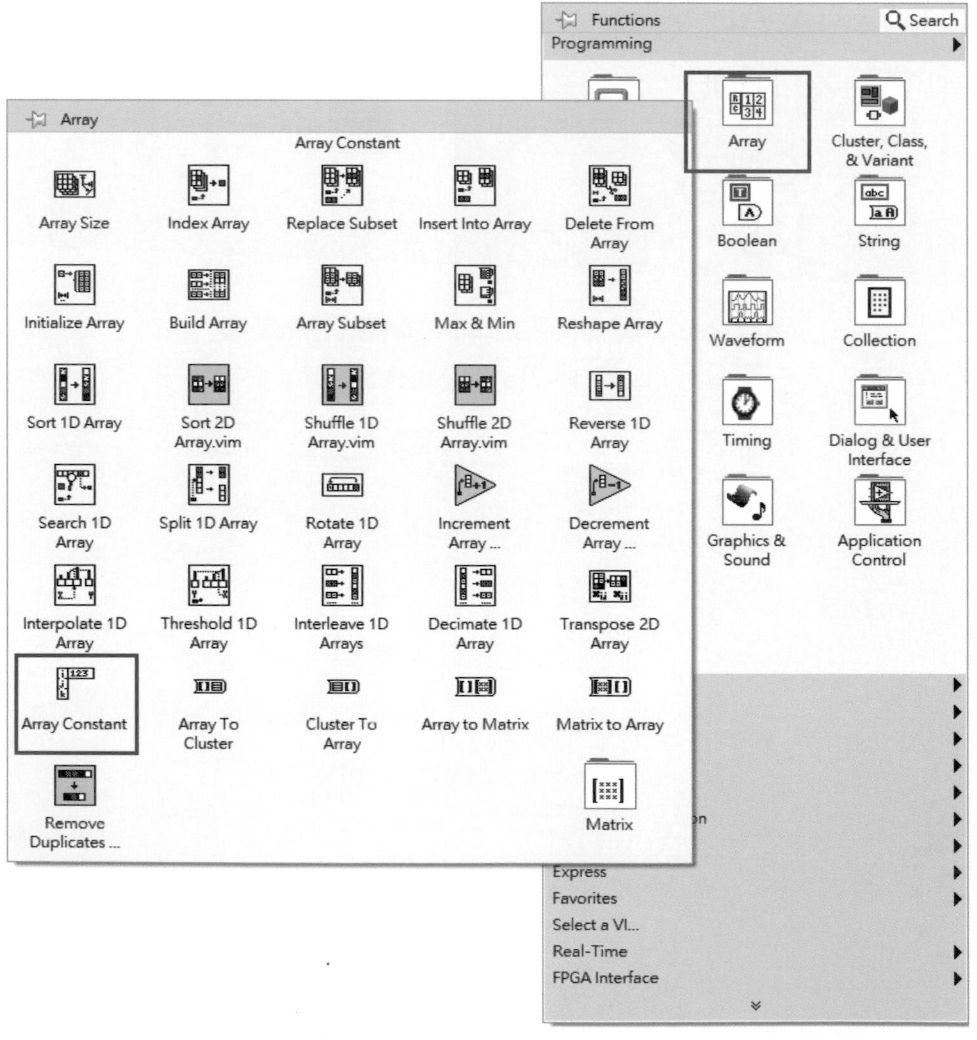

圖 16-8　Array Constant 元件路徑圖

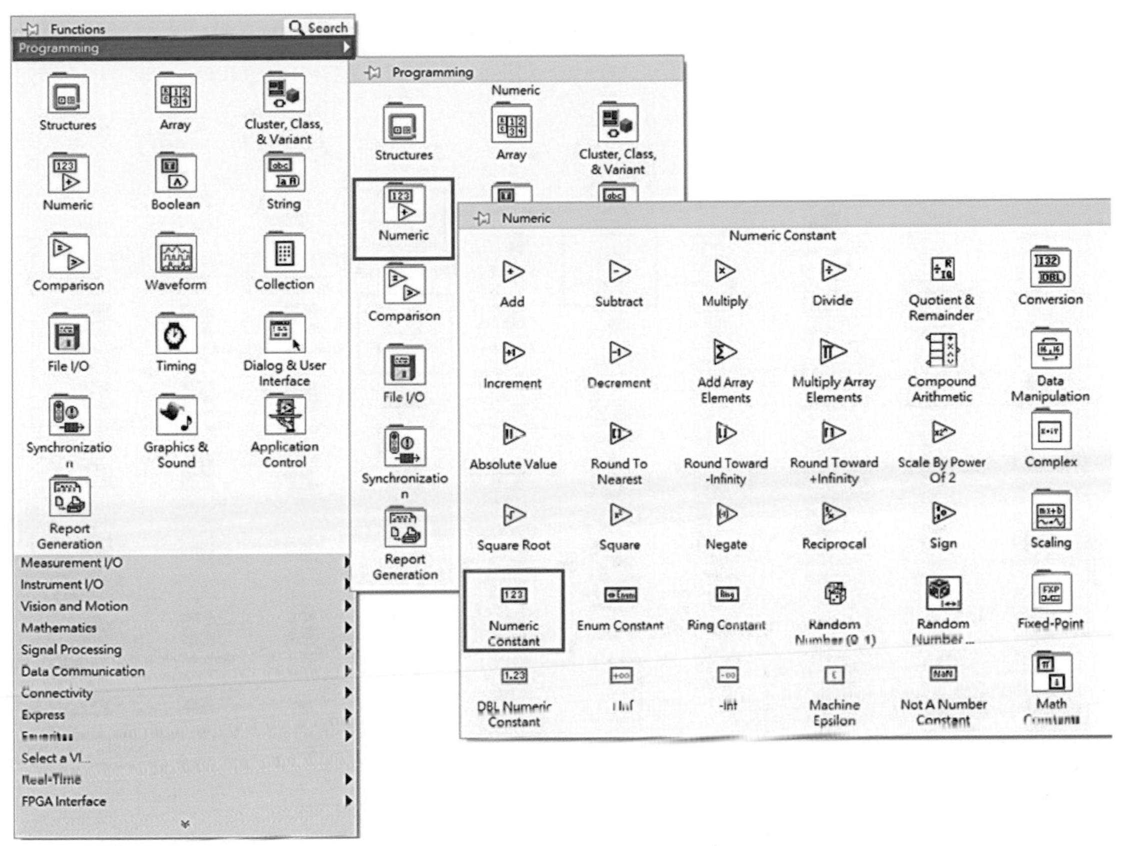

圖 16-9　Numeric Constant 元件路徑圖

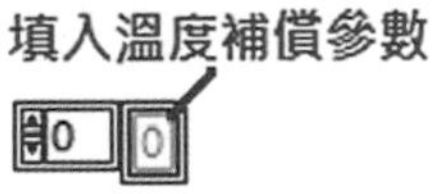

填入溫度補償參數

0　0

圖 16-10　填入溫度補償參數

STEP 4 在圖形程式區的「Functions → Programming → Array」中取出一個 Index Array 並接上設定好參數的 Array，如圖 16-11 所示。

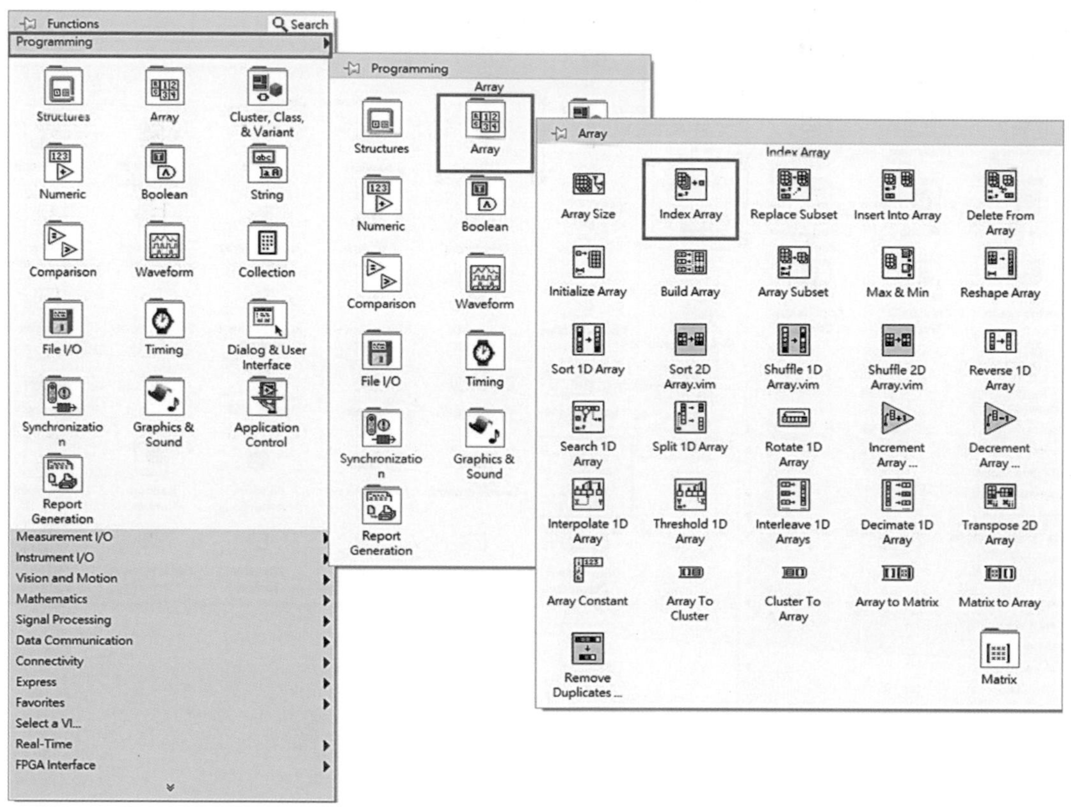

圖 16-11(a)　Index Array 元件路徑圖

圖 16-11(b)　程式畫面

STEP 5 在圖形程式區的「Functions → Programming → Numeric」中取出一個加法元件、一個減法元件、三個乘法元件、一個除法元件，如圖 16-12(a)。並分別創造二個常數元件都輸入 35，再來按照圖 16-12(b) 接線。

註 加減乘除的運算皆為模組預設的參數公式運算。

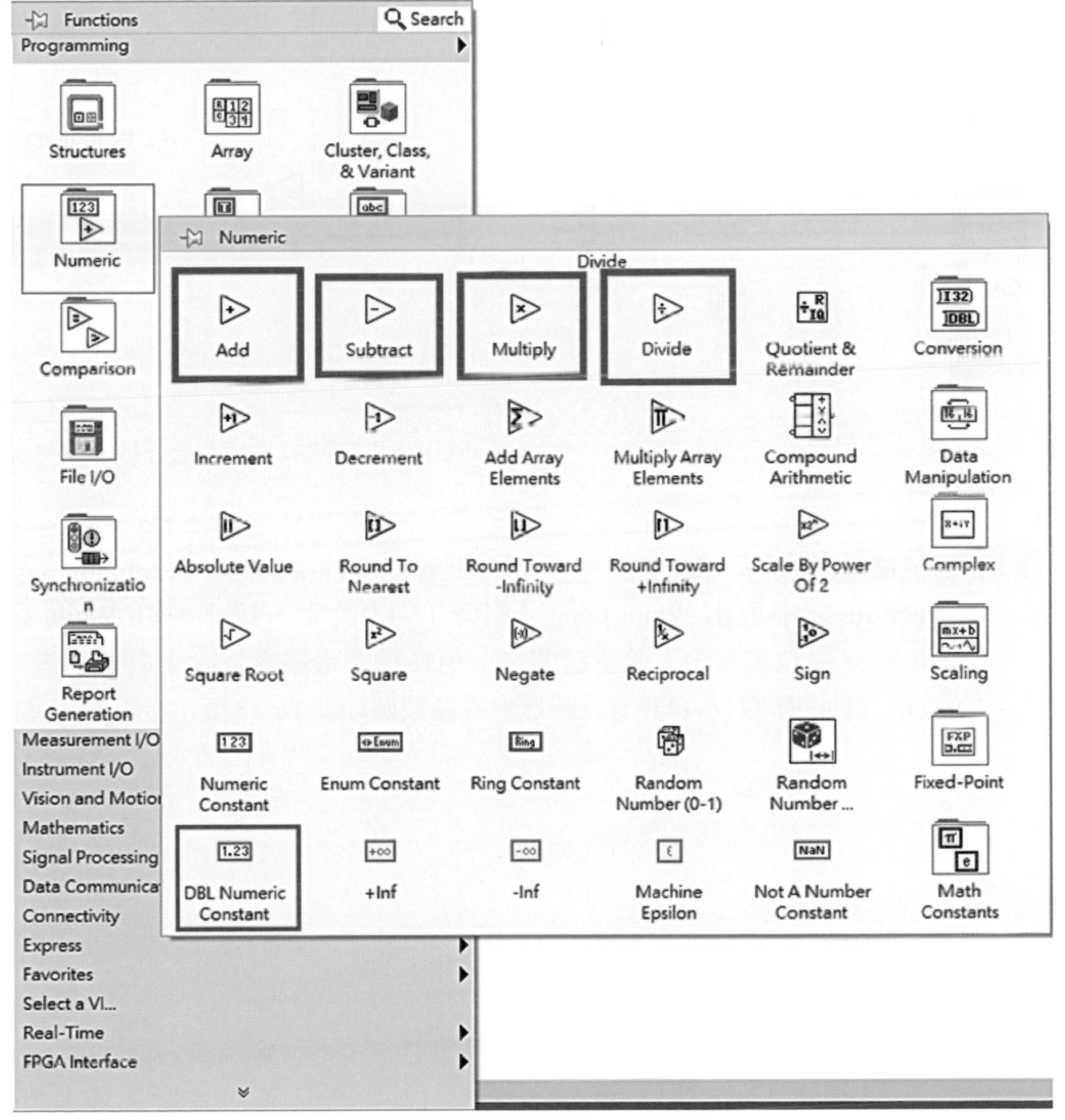

圖 16-12(a)　元件路徑圖

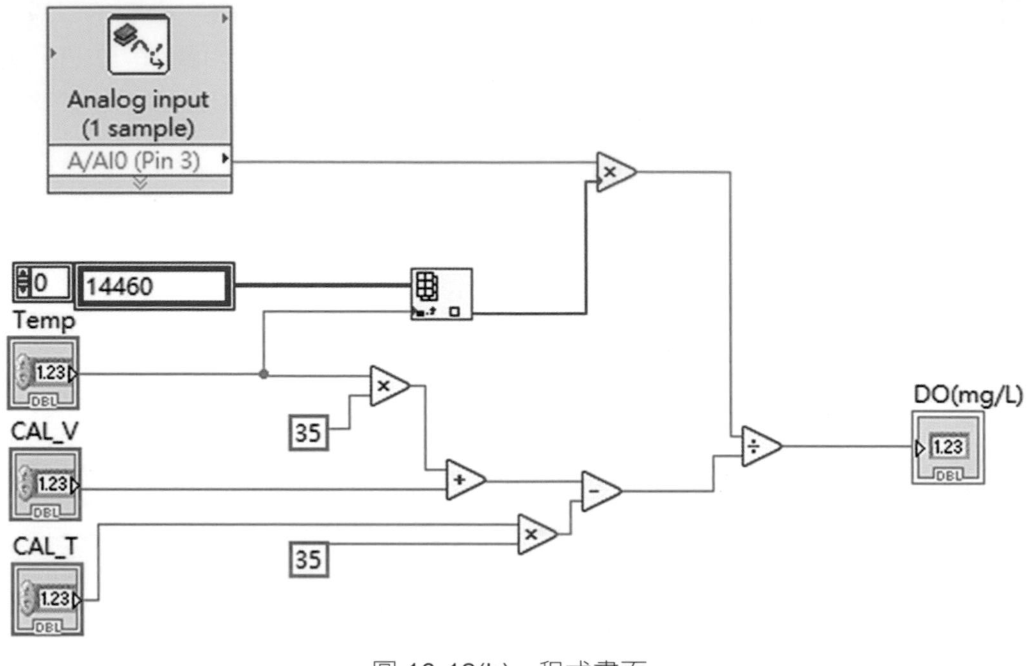

圖 16-12(b)　程式畫面

STEP 6 為了讓程式能夠一直執行，在圖形程式區的「Functions → Programming → Structures」中取出 While Loop，如圖 16-13 所示。接下來用 While Loop 將全部元件包裹在內，並在迴圈右下角紅點左邊接點按一下右鍵創造一個 STOP 元件，如圖 16-14 所示。圖形程式區按照如圖 16-15 所示接線即可完成。

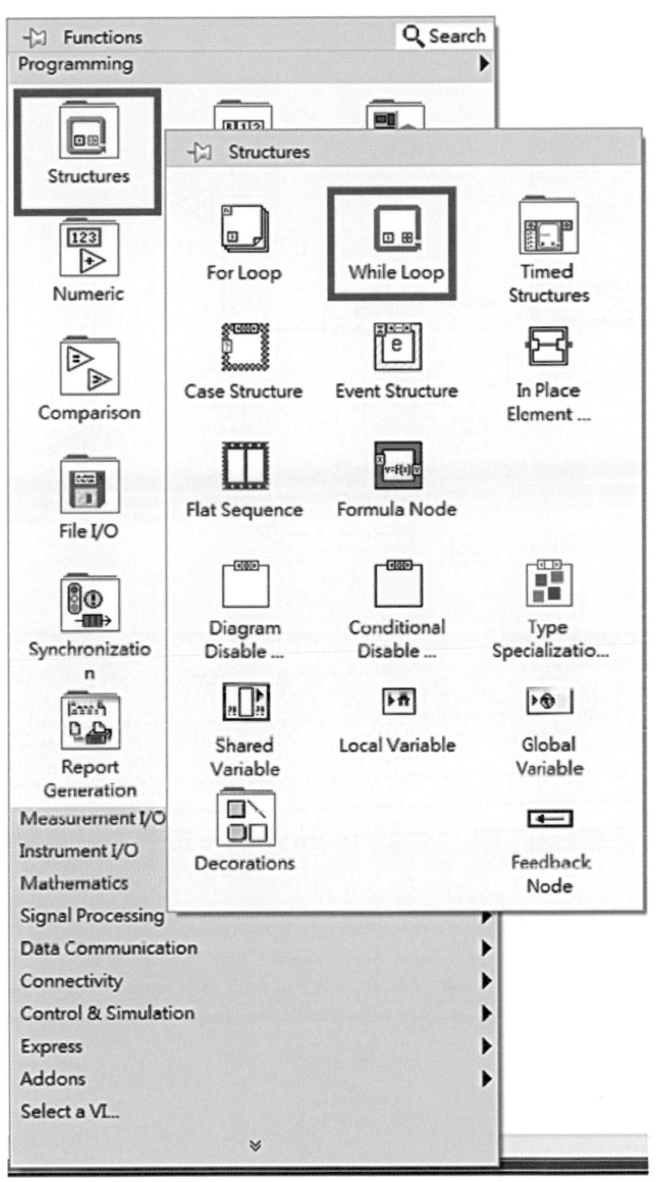

圖 16-13　While Loop 元件路徑圖

圖 16-14　STOP 設定

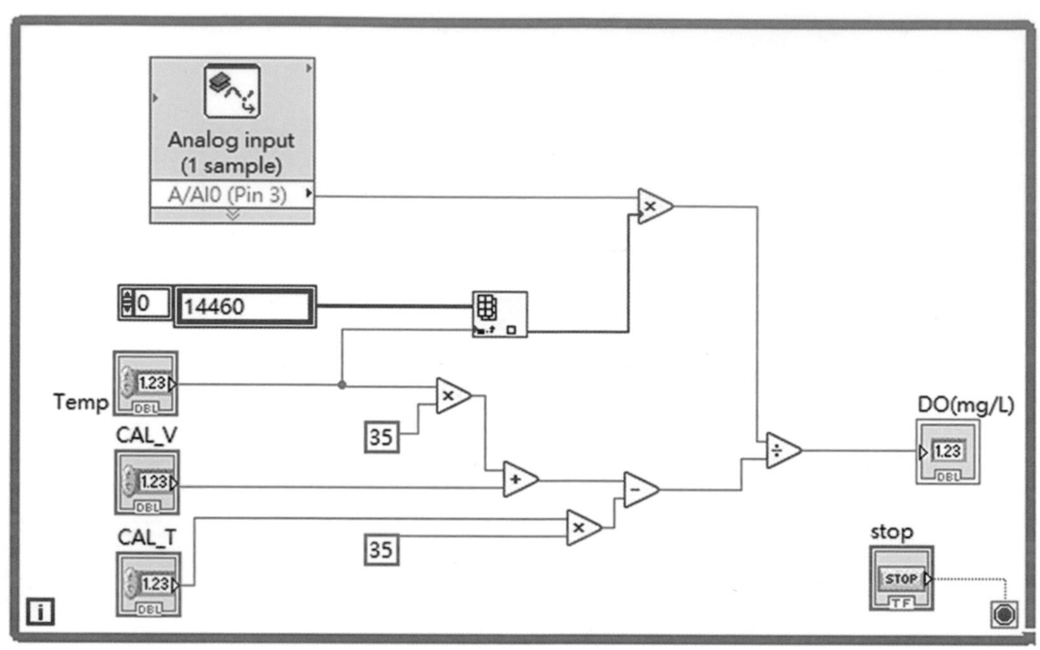

圖 16-15　完整圖形程式區

STEP 9 將所有元件擺好連結後，如圖 16-16 所示。接著便可開始執行程式。

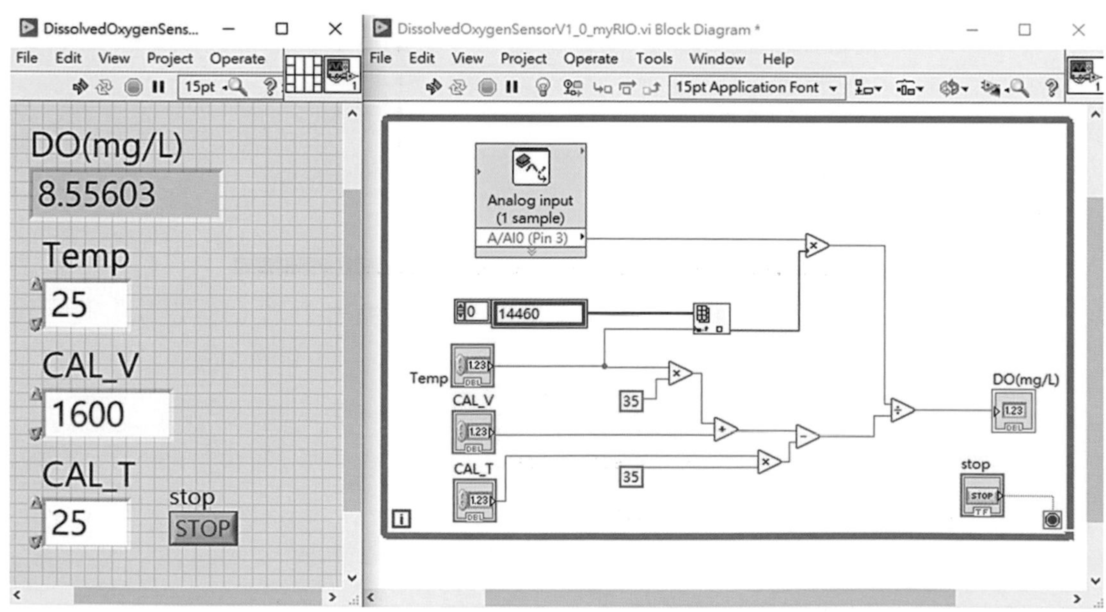

圖 16-16　完整程式圖

實驗步驟：按照圖 16-5 接線完成硬體接線後，依照 3-1 節的感測器校正步驟來得到校正參數 CAL_V(校正電壓) 和 CAL_T(校正溫度)。將這兩個校正參數填入人機介面的 CAL_V 和 CAL_T 內，校正參數填入後，即可執行程式並將溶氧感測棒置入水中。可透過幫浦打水讓水中的含氧量達到飽和，即可驗證水溫與溶氧飽和濃度的數值。由表 16-3 得知當水溫為 25℃時，其飽和溶氧量約為 8.38mg/L。

NOTE

陀螺儀

17-1 陀螺儀介紹

陀螺儀（gyroscope）是一種用來感測角度以維持角度及方向的裝置，多用於平衡、導航、定位等，如圖 17-1 所示，常使用在飛行載具、船的導航與行動裝置等。以常見的行動裝置中，大多數內部都有陀螺儀，以搭配 GPS 來定位，或是遊玩遊戲時以陀螺儀來保持平衡或感測傾斜角度，以決定定點或是控制方向。有些手機中有內建的防手震功能，這項功能在使用相機中可以穩定人在拍照時的震動，當然也有而外的輔助產品也有內建陀螺儀，如相機的周邊產品三軸穩定器及空拍機等。

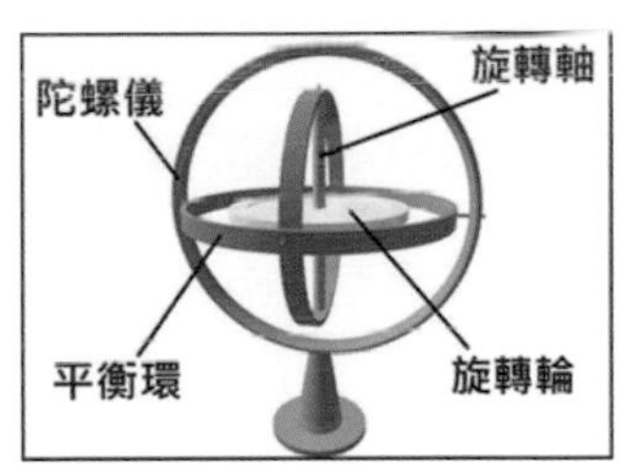

圖 17-1　陀螺儀

在本章節中，使用的陀螺儀為 DIGILENT 的 Pmod GYRO 模組，模組的外觀如圖 17-2 所示，可使用 SPI 與 I^{2}C 通訊介面來進行資料接收。

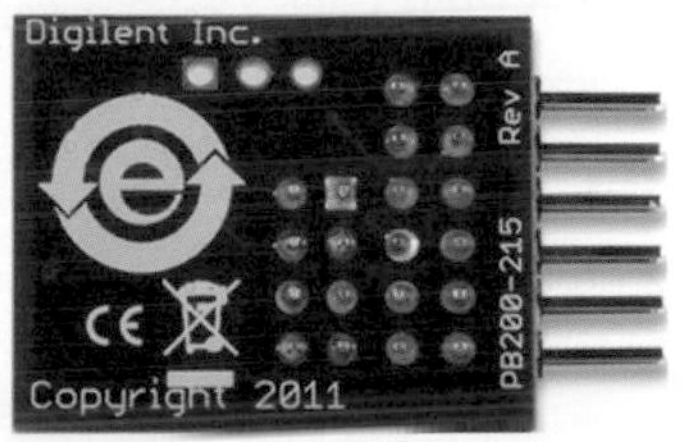

圖 17-2　陀螺儀 Pmod GYRO 模組

DIGILENT 網站：https：//store.digilentinc.com/pmod-gyro-3-axis-digital-gyroscope/

DataSheet 網址：https：//reference.digilentinc.com/reference/pmod/pmodgyro/reference-manual

https：//cdn.sparkfun.com/datasheets/Sensors/Gyros/3-Axis/CD00265057.pdf

17-1-1 模組腳位介紹

模組的腳位如表 17-1 所示，分為 J1（SPI）與 J2（I2C）。

表 17-1　Pmod GYRO 模組的腳位

Header J1　SPI 腳位					
Pin	Signal	Description	Pin	Signal	Description
1	～CS	Chip Select	7	INT1	Interrupt 1
2	MOSI	Master-Out-Slave-In	8	INT2	Interrupt 2
3	MISO	Master-In-Slave-Out	9	（NC）	Not Connected
4	SCLK	Serial Clock	10	（NC）	Not Connected
5	GND	Power Supply Ground	11	GND	Power Supply Ground
6	VCC	Positive Power Supply（3.3V）	12	VCC	Positive Power Supply（3.3V）

Header J2　I2C 腳位		
Pin	Signal	Description
1、5	SCL	Serial Clock
2、6	SDA	Serial Data
3、7	GND	Power Supply Ground
4、8	VCC	Positive Power Supply（3.3V）

接著請依照圖 17-3 所示，將陀螺儀與 myRIO 連接，當下面程式撰寫完後，便可執行程式並翻動陀螺儀模組來觀看數值的變化。

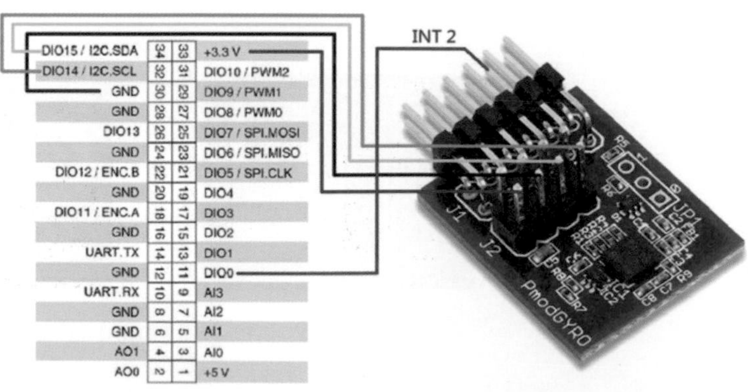

圖 17-3　陀螺儀 Pmod GYRO 模組與 myRIO-1900 接線圖

17-2　LabVIEW 程式撰寫－陀螺儀

接著要來撰寫如何使用 myRIO 讀取 Pmod GYRO 模組的資料。

STEP 1 建立 myRIO 與模組溝通的通道，請先開啟 LabVIEW 並開啟 myRIO Project（這裡就繼續使用之前的 Project），接著開啟新的 VI，並取出 I^2C 元件設定為寫入，接著點 View Code，如圖 17-4 所示。

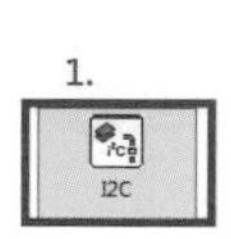

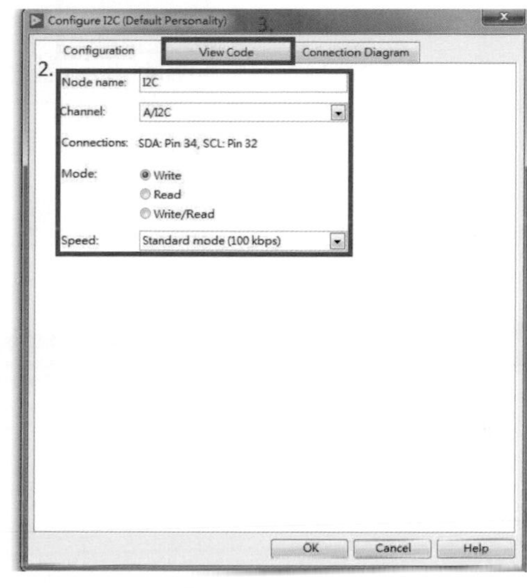

圖 17-4　I^2C 設定視窗

STEP 2 點擊 Copy to Clipboard 複製程式碼，以簡便程式撰寫，最後點 OK 來關閉視窗，如圖 17-5 所示。（在這使用 Low level code 的原因：為了讓加速度計初始化只執行一次，所以使用 Low level code 來將 I^2C 元件拆解成各個部分）

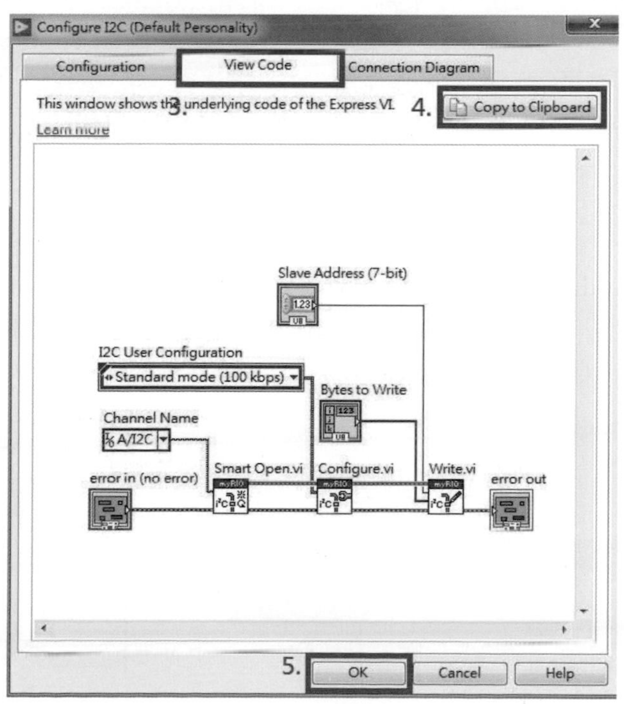

圖 17-5　I^2C 的 View Code 頁面

STEP 3 貼上複製的程式碼，刪除 I²C 元件，如圖 17-6 所示。

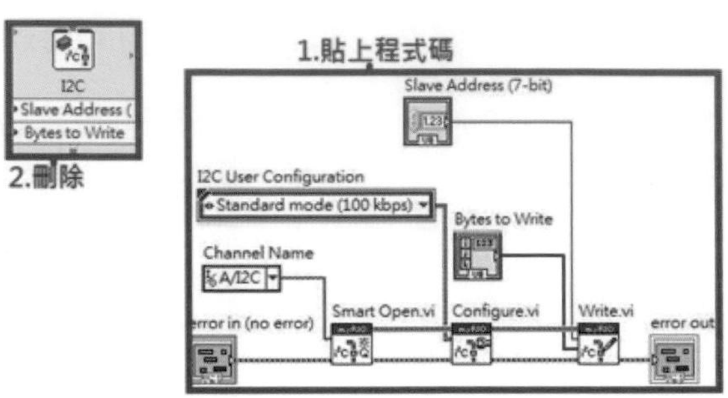

圖 17-6　程式畫面

STEP 4 請對 Slave Address 與 Bytes to Write 元件按滑鼠右鍵點選 Change to Constant（原本為 Control 元件），如圖 17-7 所示，變成 Constant 後，請展開 Bytes to Write 為二維陣列，大小為 2 × 7。

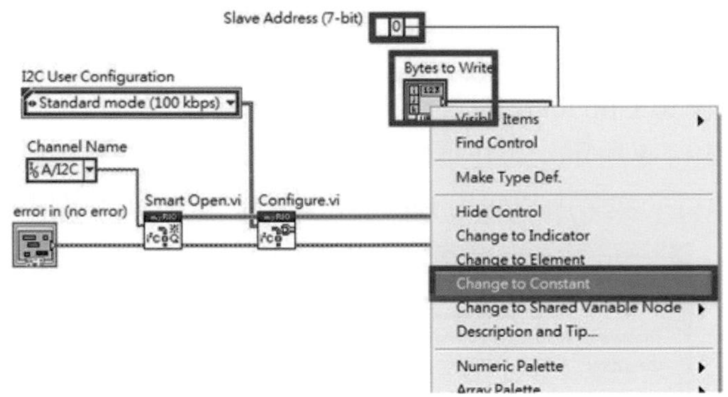

圖 17-7　程式畫面

STEP 5 對 Slave Address 與 Bytes to Write 元件點滑鼠右鍵並勾選 Visible Items 中的 Radix，如圖 17-8(a) 所示。接著用滑鼠左鍵點元件中 d 的地方開啟選單並更改為十六進制，如圖 17-8(b) 所示。

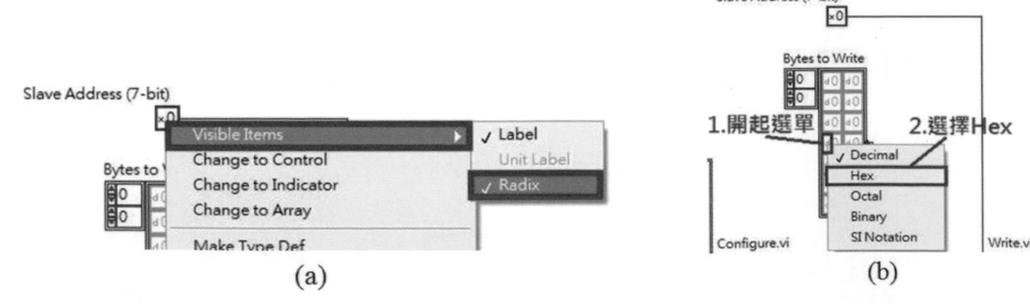

圖 17-8　Bytes to Write 設定

STEP 6 請取出 For Loop 將 Write.vi 包覆在內，並將 Slave Address 與 Bytes to Write 元件連接至 Witle.vi 上，如圖 17-9 所示。

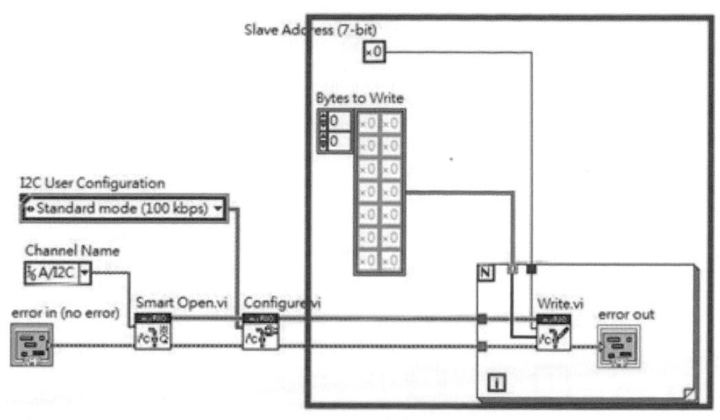

圖 17-9　程式畫面

STEP 7 請取出 Digital In 元件，設定為 A/DIO0，設定好後，請複製 Low level 程式碼（為了節省步驟請參考圖 17-4），如圖 17-10 所示。

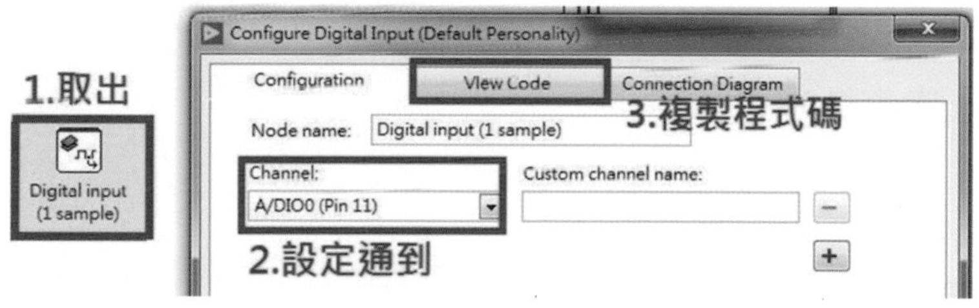

圖 17-10　Digital In 設定視窗

STEP 8 請貼上程式碼，並刪除圖 17-11 紅框中的元件。

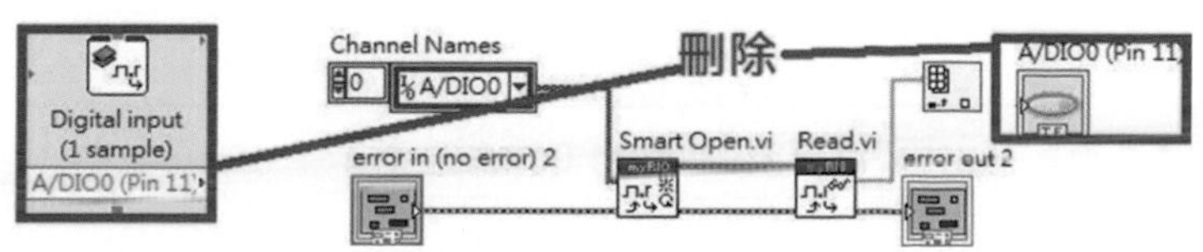

圖 17-11　程式畫面

STEP 9 從「Functions → Structures → Timed Structures」中取出 Timed Loop，路徑如圖 17-12 所示。

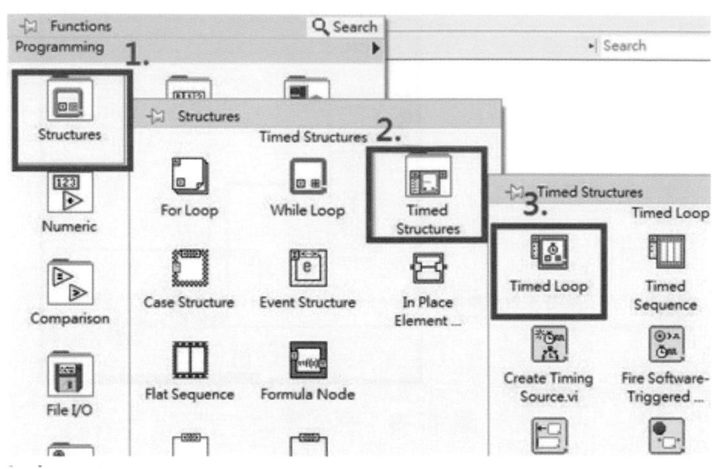

圖 17-12　Timed Loop 路徑

STEP 10 將 Timed Loop 放至於圖形程式區中，並快速雙擊元件來開起設定視窗，接著 Source Type（資源類型）中選擇 1MHz Clock、Period（週期）設定為 100us，如圖 17-13 所示。（Timed loop 的使用是為了讓程式在一個固定週期內取一次資料）

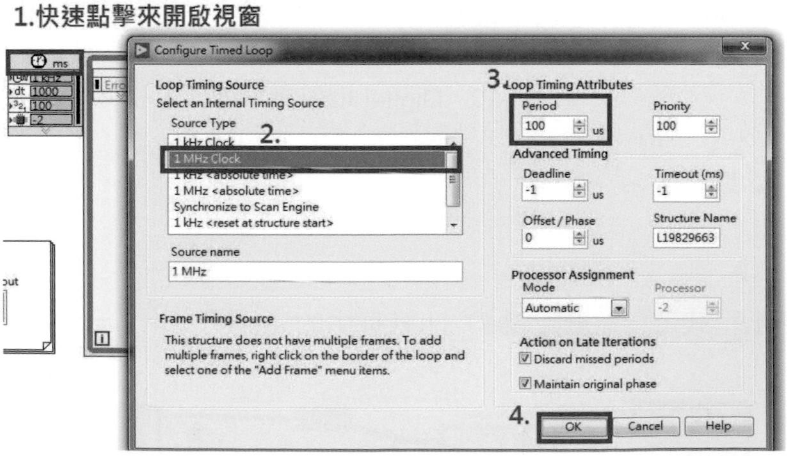

1.快速點擊來開啟視窗

圖 17-13　Timed Loop 設定視窗

STEP 11 將 DIO 的 Read.vi 放入 Timed Loop 中，再取出一個 Case Structure 放入 Timed Loop 中並將 Index Array 的輸出接至 Case Structure 上，最後刪除 error 元件，如圖 17-14 所示。

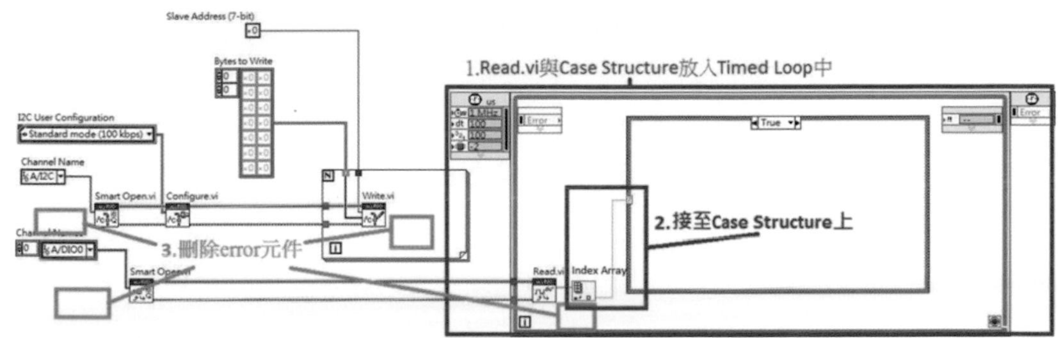

圖 17-14　程式畫面

STEP 12 從「Functions → myRIO → Low Level → I2C」中取出 Write Read 元件並放入 Case Structure 中，如圖 17-15 所示。

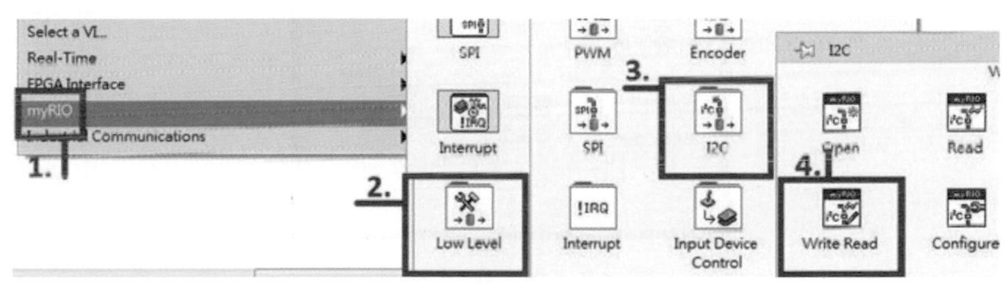

圖 17-15　Write Read 路徑

STEP 13 取出 Write Read 元件後，將 Write.vi 的 I2C Ref Out 連接至 Write Read 元件的 I2C Ref In 上，如圖 17-16 所示。再對節點按滑鼠右鍵，從「Tunnel Mode」中選擇 Last Value 調整 For loop 的輸出，如圖 17-17 所示，即可解決圖 17-15 中斷線的部分。

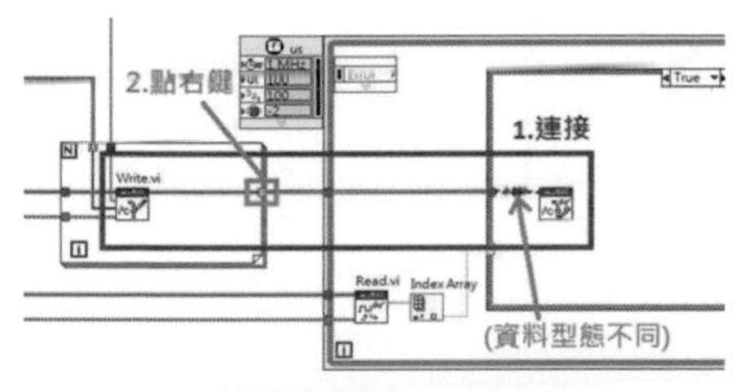

圖 17-16　程式畫面

圖 17-17　Tunnel 設定

STEP 14 請複製二維陣列至 Case Structure 中，再調整成一維陣列，如圖 17-18 所示。

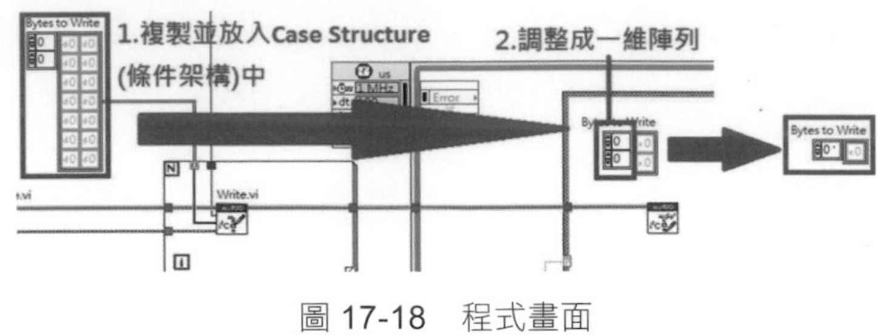

圖 17-18　程式畫面

STEP 15 請將一維陣列接上 Write Read 元件的 Bytes to Write 腳位上，並在 Write Read 元件的 Byte Count 腳位接上 Constant（常數）元件，最後在 Bytes Read 接上顯示元件，如圖 17-19 所示。

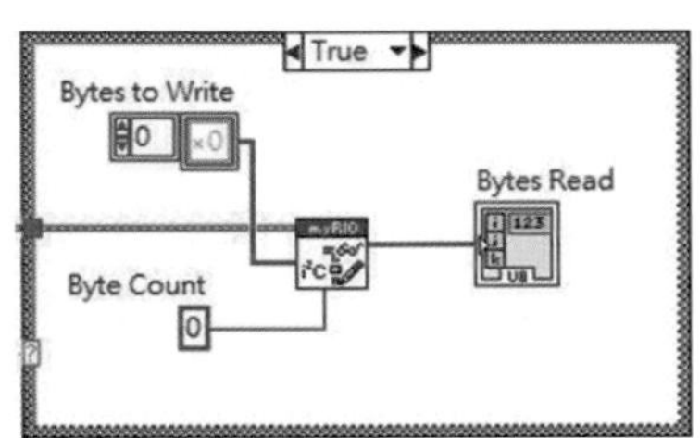

圖 17-19　程式畫面

STEP 16 複製 Index Array 至 Case Structure 內，並接至 Write Read.vi 上，如圖 17-20 所示。

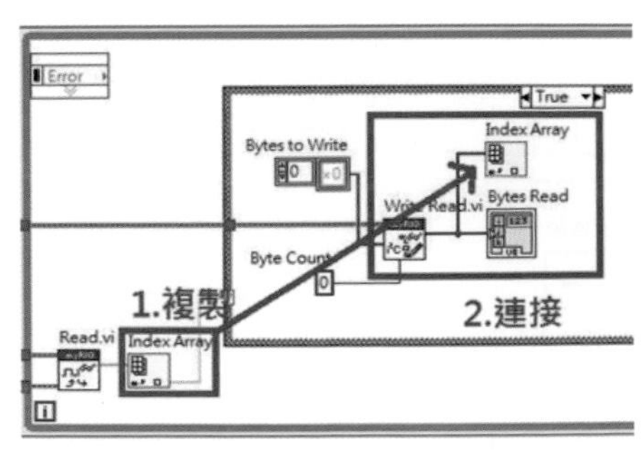

圖 17-20　程式畫面

STEP 17 從「Functions → Numeric → Data Manipulation」中的 Join Numbers 元件三個，如圖 17-21 所示。

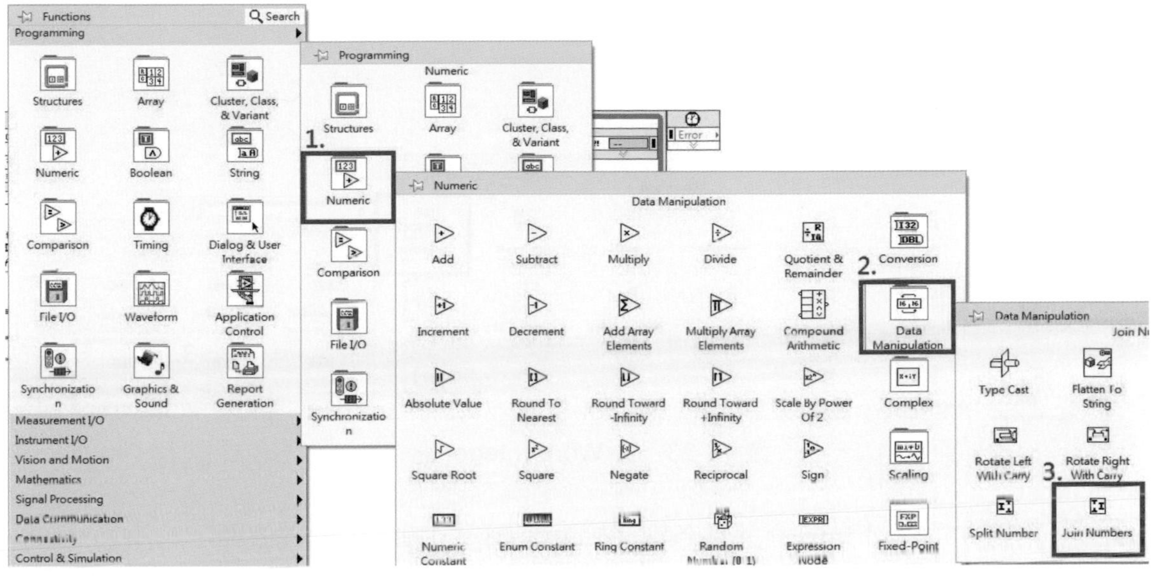
圖 17-21　Join Numbers 路徑

STEP 18 請將 Index Array 向下拉開成 6 個輸出，並依圖 17-22 所示，接上 Join Numbers 元件。

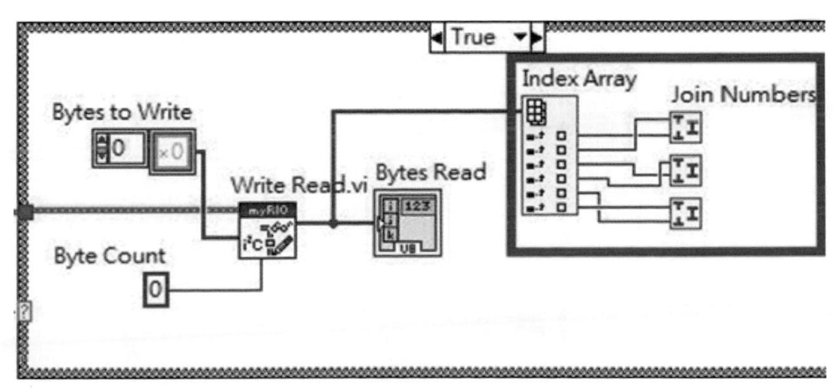

圖 17-22　程式畫面

STEP 19 從「Functions → Numeric → Conversion」中的 To Word Integer 元件三個，如圖 17-23 所示，再將 Join Numbers 元件連接至 To Word Integer 元件上。

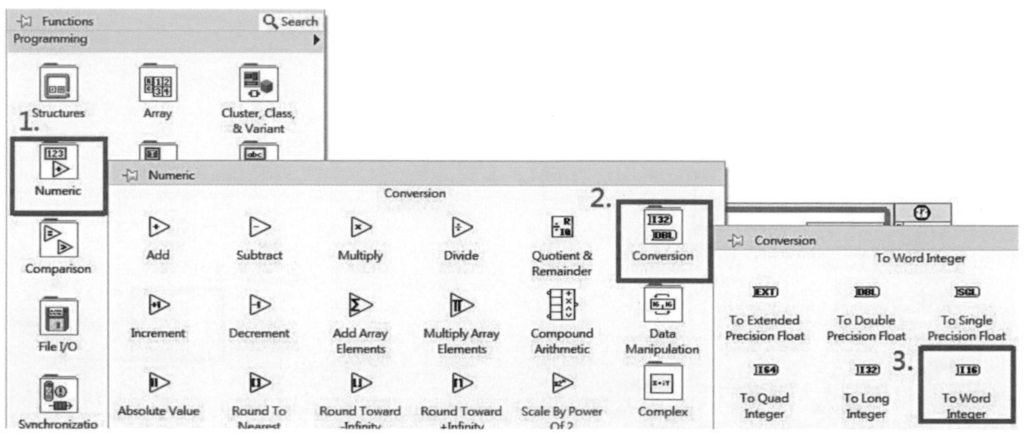

圖 17-23　To Word Integer 路徑

STEP 20 將 To Word Integer 元件各別連接至 X 軸、Y 軸、Z 軸數值顯示元件上，如圖 17-24 所示。

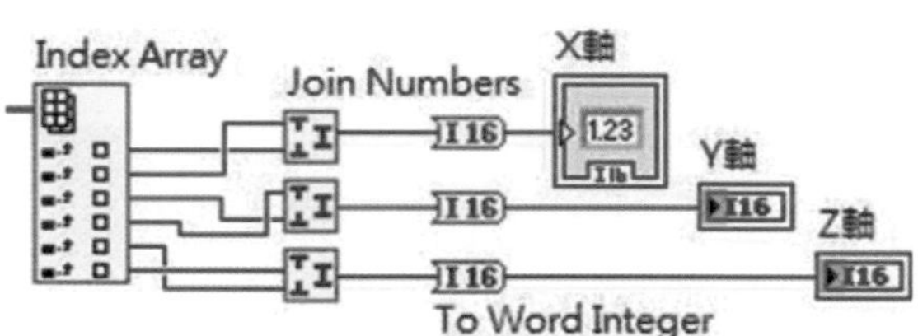

圖 17-24　程式畫面

到這邊為止圖形程式區會如圖 17-25 所示。再來先講解圖中紅框的部分，請依照下面的說明來填入數值。

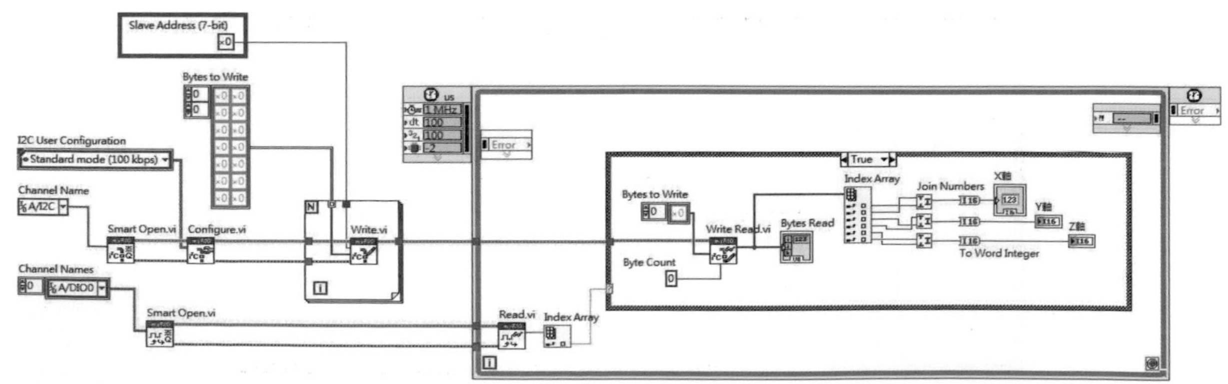

圖 17-25　程式畫面

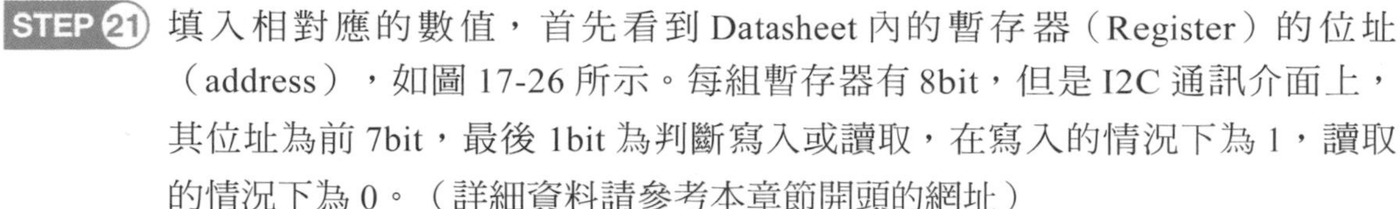

STEP 21 填入相對應的數值，首先看到 Datasheet 內的暫存器（Register）的位址（address），如圖 17-26 所示。每組暫存器有 8bit，但是 I2C 通訊介面上，其位址為前 7bit，最後 1bit 為判斷寫入或讀取，在寫入的情況下為 1，讀取的情況下為 0。（詳細資料請參考本章節開頭的網址）

I²C operation

The transaction on the bus is started through a START (ST) signal. A START condition is defined as a HIGH to LOW transition on the data line while the SCL line is held HIGH. After this has been transmitted by the master, the bus is considered busy. The next byte of data transmitted after the start condition contains the address of the slave in the first 7 bits and the eighth bit tells whether the master is receiving data from the slave or transmitting data to the slave. When an address is sent, each device in the system compares the first 7 bits after a start condition with its address. If they match, the device considers itself addressed by the master.

7　Register description

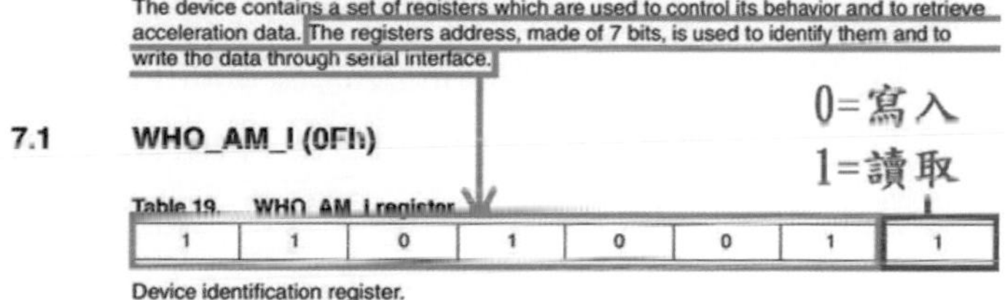

The device contains a set of registers which are used to control its behavior and to retrieve acceleration data. The registers address, made of 7 bits, is used to identify them and to write the data through serial interface.

7.1　WHO_AM_I (0Fh)

Table 19.　WHO_AM_I register

1	1	0	1	0	0	1	1

Device identification register.

圖 17-26　暫存器位址

STEP 22 陀螺儀模組的位址（address）為二進制 11010011，但是只看前 7bit，所以陀螺儀的二進制位址為 1101001，最後 1bit 由 myRIO 的 Write（寫入）/ Read（讀取）元件來決定是 0 或 1。再來為了縮短輸入的數值，所以將二進制 1101001 轉換成十六進制 0x69，所以在圖形程式區中的 Slave Address 中請輸入 0x69，而最後 1bit 將會由 Write（寫入）/ Read（讀取）元件來決定是 0 或 1 並在程式執行自動補上，如圖 17-27 所示。

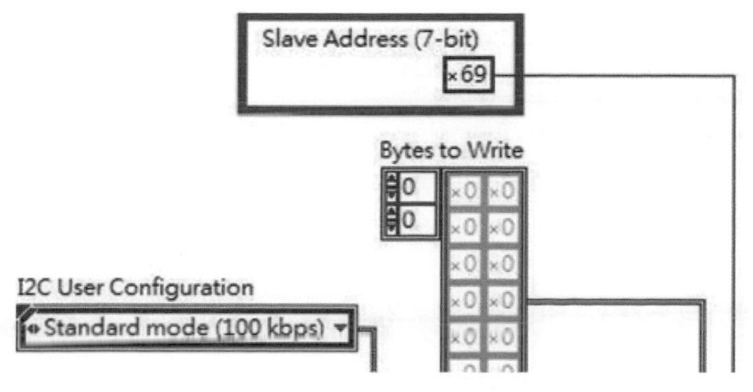

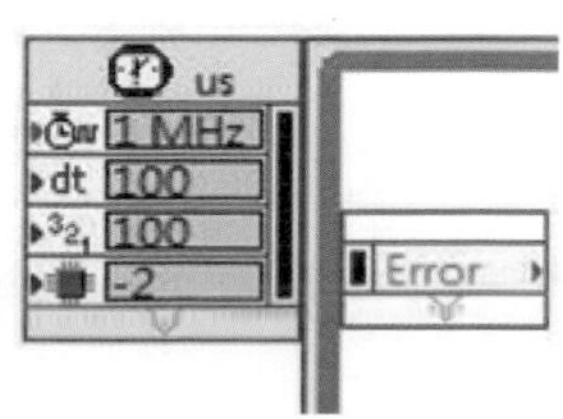

圖 17-27　程式畫面

STEP 23 輸入完陀螺儀模組的位址後，接著來設定其他暫存器初始化的資料，如圖 17-28 所示。

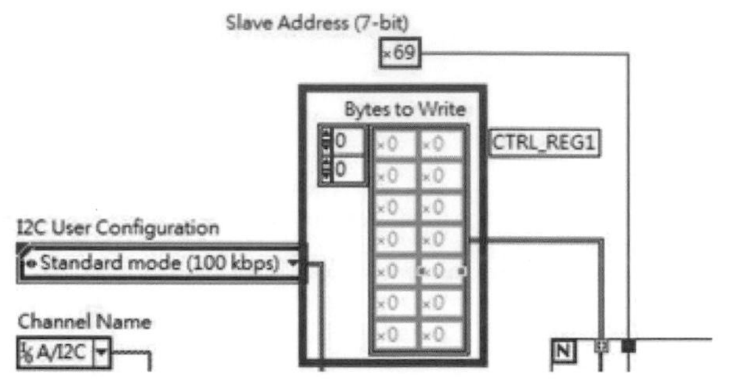

圖 17-28　程式畫面

先看到 DataSheet 中暫存器 CTRL_REG1（20h），為頻率設定以及啟用測量，位址為十六進制 0x20，內部的 8bit 設定為 00001111（二進制），轉換成十六進制後為 0x0F（數字：0　英文：F）。左側 2bit（DR1、0）為傳輸速率，接著的 2bit（BW1、0）為頻寬，PD（1bit）預設為 0 （省電模式）但是在這要設定為 1（一般與睡眠模式），最後 3bit 為 X、Y、Z 軸是否啟用（0 不啟用、1 啟用），在這要設定為 1，如圖 17-29 所示。（DR 速率與 BW 頻寬設定請參考表二與 DataSheet）

7.2　CTRL_REG1 (20h)

Table 20.　CTRL_REG1 register

DR1	DR0	BW1	BW0	PD	Zen	Yen	Xen

Table 21.　CTRL_REG1 description

DR1-DR0	Output Data Rate selection. Refer to *Table 22*
BW1-BW0	Bandwidth selection. Refer to *Table 22*
PD	Power down mode enable. Default value: 0 (0: power down mode, 1: normal mode or sleep mode)
Zen	Z axis enable. Default value: 1 (0: Z axis disabled; 1: Z axis enabled)
Yen	Y axis enable. Default value: 1 (0: Y axis disabled; 1: Y axis enabled)
Xen	X axis enable. Default value: 1 (0: X axis disabled; 1: X axis enabled)

DR<1:0> is used to set ODR selection. BW <1:0> is used to set Bandwidth selection.

In the following table are reported all frequency resulting in combination of DR / BW bits.

Table 22.　DR and BW configuration setting

DR <1:0>	BW <1:0>	ODR [Hz]	Cut-Off
00	00	100	12.5
00	01	100	25
00	10	100	25
00	11	100	25

圖 17-29　暫存器 CTRL_REG1（20h）

STEP 24 將剛得到的十六進制 0x20 與 0x0F 填入 Bytes to Write 內，如圖 17-30 所示。

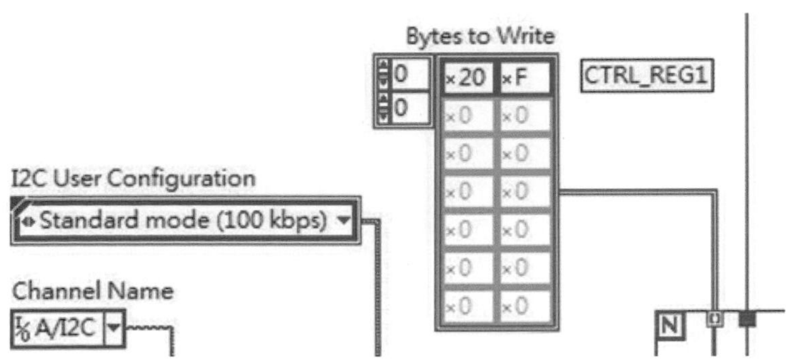

圖 17-30　程式畫面

STEP 25 看到 DataSheet 中暫存器 CTRL_REG2（21h），為高通濾波器配置，位址為十六進制 0x21 內部的 8bit 設定為 00001001（二進制），轉換成十六進制後為 0x09，請參考圖 17-31。在總和表三中的 0[(1)] 是不可更改的部分，請不要修改到內部的值。再來 HPM1 ～ 0 設定為普通模式，所以設定為 00，而 HPCF3 ～ 0 請設定為 1001，組合起來便是 00001001。

7.3　CTRL_REG2 (21h)

Table 24.　CTRL_REG2 register

0[(1)]	0[(1)]	HPM1	HPM1	HPCF3	HPCF2	HPCF1	HPCF0

1. Value loaded at boot. This value must not be changed. 不可去修改

Table 25.　CTRL_REG2 description

HPM1-HPM0	High Pass filter Mode Selection. Default value: 00 Refer to *Table 26*
HPCF3-HPCF0	High Pass filter Cut Off frequency selection Refer to *Table 28* DataSheet錯誤，請看到Table27

Table 26.　High pass filter mode configuration (高通濾波器模式配置)

HPM1	HPM0	High Pass filter Mode
0	0	Normal mode (reset reading HP_RESET_FILTER)
0	1	Reference signal for filtering
1	0	Normal mode
1	1	Autoreset on interrupt event

HPCF3~0　(高通濾波器截止頻率配置)

Table 27.　High pass filter cut off frecuency configuration [Hz]

HPCF3	ODR= 100 Hz	ODR= 200 Hz	ODR= 400 Hz	ODR= 800 Hz
0000	8	15	30	56
0001	4	8	15	30
0010	2	4	8	15
0011	1	2	4	8
0100	0.5	1	2	4
0101	0.2	0.5	1	2
0110	0.1	0.2	0.5	1
0111	0.05	0.1	0.2	0.5
1000	0.02	0.05	0.1	0.2
1001	0.01	0.02	0.05	0.1

圖 17-31　暫存器 CTRL_REG2（21h）

STEP 26 將剛得到的十六進制 0x21 與 0x09 填入 Bytes to Write 內，如圖 17-32 所示。

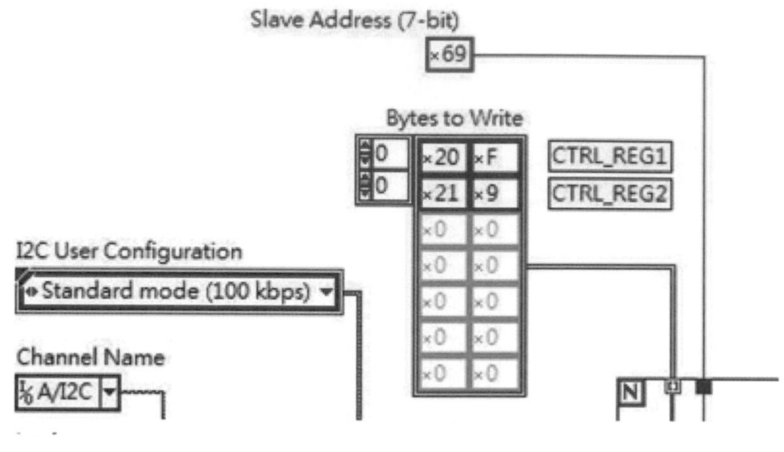

圖 17-32　程式畫面

STEP 27 看到 DataSheet 中暫存器 CTRL_REG3（22h），為設定模組的 INT1&2 腳位，位址為十六進制 0x22 內部的 8bit 設定為 10001000（二進制），轉換成十六進制後為 0x88。I1_int1 設定為 1（啟用 INT 腳位中斷功能）、I1_Boot 設定為 0（不啟用）、H_Lactive 設定為 0（不啟用）、PP_OD 設定為 0（不啟用），I2_DRDY 設定為 1（啟用）、I2_WTM 設定為 0（不啟用）、I2_ORun 設定為 0（不啟用）、I2_Empty 設定為 0（不啟用），最後結果會是 10001000，可參考圖 17-33 與 DataSheet 中的內容。

7.4　CTRL_REG3 (22h)

Table 28. CTRL_REG1 register

I1_Int1	I1_Boot	H_Lactive	PP_OD	I2_DRDY	I2_WTM	I2_ORun	I2_Empty

Table 29. CTRL_REG3 description

I1_Int1	Interrupt enable on INT1 pin. Default value 0. (0: Disable; 1: Enable)
I1_Boot	Boot status available on INT1. Default value 0. (0: Disable; 1: Enable)
H_Lactive	Interrupt active configuration on INT1. Default value 0. (0: High; 1:Low)
PP_OD	Push- Pull / Open drain. Default value: 0. (0: Push- Pull; 1: Open drain)
I2_DRDY	Date Ready on DRDY/INT2. Default value 0. (0: Disable; 1: Enable)
I2_WTM	FIFO Watermark interrupt on DRDY/INT2. Default value: 0. (0: Disable; 1: Enable)
I2_ORun	FIFO Overrun interrupt on DRDY/INT2 Default value: 0. (0: Disable; 1: Enable)
I2_Empty	FIFO Empty interrupt on DRDY/INT2. Default value: 0. (0: Disable; 1: Enable)

圖 17-33　暫存器 CTRL_REG3（22h）

STEP 28 將剛得到的十六進制 0x22 與 0x88 填入 Bytes to Write 內，如圖 17-34 所示。

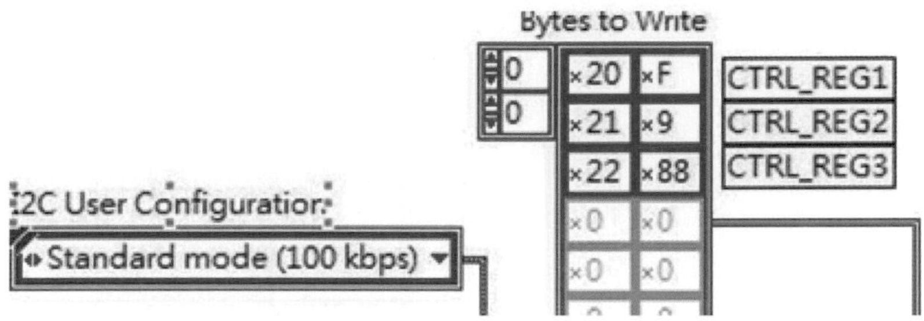

圖 17-34　程式畫面

STEP 29 看到 DataSheet 中暫存器 CTRL_REG4（23h），為設定模組的 INT1&2 腳位，位址為十六進制 0x23 內部的 8bit 設定為 00000000（二進制），轉換成十六進制後為 0x00。BDU 設定為 0（持續更新）、BLE 設定為 0（設定成最低有效位）、FS1-FS0 設定為 00（250dps）、ST1-ST0 設定為 0（不啟用自檢模式）、SIM 設定為 0（4 線介面），最後結果會是 00000000，可參考圖 17-35 與 DataSheet 中的內容。

7.5　CTRL_REG4 (23h)

Table 30.　CTRL_REG4 register

BDU	BLE	FS1	FS0	-	ST1	ST0	SIM

Table 31.　CTRL_REG4 description

BDU	Block Data Update. Default value: 0 (0: continous update; 1: output registers not updated until MSB and LSB reading)
BLE	Big/Little Endian Data Selection. Default value 0 (0: Data LSB @ lower address; 1: Data MSB @ lower address)
FS1-FS0	Full Scale selection. Default value: 00 (00: 250 dps; 01: 500 dps; 10: 2000 dps; 11: 2000 dps)
ST1-ST0	Self Test Enable. Default value: 00 (00: Self Test Disabled; Other: See *Table*)
SIM	SPI Serial Interface Mode selection. Default value: 0 (0: 4-wire interface; 1: 3-wire interface).

Higher address

Table 32.　Self test mode configuration

ST1	ST0	Self test mode
0	0	Normal mode
0	1	Self test 0 (+)[1]
1	0	--
1	1	Self test 1 (-)[1]

圖 17-35　暫存器 CTRL_REG4（23h）

STEP 30 將剛得到的十六進制 0x23 與 0x00 填入 Bytes to Write 內，如圖 17-36 所示。

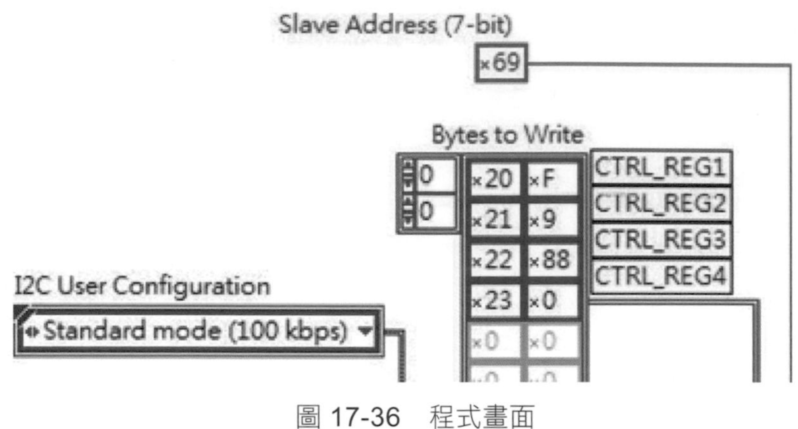

圖 17-36　程式畫面

STEP 31 看到 DataSheet 中暫存器 CTRL_REG5（24h），為設定模組的功能開啟或不開啟，位址為十六進制 0x24 內部的 8bit 設定為 00000000（二進制），轉換成十六進制後為 0x00。表六為暫存器 CTRL_REG5（24h）的相關資料，可依照個人需求來調整設定。BOOT 為重新啟動內部記憶體模式（設定成一般模式 0）、FIFO_EN（First In, First Out）為先進先出（設定成不啟用 0）、HPen 為高通濾波（設定為不啟用 0），其它部分可參考圖 17-37 與 DataSheet 來調整設定。

7.6　CTRL_REG5 (24h)

Table 33.　CTRL_REG5 register

BOOT	FIFO_EN	--	HPen	INT1_Sel1	INT1_Sel0	Out_Sel1	Out_Sel0

Table 34.　CTRL_REG5 description

BOOT	Reboot memory content. Default value: 0 (0: normal mode; 1: reboot memory content)
FIFO_EN	FIFO enable. Default value: 0 (0: FIFO disable; 1: FIFO Enable)
HPen	High Pass filter Enable. Default value: 0 (0: HPF disabled; 1: HPF enabled. See Figure 20)
INT1_Sel1- INT1_Sel0	INT1 selection configuration. Default value: 0 (See Figure 20)
Out_Sel1- Out_Sel1	Out selection configuration. Default value: 0 (See Figure 20)

Figure19

圖 17-37　暫存器 CTRL_REG5（24h）

STEP 32 將剛得到的十六進制 0x24 與 0x00 填入 Bytes to Write 內，如圖 17-38 所示。

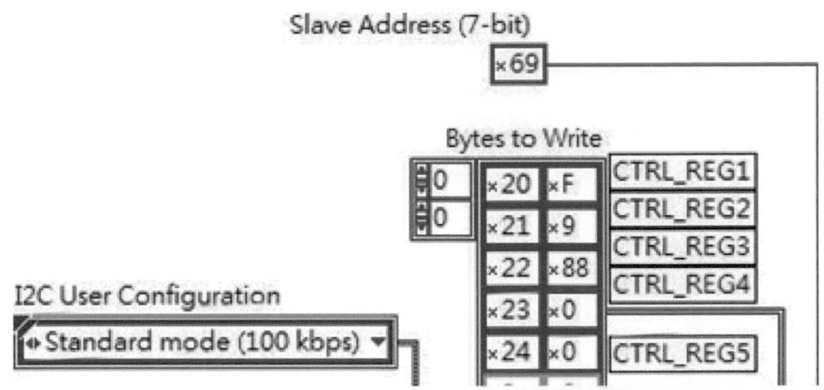

圖 17-38　程式畫面

STEP 33 看到 DataSheet 中的暫存器 INT1_CFG（30h）與 INT1_THS_ZH（36h），INT1_CFG（30h）為設定中斷的組合與是否啟用中斷功能，位址為十六進制 0x30 內部的 8bit 設定為 00100000（二進制），轉換成十六進制後為 0x20。請將 ZHIE 設定為 1（當 Z 的值大於閥值變會中斷）。INT1_THS_ZH（36h）為 high 的閥值，位址為十六進制 0x36（全數字）內部的 8bit 設定為 01010000（二進制），轉換成十六進制後為 0x50（全數字）。可參考圖 17-39 及圖 17-40 與 DataSheet 來調整設定。

7.15　INT1_CFG (30h)

Table 48.　INT1_CFG register

AND/OR	LIR	ZHIE	ZLIE	YHIE	YLIE	XHIE	XLIE

Table 49.　INT1_CFG description

AND/OR	AND/OR combination of Interrupt events. Default value: 0 (0: OR combination of interrupt events 1: AND combination of interrupt events
LIR	Latch Interrupt Request. Default value: 0 (0: interrupt request not latched; 1: interrupt request latched) Cleared by reading INT1_SRC reg.
ZHIE	Enable interrupt generation on Z high event. Default value: 0 (0: disable interrupt request; 1: enable interrupt request on measured accel. value higher than preset threshold)
ZLIE	Enable interrupt generation on Z low event. Default value: 0 (0: disable interrupt request; 1: enable interrupt request on measured accel. value lower than preset threshold)
YHIE	Enable interrupt generation on Y high event. Default value: 0 (0: disable interrupt request; 1: enable interrupt request on measured accel. value higher than preset threshold)
YLIE	Enable interrupt generation on Y low event. Default value: 0 (0: disable interrupt request; 1: enable interrupt request on measured accel. value lower than preset threshold)
XHIE	Enable interrupt generation on X high event. Default value: 0 (0: disable interrupt request; 1: enable interrupt request on measured accel. value higher than preset threshold)
XLIE	Enable interrupt generation on X low event. Default value: 0 (0: disable interrupt request; 1: enable interrupt request on measured accel. value lower than preset threshold)

圖 17-39　暫存器 INT1_CFG（30h）

7.21 INT1_THS_ZH (36h)

Table 60. INT1_THS_ZH register

-	THSZ14	THSZ13	THSZ12	THSZ11	THSZ10	THSZ9	THSZ8

Table 61. INT1_THS_ZH description

THSZ14 - THSZ9	Interrupt threshold. Default value: 0000 0000

圖 17-40　暫存器 INT1_THS_ZH（36h）

STEP 34 將剛得到的 Address 十六進制 0x30、0x36 與 bit 的十六進制 0x20、0x50 填入 Bytes to Write 內，填入後便可完成初始化的設定，如圖 17-41 所示。

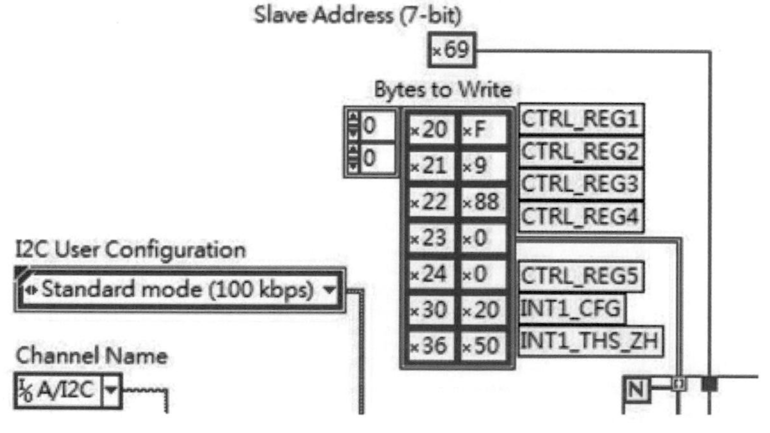

圖 17-41　程式畫面

STEP 35 接著將 Slave Address（7-bit）接入至 Timed Loop → Case Structure 中的 Write Read 元件上，如圖 17-42 所示。

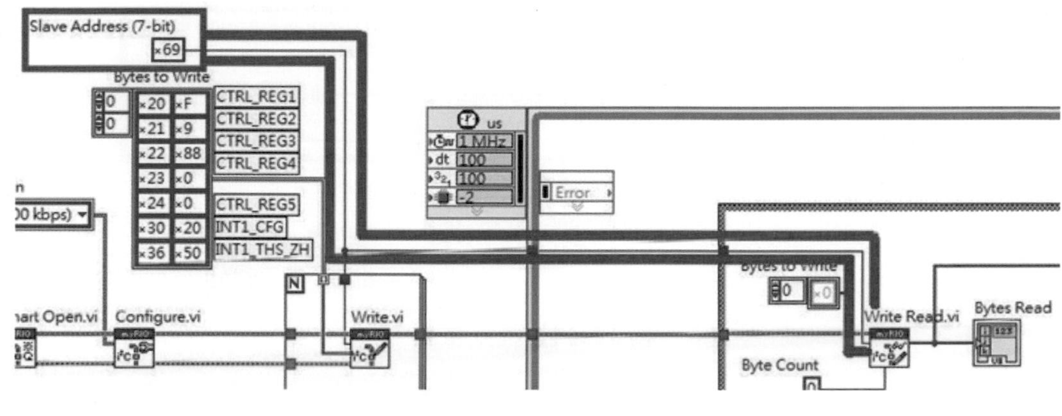

圖 17-42　程式畫面

STEP 36 從「Functions → Cluster, Class&Variant」中取出 Bundle 元件，並將 X、Y、Z 軸接上，再接上一個 Waveform Chart，如圖 17-43 所示。

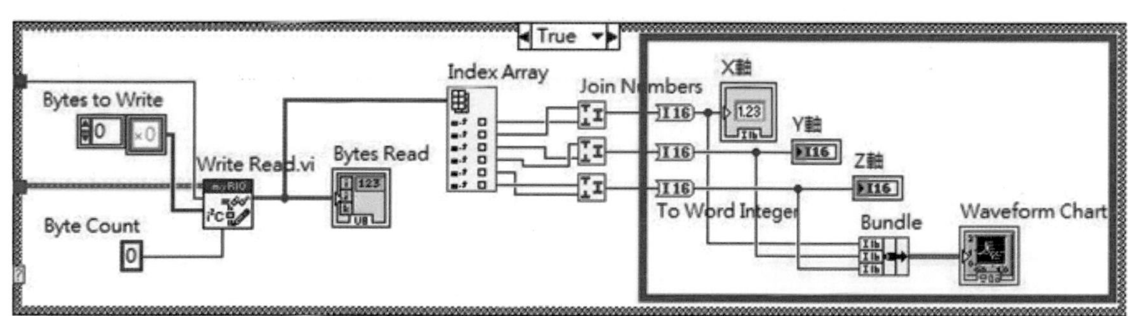

圖 17-43　程式畫面

STEP 37 計算 X、Y、Z 位移，請先取出 3 個 To Double Precision Float 並將 X、Y、Z 軸接上，如圖 17-44 所示。

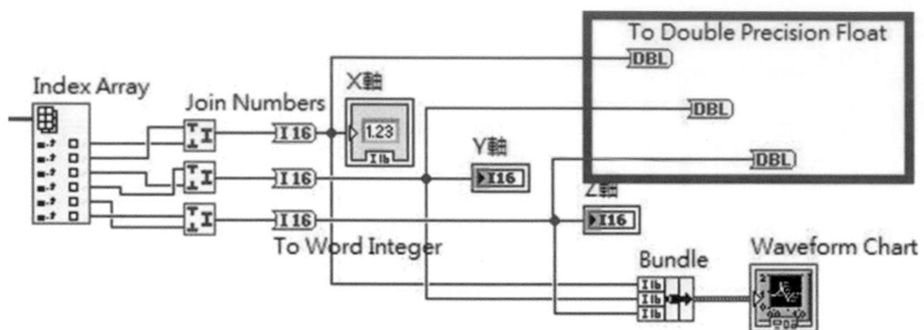

圖 17-44　程式畫面

STEP 38 請從「Functions → Signal Processing → Point By Point → integ&Diff」中取出 Integral x(t) 元件，如圖 17-45 所示。

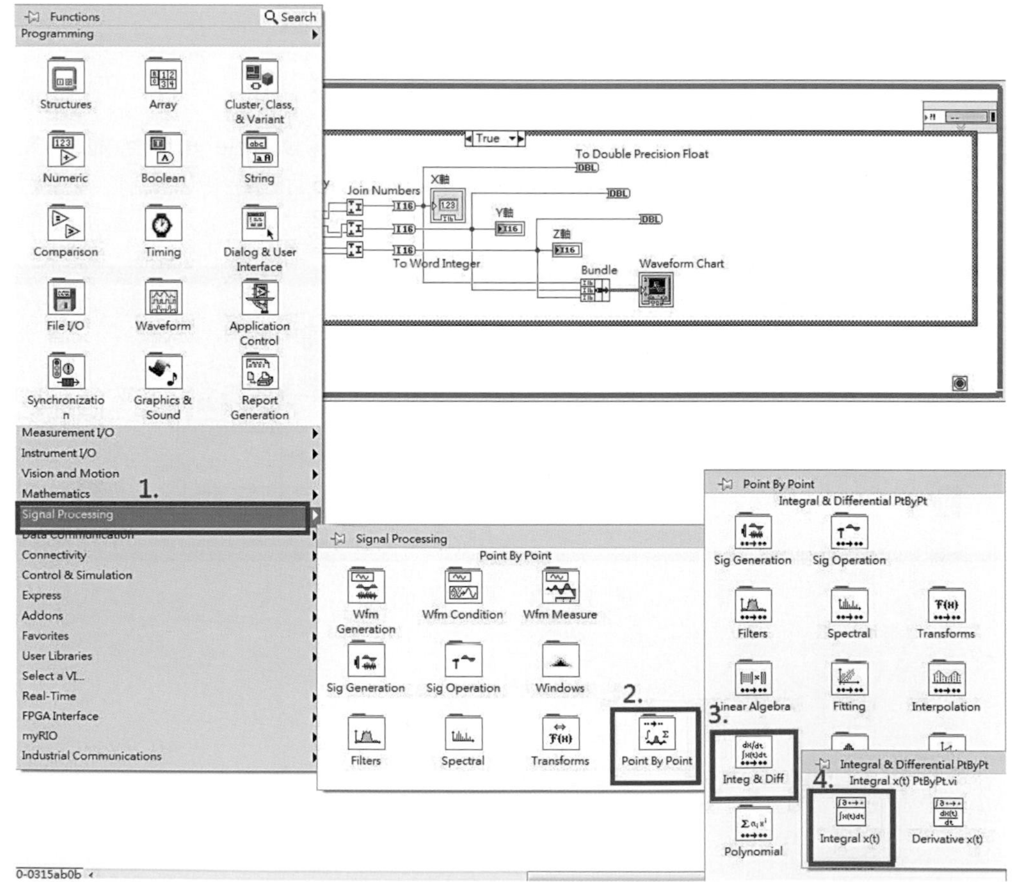

圖 17-45　Integral x(t) 路徑

STEP 39 請取取三個 Integral x(t) 元件，接著請在 initialize 端點上建立一個控制元件，並命名為“初始化”，再將另外兩個連接在一起，如圖 17-46 所示。

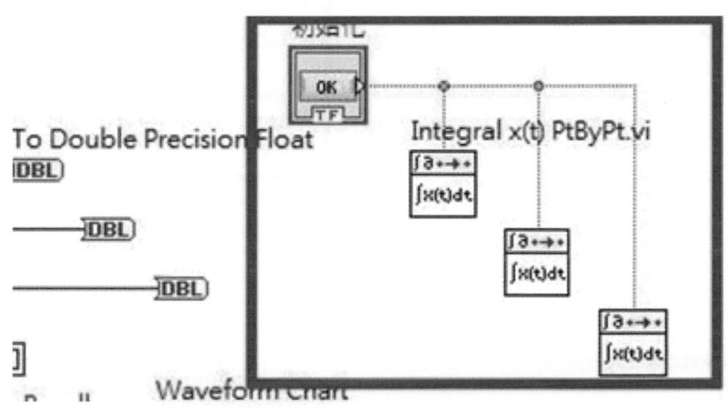

圖 17-46　程式畫面

STEP 40 接著從「Functions → Numeric」中取出 Reciprocal 元件，如圖 17-47 所示。

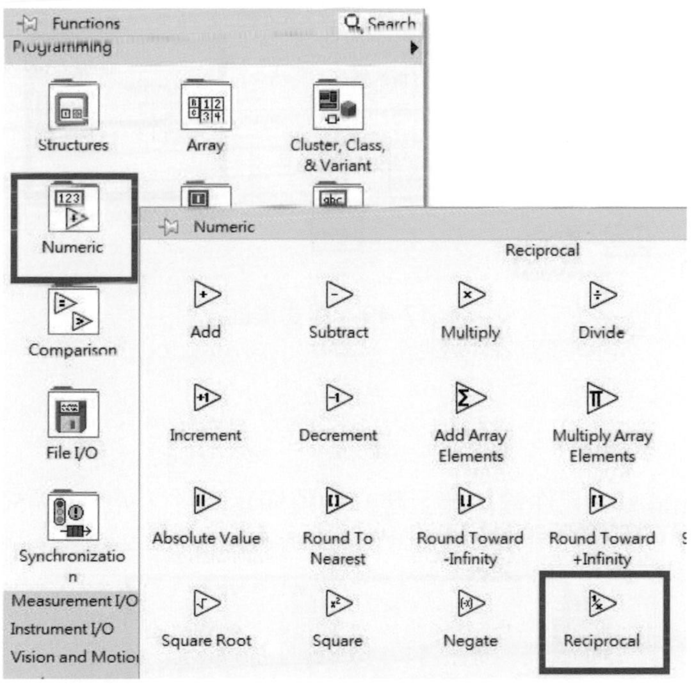

圖 17-47　Reciprocal 路徑

STEP 41 替 Reciprocal 元件接上數值常數元件並輸入值 100，再接至 Integral x(t) 元件 dt 端點上，接著將 To Double Precision Float 接至 Integral x(t) 元件 x 端點上，如圖 17-48 所示。

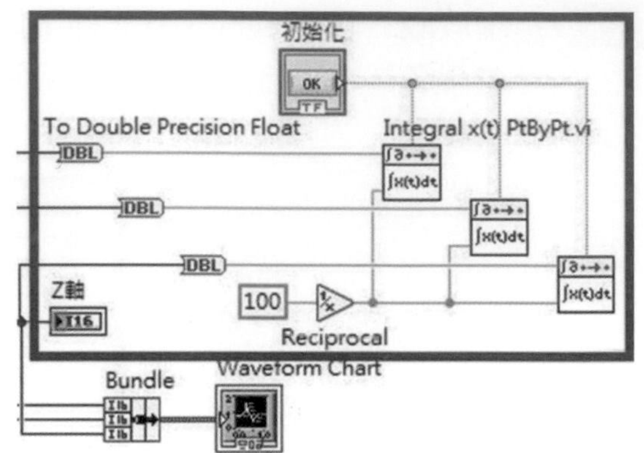

圖 17-48　程式畫面

STEP 42 從「Functions → Cluster,Class&Variant」中取出 Bundle 元件，再接上一個 Waveform Chart 並命名為“角位移”，如圖 17-49 所示。

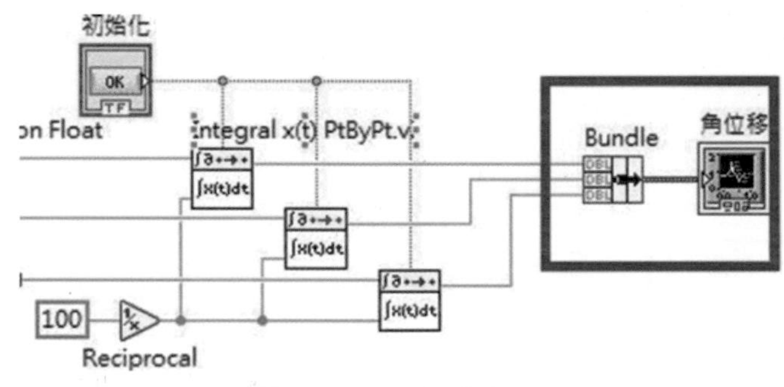

圖 17-49　程式畫面

STEP 43 在 Integral x(t) 元件輸出端上建立數值顯示元件，如圖 17-50 所示。

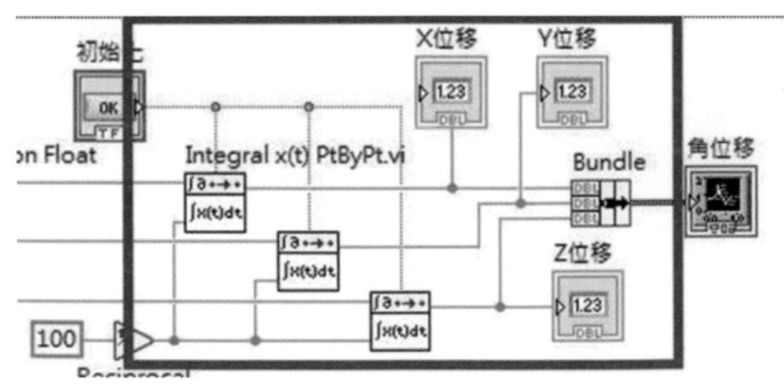

圖 17-50　程式畫面

STEP 44 將未輸入的值填上，如圖 17-51 所示，在 Bytes to Write 上填入 0xA8，並在 Bytes Count 中填入 6。

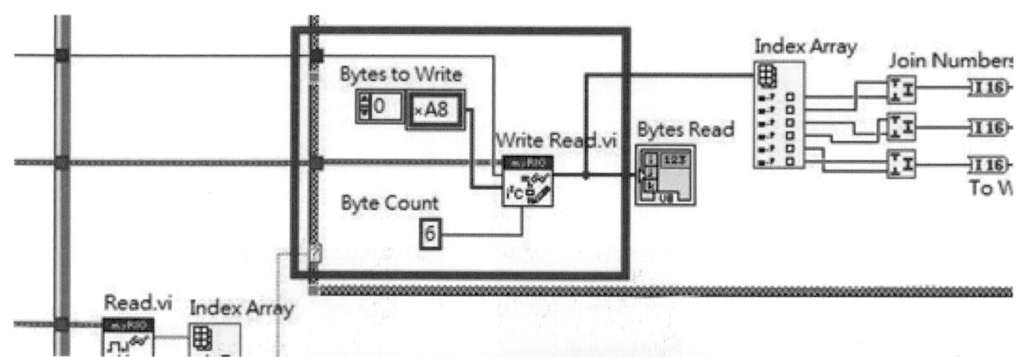

圖 17-51　程式畫面

為什麼要填入 0xA8 與 6 呢？先看到圖 17-52 上，X 軸的輸出值 address 為 0xA8，Z 軸的最後一個輸出值 address 為 0x2D，一共有 6 組資料，所以讓 myRIO 抓取 6 比數值，再來 0x28 的二進制為 00101000，而模組有個自動索引功能，這個功能開啟的方法為設定二進制中 8bit 的最左位（MSB）為 1，所以得到的二進制會如 10101000 轉換成十六進制的話為 0xA8，在從 0xA8 開始抓取 6 比數值便是 X、Y、Z 軸的數值。

7.10　OUT_X_L (28h), OUT_X_H (29h)

X-axis angular rate data. The value is expressed as two's complement.

7.11　OUT_Y_L (2Ah), OUT_Y_H (2Bh)

Y-axis angular rate data. The value is expressed as two's complement.

7.12　OUT_Z_L (2Ch), OUT_Z_H (2Dh)

Z-axis angular rate data. The value is expressed as two's complement.

圖 17-52　X、Y、Z 軸的位址

STEP 45 最後圖形程式區會如圖 17-53 ～圖 17-56 所示。

請整理程式區如圖 17-53(b) 所示。最後請執行程式並觀察圖表的變化，如圖 17-53(a) 所示。

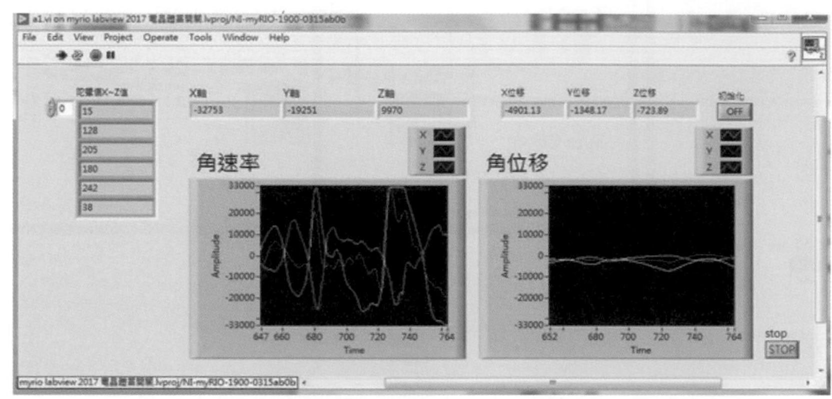

圖 17-53(a)　人機介面

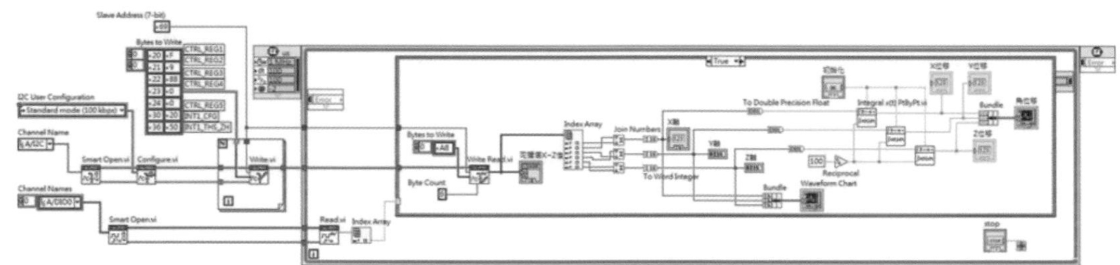

圖 17-53(b)　程式畫面

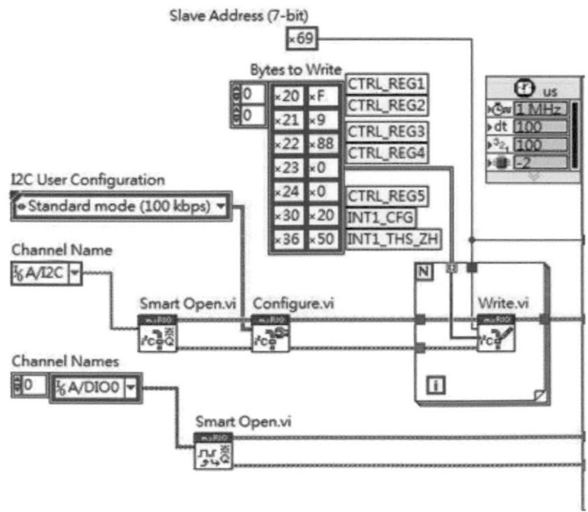

圖 17-54　程式畫面

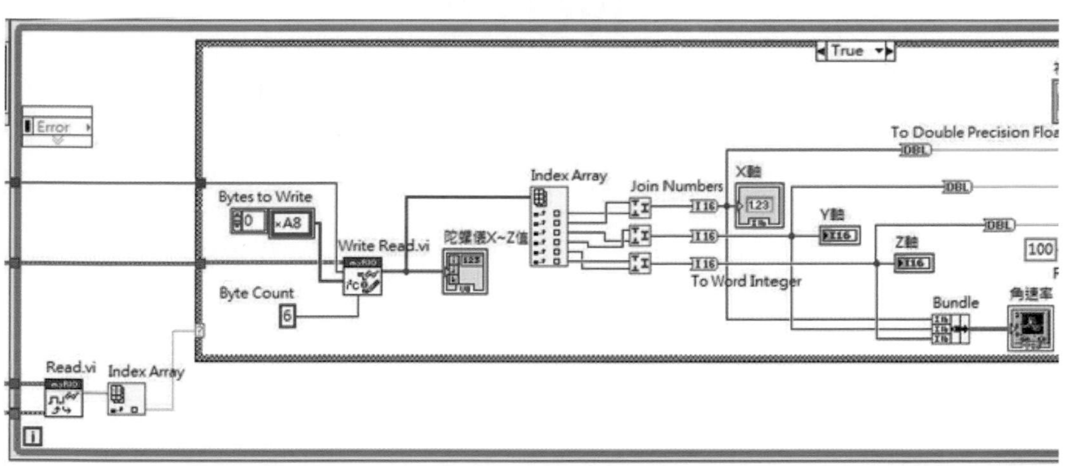

圖 17-55　程式畫面

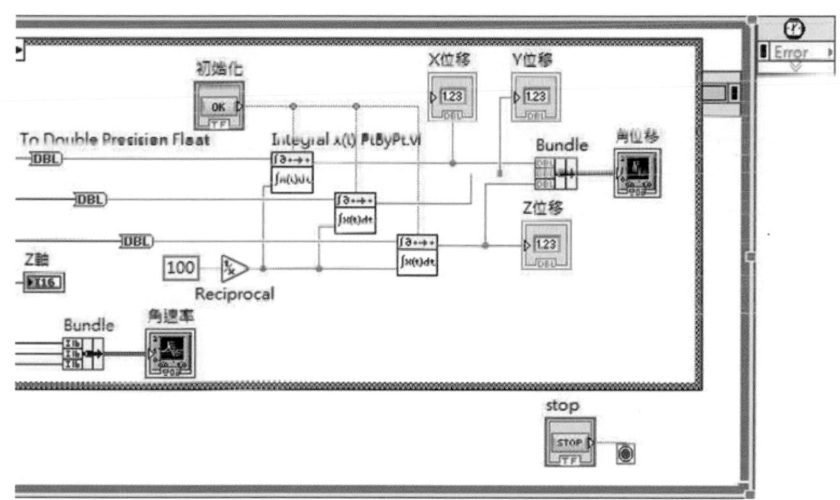

圖 17-56　程式畫面

NOTE

加速度計

18-1 加速度計介紹

加速度計（Accelerometer）是一種用來感測物件的加速度，多用於量測物體的加速度、重量、定位等。常使用在飛行載具、船的導航與行動裝置等。以常見的行動裝置來講，大多數內部都有三軸加速度計搭配陀螺儀來進行量測與 GPS 定位，或是玩遊戲時，以加速度計與陀螺儀來保持平衡、感測傾斜角度與決定移動的速度。

在本章節中，使用的三軸加速度計為 DIGILENT 的 Pmod ACL 模組，外觀如圖 18-1 所示，可使用 SPI 與 I²C 通訊介面來進行資料接收。

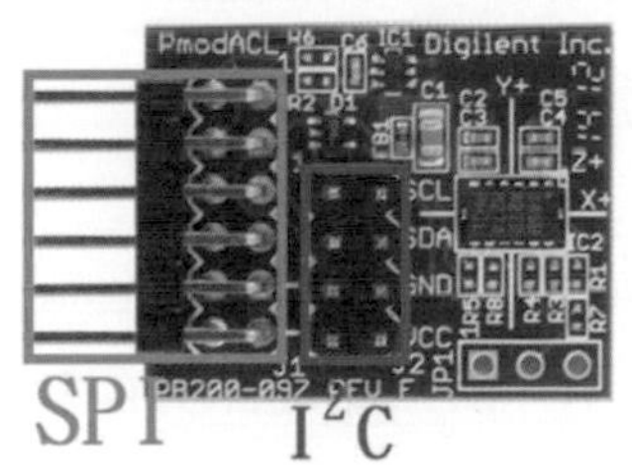

圖 18-1　三軸加速度計為 Pmod ACL 模組

DIGILENT 網站：https：//reference.digilentinc.com/reference/pmod/pmodacl/reference-manual

DataSheet 網址：https：//www.analog.com/media/en/technical-documentation/data-sheets/ADXL345.pdf

18-1-1 三軸加速度計模組腳位介紹

三軸加速度計模組的腳位如表 18-1 所示，分為 J1 與 J2。

表 18-1　三軸加速度計 Pmod ACL 模組腳位圖

Header J1					
Pin	Signal	Description	Pin	Signal	Description
1	～CS	Chip Select	7	INT2	Interrupt 2
2	MOSI	Master-Out-Slave-In	8	INT1	Interrupt 1
3	MISO	Master-In-Slave-Out	9	（NC）	Not Connected
4	SCLK	Serial Clock	10	（NC）	Not Connected
5	GND	Power Supply Ground	11	GND	Power Supply Ground
6	VCC	Positive Power Supply (3.3V)	12	VCC	Positive Power Supply (3.3V)

Header J2		
Pin	Signal	Description
1、5	SCL	Serial Clock
2、6	SDA	Serial Data
3、7	GND	Power Supply Ground
4、8	VCC	Positive Power Supply （3.3V）

（通訊介面）https：//makerpro.cc/2016/07/learning-interfaces-about-uart-i2c-spi/
其 myRIO 與加速度計模組的接線圖如圖 18-2 所示，使用的通訊界面為 I^2C。

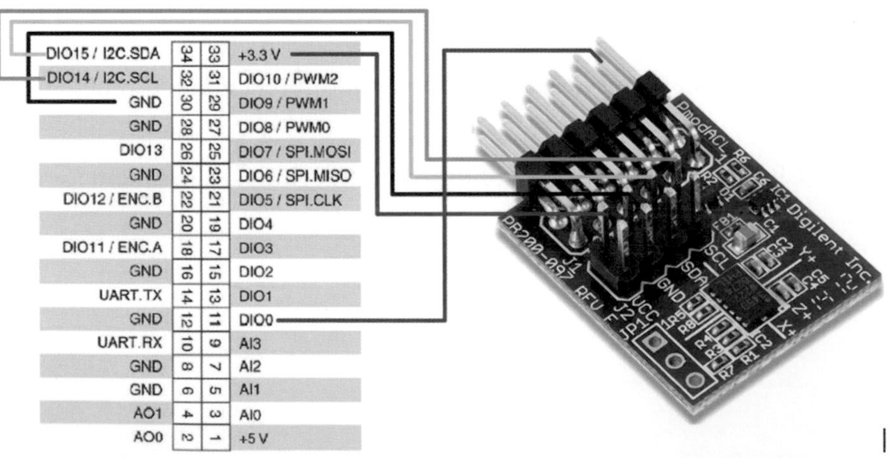

圖 18-2　三軸加速度計 Pmod ACL 模組與 myRIO-1900 接線圖

18-2　LabVIEW 程式撰寫－加速度計

接著要來撰寫如何使用 myRIO 讀取 Pmod ACL 三軸加速度計模組的資料。

STEP 1 建立 myRIO 與模組溝通的通道，請先開啟 LabVIEW 並開啟 myRIO Project（這裡就繼續使用之前的 Project），接著開啟新的 VI，並取出 I^2C 元件設定為寫入，接著點 View Code，如圖 18-3 所示。

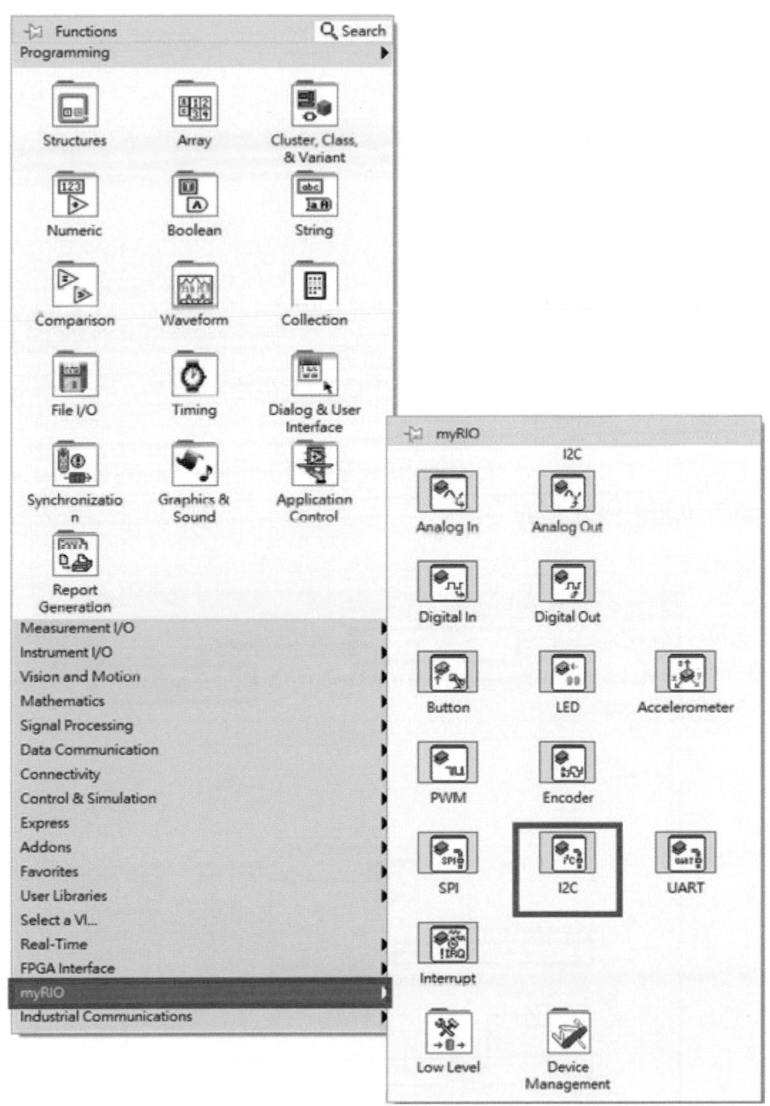

圖 18-3(a)　I^2C 元件路徑

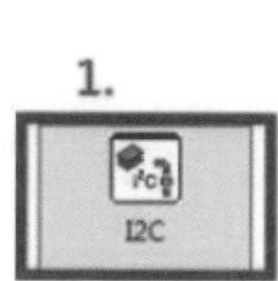

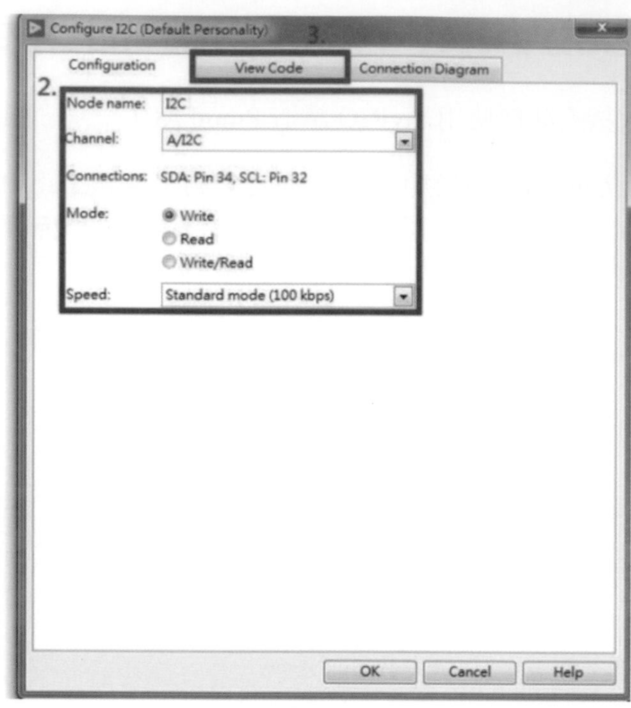

圖 18-3(b)　I^2C 設定視窗

STEP 2 點擊 Copy to Clipboard 來複製程式碼，以簡便程式的撰寫，最後點 OK 來關閉視窗，如圖 18-4 所示。

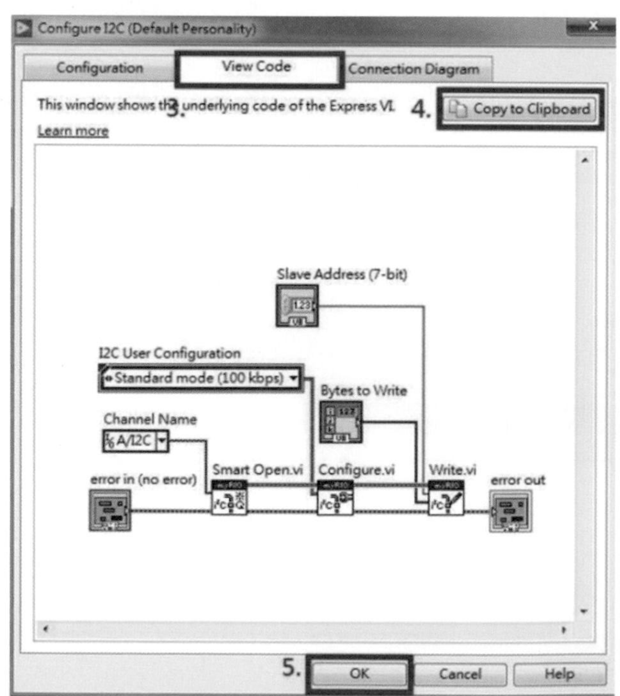

圖 18-4　I^2C 的 View Code 頁面

STEP 3 在圖形程式區貼上複製的程式碼，然後刪除 I2C 元件，如圖 18-5 所示。

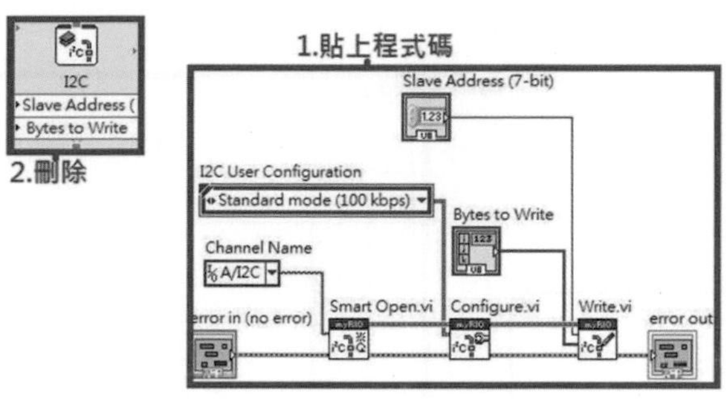

圖 18-5　程式畫面

STEP 4 請分別對 Slave Address 與 Bytes to Write 元件按滑鼠右鍵點選 Change to Constant（原本為 Control 元件），如圖 18-6 所示，變成 Constant 後，請展開 Bytes to Write 為二維陣列，大小為 2*7。

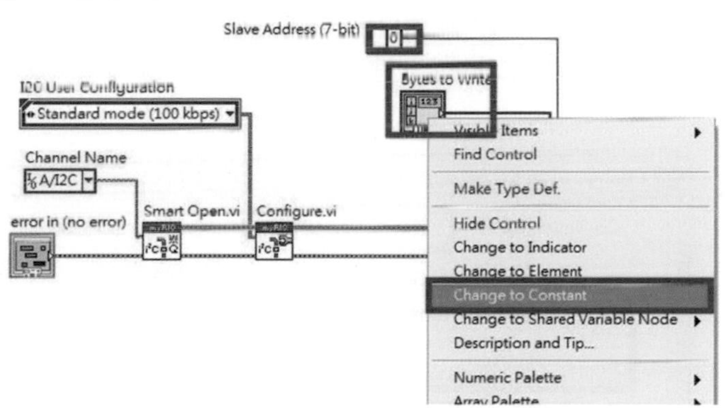

圖 18-6　程式畫面

STEP 5 請分別對 Slave Address 與 Bytes to Write 元件點滑鼠右鍵並勾選 Visible Items 中的 Radix，如圖 18-7(a) 所示。接著用滑鼠左鍵點元件中 d 的地方開啟選單並更改為十六進制，如圖 18-7(b) 所示。

圖 18-7　Bytes to Write 設定

STEP 6 請取出 For Loop 將 Write.vi 包覆在內，並將 Slave Address 與 Bytes to Write 元件連接至 Write.vi 上，如圖 18-8 所示。

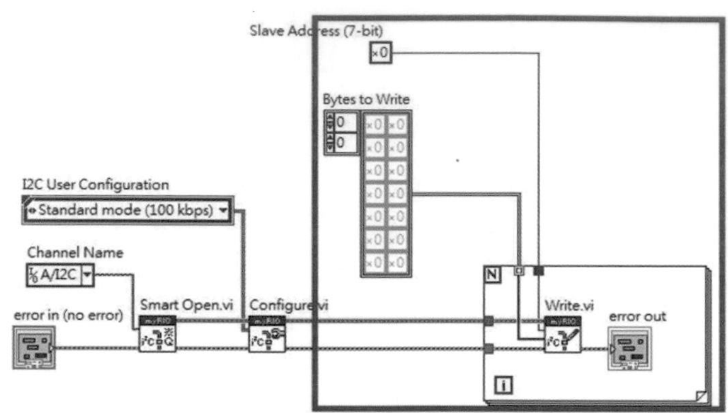

圖 18-8　程式畫面

STEP 7 請在圖形程式區取出 Digital input 元件，設定為 A/DIO0，設定好後，請複製 Low level 程式碼（為了節省步驟請去參考圖 18-4），如圖 18-9 所示。

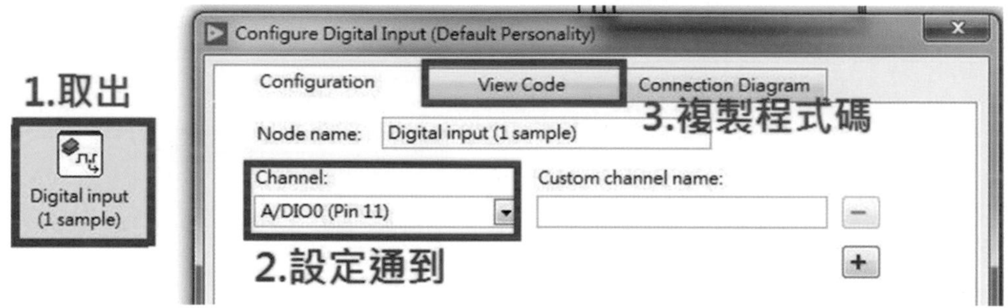

圖 18-9　Digital input 設定視窗

STEP 8 請在圖形程式區貼上程式碼，並刪除圖 18-10 紅框中的元件。

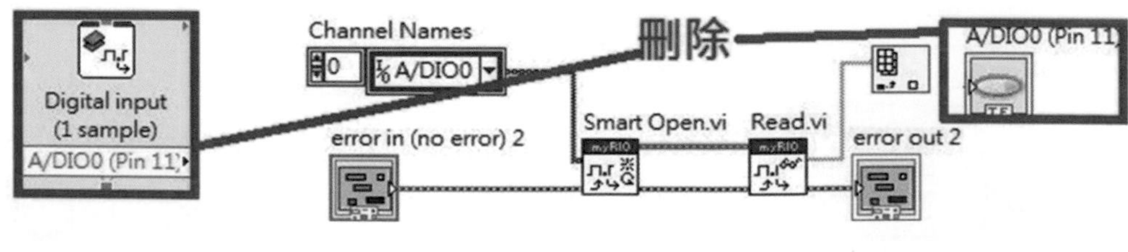

圖 18-10　程式畫面

STEP 9 從「Functions → Structures → Timed Structures」中取出 Timed Loop，路徑如圖 18-11 所示。

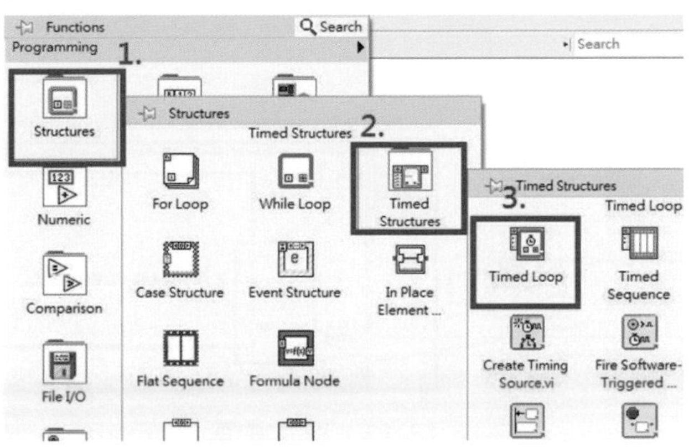

圖 18-11　Timed Loop 路徑

STEP 10 將 Timed Loop 放至於圖形程式區中並快速雙擊元件來開起設定視窗，接著在 Source Type 中選擇 1MHz Clock、Period 設定為 100us，如圖 18-12 所示。

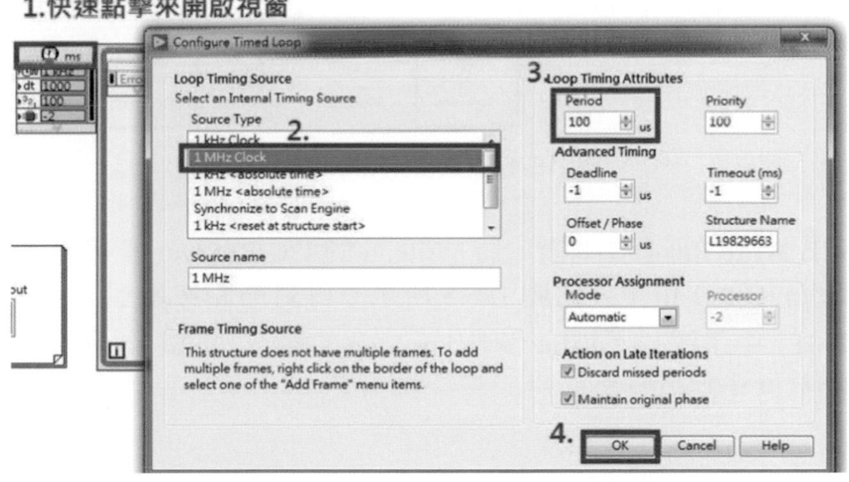

圖 18-12　Timed Loop 設定視窗

STEP 11 將 DIO 的 Read.vi 放入 Timed Loop 中，再取出一個 Case Structure 放入 Timed Loop 中並將 Index Array 的輸出接至 Case Structure 上，最後刪除 error 元件，如圖 18-13 所示。

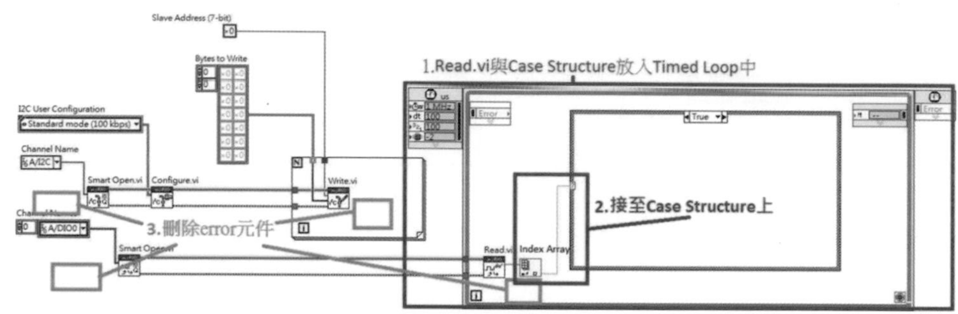

圖 18-13　程式畫面

STEP 12 從在圖形程式區「Function → myRIO → Low Level → I2C」中取出 Write Read 元件，如圖 18-14 所示，並放入 Case Structure 中。

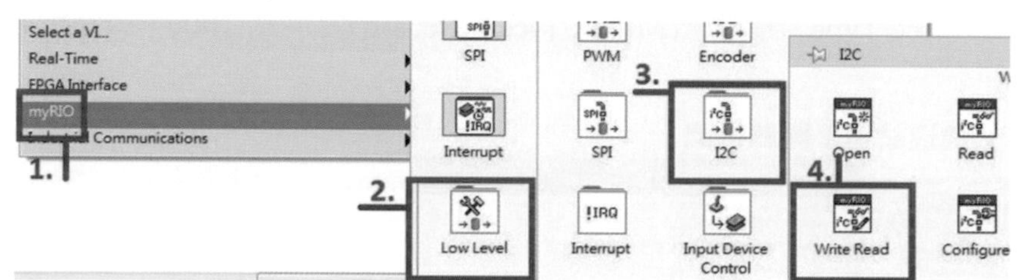

圖 18-14　Write Read 路徑

STEP 13 取出 Write Read 元件後，將 Write.vi 的 I2C Ref Out 連接至 Write Read 元件的 I2C Ref In 上，如圖 18-15 所示。再對節點按滑鼠右鍵，從「Tunnel Mode」中選擇 Last Value 調整 For loop 的輸出，如圖 18-16 所示，即可解決圖 18-15 中斷線的部分。

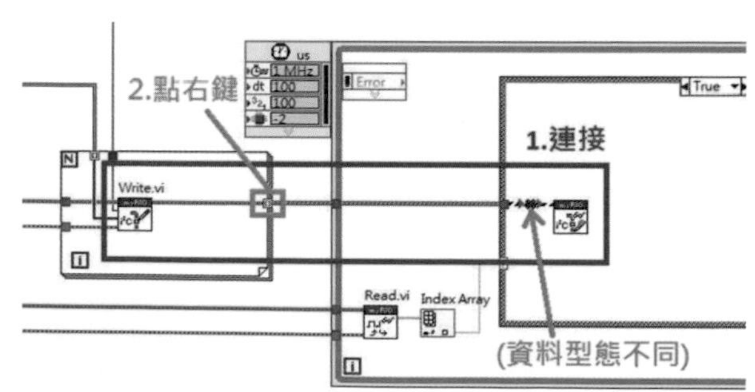

圖 18-15　程式畫面

圖 18-16　Tunnel 設定

STEP 14 請複製二維陣列至 Case Structure 中，再調整成一維陣列，如圖 18-17 所示。

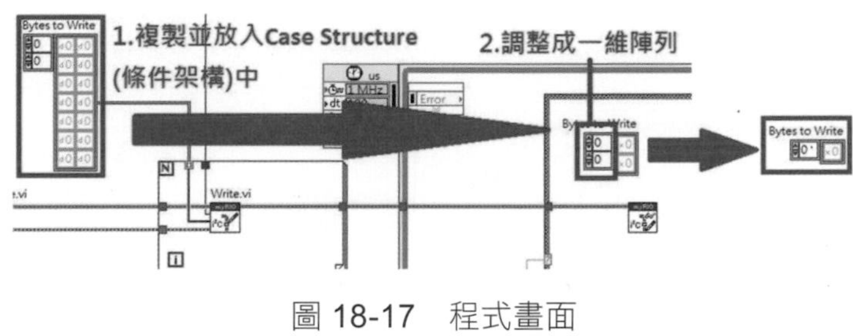

圖 18-17　程式畫面

STEP 15 請將一維陣列接上 Write Read 元件的 Bytes to Write 腳位上，並在 Write Read 元件的 Byte Count 腳位接上 Constant（常數）元件，最後在 Bytes Read 接上顯示元件，如圖 18-18 所示。

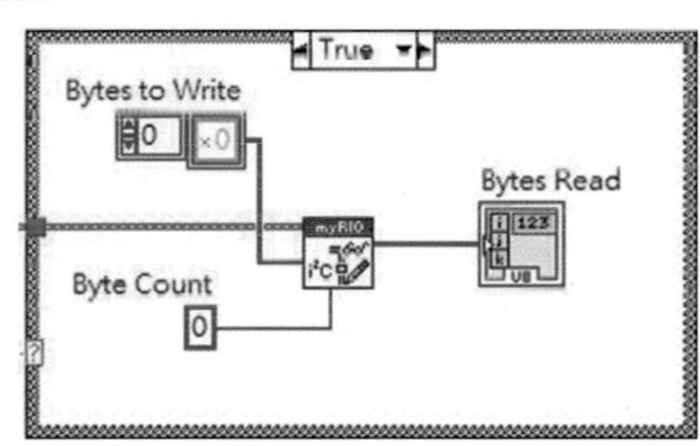

圖 18-18　程式畫面

STEP 16 複製Index Array至Case Structure內並接至Write Read.vi上，如圖18-19所示。

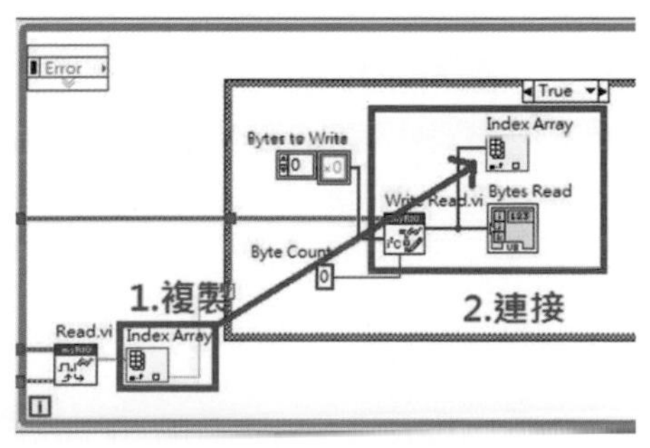

圖 18-19　程式畫面

STEP 17 從「Functions → Numeric → Data Manipulation」中取出三個 Join Numbers 元件，如圖 18-20 所示。

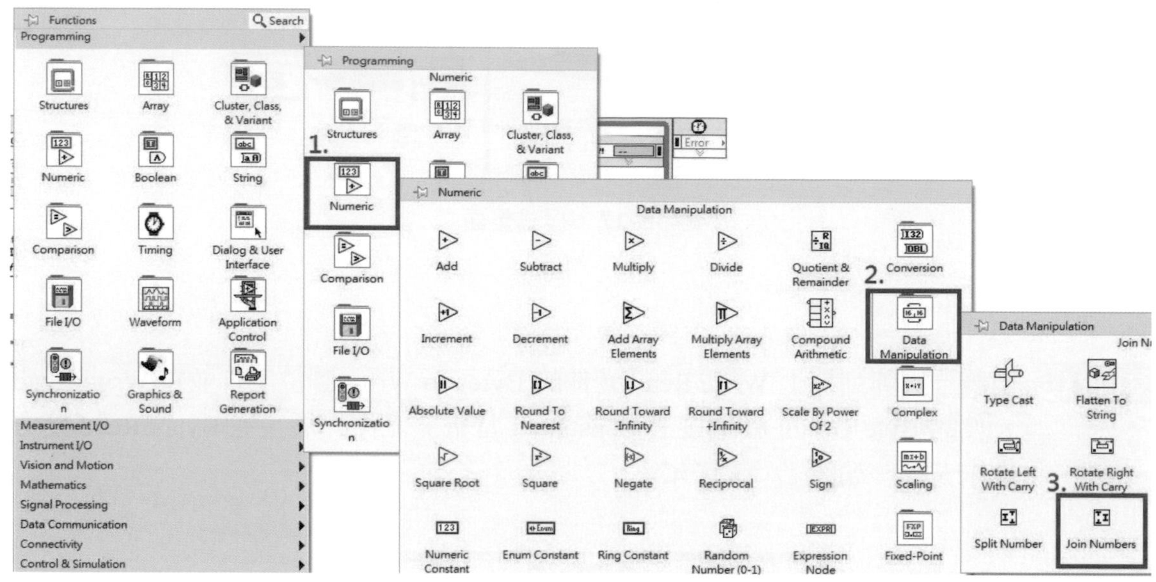

圖 18-20　Join Numbers 路徑

STEP 18 請將 Index Array 向下拉開成 6 個輸出，並依圖 18-21 所示，接上 Join Numbers 元件。

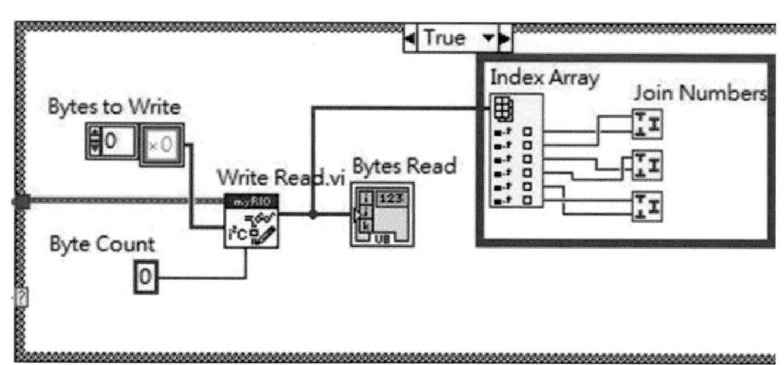

圖 18-21　程式畫面

STEP 19 從「Functions → Numeric → Conversion」中取出三個 To Word Integer 元件，如圖 18-22 所示，再將 Join Numbers 元件連接至 To Word Integer 元件上。To Word Integer 元件會將接收到的資料轉換成 16bit。

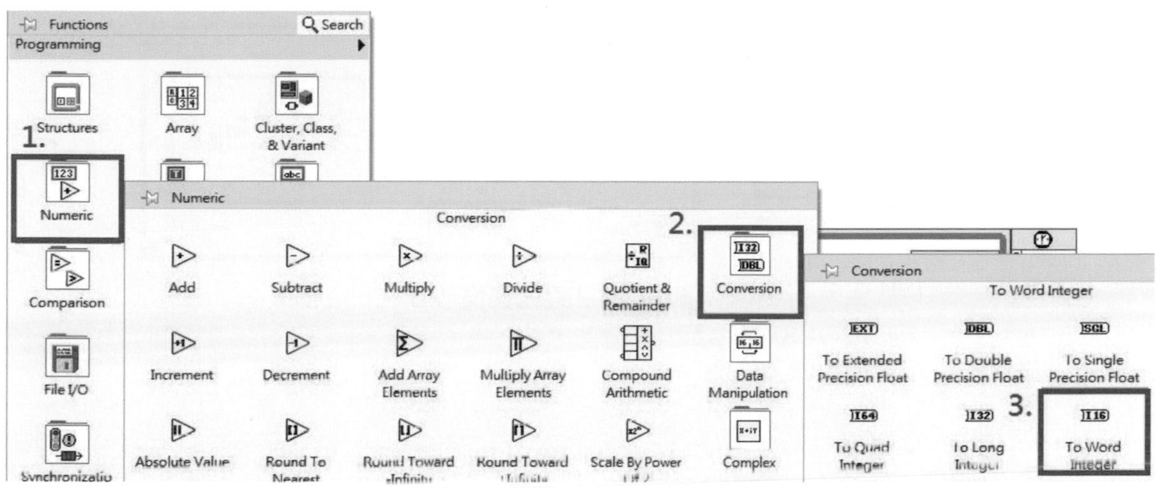

圖 18-22　To Word Integer 路徑

STEP 20 將 To Word Integer 元件各別連接至 X 軸、Y 軸、Z 軸數值顯示元件上，如圖 18-23 所示。（X 軸、Y 軸、Z 軸為數值顯示元件，只差在顯示方式不同）

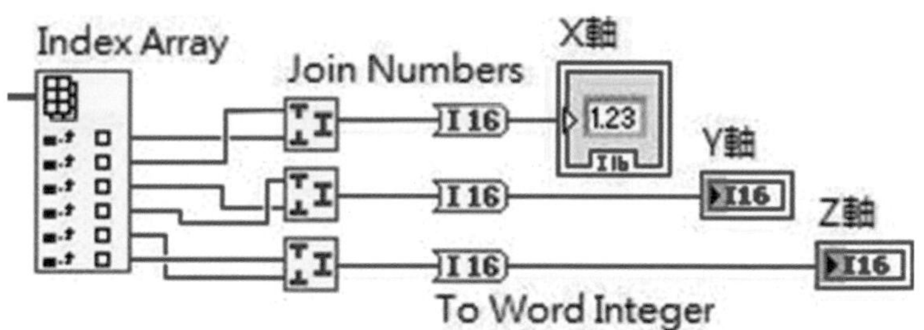

圖 18-23　程式畫面

到這邊為止，圖形程式區會如圖 18-24 所示。再來，先講解圖中紅框的部分，請依照下面的說明來填入數值。

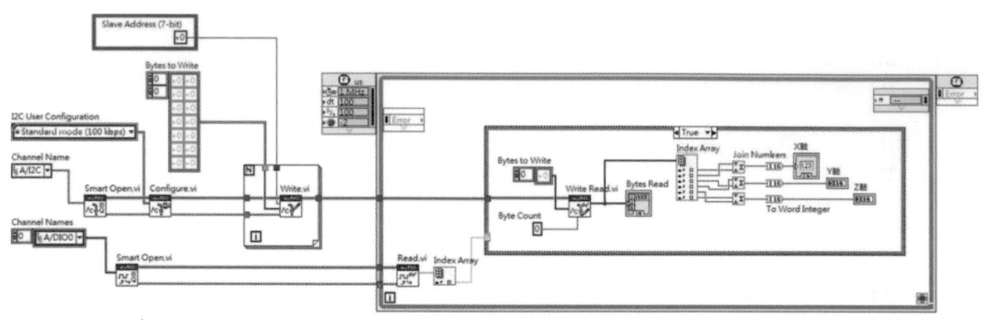

圖 18-24　程式畫面

STEP 21 填入相對應的數值，首先查看 Datasheet 內暫存器（Register）的位址（address），如圖 18-25 所示。每組暫存器有 8bit，但是 I²C 通訊介面上，其位址為前 7bit，最後 1bit 為判斷寫入或讀取。在寫入的情況下為 0，讀取的情況下為 1。

（詳細資料可參考本章節開頭的 Datasheet 網址）

傳輸格式說明：http：//magicjackting.pixnet.net/blog/post/173061691-i2c-bus-%E7%B0%A1%E4%BB%8B-（inter-integrated-circuit-bus）-

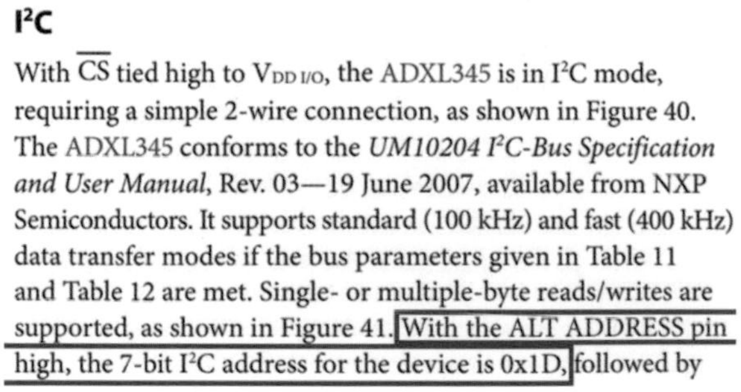

I²C

With $\overline{CS}$ tied high to $V_{DD\ I/O}$, the ADXL345 is in I²C mode, requiring a simple 2-wire connection, as shown in Figure 40. The ADXL345 conforms to the *UM10204 I²C-Bus Specification and User Manual*, Rev. 03—19 June 2007, available from NXP Semiconductors. It supports standard (100 kHz) and fast (400 kHz) data transfer modes if the bus parameters given in Table 11 and Table 12 are met. Single- or multiple-byte reads/writes are supported, as shown in Figure 41. With the ALT ADDRESS pin high, the 7-bit I²C address for the device is 0x1D, followed by

圖 18-25　暫存器位址

STEP 22 從圖 18-25 中知道三軸加速度計模組的 Address（位址）為 0x1D，但是只看前 7bit，最後 1bit 由 myRIO 的 Write/ Read 元件來決定是 0 或 1。所以在圖形程式區中的 Slave Address 中請輸入 0x1D，而最後 1bit 將會由 Write/ Read 元件來決定是 0 或 1 並在程式執行中自動補上，如圖 18-26 所示。

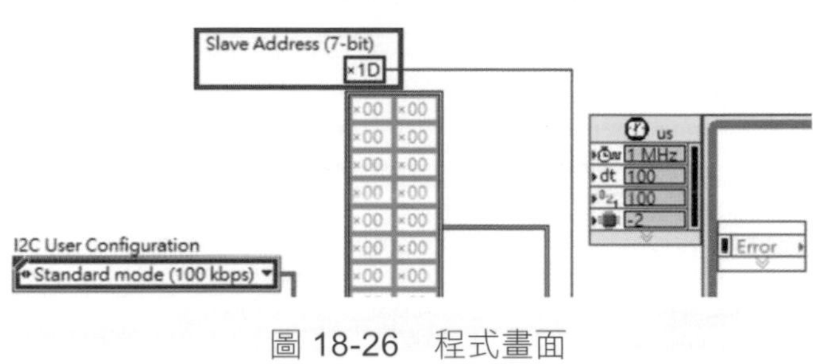

圖 18-26　程式畫面

STEP 23 輸入加速度計模組的位址後，接著來設定其他暫存器初始化的資料，如圖 18-27 所示。

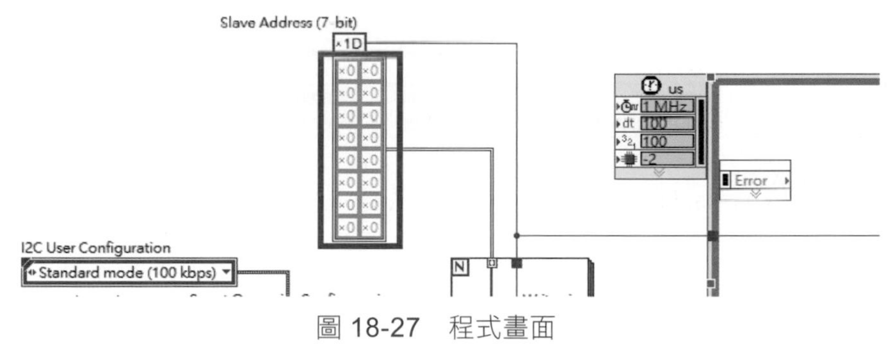

圖 18-27　程式畫面

STEP 24 查看 DataSheet 中的暫存器資料 Register MAP，如表 18-2 所示。紅框中設定的暫存器為 0x1D、0x21、0x2A、0x2C、0x2D、0x2E、0x2F 和 0x31，而測量 X、Y 與 Z 的資料位址為綠框中 0x32 ～ 0x37。

註 Register的0x1D ≠ 模組Address的0x1D

表 18-2　暫存器資料 Register MAP

REGISTER MAP

Table 19.

Address					
Hex	**Dec**	**Name**	**Type**	**Reset Value**	**Description**
0x00	0	DEVID	R	11100101	Device ID
0x01 to 0x1C	1 to 28	Reserved			Reserved; do not access
0x1D	29	THRESH_TAP	R/W	00000000	Tap threshold
0x1E	30	OFSX	R/W	00000000	X-axis offset
0x1F	31	OFSY	R/W	00000000	Y-axis offset
0x20	32	OFSZ	R/W	00000000	Z-axis offset
0x21	33	DUR	R/W	00000000	Tap duration
0x22	34	Latent	R/W	00000000	Tap latency
0x23	35	Window	R/W	00000000	Tap window
0x24	36	THRESH_ACT	R/W	00000000	Activity threshold
0x25	37	THRESH_INACT	R/W	00000000	Inactivity threshold
0x26	38	TIME_INACT	R/W	00000000	Inactivity time
0x27	39	ACT_INACT_CTL	R/W	00000000	Axis enable control for activity and inactivity detection
0x28	40	THRESH_FF	R/W	00000000	Free-fall threshold
0x29	41	TIME_FF	R/W	00000000	Free-fall time
0x2A	42	TAP_AXES	R/W	00000000	Axis control for single tap/double tap
0x2B	43	ACT_TAP_STATUS	R	00000000	Source of single tap/double tap
0x2C	44	BW_RATE	R/W	00001010	Data rate and power mode control
0x2D	45	POWER_CTL	R/W	00000000	Power-saving features control
0x2E	46	INT_ENABLE	R/W	00000000	Interrupt enable control
0x2F	47	INT_MAP	R/W	00000000	Interrupt mapping control
0x30	48	INT_SOURCE	R	00000010	Source of interrupts
0x31	49	DATA_FORMAT	R/W	00000000	Data format control
0x32	50	DATAX0	R	00000000	X-Axis Data 0
0x33	51	DATAX1	R	00000000	X-Axis Data 1
0x34	52	DATAY0	R	00000000	Y-Axis Data 0
0x35	53	DATAY1	R	00000000	Y-Axis Data 1
0x36	54	DATAZ0	R	00000000	Z-Axis Data 0
0x37	55	DATAZ1	R	00000000	Z-Axis Data 1
0x38	56	FIFO_CTL	R/W	00000000	FIFO control
0x39	57	FIFO_STATUS	R	00000000	FIFO status

STEP 25 先從 0x1D 與 0x21 開始，其功能各別分為點擊閾值（Tap threshold）和點擊持續時間（Tap duration）。

1. 點擊閾值（Tap threshold）的功能為：判斷是否開始採集樣本，當加速度計量測到振動或搖動的值，大於設定的點擊閾值時才會開始採集樣本，避免採集到的樣本為虛假的。其中又分“單”擊閾值與“雙”擊閾值。

   在圖 18-28(a) 中 0xFF = 16g（1 克 = 1000 毫克），而在一個暫存器中有 8bits（28 = 256 資料數），所以 16g/256 = 62.5mg/LSB，由前面的計算得出每一個資料數為 62.5mg（毫克）。

當設定的十六進制為 0xFE，那計算出來的值為 16g – 62.5mg = 15.9375g，其規律為：

0xFF = 16.0000g（∵ 0xFF = 256　∴ 256 × 62.5mg = 16g）

0xFE = 15.9375g（∵ 0xFE = 255 → 255 × 62.5mg = 15.9375g）

0xFD = 15.8750g（∵ 0xFD = 254 → 254 × 62.5mg = 15.8750g）

⋮

0x02 = 0.1250g（∵ 0x02 = 2 → 2 × 62.5mg = 0.1250g）

0x01 = 0.0625g（∵ 0x01 = 1 → 1 × 62.5mg = 0.0625g）

0x00 = 0.0000g（∵ 0x00 = 0 → 0 × 62.5mg = 0g）

註　別設定為0否則會造成無法正常判斷

2. 點擊持續時間（Tap duration）的功能為：決定樣本採集的時間或結束，當加速度計感測到振動或搖動的值在設定的時間內低於閾值，便會終止樣本採集。

在圖 18-28(b) 中每一資料數為 625μs，所以 0xFF = 625μs × 256 = 0.16s（1 秒 = 1000 毫秒 = 1000000 微秒）。計算方式與點擊閾值相似，可參考上面的敘述。

0xFF = 0.160000s（∵ 0xFF = 256　∴ 256 × 625μs = 0.16s）

0xFE = 0.159375s（∵ 0xFE = 255 → 255 × 625μs = 0.159375s）

⋮

0x00 = 0.000000s（∵ 0x00 = 0 → 0 × 625μs = 0s）

Register 0x1D—THRESH_TAP (Read/Write)

The THRESH_TAP register is eight bits and holds the threshold value for tap interrupts. The data format is unsigned, therefore, the magnitude of the tap event is compared with the value in THRESH_TAP for normal tap detection. The scale factor is 62.5 mg/LSB (that is, 0xFF = 16 *g*). A value of 0 may result in undesirable behavior if single tap/double tap interrupts are enabled.

(a)

Register 0x21—DUR (Read/Write)

The DUR register is eight bits and contains an unsigned time value representing the maximum time that an event must be above the THRESH_TAP threshold to qualify as a tap event. The scale factor is 625 μs/LSB. A value of 0 disables the single tap/double tap functions.

(b)

圖 18-28　點擊閾值與點擊持續時間

STEP 26 設定 0x1D（Tap threshold）與 0x21（Tap duration）的值，在這裡點擊閾值 0x1D 設定為 3g，而點擊持續時間 0x21 設定為 10ms，根據前面的範例計算後分別為 0x30 與 0x10。再來將十六進制數值填入 Bytes to Write 內，如圖 18-29 所示。

註 3g/0.0625g = 48（十進制）轉換為0x30（十六進制）
10ms/0.000625ms = 16（十進制）轉換為0x10（十六進制）

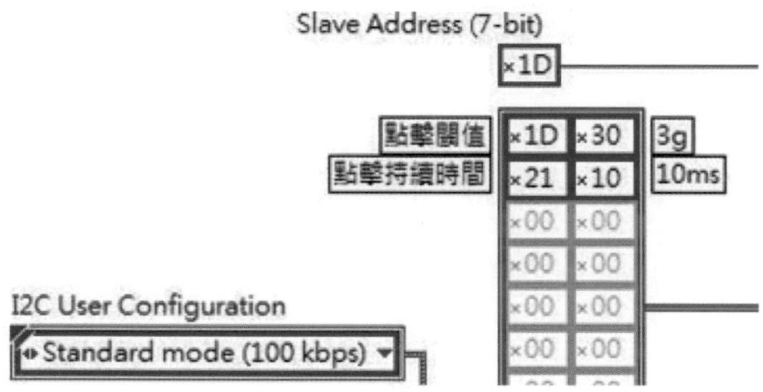

圖 18-29　程式畫面

STEP 27 看到 0x2A 暫存器，功能為設定點擊檢測，如圖 18-30 所示。為了簡化判斷程序，在這只使用 X 軸單一點擊檢測，所以設定為 00000100，換算成十六進制為 0x04。

Register 0x2A—TAP_AXES (Read/Write)

D7	D6	D5	D4	D3	D2	D1	D0
0	0	0	0	Suppress	TAP_X enable	TAP_Y enable	TAP_Z enable

Suppress Bit

Setting the suppress bit suppresses double tap detection if acceleration greater than the value in THRESH_TAP is present between taps. See the Tap Detection section for more details.

TAP_x Enable Bits

A setting of 1 in the TAP_X enable, TAP_Y enable, or TAP_Z enable bit enables x-, y-, or z-axis participation in tap detection. A setting of 0 excludes the selected axis from participation in tap detection.

圖 18-30　0x2A 暫存器

STEP 28 將剛得到的十六進制 0x2A 與 0x04 填入 Bytes to Write 內，如圖 18-31 所示。

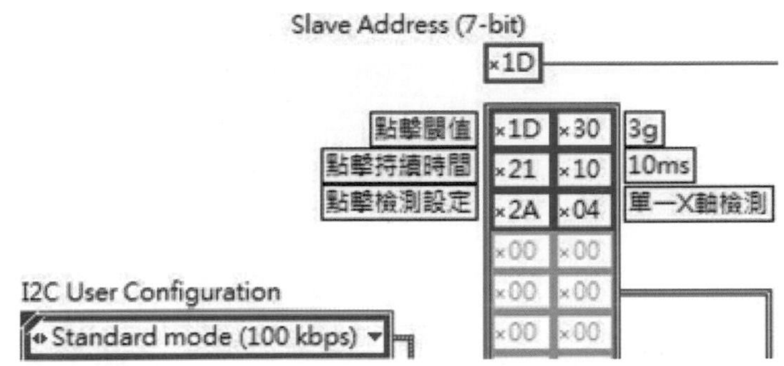

圖 18-31　程式畫面

STEP 29 看到 0x2C 暫存器，功能為設定傳輸速率，如圖 18-32 所示，由於不使用低功率（LOW_POWER），所以只要看到 Rate 的部分。圖 18-32 中寫到需配合 DataSheet 中的 Table7. 來觀看設定細節，如圖 18-33 所示。傳輸速率為每秒傳輸的位元數（bps）。在這設定為每秒 100 個位元數，所以在圖 18-33 中找到相同 100Hz 速率的項目，其二進制碼為 1010，組合起來為 00001010，轉換成十六進制為 0x0A。

註　Output Data Rate（Hz）設定越高，加速度圖表顯示元件變動越快，反之變動越慢。

Register 0x2C—BW_RATE (Read/Write)

D7	D6	D5	D4	D3	D2	D1	D0
0	0	0	LOW_POWER	Rate			

LOW_POWER Bit

A setting of 0 in the LOW_POWER bit selects normal operation, and a setting of 1 selects reduced power operation, which has somewhat higher noise (see the Power Modes section for details).

Rate Bits

These bits select the device bandwidth and output data rate (see Table 7 and Table 8 for details). The default value is 0x0A, which translates to a 100 Hz output data rate. An output data rate should be selected that is appropriate for the communication protocol and frequency selected. Selecting too high of an output data rate with a low communication speed results in samples being discarded.

圖 18-32　0x2C 暫存器

Table 7. Typical Current Consumption vs. Data Rate
(T_A = 25°C, V_S = 2.5 V, $V_{DD I/O}$ = 1.8 V)

Output Data Rate (Hz)	Bandwidth (Hz)	Rate Code	I_{DD} (μA)
3200	1600	1111	140
1600	800	1110	90
800	400	1101	140
400	200	1100	140
200	100	1011	140
100	50	1010	140
50	25	1001	90
25	12.5	1000	60
12.5	6.25	0111	50
6.25	3.13	0110	45
3.13	1.56	0101	40
1.56	0.78	0100	34
0.78	0.39	0011	23
0.39	0.20	0010	23
0.20	0.10	0001	23
0.10	0.05	0000	23

圖 18-33　0x2C　Data Sheet

STEP 30 將十六進制 0x2C 與 0x0A 填入 Bytes to Write 內，如圖 18-34 所示。

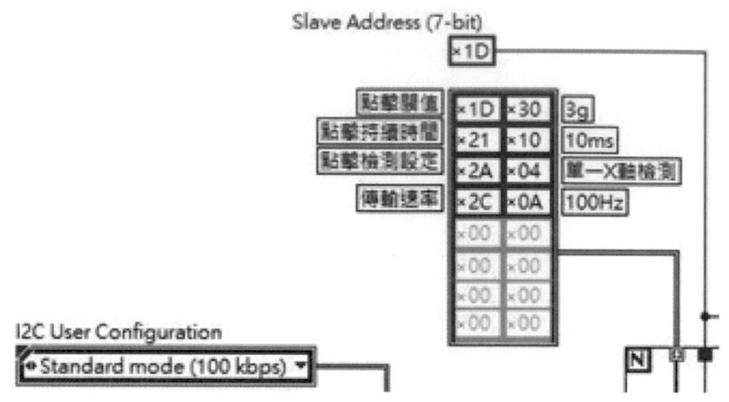

圖 18-34　程式畫面

STEP 31 看到 0x2D 暫存器，功能為設定電源控制，如圖 18-35 所示。由於只有設定 D3 的測量，所以就不將所有的敘述放入圖中。由圖 18-35 中設定待機模式為 0，設定測量模式為 1。在這需將 D3 設定為 1（測量模式），而其它的部分都為預設值 0，所以得到的二進制為 00001000，十六進制為 0x08。

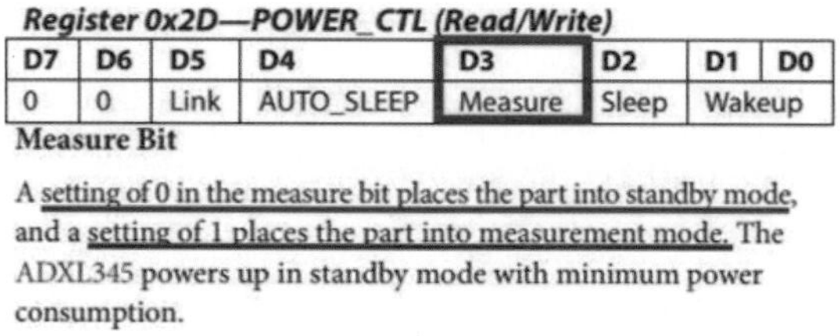

Register 0x2D—POWER_CTL (Read/Write)

D7	D6	D5	D4	D3	D2	D1	D0
0	0	Link	AUTO_SLEEP	Measure	Sleep	Wakeup	

Measure Bit

A setting of 0 in the measure bit places the part into standby mode, and a setting of 1 places the part into measurement mode. The ADXL345 powers up in standby mode with minimum power consumption.

圖 18-35　0x2D 暫存器

STEP 32 將剛得到的十六進制 0x2D 與 0x08 填入 Bytes to Write 內，如圖 18-36 所示。

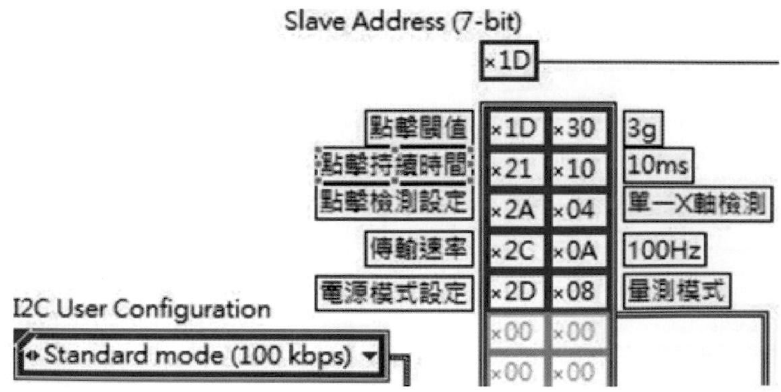

圖 18-36　程式畫面

STEP 33 看到 0x2E 暫存器，為設定相對應功能是否產生中斷訊號。中斷訊號的功能是用來讓接收加速度計資料的硬體判斷什麼時候能接收測量的新資料。在圖 18-37 中會使用到的部分為 D7，需將它設定為 1。這樣當新的測量資料可以接收時或是當“單”點擊閾值觸發時，就能觸發 myRIO 接收新測量資料。得到的二進制為 10000000，轉換成十六進制為 0x80。

Register 0x2E—INT_ENABLE (Read/Write)

D7 DATA_READY	**D6** SINGLE_TAP	**D5** DOUBLE_TAP	**D4** Activity
D3 Inactivity	**D2** FREE_FALL	**D1** Watermark	**D0** Overrun

Setting bits in this register to a value of 1 enables their respective functions to generate interrupts, whereas a value of 0 prevents the functions from generating interrupts. The DATA_READY, watermark, and overrun bits enable only the interrupt output; the functions are always enabled. It is recommended that interrupts be configured before enabling their outputs.

圖 18-37　0x2E 暫存器

STEP 34 將剛得到的十六進制 0x2E 與 0x80 填入 Bytes to Write 內，如圖 18-38 所示。

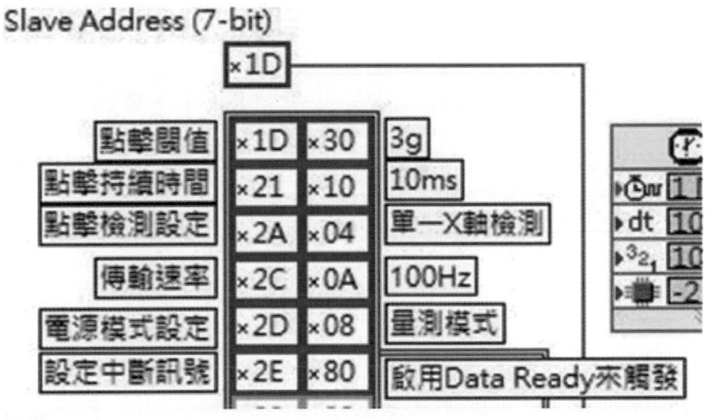

圖 18-38　程式畫面

STEP 35 看到 0x2F 暫存器，功能為設定中斷訊號的輸出腳位為 INT1(0) 或是 INT2(1)。由於圖 18-39 中只有啟用 D7（DATA_READY）所以，將 D7 設定為 1，其它未使用的設定為 0，得到的二進制為 10000000，十六進制為 0x80。假設 INT1 或 INT2 中有複數的中斷訊號，將會以邏輯閘 OR 來處理。

Register 0x2F—INT_MAP (R/W)

D7 DATA_READY	D6 SINGLE_TAP	D5 DOUBLE_TAP	D4 Activity
D3 Inactivity	D2 FREE_FALL	D1 Watermark	D0 Overrun

Any bits set to 0 in this register send their respective interrupts to the INT1 pin, whereas bits set to 1 send their respective interrupts to the INT2 pin. All selected interrupts for a given pin are OR'ed.

圖 18-39　0x2F 暫存器

STEP 36 將十六進制 0x2F 與 0x80 填入 Bytes to Write 內，如圖 18-40 所示。

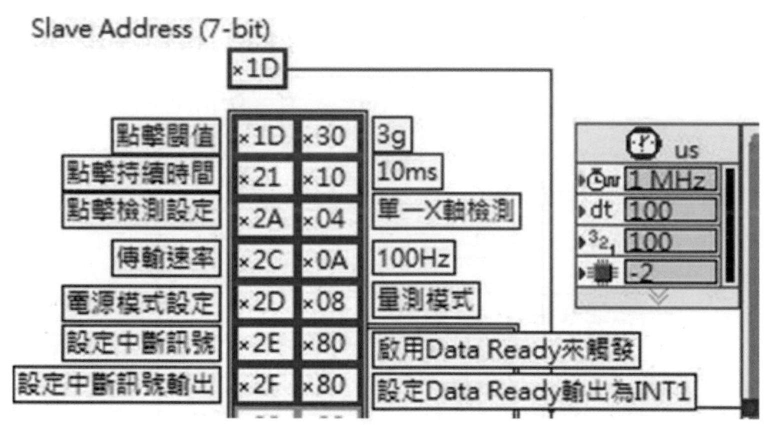

圖 18-40　程式畫面

STEP 37 看到 0x31 暫存器，功能為設定 I^2C 或 SPI 通訊介面、測量 G（重力加速度）的範圍或自我檢測等，在下面敘述中將會講解圖 18-41 中如何設定。

1. D7 為模組自我檢測，設定為 0 關閉自我檢測。
2. D6 為 SPI 或 I^2C 設定，而 SPI 為 4 線式通訊界面，就需要設定為 0。I^2C 為 3 線式通訊界面，就需要設定為 1。由於使用的通訊界面為 I^2C，所以 D6 設定為 1。

3. D5 為設定高或低電位，為 0 或 1。而 I^2C 在傳輸資料的時候為低電位，未傳輸的時候為高電位。由前述可知，必須設定保持在高電位上，所以 D5 設定為 0。
4. D4 預設保持為 0，而且也不可更動。
5. D3 為設定測量的範圍需配合 D1 與 D0，在這設定為 1。
6. D2 為設定 1（MSB 模式）或 0（LSB 模式），在這設定為 0。
7. D1 與 D0 為設定量測的範圍，須配合圖 18-41 中的 Table 21，在這設定為 11。

由上述的敘述中得到的二進制為 00001011，十六進制為 0x0B。

Register 0x31—DATA_FORMAT (Read/Write)

D7	D6	D5	D4	D3	D2	D1	D0
SELF_TEST	SPI	INT_INVERT	0	FULL_RES	Justify	Range	

The DATA_FORMAT register controls the presentation of data to Register 0x32 through Register 0x37. All data, except that for the ±16 *g* range, must be clipped to avoid rollover.

SELF_TEST Bit

A setting of 1 in the SELF_TEST bit applies a self-test force to the sensor, causing a shift in the output data. A value of 0 disables the self-test force.

SPI Bit

A value of 1 in the SPI bit sets the device to 3-wire SPI mode, and a value of 0 sets the device to 4-wire SPI mode.

INT_INVERT Bit

A value of 0 in the INT_INVERT bit sets the interrupts to active high, and a value of 1 sets the interrupts to active low.

FULL_RES Bit

When this bit is set to a value of 1, the device is in full resolution mode, where the output resolution increases with the *g* range set by the range bits to maintain a 4 mg/LSB scale factor. When the FULL_RES bit is set to 0, the device is in 10-bit mode, and the range bits determine the maximum *g* range and scale factor.

Justify Bit

A setting of 1 in the justify bit selects left-justified (MSB) mode, and a setting of 0 selects right-justified mode with sign extension.

Range Bits

These bits set the *g* range as described in Table 21.

Table 21. *g* Range Setting

Setting		
D1	D0	*g* Range
0	0	±2 *g*
0	1	±4 *g*
1	0	±8 *g*
1	1	±16 *g*

圖 18-41　0x31 暫存器

STEP 38 將十六進制 0x31 與 0x0B 填入 Bytes to Write 內，如圖 18-42 所示。

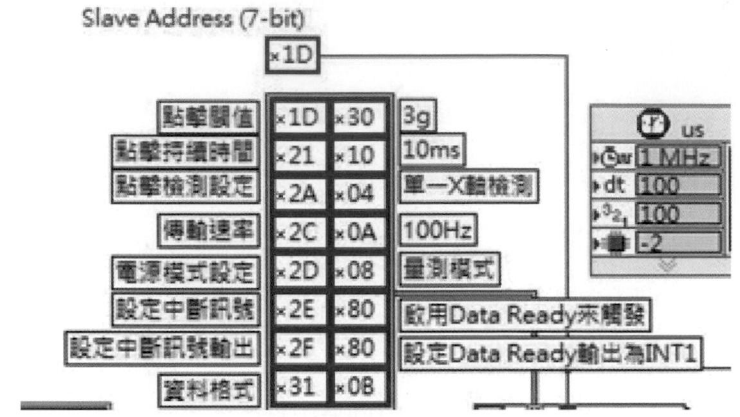

圖 18-42　程式畫面

STEP 39 將 Slave Address（7-bit）的輸出連接至 Timed Loop → Case Structure 中的 Write Read 元件上，如圖 18-43 所示。

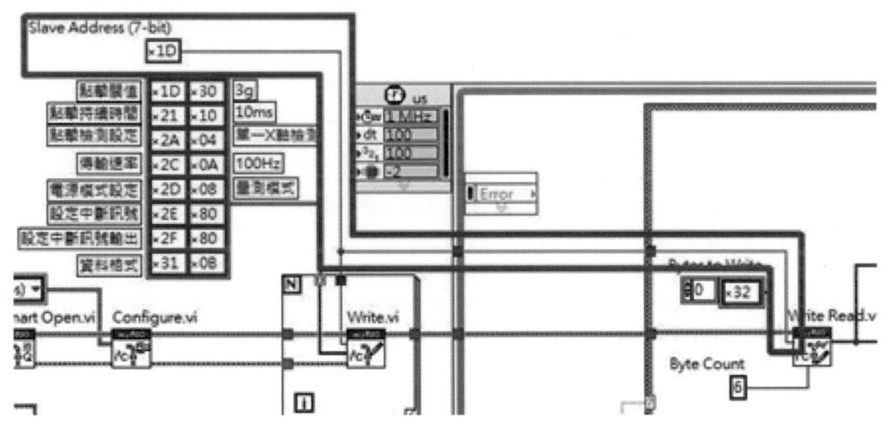

圖 18-43　程式畫面

STEP 40 從「Functions → Cluster,Class&Variant」中取出 Bundle 元件，並將 X、Y、Z 軸接上，再接上一個 Waveform Chart 並命名為加速度，如圖 18-44 所示。

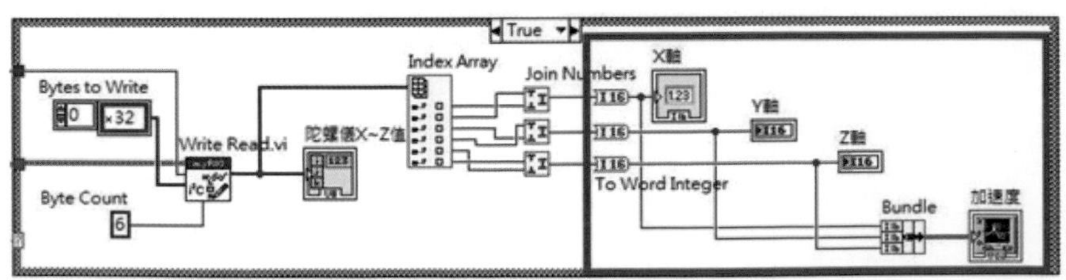

圖 18-44　程式畫面

STEP 41 將未輸入的值填上，沒錯就是表 18-2 中綠色框的部分，為 X ~ Z 軸的值，如圖 18-45 所示，在 Bytes to Write 上填入 0x32，並在 Bytes Count 中填入 6。

當抓取第一筆 0x32 暫存器的資料後，將會再依照著順序抓取 5 筆資料（0x33 ~ 0x37），所以得到的資料將會有 6 筆。

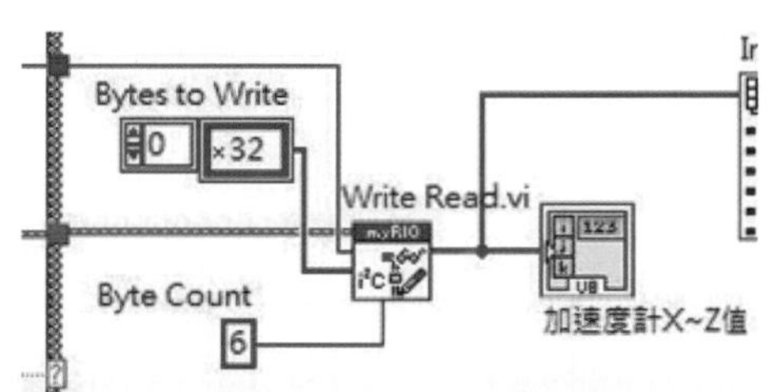

圖 18-45　程式畫面

最後，程式撰寫完後會如圖 18-46 與 18-47 所示。

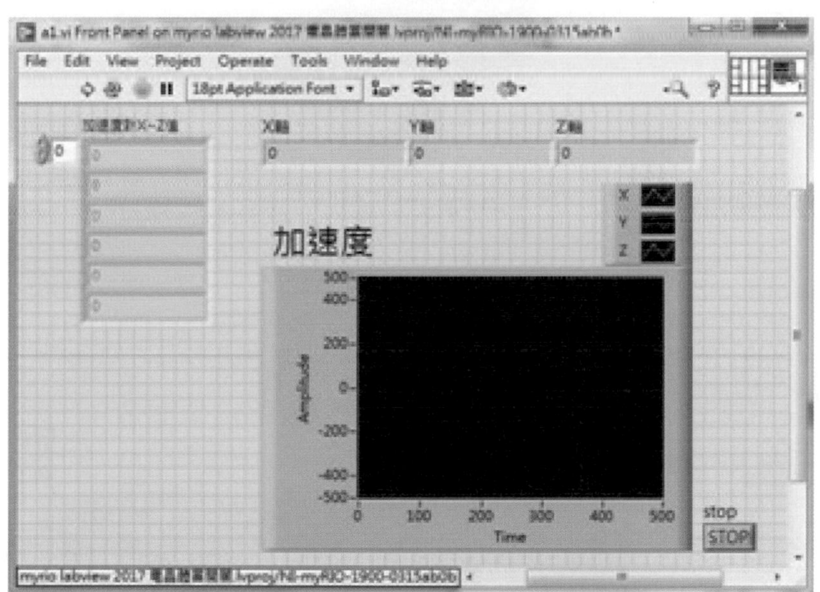

圖 18-46　人機介面

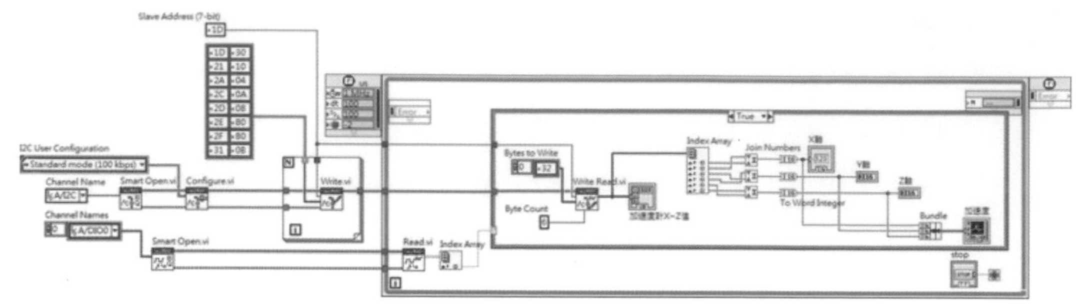

圖 18-47　程式畫面

STEP 42 執行程式來觀看加速度計的資料吧。執行後，照著加速度計模組上的標示向 ±X、±Y 與 ±Z 的方向移動吧，如圖 18-48 所示。圖 18-49 為 X 軸左右水平晃動的值。

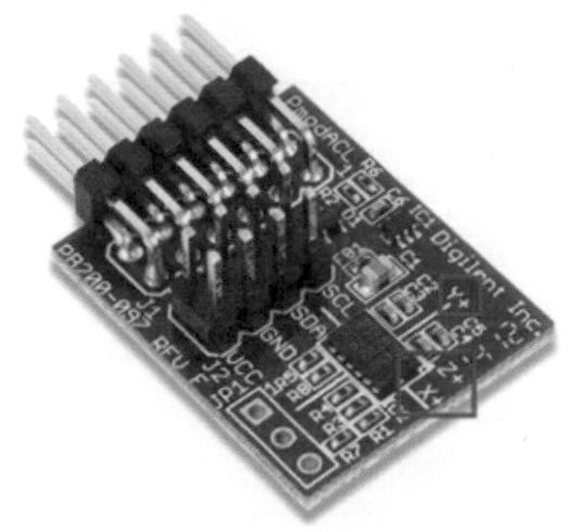

圖 18-48　加速度計 Pmod ACL 模組的 X、Y、Z 軸

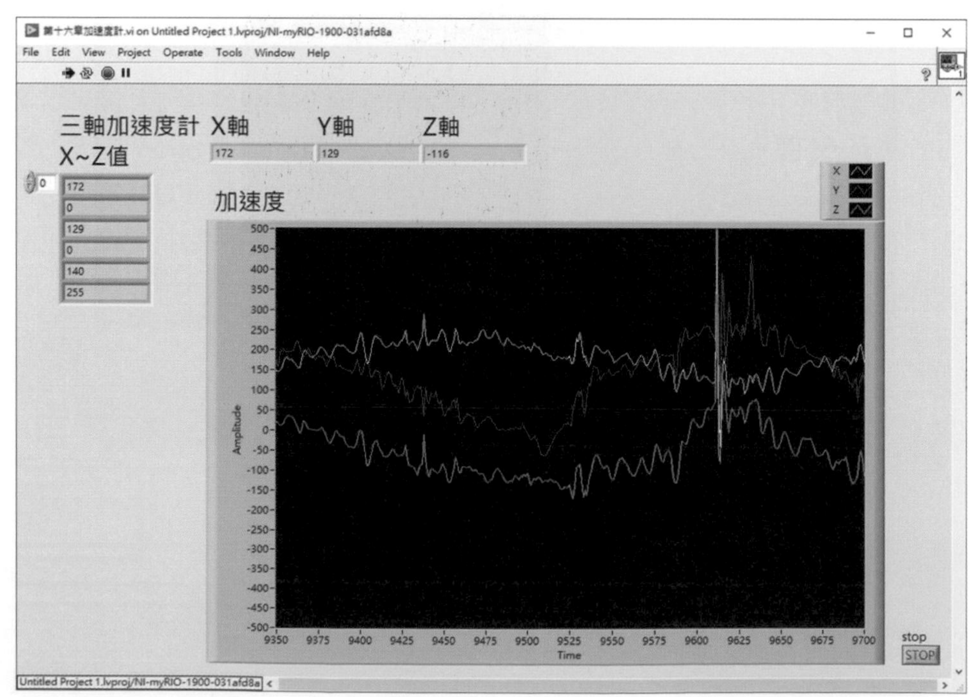

圖 18-49　程式執行

遠端控制

隨著時代的進步，科技的日新月異和無線傳輸技術的發展，使得有線和無線感測網路的應用越來越廣。透過大量的感測器和物聯網的應用，人們隨時隨地都能利用行動裝置去得知遠端量測的數據。接下來將介紹兩種遠端控制軟體 (Chrome 遠端桌面和 TeamViewer)，方便使用者藉由本身既有的行動裝置去控制遠端設備。

19-1　Chrome 遠端桌面

Chrome 遠端桌面是 Google 開發的網頁版遠端桌面工具，如圖 19-1 所示。其操作比其他遠端工具來的簡單，並且是能夠在跨平台 (可以在 Windows、Linux 與 macOS 環境上執行) 操作的一個遠端工具。接下來將介紹三種使用 Chrome 遠端桌面的方法。分別是電腦網頁、行動裝置 Android 和 IOS 系統。

圖 19-1　已登入過後的 Chrome 遠端桌面

19-1-1 電腦網頁開啟遠端桌面

本節將一步一步示範如何透過使用電腦瀏覽器 Google Chrome 開啟 Chrome 遠端桌面。使用者可隨時隨地透過 Chrome 遠端桌面獲取遠端設備所擷取的數據。為了測試遠端監控的實際功能，在這裡需要準備兩部電腦，分別為主控端電腦和遠端電腦。

STEP 1 在遠端電腦的桌面點擊開啟 Google Chrome 並搜尋 Chrome 遠端桌面，如圖 19-2 所示。

圖 19-2　Google Chrome 頁面

STEP 2 使用 Chrome 遠端桌面之前，必須先有 Google 的帳戶。登入 Google 帳戶後，如果是未使用過的 Chrome 遠端桌面，畫面會如圖 19-3 所示。點擊紅框處「存取我的電腦」，即可開始遠端設定，如圖 19-4 所示。在遠端存取的選項，點選下載 Chrome 遠端桌面。按下載鍵後，畫面會出現如圖 19-5 所示。接著按「加到 Chrome」。安裝完成後，會出現如圖 19-6 所示。即可開始進行遠端設定。

圖 19-3　未登入過的 Chrome 遠端桌面

圖 19-4　Chrome 遠端桌面下載

圖 19-5　Chrome 遠端桌面安裝

圖 19-6　Chrome 遠端桌面安裝完成

STEP 3 在圖 19-6 中，在選擇名稱的欄位輸入遠端電腦的名稱。在這裡可任意自己取電腦名稱，但是要記住這個遠端電腦名稱，等待下次主控端呼叫使用。按下繼續鍵後，在接下來的畫面將要求輸入 PIN 碼。在這裡可任意輸入自己想要的 PIN 碼，至少 6 位數，含英文或數字。但是要記住這個 PIN 碼，等待下次主控端呼叫使用，如圖 19-7 所示。如此，Chrome 遠端桌面就設定完成，如圖 19-8 所示。

圖 19-7　遠端電腦名稱及 PIN 碼設定

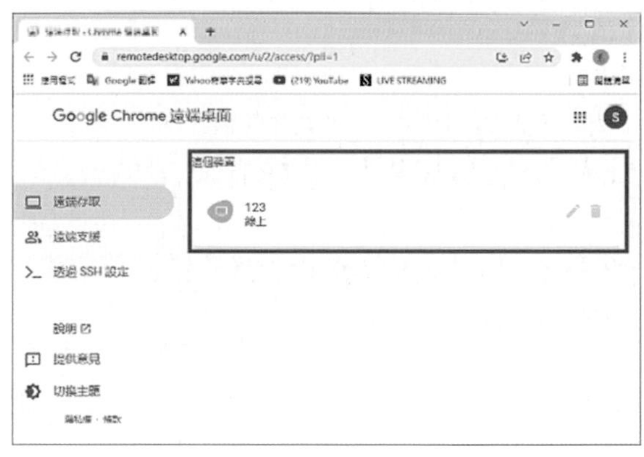

圖 19-8　Chrome 遠端桌面

STEP 4 完成遠端電腦的設定後，接著開啟主控端電腦。在電腦的桌面點擊開啟 Google Chrome 並搜尋 Chrome 遠端桌面進入 Chrome 遠端桌面，並選擇「存取我的電腦」，如圖 19-9 所示。點擊「存取我的電腦」後，輸入自己的 Google 帳戶 (主控端和遠端電腦的 Chrome 遠端桌面必須在同一個 Google 帳戶下，否則無法使用)，如圖 19-10 所示。

圖 19-9　主控端 Chrome 遠端桌面

圖 19-10　登入 Google 帳戶

STEP 5 輸入帳戶完成後，即可看到剛剛在遠端電腦設定的畫面，如圖 19-11 所示。滑鼠左鍵點擊遠端裝置並輸入 PIN 碼，如圖 19-12 所示，即可進入遠端電腦的介面。

圖 19-11　Chrome 遠端桌面

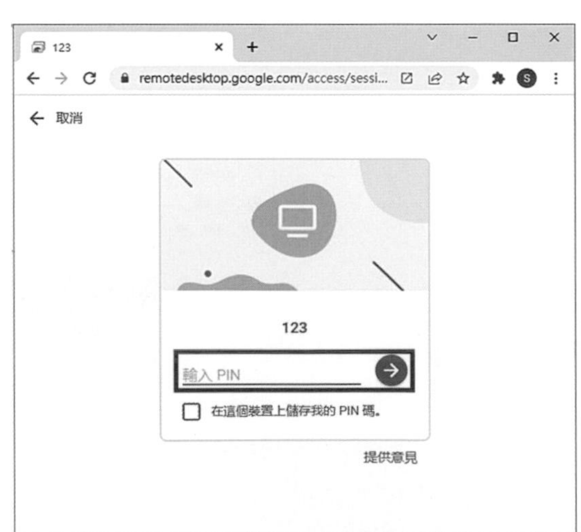

圖 19-12　輸入 PIN 碼

STEP 6 以第五章環境監控為例，進行主控端電腦連接遠端電腦操作，如圖 19-13 所示。圖 19-13(a) 為主控端電腦透過網頁連結至遠端電腦的實際畫面，左上角會看到網址如：remoted……。圖 19-13(b) 為遠端電腦的實際畫面。

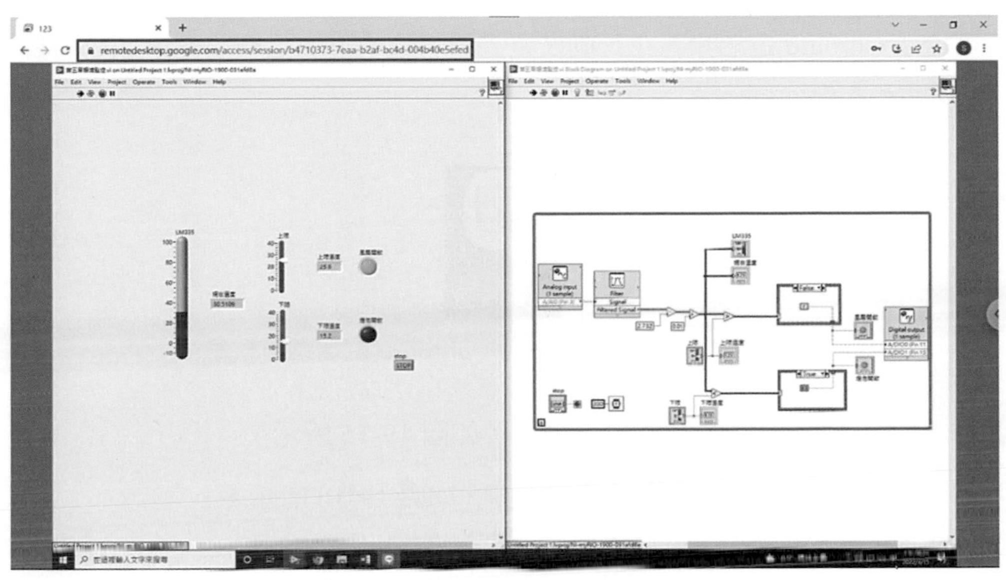

圖 19-13(a)　主控端實際畫面圖

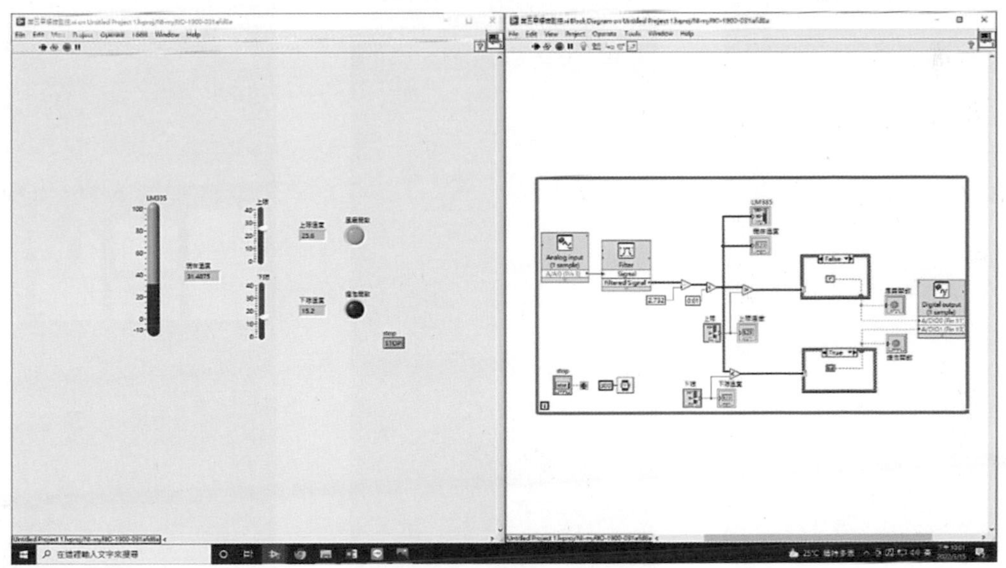

圖 19-13(b)　遠端實際畫面圖

19-1-2 行動裝置 Android 系統開啟遠端桌面

本節將示範操作如何使用 Android 系統開啟 Chrome 遠端桌面。示範操作的手機型號為三星 SM-A716B/DS，作業系統為 Android 10。此時，行動裝置即為主控端電腦。使用者可透過 Chrome 遠端桌面在行動裝置上隨時隨地獲取遠端設備所擷取的數據，如圖 19-14 所示。

圖 19-14　Android 系統的 Chrome 遠端桌面軟體

STEP 1 點選行動裝置桌面上的 Play 商店，如圖 19-15 所示。

STEP 2 在 Play 商店搜尋 Chrome 遠端桌面，如圖 19-16 所示。

STEP 3 點擊 Chrome 遠端桌面進行下載和安裝，如圖 19-17 所示。

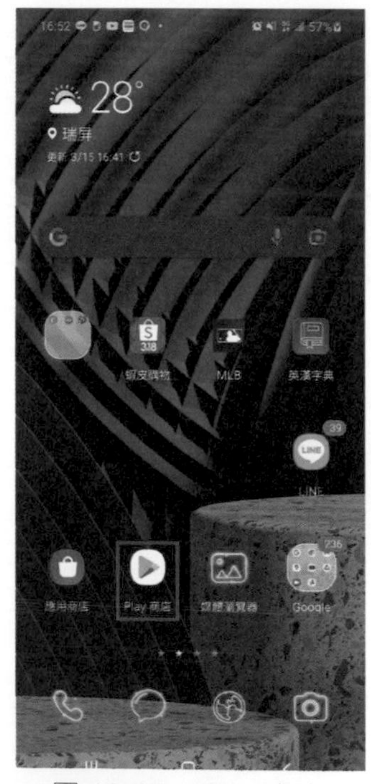

圖 19-15　Play 商店

圖 19-16　Play 商店畫面

圖 19-17　Chrome 遠端桌面

STEP 4 安裝後即可開啟軟體，如圖 19-18 所示。應用程式會透過 Android 行動裝置安全存取你的電腦。

STEP 5 開啟 Chrome 遠端桌面後，選擇要登入的帳戶 (要與遠端電腦的 Chrome 遠端桌面的 Google 帳戶相同)。點擊左上方的三條線後，再點擊帳戶旁邊的小箭頭，就可以選擇帳戶，如圖 19-19 所示。如果軟體上沒有帳戶的話可以新增帳戶來輸入。注意必須先設定遠端電腦，才能執行遠端桌面並進行存取作業。

圖 19-18　遠端桌面安裝完成

圖 19-19(a)　Chrome 遠端桌面軟體圖

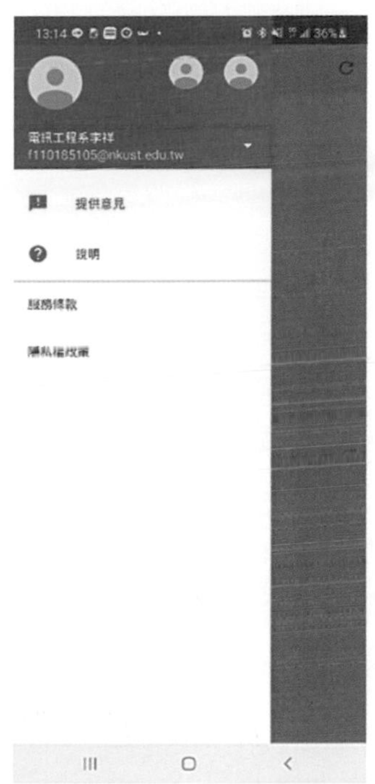

圖 19-19(b)　帳戶選擇

STEP 6 點選之前在 19-1-1 的 STEP 3 已設定好的遠端電腦來進行遠端操作，如圖 19-20。圖 19-21 為操作結果圖。

圖 19-20　Chrome 遠端桌面軟體圖

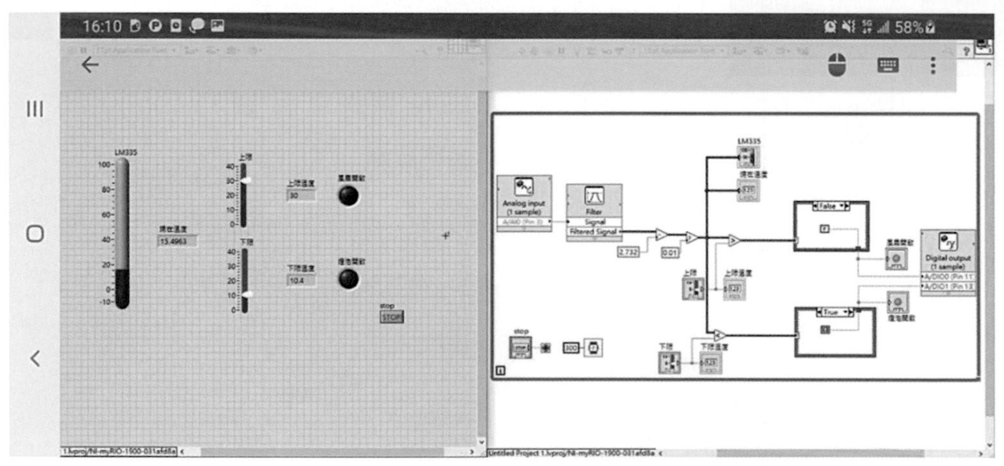

圖 19-21　Chrome 遠端桌面 (行動裝置 Android 系統)

19-1-3 行動裝置 IOS 系統開啟 Chrome 遠端桌面

本節將示範操作如何使用 IOS 系統開啟 Chrome 遠端桌面。示範操作的手機型號為蘋果的 iPhone 13，作業系統為 IOS 15.4。此時，行動裝置即為主控端電腦。使用者可透過 Chrome 遠端桌面在行動裝置上隨時隨地獲取遠端設備所擷取的數據。首先跟 Android 系統一樣要在行動裝置中安裝 Chrome 遠端桌面軟體。

STEP 1 點選行動裝置內的 App Store，如圖 19-22 所示。

STEP 2 在 App Store 搜尋 Chrome 遠端桌面，如圖 19-23 所示。

STEP 3 點擊 Chrome 遠端桌面進行下載和安裝，如圖 19-24 所示。

圖 19-22　App Store

圖 19-23　App Store 畫面圖

圖 19-24　Chrome 遠端桌面軟體安裝圖

STEP 4 安裝後開啟軟體，如圖 19-25 所示。

STEP 5 開啟 Chrome 遠端桌面後，選擇要登入的帳戶 (要與遠端的 Chrome 遠端桌面的 Google 帳戶相同)，如圖 19-26 所示。

STEP 6 選擇之前在 19-1-1 的 STEP 3 已設定好的遠端電腦來進行遠端操作，如圖 19-27 所示。圖 19-28 為操作結果圖。

圖 19-25　Chrome 遠端桌面軟體安裝完成

圖 19-26　登入 Google 帳戶

圖 19-27　Chrome 遠端桌面軟體圖

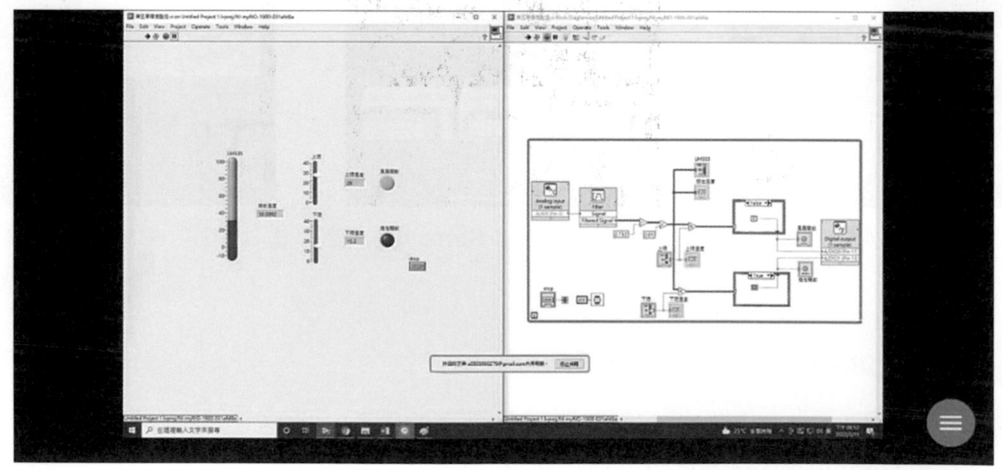

圖 19-28　Chrome 遠端桌面 (行動裝置 IOS 系統)

19-2 TeamViewer

TeamViewer 是由 TeamViewer 公司開發的遠端控制軟體，如圖 19-29 所示。可以用來遠端連線、存取遠端電腦的檔案。支援各種作業系統，Windows、MAC、Linux，還有行動裝置也可以使用。

圖 19-29 TeamViewer 軟體圖

19-2-1 TeamViewer 連線遠端電腦

本節需要先在主控端及遠端電腦上下載並安裝 TeamViewer，版本為 15.27.3。使用者可透過 TeamViewer 獲取遠端電腦所擷取的數據。為了測試遠端監控的實際功能，在這裡需要準備兩部電腦，分別為主控端電腦和遠端電腦。

STEP 1 在遠端電腦的桌面點擊開啟 Google Chrome 並搜尋 TeamViewer，如圖 19-30 所示。

圖 19-30 Google 頁面

STEP 2 進入 TeamViewer 官網中，依自身的電腦選擇合適的版本並下載，如圖 19-31 所示。

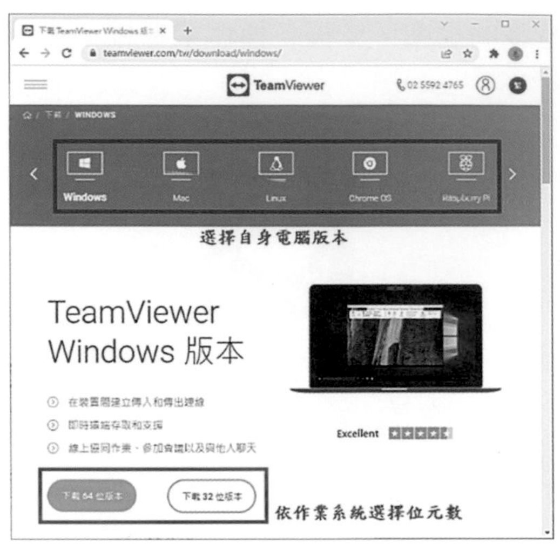

圖 19-31　TeamViewer 下載

STEP 3 下載完成後，前往電腦的檔案總管的下載選項，點選 TeamViewer 的執行檔進行安裝，如圖 19-32 所示。在安裝頁面選擇「以預設設定安裝」後，點擊「接受 - 下一步」，如圖 19-33 所示。

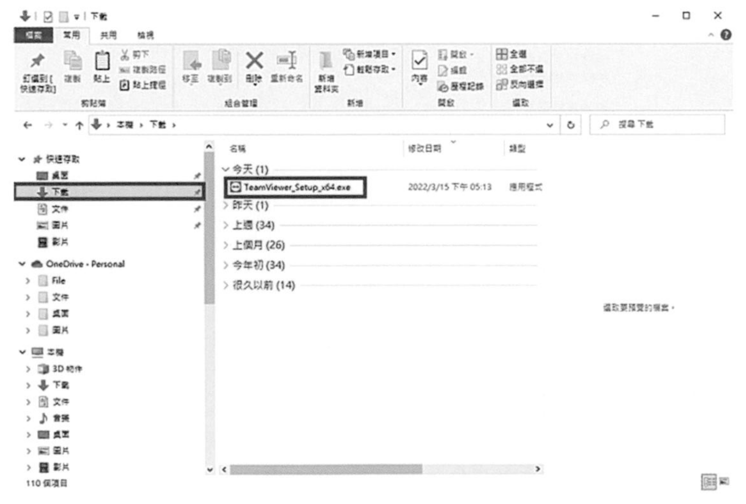

圖 19-32　TeamViewer 下載

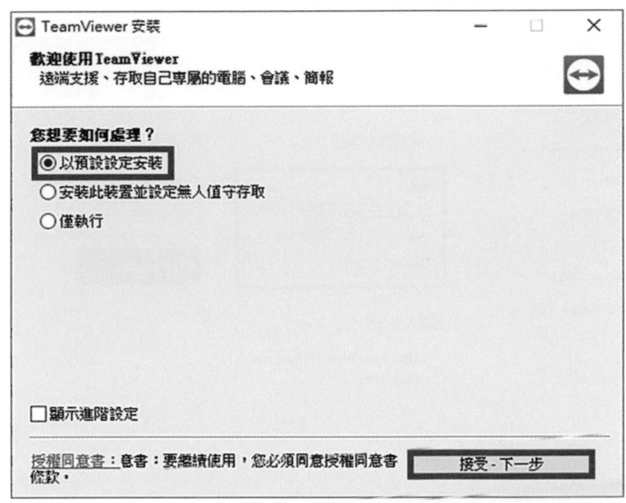

圖 19-33　TeamViewer 下載

STEP 4 上述步驟完成後，會跳出 TeamViewer 授權同意書。勾選「我接受 EULA 和 DPA」後按繼續，TeamViewer 即安裝完成，如圖 19-34 所示。執行 TeamViewer 後的人機介面，如圖 19-35 所示。圖 19-35 中，您的 ID 和密碼為主控端電腦連線遠端電腦的 ID 及密碼。

圖 19-34　TeamViewer 授權同意畫面

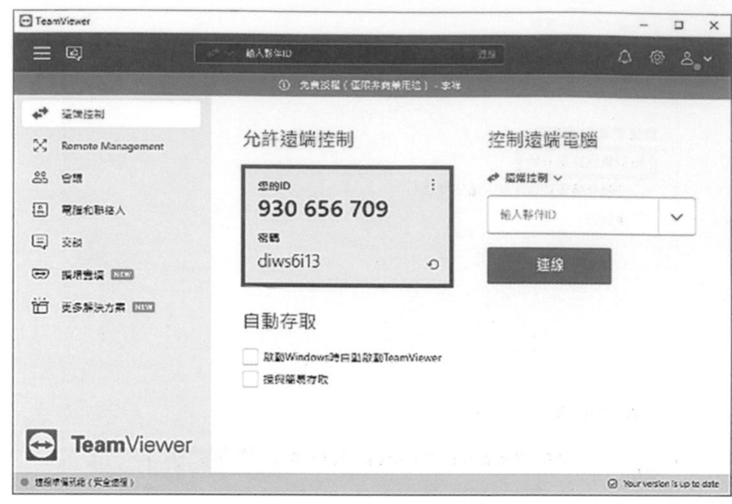

圖 19-35　TeamViewer 介面圖

STEP 5 在主控端電腦使用 TeamViewer 遠端連線之前，必須先申請 TeamViewer 帳戶。在 TeamViewer 介面中可點擊左邊的「電腦和聯絡人」，如圖 19-36 所示。在「電腦和聯絡人」中可直接登入帳戶或註冊帳戶，如圖 19-37。

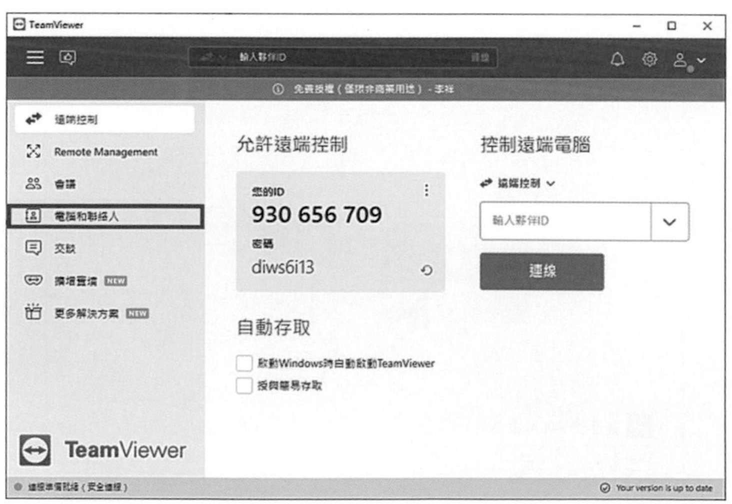

圖 19-36　TeamViewer 介面圖

圖 19-37　TeamViewer 介面圖

STEP 6 登入帳戶後，回到「遠端控制」選項，輸入在遠端電腦上 TeamViewer 的 ID 並連線。再輸入密碼，如圖 19-38 所示。即可開始遠端連線。

圖 19-38(a)　輸入帳戶

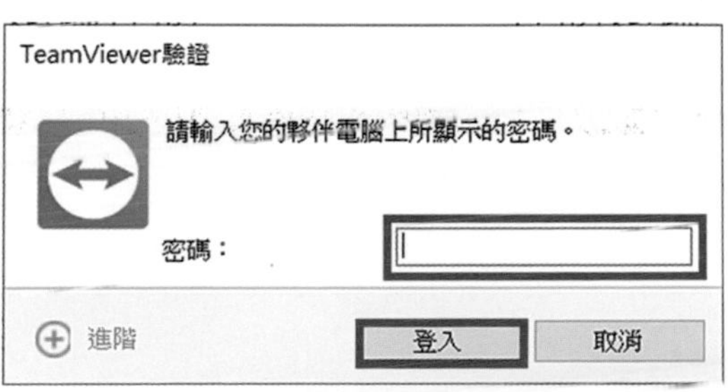

圖 19-38(b)　輸入密碼

STEP 7 以第五章環境監控為例，進行遠端操作，如圖 19-39 所示。

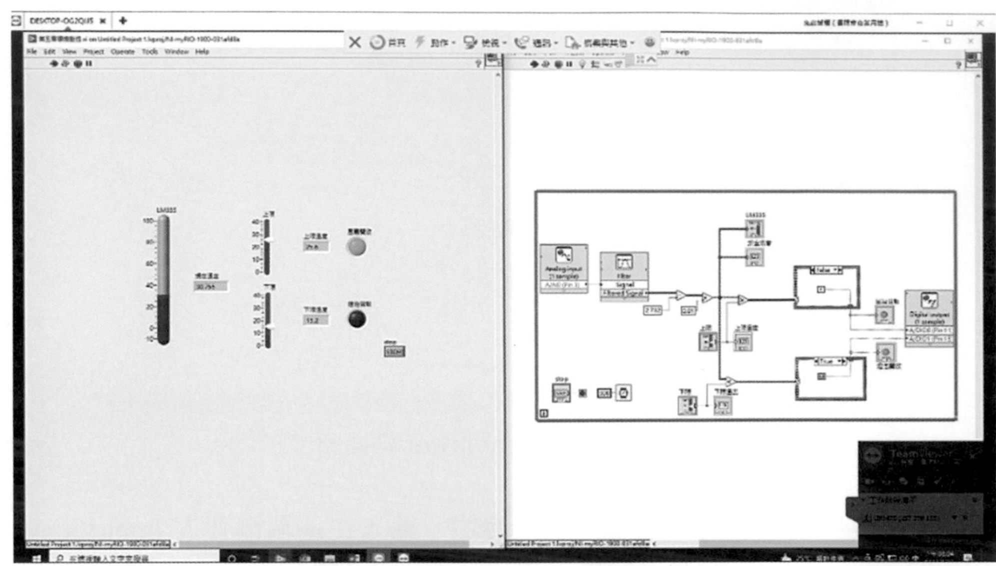

圖 19-39(a)　主控端實際畫面

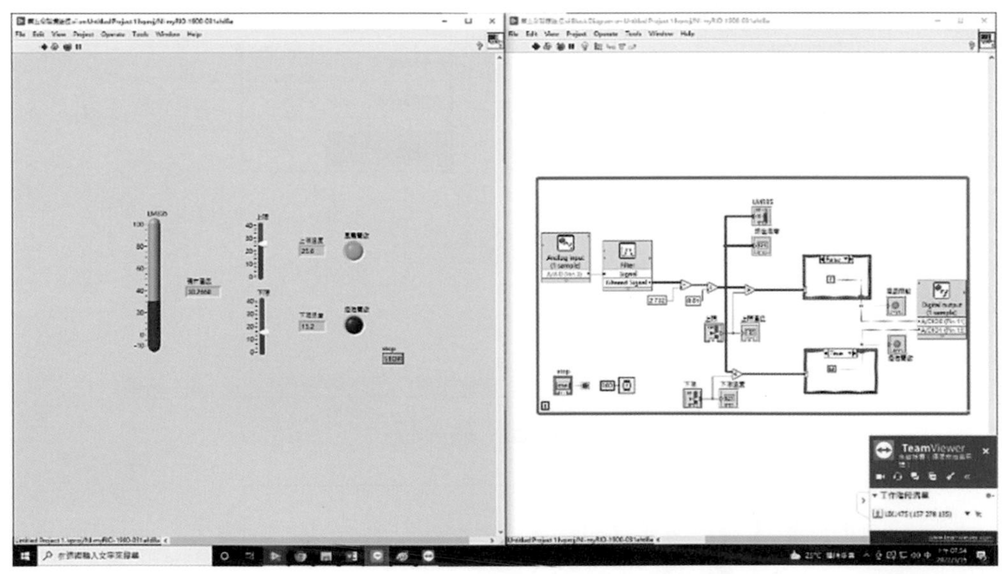

圖 19-39(b)　遠端實際畫面圖

19-2-2 行動裝置 Android 系統開啟 TeamViewer

本節將示範操作如何使用 Android 系統開啟 TeamViewer。示範操作的手機型號為三星 SM-A716B/DS，作業系統為 Android 10。此時，行動裝置即為主控端電腦。使用者可透過 TeamViewer 在行動裝置上隨時隨地的獲取遠端設備所擷取的數據，如圖 19-40 所示。

圖 19-40　Android 系統的 TeamViewer 軟體

STEP 1 點選手持裝置桌面上的 Play 商店，如圖 19-41 所示。

STEP 2 在 Play 商店搜尋 TeamViewer，如圖 19-42 所示。

圖 19-41　Play 商店

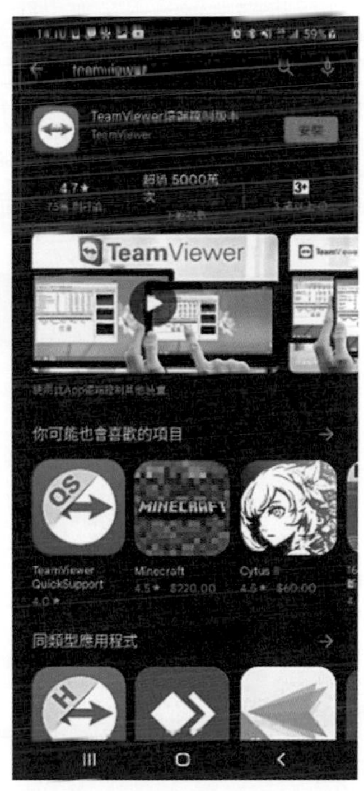

圖 19-42　Play 商店畫面

STEP 3 點擊 TeamViewer 進行下載和安裝，如圖 19-43 所示。

STEP 4 安裝後即可開啟軟體，如圖 19-44 所示。

圖 19-43　TeamViewer

圖 19-44　TeamViewer 安裝

STEP 5 開啟 TeamViewer 後，畫面如圖 19-45 所示。使用 TeamViewer 前，要先去申請 TeamViewer 帳戶。前往電腦選項，輸入自己的 TeamViewer 的帳戶，如圖 19-46 所示。輸入遠端電腦的 ID 及密碼，如圖 19-47 所示，即可開始連線。

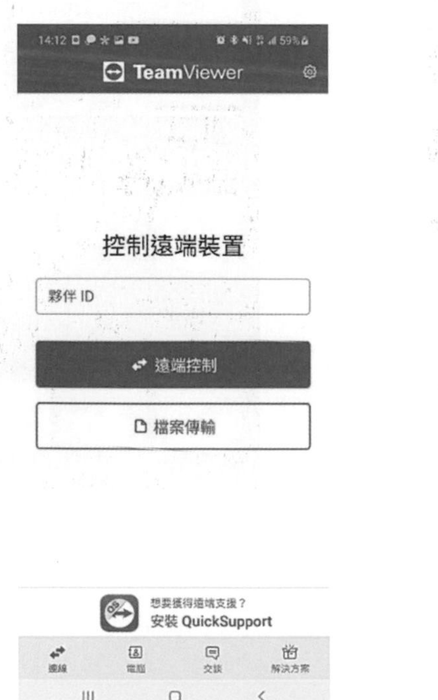

圖 19-45　TeamViewer

圖 19-46　登入 TeamViewer 帳戶

圖 19-47(a)　輸入 ID

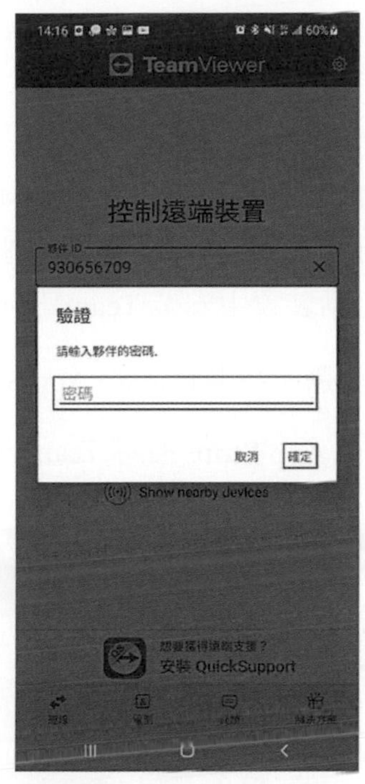

圖 19-47(b)　輸入密碼

STEP 6 以第五章環境監控為例，進行遠端操作，如圖 19-48 所示。

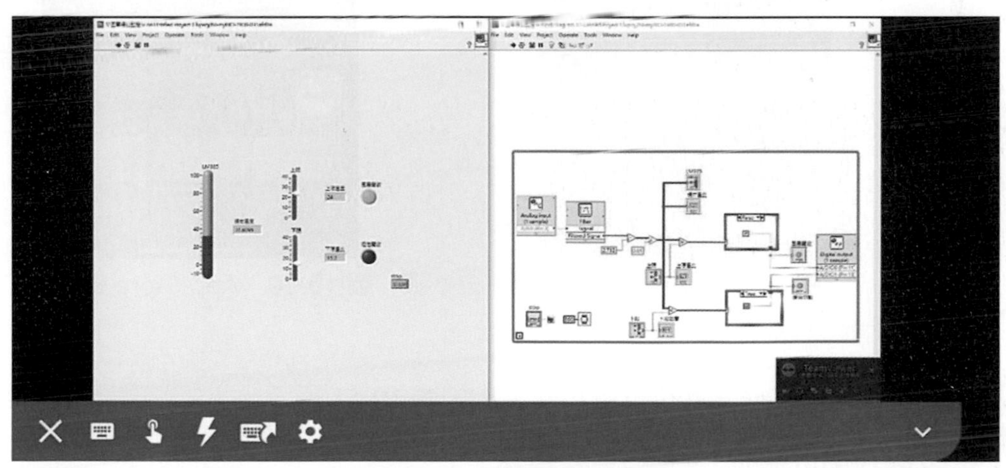

圖 19-48　TeamViewer(行動裝置 Android 系統)

19-2-3 行動裝置 IOS 系統開啟 TeamViewer

本節將示範操作如何使用 IOS 系統開啟 TeamViewer。示範操作的手機型號為蘋果的 iPhone 13，作業系統為 IOS 15.4。此時，行動裝置即為主控端電腦。使用者可透過 TeamViewer 在行動裝置上隨時隨地獲取遠端設備所擷取的數據。首先跟 Android 系統一樣要在行動裝置中安裝 TeamViewer 軟體。

STEP 1 點選手持裝置內的 App Store，如圖 19-49 所示。

STEP 2 在 App Store 搜尋 TeamViewer，如圖 19-50 所示。

圖 19-49　App Store

圖 19-50　App Store 畫面圖

STEP 3 點擊 TeamViewer 進行下載和安裝，如圖 19-51 所示。

STEP 4 安裝後開啟軟體，如圖 19-52 所示。

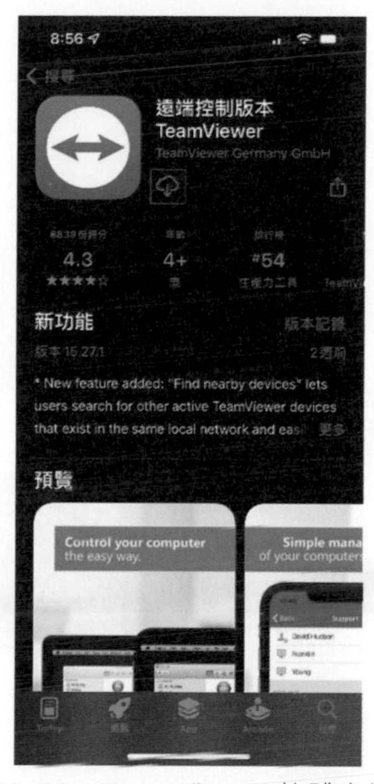

圖 19-51　TeamViewer 軟體安裝圖

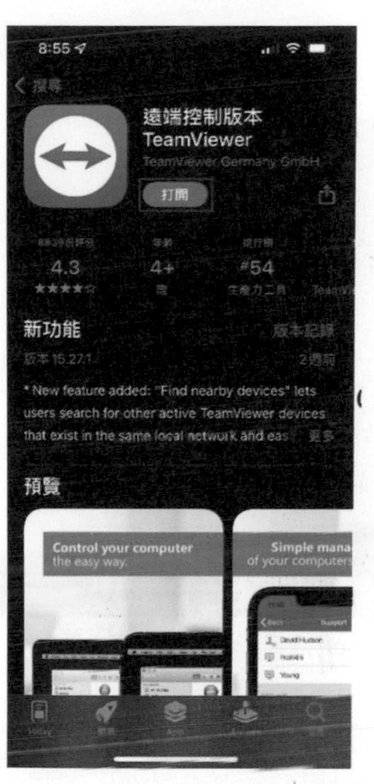

圖 19-52　TeamViewer 安裝完成

STEP 5 開啟 TeamViewer 後，先去電腦選項申請 TeamViewer 帳戶，如圖 19-53 所示。輸入自己的 TeamViewer 的帳戶，如圖 19-54 所示。輸入遠端電腦的 ID 及密碼，如圖 19-55 所示，即可開始連線。

圖 19-53　TeamViewer

圖 19-54　登入 TeamViewer 帳戶

圖 19-55　輸入 ID 及密碼

STEP 6 以第五章環境監控為例，進行遠端操作，如圖 19-56 所示。

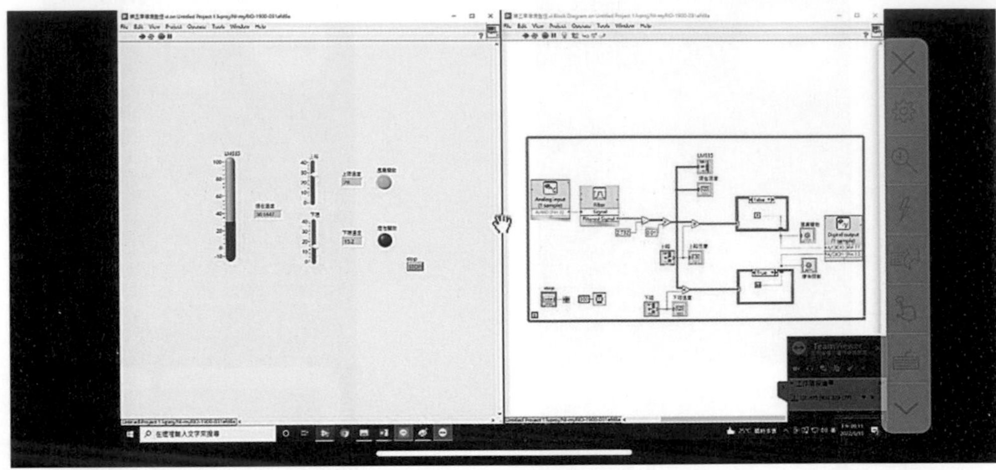

圖 19-56　TeamViewer(行動裝置 IOS 系統)

Google Maps 簡易應用

20-1 簡介

圖 20-1 Google Maps 圖示

Google Maps 於 2005 年在 Google 首次亮相。起初地圖範圍只有美國、英國及加拿大，如圖 20-1 所示為 Google Maps 的 logo。迄今，Google Maps 範圍已擴及全球，並成為全球最受歡迎的導航系統之一。Google Maps 能有如今的規模，歸功於 Google 公司的努力及其新穎的 AI 演算法。Google 公司的街景車已將全球跑過一遍，甚至每隔幾年就重新更新，使得地圖上面的街景不至於過時，導致用路人迷航。Google Maps 所使用的 AI 演算法比其他導航較強，能夠精準定位並且快速計算出最短路徑。

除了可推薦最短路徑外，Google Maps 更可以自訂多個地點及選用的交通工具，透過演算法立即計算出該工具最適合的路徑。如果使用者選擇走路方式，Google Maps 還會顯示各個大眾運輸的時間表。雖然 Google Maps 擁有許多優點，但仍然有些地區，因過於偏遠導致收訊差，使得 Google Maps 無法發揮正常作用。新聞上也有看過 Google Maps 將使用者導航進死路的案例。

20-2 LabVIEW 與 Google Maps

Google Maps 除了在網頁及行動裝置上使用外，也可透過 API Key 使用於各個程式及網頁上使用。API 全名為 Application Programming Interface。API Key 主要功用為一個標識符，透過該標識符可認證身分，並從其他程式取得資料。不過在第三方程式使用 Google Maps 需付費才可使用。目前 Google 公司有提供一個月免費使用，讓開發者來做測試。

NI 官網有 Google Maps 的範例程式。本書光碟將會把範例附上，讀者也可透過以下網址下載或是於 Google 上搜尋 LabVIEW Google Maps 選官網便可。https://forums.ni.com/t5/Example-Code/Google-Maps-in-LabVIEW/ta-p/3512488?profile.language=zh-TW。本章節將採用範例程式來做示範教學，透過範例程式講解如何在 LabVIEW 上使用 Google Maps。

STEP 1 在 Google Chrome 瀏覽器上搜尋 Google Cloud Platform，點擊第一個搜尋結果，如圖 20-2 所示。

圖 20-2　Google 網頁搜尋

STEP 2 點擊網頁右上角控制台，如圖 20-3 所示。接著按照圖 20-4 步驟點擊建立專案。完成後如圖 20-5 所示。專案名稱可由讀者自行修改，點擊建立便可完成建立專案。

圖 20-3　Google Cloud Platform 首頁

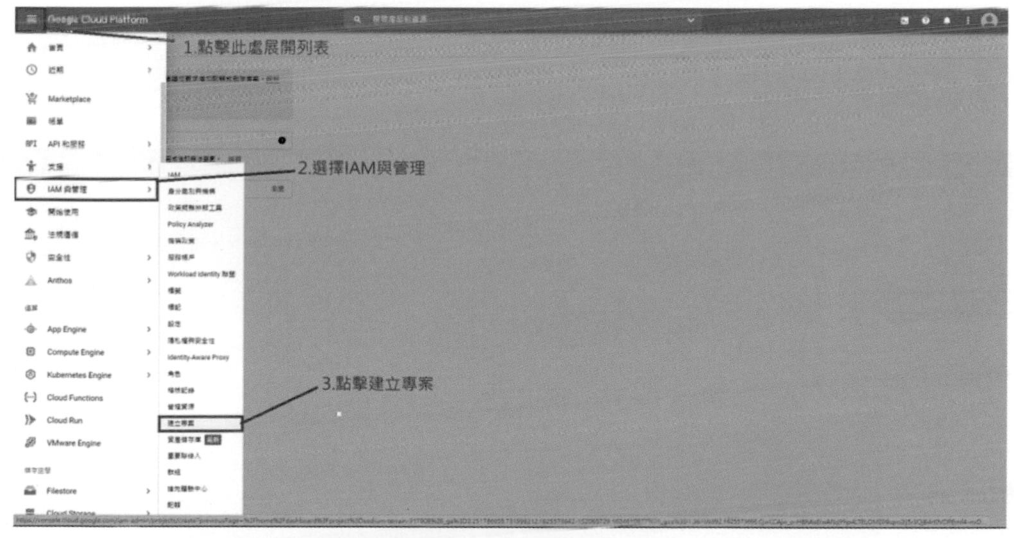

圖 20-4　建立專案步驟圖

圖 20-5　建立專案圖

STEP 3 回到 Google Cloud Platform 首頁，按照圖 20-6 的步驟進入憑證頁面。進入憑證頁面後，點擊建立憑證，如圖 20-7 所示。建立完成後，如圖 20-8 所示，黑色部分為 API 金鑰。請將 API 金鑰保存妥善，且不要外流，程式內將會使用到該 API 金鑰。

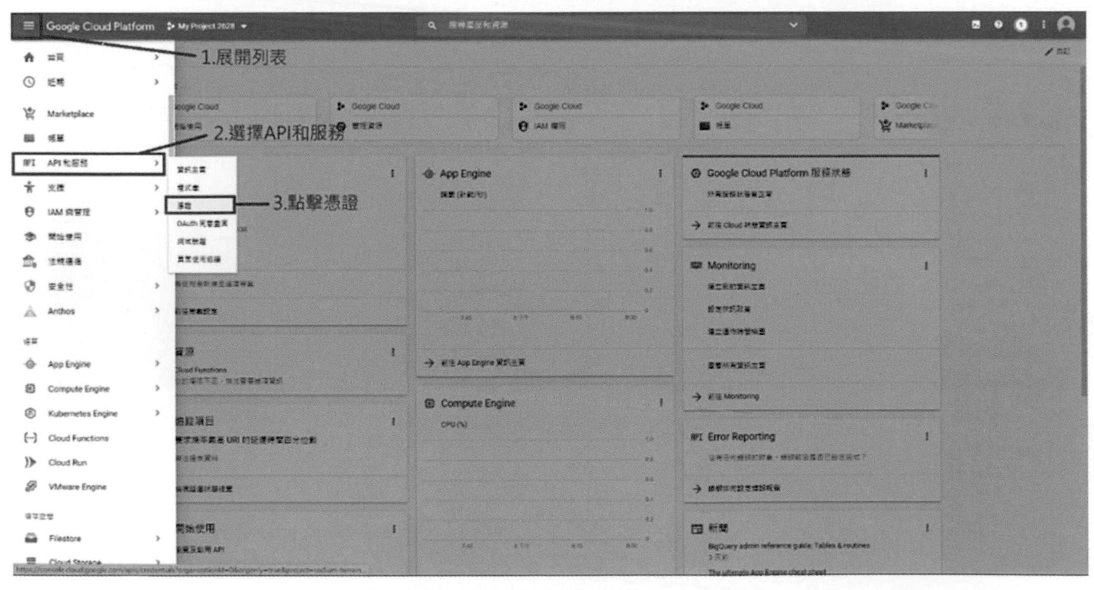

圖 20-6　進入憑證介面步驟圖

圖 20-7　建立 API 金鑰圖

圖 20-8　API 金鑰建立完成圖

STEP 4 回到 Google Cloud Platform 首頁，按照圖 20-9 的步驟打開程式庫頁面。接著選擇 Maps Static API，如圖 20-10 所示。接著按下啟用 API 即可，如圖 20-11 所示。啟用後可以看到已啟用的 API，如圖 20-12 所示。

圖 20-9　啟用程式步驟圖

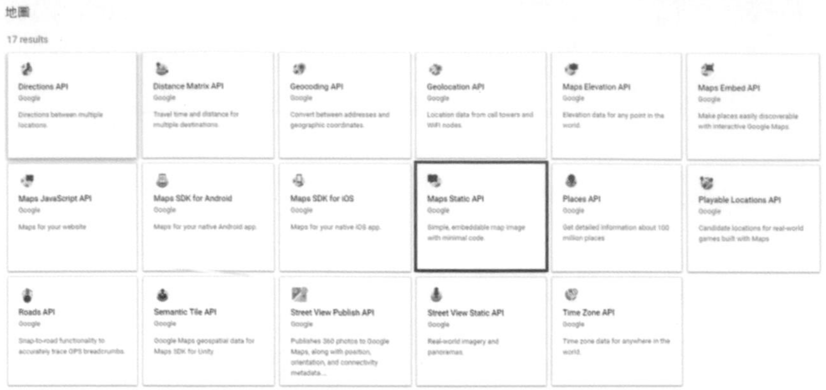

圖 20-10　程式庫選擇圖

圖 20-11　啟用 API 圖

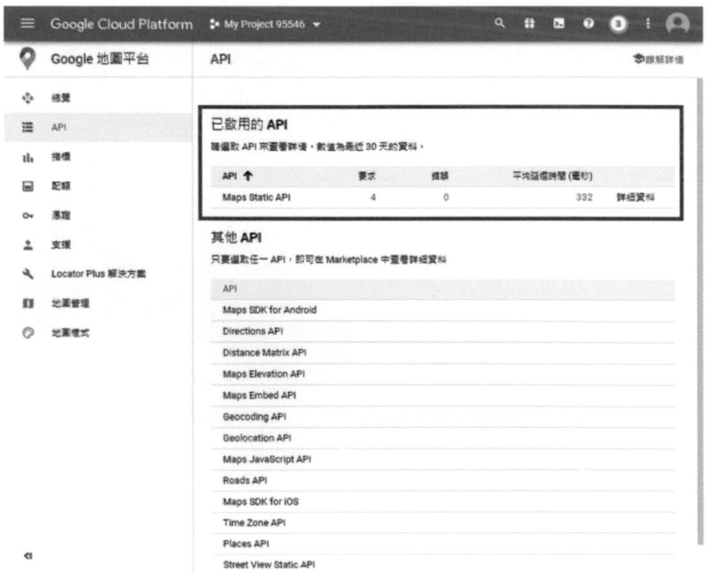

圖 20-12　啟用成功圖

STEP 5 將光碟中資料夾 Attachments from Google Maps in LabVIEW 打開，如圖 20-13 所示。接著打開下一個資料夾 Google Maps_LV2012_NI Verified，如圖 20-14 所示。最後將 Google Static Maps API_LV2012 該名稱的 VI 檔打開，如圖 20-15 所示。VI 檔打開後畫面，如圖 20-16 所示。

圖 20-13　資料路徑圖

圖 20-14　資料路徑圖

圖 20-15　VI 路徑圖

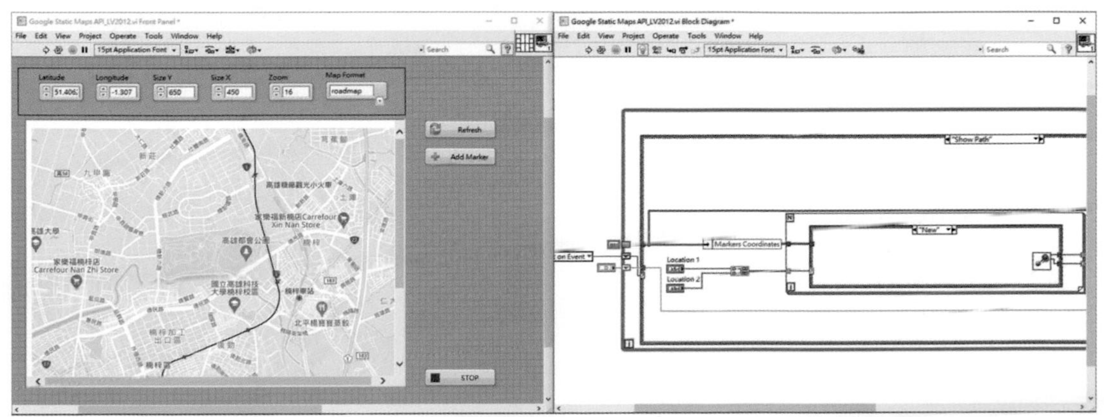

圖 20-16　程式圖

STEP 6 在圖形程式區中找到 Google Maps API Key 的字串，將複製來的 API 金鑰輸入至字串內便可，如圖 20-17 所示。

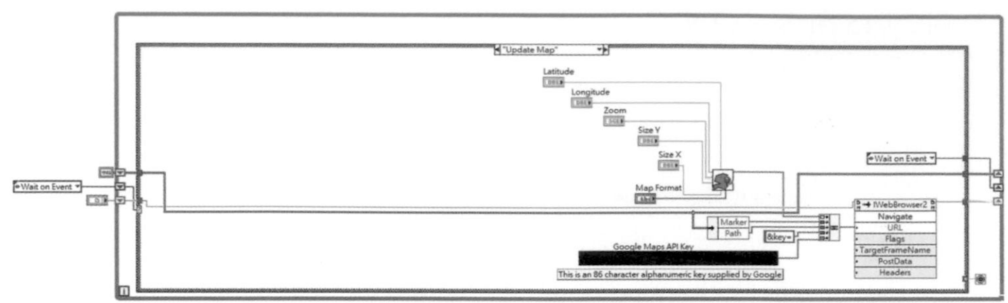

圖 20-17　程式圖

STEP 7 啟動程式後，將經緯度輸入 Latitude 及 Longitude 的數值輸入便可移動到該地區的地圖，如圖 20-18 所示。

圖 20-18　人機介面圖

STEP 8 點擊 Add Marker，在彈出的視窗填入新增標記點的經緯度。透過 Google Chrome 瀏覽器打開 Google Maps，並對想要找尋的地點點擊滑鼠右鍵便會出現經緯度。直接點擊經緯度便可複製，如圖 20-19 所示。選擇 Size、Color 和 Character，如圖 20-20(a) 及圖 20-20(b) 所示。接著按下 Add Marker，並選擇 NO 便可新增標記點，如圖 20-20(c) 所示。

圖 20-19　Google Maps 地圖

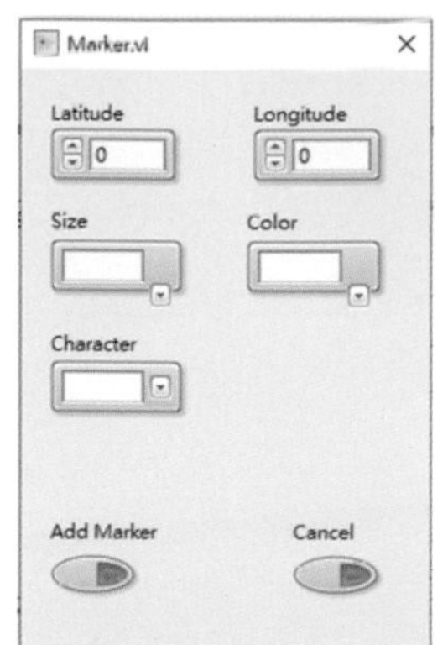

圖 20-20(a)　未填入數值程式

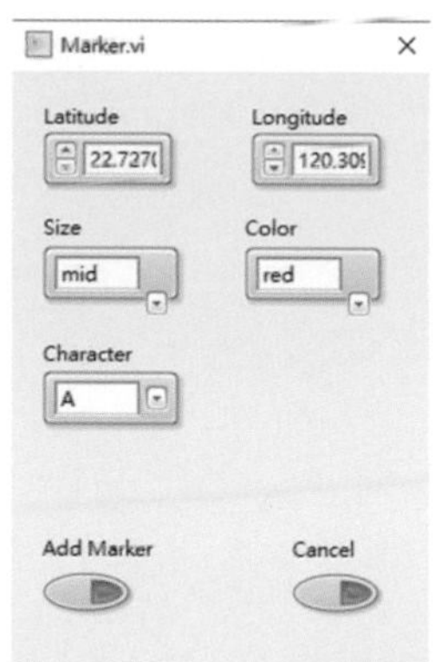

圖 20-20(b)　已填入數值程式

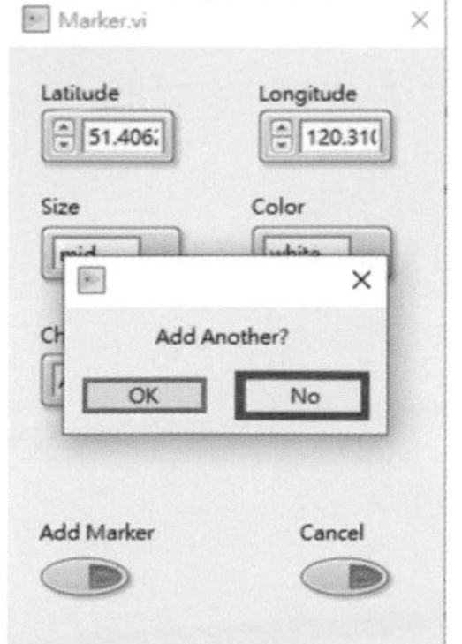

圖 20-20(c)　程式選擇

STEP 9 完成新增標記點後，地圖上面將會新增一個 A 標記點，如圖 20-21 所示。如此便完成 Google Maps 的簡易應用。

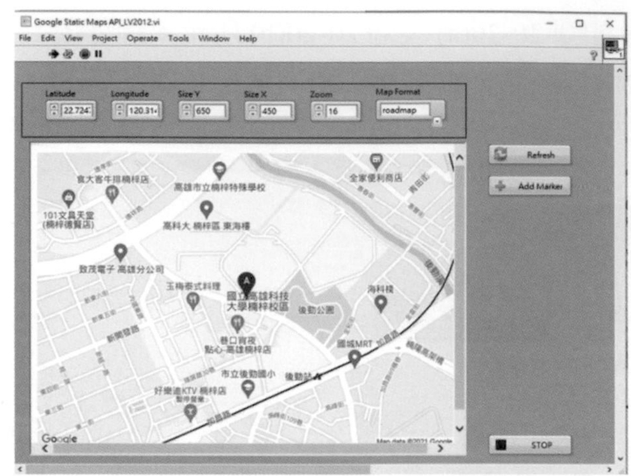

圖 20-21　人機介面

附錄

附錄 1　教具模組介紹

1. 教具模組

四支棒水位感測電路	光反射器感測電路
	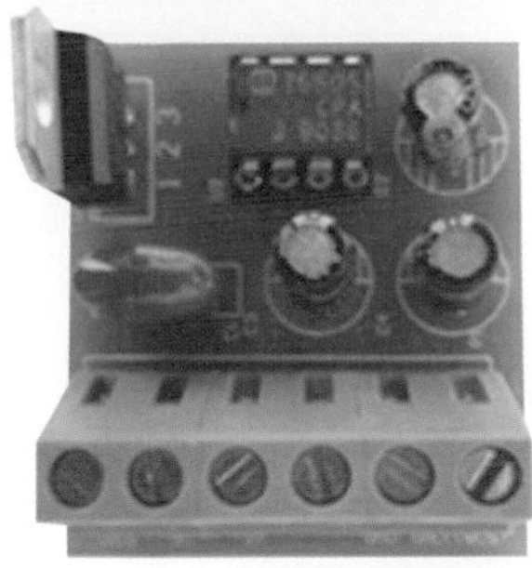
三支棒水位感測電路	+10V 轉換成 ±5V 感測電路
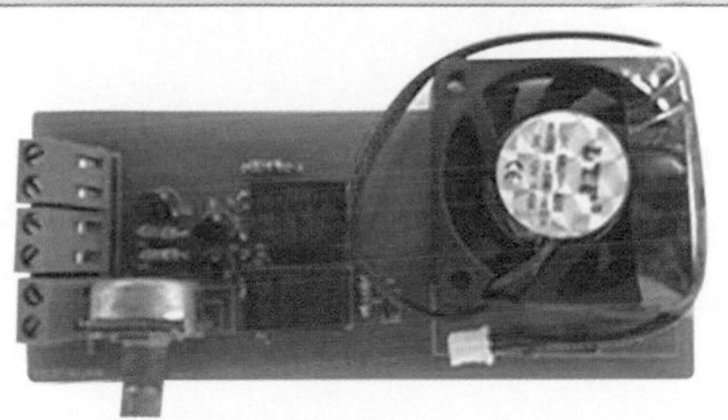	
環境溫度監控系統	LM335 半導體溫度感測電路

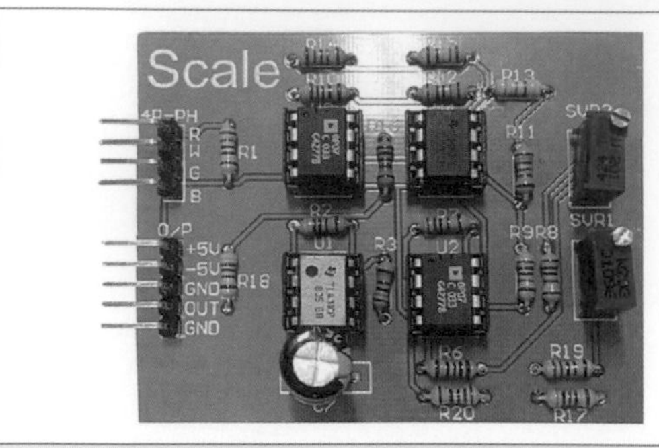

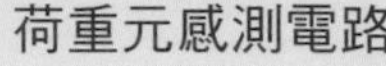

荷重元感測電路

PT-100 溫度感測電路

1. 教學上如有需要購買教具可洽 Email：chiung@nkust.edu.tw
2. 建議授課方式可參考如下方式之一：

   (1) 使用麵包板由學生自行插接元件組成電路。

   (2) 自行製作或團購已測試成功之印刷電路板，由學生自行焊接電路。

   (3) 團購已測試成功的教具模組。

2. 教具材料總表

1. LM335

項次	名稱	規格	數量	備註
1	歐式端子台	2 pin	2	
2	精密電阻	2.2 kΩ	1	
3	可變電阻	B 10 kΩ	1	
4	溫度感測器	LM335	1	

2. pH 感測器

項次	名稱	規格	數量	備註
1	歐式端子台	2 pin	4	
2	精密電阻	6.8 kΩ	1	
3	精密電阻	33 kΩ	4	
4	精密電阻	100 kΩ	1	
5	精密電阻	56 kΩ	1	
6	麥拉電阻	0.01 μF (103 J)	1	
7	可變電阻	10 kΩ / 25 轉	2	
8	運算放大器	TL082	1	

3. 水位三支棒

項次	名稱	規格	數量	備註
1	歐式端子台	2 pin	7	
2	IC 腳座	14 pin	1	
3	IC 腳座	16 pin	1	
4	繼電器	LU-5	2	
5	LED	紅色	1	
6	LED	綠色	1	
7	精密電阻	1 kΩ	2	
8	精密電阻	4.7 kΩ	2	
9	麥拉電阻	0.1 μF (104 J)	2	
10	電阻	2.2 MΩ	2	
11	整流二極體	1N4001	2	
12	雙極電晶體	8050	2	
13	雙 D 觸發器	CD4013	1	

4. Pt-100

項次	名稱	規格	數量	備註
1	歐式端子台	2 pin	3	
2	精密電阻	499 Ω	1	
3	可變電阻	B 5 kΩ	1	
4	可調穩壓器	LM317	1	

5. 環境監控

項次	名稱	規格	數量	備註
1	歐式端子台	2 pin	3	
2	繼電器	LU-5	2	
3	風扇		1	
4	LED		1	
5	精密電阻	100 Ω	2	
6	精密電阻	2.2 kΩ	1	
7	可變電阻	B 10 kΩ	1	
8	電阻	1 kΩ	1	
9	開關二極體	1N4148	2	
10	雙極電晶體	2N2222	2	
11	溫度感測器	LM335	1	

6. 水位四支棒

項次	名稱	規格	數量	備註
1	歐式端子台	2 pin	7	
2	IC 腳座	14 pin	1	
3	IC 腳座	16 pin	1	
4	LED	紅色	1	
5	LED	綠色	1	
6	電阻	5 MΩ	1	
7	電阻	2.2 MΩ	2	
8	電阻	2 MΩ	1	
9	電阻	1 MΩ	2	
10	電阻	4.7 kΩ	2	
11	整流二極體	1N4002	2	
12	雙極電晶體	8050	2	
13	反相器	CD4049	1	
14	雙 D 觸發器	CD4013	1	

7. 光反射

項次	名稱	規格	數量	備註
1	歐式端子台	2 pin	4	
2	電阻	200 Ω	1	

8. 分壓 ± 5 V

項次	名稱	規格	數量	備註
1	歐式端子台	2 pin	3	
2	IC 腳座	8 pin	1	
3	麥拉電阻	0.1 μF (104 J)	1	
4	電解電容	100 μF / 25 V	2	
5	電解電容	100 μF / 16 V	1	
6	轉換電壓穩壓器	7660S	1	
7	線性電壓穩壓器	7805	1	

9. 電子磅秤

項次	名稱	規格	數量	備註
1	歐式端子台	2 pin	6	
2	IC 腳座	8 pin	2	
3	精密電阻	560 kΩ	4	
4	精密電阻	30 kΩ	1	
5	精密電阻	20 kΩ	2	
6	可變電阻	10 kΩ / 25 轉	1	
7	運算放大器	TL081	1	
8	運算放大器	TL082	1	

國家圖書館出版品預行編目資料

嵌入式系統 ：myRIO 程式設計 / 陳瓊興, 楊家穎, 高紹恩編著. -- 二版. -- 新北市 : 全華圖書股份有限公司, 2022.02

面 ； 公分

ISBN 978-626-328-083-0(平裝)

1.CST: 系統程式 2.CST: 電腦程式設計

312.52 111001872

嵌入式系統－myRIO 程式設計

作者 / 陳瓊興、楊家穎、高紹恩

發行人 / 陳本源

執行編輯 / 李孟霞

出版者 / 全華圖書股份有限公司

郵政帳號 / 0100836-1 號

印刷者 / 宏懋打字印刷股份有限公司

圖書編號 / 06413017

二版一刷 / 2022 年 05 月

定價 / 新台幣 600 元

ISBN / 978-626-328-083-0

全華圖書 / www.chwa.com.tw

全華網路書店 Open Tech / www.opentech.com.tw

若您對本書有任何問題，歡迎來信指導 book@chwa.com.tw

臺北總公司(北區營業處)

地址：23671 新北市土城區忠義路 21 號

電話：(02) 2262-5666

傳真：(02) 6637-3695、6637-3696

南區營業處

地址：80769 高雄市三民區應安街 12 號

電話：(07) 381-1377

傳真：(07) 862-5562

中區營業處

地址：40256 臺中市南區樹義一巷 26 號

電話：(04) 2261-8485

傳真：(04) 3600-9806(高中職)

(04) 3601-8600(大專)

（請由此線剪下）

歡迎加入 全華會員

● 會員獨享

會員享購書折扣、紅利積點、生日禮金、不定期優惠活動…等。

● 如何加入會員

填妥讀者回函卡直接傳真（02）2262-0900 或寄回，將由專人協助登入會員資料，待收到 E-MAIL 通知後即可成為會員。

如何購買 全華書籍

1. 網路購書

全華網路書店「http://www.opentech.com.tw」，加入會員購書更便利，並享有紅利積點回饋等各式優惠。

2. 全華門市、全省書局

歡迎至全華門市（新北市土城區忠義路 21 號）或全省各大書局、連鎖書店選購。

3. 來電訂購

(1) 訂購專線：(02) 2262-5666 轉 321-324
(2) 傳真專線：(02) 6637-3696
(3) 郵局劃撥（帳號：0100836-1　戶名：全華圖書股份有限公司）
※ 購書未滿一千元者，酌收運費 70 元。

全華網路書店 www.opentech.com.tw
E-mail: service@chwa.com.tw

※ 本會員制如有變更則以最新修訂制度為準，造成不便請見諒。

廣　告　回　信
板橋郵局登記證
板橋廣字第540號

行銷企劃部　收

23671 新北市土城區忠義路21號
全華圖書股份有限公司

(請由此線剪下)

讀者回函卡

填寫日期：　/　/

姓名：＿＿＿＿　生日：西元＿＿＿年＿＿＿月＿＿＿日　性別：□男 □女

電話：(　)＿＿＿＿　傳真：(　)＿＿＿＿　手機：＿＿＿＿

e-mail：(必填)＿＿＿＿

註：數字零，請用 Φ 表示，數字 1 與英文 L 請另註明並書寫端正，謝謝。

通訊處：□□□□□

學歷：□博士　□碩士　□大學　□專科　□高中・職

職業：□工程師　□教師　□學生　□軍・公　□其他

學校／公司：＿＿＿＿　科系／部門：＿＿＿＿

· 需求書類：

□ A. 電子 □ B. 電機 □ C. 計算機工程 □ D. 資訊 □ E. 機械 □ F. 汽車 □ I. 工管 □ J. 土木

□ K. 化工 □ L. 設計 □ M. 商管 □ N. 日文 □ O. 美容 □ P. 休閒 □ Q. 餐飲 □ B. 其他

· 本次購買圖書為：＿＿＿＿　書號：＿＿＿＿

· 您對本書的評價：

封面設計：□非常滿意　□滿意　□尚可　□需改善，請說明＿＿＿＿

內容表達：□非常滿意　□滿意　□尚可　□需改善，請說明＿＿＿＿

版面編排：□非常滿意　□滿意　□尚可　□需改善，請說明＿＿＿＿

印刷品質：□非常滿意　□滿意　□尚可　□需改善，請說明＿＿＿＿

書籍定價：□非常滿意　□滿意　□尚可　□需改善，請說明＿＿＿＿

整體評價：請說明＿＿＿＿

· 您在何處購買本書？

□書局　□網路書店　□書展　□團購　□其他＿＿＿＿

· 您購買本書的原因？(可複選)

□個人需要　□幫公司採購　□親友推薦　□老師指定之課本　□其他＿＿＿＿

· 您希望全華以何種方式提供出版訊息及特惠活動？

□電子報　□ DM　□廣告（媒體名稱＿＿＿＿）

· 您是否上過全華網路書店？(www.opentech.com.tw)

□是　□否　您的建議＿＿＿＿

· 您希望全華出版那方面書籍？＿＿＿＿

· 您希望全華加強那些服務？＿＿＿＿

～感謝您提供寶貴意見，全華將秉持服務的熱忱，出版更多好書，以饗讀者。

全華網路書店 http://www.opentech.com.tw　　客服信箱 service@chwa.com.tw

2011.03 修訂

親愛的讀者：

感謝您對全華圖書的支持與愛護，雖然我們很慎重的處理每一本書，但恐仍有疏漏之處，若您發現本書有任何錯誤，請填寫於勘誤表內寄回，我們將於再版時修正，您的批評與指教是我們進步的原動力，謝謝！

全華圖書　敬上

勘誤表

書號		書名		作者	
頁數	行數	錯誤或不當之詞句		建議修改之詞句	

我有話要說：(其它之批評與建議，如封面、編排、內容、印刷品質等・・・)